高等职业技术教育土建类专业"十三五"规划教材

"互联网＋"创新型教材

建筑施工技术

主　编　郭永伟

副主编　徐毅安　安希杰
　　　　李四明　杨小川

主　审　武　敬

武汉理工大学出版社

·武　汉·

内 容 提 要

本书是根据高等职业技术院校建筑工程技术专业培养方案和课程教学大纲编写的职业技术院校系列教材之一。全书共 13 个模块,内容包括土方工程、桩基础工程、砌筑工程、钢筋混凝土工程、预应力混凝土工程、钢结构工程、结构安装工程、屋面工程与地下防水工程、装饰工程、冬期与雨期施工、高层建筑施工、大模板建筑施工及液压滑升模板施工等。同时配有近 50 个视频或动画,可以通过扫描二维码学习,以加深对抽象理论知识的理解。

本书主要作为职业技术院校建筑工程技术、工程造价等专业的通用教材,也可供建设类相关专业的职工岗位技术培训参考选用。

图书在版编目(CIP)数据

建筑施工技术/郭永伟主编. 武汉:武汉理工大学出版社,2018.5(2021.7 重印)
ISBN 978-7-5629-5695-2

Ⅰ.①建…　Ⅱ.①郭…　Ⅲ.①建筑工程-工程施工　Ⅳ.①TU74

中国版本图书馆 CIP 数据核字(2018)第 126395 号

项目负责人:张淑芳　戴皓华　　　　　责任编辑:戴皓华
责 任 校 对:李正五　　　　　　　　　装帧设计:芳华时代
出 版 发 行:武汉理工大学出版社
地　　　　址:武汉市洪山区珞狮路 122 号
邮　　　　编:430070
网　　　　址:http://www.wutp.com.cn
印　刷　者:武汉市籍缘印刷厂
经　销　者:各地新华书店
开　　　　本:787×1092　1/16
印　　　　张:22.25
字　　　　数:555 千字
版　　　　次:2018 年 5 月第 1 版
印　　　　次:2021 年 7 月第 2 次印刷
印　　　　数:2000 册
定　　　　价:48.00 元

前　言

  本书是根据高等职业院校专业教学标准、建筑施工技术课程教学大纲以及国家现行规范、标准与规定,为适合建筑类相关专业的使用要求,根据当前高职学生的特点,结合"互联网＋"技术,对内容重新编排编写而成。内容上尽量符合实际需要,紧密联系建筑施工生产实际;既保证了内容的系统性和完整性,又系统地介绍了建筑基本理论和施工方法,还介绍了近年来建筑施工发展的新技术、新工艺。**将近 50 个工艺流程做成视频或动画,通过扫二维码呈现,方便学生理解和学习。**

  本书以建筑工程施工质量验收规范系列标准的相关内容为依据,力求综合应用建筑基本理论,以解决工程实际问题;力求理论联系实际,以应用为主;力求符合新规范、新标准和有关技术法规,以符合建筑行业和企业对人才的需求。

  本书由山西职业技术学院郭永伟担任主编并统稿。具体的编写分工为:绪论及第 2、6、11 章由郭永伟编写;第 3、5 章由安阳职业技术学院徐毅安编写;第 4、12 章由内蒙古交通职业技术学院安希杰编写;第 7 章由重庆财经学院杨小川编写;第 1、8 章由陕西建筑职工大学秦浩编写;第 9 章由河南水利水电学校李四明编写;第 10、13 章由三峡中等专业学校郭晓霞编写。本书由武汉职业技术学院武敬担任主审,对全书结构提出了建设性的意见。

  在编写过程中编者参考了有关文献资料,并得到各级领导和学校老师的关怀和支持,在此表示谢意。

  由于编者水平有限,加之编写时间仓促,书中难免存在缺点或不足之处,恳切欢迎广大读者批评指正。

  本书配有电子教材,选用本教材的老师可拨打 13971389897 或发电子邮件到 1029102381@qq.com 索取。

编　者

2018 年 3 月

目　　录

0 绪 论

0.1 建筑施工技术课程的研究对象、任务和学习方法

"建筑施工技术"是建筑类相关专业的一门重要专业课,是研究工业与民用建筑施工技术的学科。其研究内容是建筑工程各主要工种工程施工中的一般施工技术和施工规律。一个建筑物由许多工种工程(如土方工程、砌筑工程、钢筋混凝土工程、结构安装工程、屋面工程、装饰工程等)组成,如何依据施工对象的特点、规模和实际情况,应用合适的施工技术和方法完成符合设计要求的工种工程,是建筑施工技术课程研究的主要内容。本课程研究的任务是,掌握建筑工程施工原理和施工方法,以及保证工程质量和施工安全的技术措施;同时,了解建筑施工领域的最新技术进展,并在建筑工程施工实践中灵活运用,建造符合设计要求的工业与民用房屋建筑。

建筑施工技术是一门知识面广、综合性强的专业技术课。它与建筑工程测量、建筑材料、建筑应用电工、房屋建筑学、建筑力学、建筑结构、建筑施工组织等课程密切相关,掌握和运用这些课程的理论知识和操作技能,是学好建筑施工技术课的保证。

建筑施工技术源于建筑工程施工实践,是一门实践性很强而且发展迅速的课程,所以教学中要求学生坚持理论联系实际的学习方法,除对基本理论、基本知识必须理解掌握之外,还要了解国内外施工技术的发展状况;要充分利用现代化教学手段,加强直观教学;有条件的地方,可结合建筑工程进行现场教学。注重课程设计、生产实习等实践教学环节,有助于对建筑施工技术的理解和掌握。

0.2 建筑工程施工质量验收统一标准与施工质量验收规范

原建设部会同国务院有关部门共同将1983年版各专业工种"施工及验收规范"和1988年版《建筑工程质量检验评定标准》合并、修订组成新的建筑工程质量验收体系,即《建筑工程施工质量验收统一标准》和各专业工种"施工质量验收规范",以统一建筑工程施工质量的验收方法、质量标准和验收程序。这套新规范的推行标志着我国适应市场经济的施工规范的全面实施。从事建筑工程管理和施工的工程技术人员,必须认真学习和贯彻执行这些规范。

0.2.1 《建筑工程施工质量验收统一标准》(GB 50300—2013)中关于施工质量控制的基本规定

(1) 施工现场质量管理应有相应的施工技术标准,健全的质量管理体系、施工质量检验制度和综合施工质量水平评定考核制度。

(2) 建筑工程应按下列规定进行施工质量控制:

① 建筑工程采用的主要材料、半成品、成品、建筑构配件、器具和设备应进行现场验收。凡涉及安全、节能、环境保护和主要使用功能的重要材料、产品,应按各专业工程施工规范、验

收规范和设计文件等规定进行复验,并应经监理工程师检查认可。

② 各施工工序应按施工技术标准进行质量控制,每道施工工序完成后,经施工单位自检符合规定后,才能进行下道工序施工。各专业工种之间的相关工序应进行交接检验,并应记录。

③ 对于监理单位提出检查要求的重要工序,应经监理工程师检查认可,才能进行下道工序施工。

(3) 建筑工程施工质量应按下列要求进行验收:

① 工程质量验收均应在施工单位自检合格的基础上进行;

② 参加工程施工质量验收的各方人员应具备相应的资格;

③ 检验批的质量应按主控项目和一般项目验收;

④ 对涉及结构安全、节能、环境保护和使用功能的试块、试件及材料,应在进场时或施工中按规定进行见证检验;

⑤ 隐蔽工程在隐蔽前应由施工单位通知监理单位进行验收,并应形成验收文件,验收合格后方可继续施工;

⑥ 对涉及结构安全、节能、环境保护和使用功能的重要分部工程应在验收前按规定进行抽样检验;

⑦ 工程的观感质量应由验收人员通过现场检查,并应共同确认;

⑧ 承担见证取样检测及有关结构安全检测的单位应具有相应资质。

0.2.2　施工质量验收规范

施工质量验收规范按工业与民用建筑工程中各专业工程(如建筑地基基础工程、砌体工程、混凝土结构工程等)分别修订、分册出版。各专业工程的施工质量验收规范的主要内容一般包括总则、术语、基本规定、分项工程施工质量验收标准和程序等。本教材就是以新的建筑工程施工质量验收体系的具体内容进行编写的。

建筑工程各专业工程施工质量验收规范必须与《建筑工程施工质量验收统一标准》配合使用。

0.2.3　与施质量验收有关的几个术语

(1) 进场验收

对进入施工现场的建筑材料、构配件、设备及器具等,按相关标准的要求进行检验,并对其质量、规格及型号等是否符合要求做出确认的活动。

(2) 检验批

按相同的生产条件或按规定的方式汇总起来供检验用的,由一定数量样本组成的检验体。

(3) 见证检验

施工单位在监理单位或建设单位的见证下,按照有关规定从施工现场随机抽取试样,送至具备相应资质的检测机构进行检验的活动。

(4) 复验

建筑材料、设备等进入施工现场后,在外观质量检查和质量证明文件核查符合要求的基础上,按照有关规定从施工现场抽取试样送至实验室进行检验的活动。

(5) 主控项目

建筑工程中对安全、节能、环境保护和主要使用功能起决定性作用的检验项目。

（6）一般项目

除主控项目以外的检验项目。

（7）观感质量

通过观察和必要的测试所反映的工程外在质量和功能状态。

（8）返修

对施工质量不符合标准规定的部位采取的整修等措施。

（9）返工

对施工质量不符合标准规定的部位采取的更换、重新制作、重新施工等措施。

0.3　建筑工程中新技术的应用

0.3.1　建筑施工新技术的发展状况

随着科技水平的不断提高，建筑施工技术水平也得到了相应的提高，特别是近年来，施工工程中不断出现的新技术和新工艺给传统的施工技术带来了较大的冲击。这一系列新技术的出现，不但突破了过去传统施工技术无法突破的技术瓶颈，引导了新的施工设备和施工工艺的出现。同时，新的施工技术使施工效率得到了空前提高，一方面它降低了工程成本、减少了工程的作业时间，另一方面更是提高了工程施工的安全可靠度，为整个施工项目的发展提供了一个更为广阔的舞台。

目前住房和城乡建设部重点推广的建筑业十项新技术包括地基基础和地下空间工程技术，混凝土技术，钢筋及预应力技术，模板及脚手架技术，钢结构技术，机电安装工程技术，绿色施工技术，防水技术，抗震、加固与改造技术，信息化应用技术。

0.3.2　施工新技术在具体工程中的应用

0.3.2.1　地基基础和地下空间工程技术

（1）灌注桩后注浆技术

灌注桩后注浆是指在灌注桩成桩后一定时间，通过预设在桩身内的注浆导管及与之相连的桩端、桩侧处的注浆阀注入水泥浆。注浆的目的一是通过桩底和桩侧后注浆加固桩底沉渣（虚土）和桩身泥皮，二是对桩底和桩侧一定范围的土体通过渗入（粗颗粒土）、劈裂（细粒土）和压密（非饱和松散土）注浆起到加固作用，从而增大桩侧阻力和桩端阻力，提高单桩承载力，减少桩基沉降。

在优化注浆工艺参数的前提下，可使单桩承载力提高 $40\% \sim 120\%$，粗粒土增幅高于细粒土增幅，桩侧、桩底复式注浆增幅高于桩底注浆增幅；桩基沉降减小 30% 左右。可利用预埋于桩身的后注浆钢导管进行桩身完整性超声检测，注浆用钢导管可取代等承载力桩身纵向钢筋。

（2）长螺旋钻孔压灌桩技术

长螺旋钻孔压灌桩技术是采用长螺旋钻机钻孔至设计标高，利用混凝土泵将混凝土从钻头底压出，边压灌混凝土边提升钻头直至成桩，然后利用专门振动装置将钢筋笼一次插入混凝土桩体，形成钢筋混凝土灌注桩。后插入钢筋笼的工序应在压灌混凝土工序后连续进行。与普通水下灌注桩施工工艺相比，这种技术由于不需要泥浆护壁，无泥皮、沉渣和泥浆污染，施工速度快,造价较低。

（3）水泥粉煤灰碎石桩（CFG 桩）复合地基技术

水泥粉煤灰碎石桩复合地基是由水泥、粉煤灰、碎石、石屑或砂加水拌和形成的高粘结强度桩（简称 CFG 桩），通过在基底和桩顶之间设置一定厚度的褥垫层以保证桩、土共同承担荷载,使桩、桩间土和褥垫层一起构成复合地基。桩端持力层应选择承载力相对较高的土层。水泥粉煤灰碎石桩复合地基具有承载力提高幅度大、地基变形小、适用范围广等特点。

（4）真空预压法加固软土地基技术

真空预压法是在需要加固的软黏土地基内设置砂井或塑料排水板,然后在地面铺设砂垫层,其上覆盖不透气的密封膜使软土与大气隔绝,然后通过埋设于砂垫层中的滤水管,用真空装置进行抽气,将膜内空气排出,因而在膜内外产生一个气压差,这部分气压差即变成作用于地基上的荷载。地基随着等向应力的增加而固结。

（5）土工合成材料应用技术

土工合成材料是一种新型的岩土工程材料,大致分为土工织物、土工膜、特种土工合成材料和复合型土工合成材料四大类。特种土工合成材料又包括土工垫、土工网、土工格栅、土工格室、土工膜袋和土工泡沫塑料等。复合型土工合成材料则是由上述有关材料复合而成。土工合成材料具有过滤、排水、隔离、加筋、防渗和防护六大功能及作用,目前国内已经将其广泛应用于建筑或土木工程的各个领域,并且已成功地研究、开发出了成套的应用技术。

（6）复合土钉墙支护技术

复合土钉墙是将土钉墙与一种或几种单项支护技术或截水技术有机组合成的复合支护体系,它的构成要素主要有土钉、预应力锚杆、截水帷幕、微型桩、挂网喷射混凝土面层、原位土体等。

复合土钉墙支护具有轻型、机动灵活、适用范围广、支护能力强、可做超前支护等优点,并兼备支护、截水等功能。在实际工程中,组成复合土钉墙的各项技术可根据工程需要进行灵活的有机结合,形式多样。复合土钉墙是一项技术先进、施工简便、经济合理、综合性能突出的基坑支护技术。

（7）型钢水泥土复合搅拌桩支护结构技术

型钢水泥土复合搅拌桩支护结构同时具有抵抗侧向土水压力和阻止地下水渗漏的功能。其主要技术内容是:通过特制的多轴深层搅拌机自上而下将施工场地原位土体切碎,同时从搅拌头处将水泥浆等固化剂注入土体并与土体搅拌均匀,通过连续的重叠搭接施工,形成水泥土地下连续墙;在水泥土硬凝之前,将型钢插入墙中,形成型钢与水泥土的复合墙体。

该技术的特点是:施工时对邻近土体扰动较小,故不至于对周围建筑物、市政设施造成危害;可做到墙体全长无接缝施工,墙体水泥土渗透系数 k 可达 $10^{-7}\,\mathrm{cm/s}$,因而具有可靠的止水性;成墙厚度可低至 $550\mathrm{mm}$,故围护结构占地和施工占地大大减少;废土外运量少,施工时无振动、无噪声、无泥浆污染;工程造价较常用的钻孔灌注排桩方法节省 $20\%\sim30\%$。

（8）工具式组合内支撑技术

工具式组合内支撑技术是在混凝土内支撑技术的基础上发展起来的一种内支撑结构体系,主要利用组合式钢结构构件截面灵活可变、加工方便、适用性广的特点,可在各种地质情况和复杂周边环境下使用。该技术具有施工速度快、支撑形式多样、计算理论成熟、可拆卸重复利用、节省投资等优点。

（9）逆作法施工技术

逆作法是建筑基坑支护的一种施工技术,它通过合理利用建(构)筑物地下结构自身的抗力,达到支护基坑的目的。逆作法是将地下结构的外墙作为基坑支护的挡墙(地下连续墙),将结构的梁板作为挡墙的水平支撑,将结构的框架柱作为挡墙支撑立柱的自上而下作业的基坑支护施工方法。根据基坑支撑方式,逆作法可分为全逆作法、半逆作法和部分逆作法三种。逆作法设计施工的关键是节点问题的解决,即墙与梁板、柱与梁板的连接优良,它关系到结构体系的协调工作和建筑功能的实现。其技术特点是节地、节材、环保、施工效率高、施工总工期短。

0.3.2.2 混凝土技术

(1)高耐久性混凝土

高耐久性混凝土是通过对原材料的质量控制和生产工艺的优化,并采用优质矿物微细粉和高效减水剂作为必要组分来生产的具有良好施工性能、满足结构所要求的各项力学性能以及耐久性非常优良的混凝土。

(2)高强高性能混凝土

高强高性能混凝土(简称 HS-HPC)是强度等级超过 C80 的 HPC,其特点是具有更高的强度和耐久性,用于超高层建筑底层柱和梁,与普通混凝土结构具有相同的配筋率,可以显著地缩小结构断面,增大使用面积和空间,并达到更高的耐久性。

(3)自密实混凝土技术

自密实混凝土(Self-Compacting Concrete,SCC),指混凝土拌合物不需要振捣,仅依靠自重即能充满模板、包裹钢筋并能够保持不离析和均匀性,达到充分密实和获得最佳性能的混凝土,属于高性能混凝土的一种。自密实混凝土技术主要包括自密实混凝土流动性、填充性、保塑性控制技术,自密实混凝土配合比设计,自密实混凝土早期收缩控制技术。

(4)轻骨料混凝土

轻骨料混凝土是指采用轻骨料的混凝土,其表观密度不大于 1900kg/m³。它具有轻质、高强、保温和耐火等特点,并且变形性能良好,弹性模量较低,在一般情况下收缩和徐变也较大。

轻骨料混凝土应用于工业与民用建筑及其他工程,可减轻结构自重、节约材料用量、提高构件运输和吊装效率、减少地基荷载及改善建筑物功能等。

轻骨料混凝土按其在建筑工程中的用途不同,分为保温轻骨料混凝土、结构保温轻骨料混凝土和结构轻骨料混凝土。此外,轻骨料混凝土还可以用作耐热混凝土,代替窑炉内衬。

(5)纤维混凝土

纤维混凝土是指掺加短钢纤维或合成纤维作为增强材料的混凝土。钢纤维的掺入能显著提高混凝土的抗拉强度、抗弯强度、抗疲劳特性及耐久性;合成纤维的掺入可提高混凝土的韧性,特别是可以阻断混凝土内部毛细管通道,因而减少混凝土暴露面的水分蒸发,大大减少混凝土塑性裂缝和干缩裂缝。

(6)预制混凝土装配整体式结构施工技术

预制混凝土装配整体式结构施工,指采用工业化生产方式,将工厂生产的主体构配件(梁、板、柱、墙以及楼梯、阳台等)运到现场,使用起重机械将构配件吊装到设计指定的位置,再用预留插筋孔压力注浆、键槽后浇混凝土或后浇叠合层混凝土等方式将构配件及节点连成整体的施工方法。它具有建造速度快、质量易于控制、节省材料、降低工程造价、构件外观质量好、耐久性好以及减少现场湿作业、低碳环保等诸多优点。尤其是预应力叠合梁、叠合板组成的楼盖结构,更具有承载力大、整体性好、抗裂度高、减少构件截面、减轻结构自重和节省钢筋等特点,完全符合"四节一环保"的绿色施工标准。其主要结构形式有预制预应力混凝土装配整体式框架结构,预制预应力混凝土装配整体式剪力墙结构,预制预应力混凝土叠合梁、板、楼盖结构,预制钢筋混凝土框架结构,预制钢筋混凝土剪力墙结构等。

0.3.2.3　钢筋及预应力技术

(1) 高强钢筋应用技术

高强钢筋是指现行国家标准规定的屈服强度为 400MPa 和 500MPa 级的普通热轧带肋钢筋(HRB)和细晶粒热轧带肋钢筋(HRBF)。普通热轧钢筋(HRB)多采用 V、Nb 或 Ti 等微合金化工艺进行生产,其工艺成熟,产品质量稳定,钢筋综合性能好。细晶粒热轧钢筋(HRBF)通过控轧和控冷工艺获得超细组织,从而在不增加合金含量的基础上提高钢材的性能。细晶粒热轧钢筋焊接工艺要求高于普通热轧钢筋,应用中应予以注意。经过多年的技术研究、产品开发和市场推广,目前 400MPa 级钢筋已得到一定应用,500MPa 级钢筋开始应用。

高强钢筋应用技术主要有设计应用技术、钢筋代换技术、钢筋加工及连接锚固技术等。

(2) 钢筋焊接网应用技术

钢筋焊接网是一种在工厂用专门的焊网机焊接成型的网状钢筋制品。纵、横向钢筋分别以一定间距相互垂直排列,全部交叉点均用电阻点焊,采用多头点焊机用计算机自动控制生产,焊接前后钢筋的力学性能几乎没有变化。

目前主要采用 CRB550 级冷轧带肋钢筋和 HRB400 级热轧钢筋制作焊接网。焊接网工程应用较多,技术成熟,主要包括钢筋调直切断技术、钢筋网制作配送技术、布网设计与施工安装技术等。

采用焊接网可显著提高钢筋工程质量,大量减少现场钢筋安装工时,缩短工期,适当节省钢材,具有较好的综合经济效益,特别适用于大面积混凝土工程。

(3) 建筑用成型钢筋制品加工与配送

建筑用成型钢筋制品加工与配送是指在固定的加工厂,利用专业的机械设备经过一定的加工工艺程序,将盘条或直条钢筋制成钢筋制品供应给项目工程。钢筋专业化加工与配送技术主要包括:

① 钢筋制品加工前的优化套裁、任务分解与管理。
② 线材专业化加工——钢筋强化加工,带肋钢筋的开卷矫直,箍筋加工成型等。
③ 棒材专业化加工——定尺切断,弯曲成型,钢筋直螺纹加工成型等。
④ 钢筋组件专业化加工——钢筋焊接网,钢筋笼,梁,柱等。
⑤ 钢筋制品的科学管理、优化配送。

钢筋专业化加工主要由经过专门设计、配置的钢筋专用加工机械完成,加工机械主要有钢筋冷拉机、钢筋冷拔机、冷轧带肋钢筋成型机、钢筋冷轧扭机、钢筋调直切断机、钢筋切断机、钢筋弯曲机、钢筋弯箍机、钢筋网成型机、钢筋笼成型机、钢筋连接接头加工机械及其他辅助设备。

0.3.2.4　模板及脚手架技术

(1) 清水混凝土模板技术

清水混凝土工程是直接利用混凝土成型后的自然质感作为饰面效果的混凝土工程,分为普通清水混凝土、饰面清水混凝土和装饰清水混凝土。清水混凝土表面质量的最终效果取决于清水混凝土模板的设计、加工、安装和节点细部处理。

(2) 钢(铝)框胶合板模板技术

钢(铝)框胶合板模板是一种模数化、定型化的模板,具有质量轻、通用性强、刚度好、板面平整、技术配套、配件齐全的特点,模板面板周转使用次数 30～50 次,钢(铝)框骨架周转使用次数 100～150 次,每次摊销费用少,技术经济效果显著。

(3)塑料模板技术

塑料模板是以聚丙烯等硬质塑料为基材,加入玻璃纤维、剑麻纤维、防老化助剂等增强材料,经过复合层压等工艺制成的一种工程塑料,可锯、可钉、可刨、可焊接、可修复,其板材镶于钢框内或钉在木框上所制成的塑料模板能代替木模板、钢模板使用,既环保节能,又能保证质量,施工操作简单,节约成本,减轻工人劳动强度,减少钢材、木材用量,最后还能回收利用。

塑料模板表面光滑,易于脱模,质量轻,耐腐蚀性好,周转次数多,可回收利用,对资源浪费少,有利于环境保护,符合国家节能环保要求。

(4)插接式钢管脚手架及支撑架技术

插接式钢管脚手架及支撑架适应性强,除搭设一些常规脚手架外,还可搭设悬挑结构、悬跨结构、整体移动、整体吊装架体等。

(5)盘销式钢管脚手架及支撑架技术

盘销式钢管脚手架的立杆上每隔一定距离焊有圆盘,横杆、斜拉杆两端焊有插头,通过敲击楔形插销将焊接在横杆、斜拉杆的插头与焊接在立杆的圆盘锁紧。盘销式钢管脚手架分为 $\phi60$ 系列重型支撑架和 $\phi48$ 系列轻型脚手架两大类。

0.3.2.5 钢结构技术

(1)厚钢板焊接技术

在高层建筑、大跨度工业厂房、大型公共建筑、塔桅结构等钢结构工程中,应用厚钢板焊接技术的主要内容有:①厚钢板抗层状撕裂 Z 向性能级别钢材的选用;②焊缝接头形式的合理设计;③低氢型焊接材料的选用;④焊接工艺的制定及评定,指标包括焊接参数、工艺、预热温度、后热措施或保温时间;⑤分层分道焊接顺序;⑥消除焊接应力措施;⑦缺陷返修预案;⑧焊接收缩变形的预控与纠正措施。

(2)大型钢结构滑移安装施工技术

大跨度空间结构与大型钢构件在施工安装时,为加快施工进度、减少胎架用量、节约大型设备、提高焊接安装质量,可采用滑移施工技术。它是在建筑物的一侧搭设一条施工平台,在建筑物两边或跨中铺设滑道,所有构件都在施工平台上组装,分条组装后用牵引设备向前牵引滑移(可用分条滑移或整体累积滑移)。结构整体安装完毕并滑移到位后,拆除滑道实现就位。

滑移可分为结构直接滑移、结构和胎架一起滑移、胎架滑移等多种方式。牵引系统有卷扬机牵引、液压千斤顶牵引与顶进系统等。

(3)钢与混凝土组合结构技术

型钢与混凝土组合结构主要包括钢管混凝土柱,十字形、H 形、箱形、组合型钢骨混凝土柱,箱形、H 形钢骨梁,型钢组合梁等。钢管混凝土可显著减小柱的截面尺寸,提高承载力;钢骨混凝土承载能力高,刚度大且抗震性能好;组合梁承载能力高且高跨比小。

钢管混凝土施工简便,梁柱节点采用内环板或外环板式,施工与普通钢结构一致,钢管内的混凝土可采用高抛免振捣混凝土,或顶升法施工钢管混凝土。关键技术是设计合理的梁柱节点与确保钢管内浇捣混凝土的密实性。

钢骨混凝土除了具有钢结构的优点外,还具备混凝土结构的优点,同时结构具有良好的防火性能。其关键技术是合理解决梁柱节点区钢筋的穿筋问题,以确保节点良好的受力性能与加快施工速度。

组合梁是在钢梁上部浇筑混凝土,形成混凝土受压、钢结构受拉的截面合理受力形式,充分发挥钢与混凝土各自的受力性能。组合梁施工时,钢梁可作为模板的支撑。组合梁设计时既要确保钢梁与混凝土结合面的抗剪性能,又要充分考虑钢梁各工况下从施工到正常使用各阶段的受力性能。

0.3.2.6　绿色施工技术

(1) 基坑施工封闭降水技术

基坑施工封闭降水技术是指采用基坑侧壁帷幕或基坑侧壁帷幕＋基坑底封底的截水措施,阻截基坑侧壁及基坑底面的地下水流入基坑,同时采用降水措施抽取或引渗基坑开挖范围内的现存地下水的降水方法。

在我国南方沿海地区宜采用地下连续墙或护坡桩＋搅拌桩止水帷幕的地下水封闭措施,北方内陆地区宜采用护坡桩＋旋喷桩止水帷幕的地下水封闭措施。河流阶地地区宜采用双排或三排搅拌桩对基坑进行封闭同时兼做支护的地下水封闭措施。

(2) 施工过程水回收利用技术

基坑施工降水回收利用技术一般包含两种技术:一是利用自渗效果将上层滞水引渗至下层潜水层中,可使大部分水资源重新回灌至地下的回收利用技术;二是将降水所抽水体集中存放,用于生活用水中洗漱、冲刷厕所及现场洒水控制扬尘,经过处理或水质达到要求的水体可用于结构养护用水、基坑支护用水,如土钉墙支护用水、土钉孔灌注水泥浆液用水,以及混凝土试块养护用水、现场砌筑抹灰施工用水等的回收利用技术。

(3) 外墙体自保温体系施工技术

墙体自保温体系是指以蒸压加气混凝土、陶粒增强加气砌块和硅藻土保温砌块(砖)等制成的蒸压粉煤灰砖、蒸压加气混凝土砌块和陶粒砌块等为墙体材料,辅以节点保温构造措施的自保温体系,可满足夏热冬冷地区和夏热冬暖地区节能50%的设计标准。

(4) 粘贴保温板外保温系统施工技术

粘贴保温板外保温系统施工技术是指将燃烧性能符合要求的聚苯乙烯泡沫塑料板粘贴于外墙外表面,在保温板表面涂抹抹面胶浆并铺设增强网,然后做饰面层的施工技术。聚苯板与基层墙体的连接有粘结和粘锚结合两种方式。保温板为模塑聚苯板(EPS板)或挤塑聚苯板(XPS板)。

外墙外保温岩棉(矿棉)施工技术是指用胶黏剂将岩(矿)棉板粘贴于外墙外表面,并用专用岩棉锚栓将其锚固在基层墙体,然后在岩(矿)棉板表面抹聚合物砂浆并铺设增强网,然后做饰面层。其特点是防火性能好。

(5) 现浇混凝土外墙外保温施工技术

① TCC 建筑保温模板施工技术

TCC 建筑保温模板体系是一种保温与模板一体化的保温模板体系。该技术将保温板辅以特制支架形成保温模板,在需要保温的一侧代替传统模板,并同另一侧的传统模板配合使用,共同组成模板体系。模板拆除后结构层和保温层即成型。

② 现浇混凝土外墙外保温施工技术

现浇混凝土外墙外保温施工技术是指在墙体钢筋绑扎完毕后,浇灌混凝土墙体前,将保温板置于外模内侧,浇灌混凝土完毕后,保温层与墙体有机地结合在一起。聚苯板可以是 EPS,也可以是 XPS。当采用 XPS 时,表面应做拉毛、开槽等加强粘结性能的处理,并涂刷配套的界面剂。按聚苯板与混凝土的连接方式不同可分为以下两种:

A. 有网体系:外表面有梯形凹槽和带斜插丝的单面钢丝网架聚苯板(EPS 或 XPS),在聚苯板内外表面及钢丝网架上喷涂界面剂,将带网架的聚苯板安装于墙体钢筋之外,用塑料锚栓穿过聚苯板与墙体钢筋绑扎,安装内外大模板,浇灌混凝土墙体,拆模后有网聚苯板与混凝土墙体连接成一体。

B. 无网体系:采用内表面带槽的阻燃型聚苯板(EPS 或 XPS),其内外表面喷涂界面剂,安装于墙体钢筋之外,用塑料锚栓穿过聚苯板与墙体钢筋绑扎,安装内外大模板,浇灌混凝土墙体,拆模后聚苯板与混凝土墙体连接成一体。

(6)硬泡聚氨酯喷涂保温施工技术

外墙硬泡聚氨酯喷涂施工技术是指将硬质发泡聚氨酯喷涂到外墙外表面,并达到设计要求的厚度,然后做界面处理,抹胶粉聚苯颗粒保温浆料找平,薄抹抗裂砂浆,铺设增强网,再做饰面层。

(7)铝合金窗断桥技术

隔热断桥铝合金的原理是:在铝型材中间穿入隔热条,将铝型材断开形成断桥,有效阻止热量的传导。隔热铝合金型材门窗的热传导性比非隔热铝合金型材门窗的降低 40%~70%。中空玻璃断桥铝合金门窗自重轻,强度高,加工装配精密、准确,因而开闭轻便灵活,无噪声,密度仅为钢材的 1/3,隔音性好。

断桥铝合金窗指采用隔热断桥铝型材、中空玻璃、专用五金配件、密封胶条等辅件制作而成的节能型窗。其主要特点是采用断热技术将铝型材分为室内、室外两部分,采用的断热技术包括穿条式和浇注式两种。

(8)太阳能与建筑一体化应用技术

太阳能与建筑一体化是指在建筑规划设计之初,利用屋面构架、建筑屋面、阳台、外墙及遮阳等,将太阳能利用纳入设计内容,使之成为建筑的一个有机组成部分。

太阳能与建筑一体化分为太阳能与建筑光热一体化和光电一体化。

太阳能与建筑光热一体化是利用太阳能转化为热能的技术,建筑上直接利用的方式有:①利用太阳能空气集热器进行供暖;②利用太阳能热水器提供生活热水;③基于集热—储热原理的间接加热式被动太阳房;④利用太阳能加热空气产生的热压增强建筑通风。

太阳能与建筑光电一体化是指利用太阳能电池将白天的太阳能转化为电能,电能由蓄电池储存起来,晚上在放电控制器的控制下释放出来,供室内照明和其他需要。光电池组件由多个单晶硅或多晶硅单体电池通过串并联组成,其主要作用是把光能转化为电能。

0.3.2.7 防水技术

(1)地下工程预铺反粘防水技术

地下工程预铺反粘防水技术采用的材料是高分子自粘胶膜防水卷材。它是在一定厚度的高密度聚乙烯卷材上涂覆一层非沥青类高分子自粘胶层和耐候层复合制成的多层复合卷材。其特点是具有较高的断裂拉伸强度和撕裂强度,胶膜的耐水性好,一二级防水工程单层使用时也可满足防水要求。采用预铺反粘法施工时,在卷材表面的胶粘层直接浇筑混凝土,混凝土固化后,与胶粘层形成完整连续的粘接。这种粘接是由液态混凝土与整体合成胶相互勾锁而形成。高密度聚乙烯主要提供高强度;自粘胶层提供很好的粘接性能,可以承受结构产生裂纹所造成的影响;耐候层既可以使卷材在施工时适当外露,同时提供不粘的表面供工人行走,使得后道工序可以顺利进行。

该卷材采用全新的施工方法进行铺设：卷材使用于平面时，将高密度聚乙烯面朝向垫层进行空铺；卷材使用于立面时，将卷材固定在支护结构面上，胶粘层朝向结构层，在搭接部位临时固定卷材。防水卷材施工后，不需铺设保护层，可以直接进行绑扎钢筋、支模板、浇筑混凝土等后续工序施工。

混凝土浇筑过程中，未凝固混凝土与卷材的耐候层和胶粘层接触、作用，在混凝土固化后卷材与混凝土之间形成牢固连续的粘接，实现对结构混凝土直接的防水保护，防止防水层局部破坏时外来水在防水层和结构混凝土之间窜流。该技术在提高防水层对结构保护可靠性的同时大幅度降低可能发生的漏水维修难度和费用。

（2）预备注浆系统施工技术

预备注浆系统是地下建筑工程混凝土结构接缝防水施工技术。混凝土结构施工时，将具有单透性、不易变形的注浆管预埋在接缝中，当接缝渗漏时，向注浆管系统设定在构筑物外表面的导浆管端口中注入灌浆液，即可密封接缝区域的任何缝隙和孔洞，并终止渗漏。与传统的接缝处理方法相比，不仅材料性能优异、安装简便，而且节省工期和费用，并在不破坏结构的前提下，确保接缝处不渗漏水，是一种先进、有效的接缝防水措施。

当采用普通水泥、超细水泥或者丙烯酸盐化学浆液时，系统可用于多次重复注浆。利用这种先进的预备注浆系统可以达到"零渗漏"的效果。如果构筑物将来出现渗漏，可重复注浆管系统也可以提供完整的维护方案。

预备注浆系统是由注浆管系统、灌浆液和注浆泵组成。注浆管系统由注浆管、连接管、导浆管、固定夹、塞子、接线盒等组成。注浆管分为一次性注浆管和可重复注浆管两种。

（3）丙烯酸盐灌浆液混凝土裂隙渗漏治理及地基基础防渗施工技术

第二代丙烯酸盐化学灌浆液是一种新型防水堵漏材料，它用一种新的交联剂替换了第一代丙烯酸盐化学灌浆液中的交联剂 N,N-亚甲基双丙烯酰胺，浆液中不含有酰胺基团的化合物，更符合环保的要求。同时添加了促使丙烯酸盐化学灌浆液的凝胶在水中膨胀的成分，进一步提高了防渗效果。

丙烯酸盐灌浆液是一种防渗堵漏材料，它可以灌入混凝土的细微孔隙中，生成不透水的凝胶，填充混凝土的细微孔隙，达到防渗堵漏的目的。

（4）聚乙烯丙纶防水卷材与非固化型防水粘结料复合防水施工技术

聚乙烯丙纶是由上下两层长丝丙纶无纺布和中间芯层线性低密度聚乙烯一次加工复合而成的防水卷材。

非固化型防水粘结料是由橡胶、沥青改性材料和特种添加剂制成的弹塑性膏状体，与空气长期接触不固化的防水材料。

施工时先将非固化型防水粘结料涂刮于基面上，然后将聚乙烯丙纶防水卷材粘贴在上部，卷材与卷材之间也采用非固化型防水粘结料粘结，从而形成复合防水层。其特点是冷施工、环保，并可在低温及潮湿基面上施工。

聚乙烯丙纶防水卷材与非固化型防水粘结料复合强化了防水功能。非固化型防水粘结料可吸收基层开裂产生的拉应力，适应基层变形能力强，并可以自愈合。虽然卷材是满粘，但同时又达到了空铺的效果，既不窜水，又能够适应基层开裂变形。

0.3.2.8　信息化应用技术

（1）高精度自动测量控制技术

应用工程测量与定位信息化技术,建立特殊工程测量处理数据库,解决大型复杂或超高建筑工程中传统测量方法难以解决的测量速度、精度、变形等技术难题,实现对工程施工进度、质量、安全的有效控制。

(2)施工现场远程监控管理工程远程验收技术

利用远程数字视频监控系统和基于射频技术的非接触式技术或 3G 通信技术对工程现场施工情况及人员进出场情况进行实时监控,通过信息化手段实现对工程的监控和管理。该技术的应用不但要能实现现场的监控,还要具有通过监控发现问题,通过信息化手段整改反馈并检查记录的功能。

工程项目远程验收是应用远程验收和远程监控系统,通过视频信息随时了解和掌握工程进展,远程协调与指挥工作,能够实现将施工现场的图像、语音通过网络传输到任何能上网的地点,实现与现场完全同步、实时的图像效果,通过视频语音通信客户端软件,对工程项目进行远程验收和监控,并能实现将现场图像实时显示并存储下来。

(3)工程量自动计算技术

工程量和钢筋量的计算是工程建设过程中的重要环节,其工作贯穿于项目招投标、工程设计、施工、验收、结算的全过程。其特点是工作量大、内容繁杂,需要技术人员做大量细致、重复的计算工作。工程量自动计算技术是建立在二维或三维模型数据共享基础上,应用于建模、工程量统计、钢筋统计等过程,实现砌体、混凝土、装饰、基础等各部分的自动算量。

(4)建设工程资源计划管理技术

该技术以管理的规范化为基础、管理的流程化为手段、项目财务成本处理的透明化为目标实现对建设工程资源的有效管理。

建设行业的管理基础是工程项目,无论管理面多宽、链条长短,最终都要落实到工程项目管理这一层级上来,因此如何实现各级管理层次对工程项目主要人、财、物等资源的分权管理,明确各方的责、权、利,实现项目管理的透明化,保障项目的工期和投资成效,是建设工程项目管理技术的核心。

(5)项目多方协同管理信息化技术

项目多方协同管理信息化技术是以 Internet 为通信工具,以现代计算机技术、大型服务器和数据库技术、存储技术为支撑,以协同管理理念为基础,以协同管理平台为手段,将工程项目实施的多个参与方(投资、建设、管理、施工等各方)、多个阶段(规划、审批、招投标、施工、分包、验收、运营等)、多个管理要素(人、财、物、技术、资料等)进行集成管理的技术。

项目多方协同管理信息化技术是工程项目管理信息化技术应用领域最前沿的技术。

(6)塔式起重机安全监控管理系统应用技术

塔式起重机是机械化施工中必不可少的关键设备。由于建筑业的快速发展,建筑起重机在用数量急剧增加,目前已达二十多万台。在起重机众多事故中违章操作、超载所引发的事故占 60% 以上。国际上早在 1998 年就对塔式起重机全面实施了安全监控管理,并列入了强制性标准,使事故减少了 80% 以上。

建筑起重机安全监控系统由工作显示系统、专用传感器、数据通信传输系统、安全软硬件、工作机构等组成。监控系统的应用可以从根本上改变塔式起重机的管理方式,做到事先预防事故,变单一的行政管理、间歇性检查式的管理为实时的、连续的科技信息化管理,变被动管理为主动管理,最终达到减少乃至消灭塔式起重机因违章操作和超载而引发事故的目的。

模块 1　土方工程

知识目标

(1)土的工程性质对施工的影响;

(2)土方机械的性能、特点及提高效率采用的方法;

(3)土方施工的准备工作和辅助工作内容;

(4)坑(槽)挖掘、土方回填的施工工艺要求;

(5)地基处理的方法。

技能目标

根据施工现场的实际情况、工作性质、工程量的大小和地表(下)水情况:

(1)能判断土的类别,正确选择土方机械和施工方法;

(2)依据网格图、断面图计算场地平整的土方量;

(3)组织浅基础坑(槽)检查验收工作;

(4)编制一个单位工程的土方施工方案。

建筑工程的整个施工过程中,第一项工程为土方工程,即施工场地的处理。土方工程包括场地平整,基坑沟槽、路基和地下建筑物、构筑物的开挖、运输、填筑、压实土方等工作内容。

土方工程具有工程量大,施工工期长,施工条件复杂,工人劳动强度大等特点。土方工程多是露天作业,受气候、季节、水文、地质影响大,在雨季和冬季施工时更为困难。因此,要合理安排与组织土方工程施工,注意做好排水降水和土壁稳定的技术措施,改善施工条件;尽量采用机械化和先进技术施工,充分发挥机械效率,减轻繁重的体力劳动,加快施工速度,缩短工期,提高劳动生产率及降低工程成本,为整个建筑工程提供一个平整、坚实、干燥的施工场地,并为基础工程施工做好准备。

1.1　土的分类及工程性质

1.1.1　土的分类与鉴别

土方工程施工和工程预算定额中,按土开挖的难易程度将土分为松软土、普通土、坚土、砂砾坚土、软石、次坚石、坚石、特坚硬石等八类。松土和普通土可直接用铁锹开挖,或用铲运机、推土机、挖土机施工;坚土、砂砾坚土和软石要用镐、撬棍开挖,或预先松土,部分用爆破的方法施工;次坚石、坚石和特坚硬石一般要用爆破方法施工。正确区分和鉴别土的种类,可以合理选择施工方法和准确套用定额计算土方工程费用。土的工程分类与现场鉴别方法如表1.1所示。

表 1.1　土的工程分类与现场鉴别方法

土的分类	土 的 名 称	可松性系数		现场鉴别方法
		K_s	K_s'	
一类土（松软土）	砂,亚砂土,冲积砂土层,种植土,泥炭（淤泥）	1.08～1.17	1.01～1.03	能用锹、锄头挖掘
二类土（普通土）	亚黏土,潮湿的黄土,夹有碎石、卵石的砂,种植土、填筑土及亚砂土	1.14～1.28	1.02～1.05	用锹、锄头挖掘,少许用镐翻松
三类土（坚土）	软及中等密实黏土,重亚黏土,粗砾石,干黄土及含碎石、卵石的黄土、亚黏土,压实的填筑土	1.24～1.30	1.04～1.07	主要用镐,少许用锹、锄头挖掘,部分用撬棍
四类土（砂砾坚土）	重黏土及含碎石、卵石的黏土,粗卵石,密实的黄土,天然级配砂石,软泥灰岩及蛋白石	1.26～1.32	1.06～1.09	整个用镐、撬棍,然后用锹挖掘,部分用楔子及大锤
五类土（软石）	硬石炭纪黏土,中等密实的页岩、泥灰岩、白垩土,胶结不紧的砾岩,软的石灰岩	1.30～1.45	1.10～1.20	用镐或撬棍、大锤挖掘,部分使用爆破方法
六类土（次坚石）	泥岩,砂岩,砾岩,坚实的页岩、泥灰岩,密实的石灰岩,风化花岗岩,片麻岩	1.30～1.45	1.10～1.20	用爆破方法开挖,部分用风镐
七类土（坚石）	大理岩,辉绿岩,玢岩,粗、中粒花岗岩,坚实的白云岩,砂岩,砾岩,片麻岩,石灰岩,风化痕迹的安山岩、玄武岩	1.30～1.45	1.10～1.20	用爆破方法开挖
八类土（特坚硬石）	安山岩,玄武岩,花岗片麻岩,坚实的细粒花岗岩,闪长岩,石英岩,辉长岩,辉绿岩,玢岩	1.45～1.50	1.20～1.30	用爆破方法开挖

注:K_s—最初可松性系数;K_s'—最终可松性系数。

1.1.2　土的工程性质

土的工程性质对土方工程的施工方法、机械设备的选择、劳动力消耗及工程费用等有直接的影响,其基本的工程性质有:

1.1.2.1　土的含水量

土的含水量（w）是土中水的质量与固体颗粒质量之比的百分率,用下式表示:

$$w = \frac{m_湿 - m_干}{m_干} \times 100\% = \frac{m_w}{m_s} \times 100\% \tag{1.1}$$

式中　$m_湿$——含水状态土的质量,kg;

　　　$m_干$——烘干后土的质量,kg;

　　　m_w——土中水的质量,kg;

　　　m_s——固体颗粒的质量,kg。

土的含水量随气候条件、雨雪和地下水的影响而变化,对土方边坡的稳定性及填方密实程度有直接的影响。因此,土方开挖时对含水量过大的土应采取排水措施,并对土壁进行支撑或放坡;回填土时,土料的含水量应在最佳含水量的范围内,以便得到最大的密实度。

1.1.2.2　土的天然密度和干密度

在天然状态下,单位体积土的质量称为土的天然密度。它与土的密实程度和含水量有关。一般,黏土天然密度为 1800~2000kg/m³,砂土为 1600~2000kg/m³。在土方运输中,汽车载重量折算体积时,常用土的天然密度。土的天然密度按下式计算:

$$\rho = \frac{m}{V} \tag{1.2}$$

式中　ρ——土的天然密度,kg/m³;

　　　m——土的总质量,kg;

　　　V——土的体积,m³。

干密度是土的固体颗粒质量与总体积的比值,用下式表示:

$$\rho_d = \frac{m_S}{V} \tag{1.3}$$

式中　ρ_d——土的干密度,kg/m³;

　　　m_S——固体颗粒质量,kg;

　　　V——土的体积,m³。

在一定程度上,土的干密度反映了土的颗粒排列紧密程度。土的干密度愈大,表示土愈密实。工程上常把干密度作为评定土体密实程度的标准,以控制填土工程的质量。人工夯实或机械压实的填方工程,应使土达到设计要求的密实度。土的密实程度主要通过检验填方土的干密度和含水量来控制。

1.1.2.3　土的可松性系数

天然土经开挖后,其体积因松散而增加,虽经振动夯实,仍然不能完全复原,土的这种性质称为土的可松性。土的可松性用可松性系数表示,即

$$K_S = \frac{V_2}{V_1} \tag{1.4}$$

$$K_S' = \frac{V_3}{V_1} \tag{1.5}$$

式中　K_S,K_S'——土的最初、最终可松性系数;

　　　V_1——土在天然状态下的体积,m³;

　　　V_2——土挖出后在松散状态下的体积,m³;

　　　V_3——土经压(夯)实后的体积,m³。

土的最初可松性系数 K_S 是计算车辆装运土方体积及选择挖土机械的主要参数;土的最终可松性系数是计算填方所需挖土工程量的主要参数。各类土的可松性系数如表 1.1 所示。

1.1.2.4　土的渗透性

土的渗透性是指土体被水透过的性质。当基坑(槽)开挖至地下水位以下时,地下水平衡被破坏,土体孔隙中的自由水在重力作用下发生流动。

土的渗透性用渗透系数表示。渗透系数表示单位时间内水穿透土层的能力,以 m/d 表示。它同土的颗粒级配、密实程度等有关,是人工降低地下水位及选择各类井点的主要参数。根据土的渗透系数不同,可分为透水性土(如砂土)和不透水性土(如黏土)。土的渗透性能影响施工降水与排水速度。土的渗透系数如表 1.2 所示。

表 1.2 土的渗透系数参考表

土 的 名 称	渗透系数(m/d)	土 的 名 称	渗透系数(m/d)
黏 土	<0.005	中 砂	5.00～20.00
亚 黏 土	0.005～0.10	均质中砂	35～50
轻亚黏土	0.10～0.50	粗 砂	20～50
黄 土	0.25～0.50	圆砾石	50～100
粉 砂	0.50～1.00	卵 石	100～500
细 砂	1.00～5.00		

1.2 土方量计算

土方工程量是编制土方工程施工组织设计的重要数据,是采用人工挖掘时组织劳动力,或采用机械施工时计算机械台班和工期的依据。土方量计算要尽可能准确。

1.2.1 基坑与基槽土方量计算

基坑土方量可按立体几何中拟柱体(由两个平行的平面作底的一种多面体)体积公式计算(图 1.1),即

$$V=\frac{H}{6}(A_1+4A_0+A_2) \tag{1.6}$$

式中　V——基坑土方工程量,m^3;

　　　H——基坑深度,m;

　　　A_1,A_2——基坑上、下底的面积,m^2;

　　　A_0——基坑中截面的面积,m^2。

基槽土方量计算可沿长度方向分段计算(图 1.2):

$$V_1=\frac{L_1}{6}(A_1+4A_0+A_2) \tag{1.7}$$

式中　V_1——第一段的土方量,m^3;

　　　L_1——第一段的长度,m;

　　　A_1,A_2——第一段基槽两端的面积,m^2;

　　　A_0——第一段基槽中截面的面积,m^2。

将各段土方量相加即得总土方量:

$$V=V_1+V_2+\cdots+V_n \tag{1.8}$$

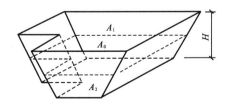

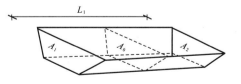

图 1.1 基坑土方量计算　　　　　　　图 1.2 基槽土方量计算

1.2.2 场地平整土方量计算

建筑工程开工前要进行场地平整,包括在施工区域内处理地上、地下障碍物,拆除原有建

筑物地下管线,排除地表积水,清理耕植土、淤泥等,为施工队伍和机械设备进场做好准备。对于较平坦的自然地面,进行 300mm 以内挖填和找平工作,将地面平整为设计标高要求的平面。对于在地形起伏的山区、丘陵地带修建较大厂房、体育场、车站等占地广阔工程的场地平整,主要是削凸填凹,移挖方作填方,将自然地面改造平整为场地设计要求的平面。在平整场地施工前,要求计算平整场地挖填方量,合理进行土方调配,组织机械化施工。

场地设计平面由设计单位进行竖向设计时确定,绘制场地设计平面方格网图,这是计算场地平整土方量的依据。场地挖填土方量计算有方格网法和横截面法两种。横截面法是将要计算的场地划分成若干横截面后,用横截面计算公式逐段计算,最后将逐段计算结果汇总。横截面法计算精度较低,可用于地形起伏变化较大的地区。对于地形较平坦的地区,一般采用方格网法。方格网法计算场地平整土方量的步骤为:

(1)读识方格网图

方格网图由设计单位(一般在 1∶500 的地形图上)将场地划分为边长 $a=10\sim40\text{m}$ 的若干方格,与测量的纵横坐标相对应,在各方格角点规定的位置上标注角点的自然地面标高(H)和设计标高(H_n)。

一般,方格角点的左上角标注角点编号,左下角标注自然地面标高,右下角标注角点的设计标高,右上角标注经计算的施工高度,如图 1.3 所示。

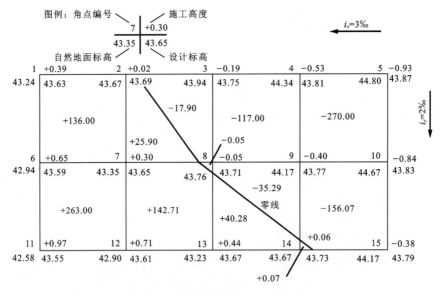

图 1.3 方格网法计算土方工程量图

(2)计算场地各个角点的施工高度

施工高度为角点设计标高与自然地面标高之差,是以角点设计标高为基准的挖方或填方的施工高度。各方格角点的施工高度按下式计算:

$$h_n = H_n - H \tag{1.9}$$

式中 h_n——角点施工高度即填挖高度(以"+"为填,"-"为挖),m;

　　　n——方格的角点编号(自然数列 $1,2,3,\cdots,n$)。

(3)计算"零点"位置,确定零线

若方格边线一端施工高程为"+",另一端为"-",则沿其边线必然有一不挖不填的点,即为"零点"(图 1.4)。

零点位置按下式计算：

$$x_1 = \frac{ah_1}{h_1 + h_2} \qquad x_2 = \frac{ah_2}{h_1 + h_2} \tag{1.10}$$

式中 x_1, x_2 ——角点至零点的距离，m;

     h_1, h_2 ——相邻两角点的施工高度（均用绝对值），m;

     a ——方格网的边长，m。

确定零点也可以用图解法，如图 1.5 所示。方法是用尺在各角点上标出挖填施工高度的相应比例，用尺相连，与方格相交，交点即为零点位置。将相邻的零点连接起来，即为零线，它是确定方格中挖方与填方的分界线。在平整场地施工时，将零线确定于地面上，作为施工时的挖填分界线。

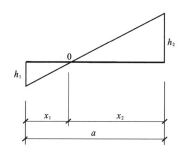

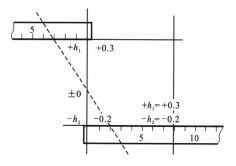

图 1.4 零点位置计算示意图   图 1.5 零点位置图解法

（4）计算方格土方工程量

根据方格底面图形和表 1.3 所列计算公式，逐格计算每个方格内的挖方量或填方量。

（5）边坡土方量计算

场地的挖方区和填方区的边沿都需要做成边坡，以保证挖方土壁和填方区的稳定。边坡的土方量可以划分成两种近似的几何形体进行计算，一种为三角棱锥体（图 1.6 中①～③、⑤～⑪），另一种为三角棱柱体（图 1.6 中④）。

A. 三角棱锥体边坡体积

$$V_1 = \frac{1}{3} A_1 l_1 \tag{1.11}$$

式中 l_1 ——边坡①的长度;

     A_1 ——边坡①的端面积，即 $A_1 = \frac{h_2(mh_2)}{2} = \frac{mh_2^2}{2}$;

     h_2 ——角点的挖土高度;

     m ——边坡的坡度系数，$m=$宽/高。

B. 三角棱柱体边坡体积

$$V_4 = \frac{A_1 + A_2}{2} l_4 \tag{1.12}$$

两端横断面面积相差很大的情况下，边坡体积

$$V_4 = \frac{l_4}{6}(A_1 + 4A_0 + A_2) \tag{1.13}$$

式中 l_4 ——边坡④的长度;

A_1, A_2, A_0——边坡④两端及中部横断面面积。

表 1.3　常用方格网点计算公式

项　　目	图　　示	计　算　公　式
一点填方或挖方（三角形）		$V = \dfrac{1}{2}bc\dfrac{\sum h}{3} = \dfrac{bch_3}{6}$ 当 $b = c = a$ 时，$V = \dfrac{a^2 h_3}{6}$
两点填方或挖方（梯形）		$V_+ = \dfrac{b+c}{2}a\dfrac{\sum h}{4} = \dfrac{a}{8}(b+c)(h_1+h_3)$ $V_- = \dfrac{d+e}{2}a\dfrac{\sum h}{4} = \dfrac{a}{8}(d+e)(h_2+h_4)$
三点填方或挖方（五角形）		$V = \left(a^2 - \dfrac{bc}{2}\right)\dfrac{\sum h}{5}$ $= \left(a^2 - \dfrac{bc}{2}\right)\dfrac{h_1+h_2+h_4}{5}$
四点填方或挖方（正方形）		$V = \dfrac{a^2}{4}\sum h = \dfrac{a^2}{4}(h_1+h_2+h_3+h_4)$

注：① a—方格网的边长，m；b,c,d,e—零点到一角的边长，m；h_1,h_2,h_3,h_4—方格网四角点的施工高程（用绝对值代入），m；$\sum h$—填方或挖方施工高程的总和（用绝对值代入），m；V—挖方或填方体积，m^3。

　　② 本表公式是按各计算图形底面积乘以平均施工高程而得出的。

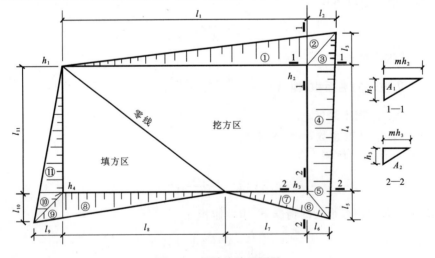

图 1.6　场地边坡平面图

C. 计算土方总量

将挖方区(或填方区)所有方格计算的土方量和边坡土方量汇总,即得该场地挖方和填方的总土方量。

【例 1.1】 某建筑场地方格网如图 1.7 所示,方格边长为 20m×20m,填方区边坡坡度系数为 1.0,挖方区边坡坡度系数为 0.5,试用公式法计算挖方和填方的总土方量。

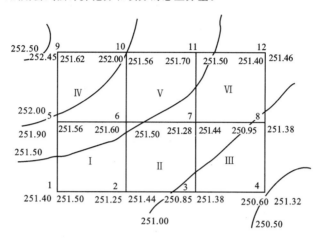

图 1.7 某建筑场地方格网布置图

【解】 (1) 根据所给方格网各角点的地面设计标高和自然标高,计算结果列于图 1.8 中。

由公式(1.9)得:

$$h_1 = 251.50 - 251.40 = 0.10(\text{m}) \qquad h_7 = 251.44 - 251.28 = 0.16(\text{m})$$
$$h_2 = 251.44 - 251.25 = 0.19(\text{m}) \qquad h_8 = 251.38 - 250.95 = 0.43(\text{m})$$
$$h_3 = 251.38 - 250.85 = 0.53(\text{m}) \qquad h_9 = 251.62 - 252.45 = -0.83(\text{m})$$
$$h_4 = 251.32 - 250.60 = 0.72(\text{m}) \qquad h_{10} = 251.56 - 252.00 = -0.44(\text{m})$$
$$h_5 = 251.56 - 251.90 = -0.34(\text{m}) \qquad h_{11} = 251.50 - 251.70 = -0.20(\text{m})$$
$$h_6 = 251.50 - 251.60 = -0.10(\text{m}) \qquad h_{12} = 251.46 - 251.40 = 0.06(\text{m})$$

(2) 计算零点位置。从图 1.8 中可知,1—5、2—6、6—7、7—11、11—12 这五条方格边两端的施工高度符号不同,说明这些方格边上有零点存在。

由公式(1.10) $x_1 = \dfrac{ah_1}{h_1 + h_2}$ 求得:

1—5 线 $x_1 = \dfrac{0.10 \times 20}{0.10 + 0.34} = 4.55(\text{m})$

2—6 线 $x_1 = \dfrac{0.19 \times 20}{0.19 + 0.10} = 13.10(\text{m})$

6—7 线 $x_1 = \dfrac{0.10 \times 20}{0.10 + 0.16} = 7.69(\text{m})$

7—11 线 $x_1 = \dfrac{0.16 \times 20}{0.16 + 0.20} = 8.89(\text{m})$

11—12 线 $x_1 = \dfrac{0.20 \times 20}{0.20 + 0.06} = 15.38(\text{m})$

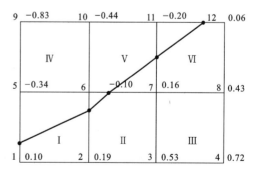

图 1.8 施工高度及零线位置

将各零点标于图上,并将相邻的零点连接起来,即得零线位置,如图 1.8 所示。

(3) 计算方格土方量。方格Ⅲ、Ⅳ底面为正方形,土方量为:

$$V_{\text{Ⅲ}(+)} = \frac{20^2}{4} \times (0.53 + 0.72 + 0.16 + 0.43) = 184(\text{m}^3)$$

$$V_{\text{IV}(-)} = \frac{20^2}{4} \times (0.34 + 0.10 + 0.83 + 0.44) = 171(\text{m}^3)$$

方格 I 底面为两个梯形,土方量为:

$$V_{\text{I}(+)} = \frac{20}{8} \times (4.55 + 13.10) \times (0.10 + 0.19) = 12.80(\text{m}^3)$$

$$V_{\text{I}(-)} = \frac{20}{8} \times (15.45 + 6.90) \times (0.34 + 0.10) = 24.59(\text{m}^3)$$

方格 II、V、VI 底面为三边形和五边形,土方量为:

$$V_{\text{II}(+)} = \left(20^2 - \frac{6.90 \times 7.69}{2}\right) \times \frac{0.19 + 0.53 + 0.16}{5} = 65.73(\text{m}^3)$$

$$V_{\text{II}(-)} = \frac{6.90 \times 7.69}{6} \times 0.10 = 0.88(\text{m}^3)$$

$$V_{\text{V}(+)} = \frac{12.31 \times 8.89}{6} \times 0.16 = 2.92(\text{m}^3)$$

$$V_{\text{V}(-)} = \left(20^2 - \frac{12.31 \times 8.89}{2}\right) \times \frac{0.10 + 0.44 + 0.20}{5} = 51.10(\text{m}^3)$$

$$V_{\text{VI}(+)} = \left(20^2 - \frac{11.11 \times 15.38}{2}\right) \times \frac{0.16 + 0.43 + 0.06}{5} = 40.89(\text{m}^3)$$

$$V_{\text{VI}(-)} = \frac{11.11 \times 15.38}{6} \times 0.20 = 5.70(\text{m}^3)$$

方格网总填方量:

$$\sum V_{(+)} = 184 + 12.80 + 65.73 + 2.92 + 40.89 = 306.34(\text{m}^3)$$

方格网总挖方量:

$$\sum V_{(-)} = 171 + 24.59 + 0.88 + 51.10 + 5.70 = 253.26(\text{m}^3)$$

(4) 边坡土方量计算。如图 1.9 所示,除④、⑦按三角棱柱体计算外,其余均按三角棱锥体计算,依式(1.11)、式(1.12)可得:

$$V_{\text{①}(+)} = \frac{1}{3} \times \frac{1 \times 0.06^2}{2} \times (20 - 15.38) = 0.003(\text{m}^3)$$

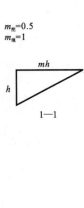

图 1.9　场地边坡平面图

$$V_{②(+)} = V_{③(+)} = \frac{1}{3} \times \frac{1^2 \times 0.06^3}{2} = 0.0001 (\text{m}^3)$$

$$V_{④(+)} = \frac{(A_1 + A_2)l_2}{2} = \frac{1}{2} \times \left(\frac{1 \times 0.06^2}{2} + \frac{1 \times 0.72^2}{2} \right) \times 40 = 5.22 (\text{m}^3)$$

$$V_{⑤(+)} = V_{⑥(+)} = \frac{1}{3} \times \frac{1^2 \times 0.72^3}{2} = 0.06 (\text{m}^3)$$

$$V_{⑦(+)} = \frac{1}{2} \times \left(\frac{1 \times 0.72^2}{2} + \frac{1 \times 0.10^2}{2} \right) \times 60 = 7.93 (\text{m}^3)$$

$$V_{⑧(+)} = V_{⑨(+)} = \frac{1}{3} \times \frac{1^2 \times 0.10^3}{2} = 0.01 (\text{m}^3)$$

$$V_{⑩(+)} = \frac{1}{3} \times \frac{1^2 \times 0.10^2}{2} \times 4.55 = 0.01 (\text{m}^3)$$

$$V_{⑪(-)} = \frac{1}{3} \times \frac{0.5 \times 0.83^2}{2} \times (40 - 4.55) = 2.03 (\text{m}^3)$$

$$V_{⑫(-)} = V_{⑬(-)} = \frac{1}{3} \times \frac{0.5^2 \times 0.83^3}{2} = 0.02 (\text{m}^3)$$

$$V_{⑭(-)} = \frac{1}{3} \times \frac{0.5 \times 0.83^2}{2} \times (40 + 15.38) = 3.18 (\text{m}^3)$$

边坡总填方量：

$$\sum V_{(+)} = 0.003 + 0.0001 + 5.22 + 2 \times 0.06 + 7.93 + 2 \times 0.01 + 0.01 = 13.29 (\text{m}^3)$$

边坡总挖方量：

$$\sum V_{(-)} = 2.03 + 2 \times 0.02 + 3.18 = 5.25 (\text{m}^3)$$

1.2.3 土方调配

土方调配是土方工程施工组织设计(土方规划)中的一个重要内容,在平整场地土方工程量计算完成后进行。编制土方调配方案应根据地形及地理条件,把挖方区和填方区划分成若干个调配区,计算各调配区的土方量,并计算每对挖、填方区之间的平均运距(即挖方区重心至填方区重心的距离),确定挖方各调配区的土方调配方案,应使土方总运输量最小或土方运输费用最少,而且便于施工,从而可以缩短工期、降低成本。

土方调配的原则：

(1) 力求达到挖方与填方平衡和运距最短的原则；

(2) 近期施工与后期利用的原则。

进行土方调配,必须依据现场具体情况、有关技术资料、工期要求、土方施工方法与运输方法,综合上述原则,并经计算比较后,选择经济合理的调配方案。

调配方案确定后,绘制土方调配图(图 1.10)。在土方调配图上要注明挖填调配区、调配方向、土方数量和每对挖填方区之间的平均运距。图中的土方调配,仅考虑场内挖方、填方平衡。其中,W 为挖方,T 为填方。

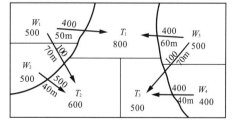

图 1.10 土方调配图

1.3 施工准备与辅助工作

1.3.1 施工准备

（1）在场地平整施工前，应利用原场地上已有各类控制点，或已有建筑物、构筑物的位置、标高，测设平场范围线和标高。

（2）对施工区域内障碍物要调查清楚，制订方案，并征得主管部门意见和同意，拆除影响施工的建筑物、构筑物；拆除和改造通信和电力设施、自来水管道、煤气管道和地下管道；迁移树木。

（3）尽可能利用自然地形和永久性排水设施，采用排水沟、截水沟或挡水坝措施，把施工区域内的雨、雪、自然水及低洼地区的积水及时排除，使场地保持干燥，便于土方工程施工。

（4）对于大型平整场地，利用经纬仪、水准仪，将场地设计平面图的方格网在地面上测设出来并固定下来，各角点用木桩定位，并在桩上注明桩号、施工高度数值，以便施工。

（5）修好临时道路，电力、通信及供水设施，以及生活和生产用临时房屋。

1.3.2 土方边坡与土壁支撑

土壁稳定，主要是由土体内摩擦阻力和粘结力来保持平衡，一旦失去平衡，土壁就会塌方。造成土壁塌方的主要原因有：

（1）边坡过陡，使土体本身稳定性不够，尤其是在土质差、开挖深度大的坑槽中，常引起塌方。

（2）雨水、地下水渗入基坑，使土体重力增大及抗剪能力降低，这是造成塌方的主要原因。

（3）基坑（槽）边缘附近大量堆土，或停放机具、材料，或动荷载的作用，使土体产生的剪应力超过土体的抗剪强度。

为了防止塌方，保证施工安全，在基坑（槽）开挖超过一定深度时，应设置边坡，或者设置临时支撑，以保证土壁的稳定。

1.3.2.1 土方边坡

土方边坡的坡度以挖方深度（或填方深度）h 与底宽 b 之比表示（图 1.11），即

$$土方边坡坡度=h/b=1/(b/h)=1：m$$

式中 $m=b/h$ 称为边坡系数。

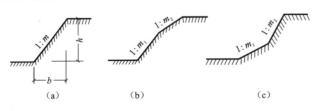

（a）　　　　　　　　（b）　　　　　　　　（c）

图 1.11　土方边坡

（a）直线边坡；（b）不同土层折线边坡；（c）相同土层折线边坡

边坡依据土质、挖方深度和地下水位的实际情况，可以做成直线形边坡、折线形边坡和阶梯形边坡。

当地质条件良好、土质均匀且地下水位低于基坑(槽)或管沟底面标高时,挖方边坡可做成直立壁不加支撑,但深度不宜超过下列规定:

密实、中密的砂土和碎石类土(充填物为砂土):1.0m;

硬塑、可塑的粉土及粉质黏土:1.25m;

硬塑、可塑的黏土和碎石类土(充填物为黏性土):1.5m;

坚硬的黏土:2m。

挖土深度超过上述规定时,应考虑放坡或做成直立壁加支撑。

基坑(槽)或管沟挖好后,应及时进行基础工程或地下结构工程施工。在施工过程中,应经常检查坑壁的稳定情况。当挖基坑较深或晾槽时间较长时,应根据实际情况采取护面措施。常用的坡面保护方法有帆布、塑料薄膜覆盖法,坡面拉网或挂网法。当地质条件良好,土质均匀且地下水位低于基坑(槽)或管沟底面标高时,挖方深度在5m以内且不加支撑的边坡的最陡坡度应符合表1.4的规定。永久性挖方边坡坡度应按设计要求放坡。临时性挖方的边坡坡度应符合表1.5的规定。

表 1.4 深度在 5m 以内的基坑(槽)、管沟边坡的最陡坡度(不加支撑)

土 的 类 别	边坡坡度(高:宽)		
	坡顶无荷载	坡顶有静载	坡顶有动载
中密的砂土	1:1.00	1:1.25	1:1.50
中密的碎石类土(充填物为砂土)	1:0.75	1:1.00	1:1.25
硬塑的粉土	1:0.67	1:0.75	1:1.00
中密的碎石类土(充填物为黏性土)	1:0.50	1:0.67	1:0.75
硬塑的粉质黏土、黏土	1:0.33	1:0.50	1:0.67
老黄土	1:0.10	1:0.25	1:0.33
软土(经井点降水后)	1:1.00	—	—

注:① 静载指堆放土或材料等;动载指机械挖土或汽车运输作业等。静载或动载距挖方边缘的距离应保证边坡和直立壁的稳定,堆放的土或材料应距挖方边缘 0.8m 以外,高度不超过 1.5m。

② 当有成熟施工经验时,可不受本表限制。

表 1.5 临时性挖方边坡坡度

土 的 类 别		边坡坡度(高:宽)
砂土(不包括细砂、粉砂)		1:1.25～1:1.50
一般性黏土	硬	1:0.75～1:1.00
	硬、塑	1:1.00～1:1.25
	软	1:1.50 或更缓
碎石类土	充填坚硬、硬塑黏性土	1:0.50～1:1.00
	充填砂土	1:1.00～1:1.50

注:① 设计有要求时,应符合设计标准。

② 如采用降水或其他加固措施,可不受本表限制,但应计算复核。

③ 开挖深度,对软土不应超过 4m,对硬土不应超过 8m。

1.3.2.2 土壁支撑

在建筑稠密区施工或场地狭小地段施工,有时不允许按要求放坡的宽度开挖,或有地面水流入，或地下水渗入基坑时，就需要用支护结构支撑土壁，以保证施工顺利安全地进行，减少对邻近建筑物和地下设施的不利影响。

土壁支撑形式应根据开挖深度和宽度、土质和地下水条件以及开挖方法、相邻建筑物等情况进行选择和设计。土壁支撑形式有横撑式支撑、板桩式支撑。支撑必须牢固可靠，确保安全施工。

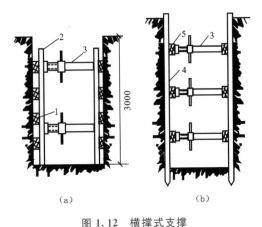

图 1.12 横撑式支撑

(a)断续式水平挡土板支撑；(b)垂直挡土板支撑

1—水平挡土板；2—竖楞木；3—工具式横撑；

4—竖直挡土板；5—横楞木

（1）横撑式支撑

横撑式支撑由挡土板、楞木和工具式横撑组成，用于宽度不大、深度较小沟槽开挖的土壁支撑。根据挡土板放置方式不同，分为水平挡土板和垂直挡土板两类（图1.12）。

水平挡土板的布置分为断续式和连续式两种。断续式水平挡土板支撑适用于地下水很少、深度在2m以内，且能保持直立壁的干土和天然湿度的黏土；连续式水平挡土板支撑适用于开挖深度3～5m，可能坍塌的干土，或湿度大、疏松的砂砾、软黏土或粉土层。

垂直挡土板支撑适用于沟槽下部有含水层，挖土深度超过5m的砂砾、软黏土或粉土层。

开挖深度6～10m、地下水少、天然湿度的

土层，当地面荷载很大，需做圆形结构护壁时，可采用混凝土或钢筋混凝土挡土板支护。

横撑式支撑应选用松木。挖土时，支撑好一层，下挖一层。土壁要求平直，挡土板应紧贴土面支撑牢固。挡土时操作要快，避免土块塌落。在地下水位很高时，还应考虑降水。施工中应经常检查，若有松动变形，应及时加固或更换。支撑的拆除应按回填的顺序依次进行，多层支撑应自下而上逐层拆除，同时应分段逐步进行，拆除下一段并经回填夯实后，再拆除上一段。

（2）板桩式支撑

板桩式支撑是一种常见的临时支护方法。大型基坑开挖之前，在基坑的四周用打桩机械将钢板桩打至地下要求的深度，形成封闭的钢板支护结构，在闭合钢板桩内进行土方及基础工程施工。板桩式支撑特别适用于地下水位较高且土质为细颗粒、松散饱和土的支护，可防止流砂现象产生。

① 板桩支撑的作用：A. 使地下水在土中的渗流路线延长，减小了动水压力，从而可预防流砂的产生；B. 板桩支撑既挡土又防水，特别适于开挖深度较大、地下水位较高的大型基坑；C. 可以防止基坑附近建筑物基础下沉。

板桩有钢筋混凝土板桩、钢筋混凝土护坡桩和钢板桩等。钢板桩在临时支护工程中可以重复使用，钢筋混凝土板桩一般只能用一次。

② 打入板桩的质量要求：A. 板桩位置在板桩的轴线上，板壁面应垂直，保证平面尺寸准确和平面的垂直度；B. 封闭式板桩墙要求封闭合拢；C. 埋置达到规定深度，有足够的抗弯强度和防水性能。

③ 钢板桩施工：钢板桩又可分平板桩和波浪式板桩两类。平板桩[图1.13(a)]防水和承受轴向压力的性能良好，易打入地下，但长轴方向抗弯强度较小；波浪式板桩[图1.13(b)]的防水和抗弯性能都较好，在施工中被广泛采用。

板桩施工要正确选择打桩方法、打桩机械，以及划分流水段，以保证打设后的板桩墙有足够的刚度和防水作用，且板桩应与墙面垂直，以满足墙内支撑安装精度的要求。对封闭式板桩墙还要求封闭合拢。

A. 打桩方法的选择

依据钢板桩的长短、质量及工期要求，合理地选择打桩方法。钢板桩打入法一般分为单独打入法、双层围檩插桩法和分段复打法。

钢板桩单独打入法适用于桩长小于 10m，且工程要求不高的钢板桩支撑施工。一般从一角

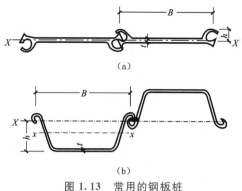

图 1.13 常用的钢板桩

(a) 平板桩；(b) 波浪式板桩（"拉森"板桩）

开始，在板桩轴线上插入板桩后施打到规定要求的深度，然后沿板桩轴线按顺时针或逆时针方向进行板桩间的锁口咬合，打入一块，再咬合一块，逐渐锁口咬合，直至板桩封闭合拢。其优点是打桩机行走路线明确、简捷且行走速度快，但由于是单块打入，桩板的垂直度不易控制，且易向一边倾斜。

双层围檩插桩法是在桩的轴线两侧先安装双层围檩（一定高度的钢制栅栏）支架，然后将钢板桩依次锁口咬合并全部插入双层围檩间。其作用：一是插入钢板桩时起垂直支撑作用，保证平面位置准确；二是施打过程中起垂直导向作用，保证板桩的垂直度。先行对四角板桩进行施打，封闭合拢后再呈阶梯形逐块将板桩打到设计标高位置。其优点是板桩安装质量高，但施工速度较慢，费用也较高（图 1.14）。

分段复打法是在板桩轴线一侧安装好单层围檩支架，将 10～20 块钢板桩拼装组成施工段插入土中一定深度，形成一段钢板桩墙，即屏风墙。先将两端钢板桩打入土中，要保证位置、方向和垂直度的准确要求，并用电焊固定在围檩上，起样板和导向作用；然后将其他板桩按顺序以 1/2 或 1/3 板桩高度逐块打入。分段复打法能有效防止板桩的倾斜和扭转，减少误差积累，有利于实现封闭合拢（图 1.15）。

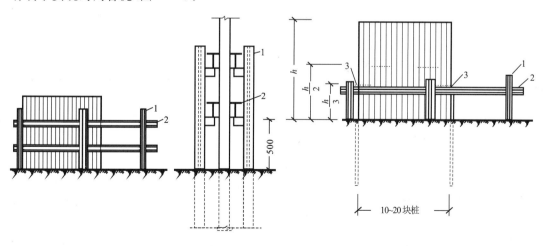

图 1.14 双层围檩

1—围檩桩；2—围檩

图 1.15 单层围檩分段复打

1—围檩桩；2—围檩；3—两端先打入的定位钢板桩

B. 合理划分流水段

施工流水段的划分应使板桩墙面垂直,满足墙面支撑安装要求,以利于封闭合拢,使行车路线短。所以,根据实际情况,为了保证质量,流水段不宜过长,合拢点少则误差积累大。要减少误差积累和保证轴线位置,则可缩短流水段。

C. 钢板桩打设的准备工作

钢板桩、围檩支架的矫正修理:钢板桩板面应平整,板端锁口应相互咬合,可重复使用;围檩支架损坏的要修复加固,尺寸要准确,可周转使用。

按施工图放板桩的轴线进行标高测量,作为控制板桩入土深度的依据。

桩锤不宜过重,以防桩头因过大锤击力而产生纵向弯曲。一般情况下,桩锤质量约为钢板桩质量的 2 倍。此外,选择桩锤时,还应考虑锤体外形尺寸,其宽度不能大于组合打入板桩的宽度之和。

准确安装好围檩支架。围檩支架由围檩桩和围檩组成。围檩桩垂直打入土中一定深度后,水平安装围檩,在围檩上划分并标注每块桩的位置和编号,特别是四角转弯处,须在轴线上插入板桩,其作用是保证板桩的垂直打入和板桩墙面垂直平整。

D. 钢板桩的打设

桩机将钢板桩吊起并插入围檩支架,同时应使锁口对准,互相咬合插入,每插入一块应套上桩帽,轻击入土一定深度,以保证板桩的垂直度和稳定性。施打过程中要保持桩架的垂直度和稳定性,以适当的落距使板桩匀速贯入土中。若板桩发生倾斜及移位不正常现象,应暂停打桩,分析原因后采取相应措施,切勿盲目强行施打。施打过程中,确保每块板桩的施工质量,及时进行轴线修正,以确保封闭合拢。

E. 钢板桩的拔除

基础或地下结构施工完毕,基坑回填土后,用机械拔出钢板桩,桩孔用粗砂回填并挤压密实。

1.3.3　降低地下水位

开挖基坑或沟槽时,若地下水位高于开挖底面,地下水就会不断渗入基坑或沟槽;另外,地面水、雪水也会流入基坑或沟槽。为了保持基坑或沟槽干燥,防止由于水浸泡而发生边坡塌方和地基承载力下降现象,必须做好基坑或沟槽的排水、降水工作,常采用的措施是明沟排水法和井点降水法。

1.3.3.1　明沟排水法

明沟排水法是一种设备简单、应用普遍的人工降低水位的方法。施工方法是,开挖基坑或沟槽的过程中,遇到地下水或地表水时,在基础范围以外地下水流的上游,沿坑底的周围开挖排水沟,设置集水井,使水经排水沟流入井内,然后用水泵抽出坑外(图 1.16)。

根据坑底水量的大小、基础的形状和水泵的抽水能力,决定排水沟的截面尺寸和集水井的个数。排水沟的截面尺寸为

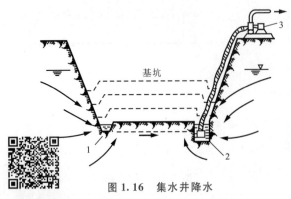

图 1.16　集水井降水

1—排水沟;2—集水井;3—水泵

集水井降水动画

0.3m×0.5m,沟底低于挖土面不小于0.5m,并向集水井方向保持1‰～2‰的纵向坡度;每间隔20～40m设置一个集水井,其直径或宽度为0.6～0.8m,深度随挖土深度增加而加深,且应低于挖土面1m。集水井积水到一定深度后,用水泵将水抽出坑外。基坑坑底挖至设计标高后,集水井井底应低于坑底1.5m,并铺设砾石滤水层,井壁用木竹材料简易加固;施工中,应随时将集水井中的水抽走。

明沟排水法适用于水流较大的粗粒土层的排水、降水,也可用于渗水量较小的黏性土层的降水,但不适宜于细砂土和粉砂土层的排水、降水,因为地下水渗出会带走细粒而发生流砂现象。

基坑抽水设备主要有离心泵、潜水泥浆泵、软轴水泵等,其主要性能包括:流量、扬程和功率等。水泵的流量和扬程应满足基坑涌水量和坑底降水深度的要求。

当开挖深度大、地下水位较高且土质为细砂或粉砂的土层时,如果采用集水井法降水开挖,当挖至地下水位以下时,坑底下面的土会形成流动状态,随地下水涌入基坑,这种现象称为流砂。发生流砂时,土完全丧失承载能力,施工条件恶化,并有引起附近建筑物下沉的危险。如果土层中产生局部流砂现象,应采取减小动水压力的处理措施,使坑底土颗粒稳定,不受水压干扰。其方法有:

① 如条件许可,尽量安排在枯水期施工,使最高地下水位不高于坑底0.5m;
② 水中挖土时,不抽水或减少抽水,保持坑内水压与地下水压基本平衡;
③ 采用井点降水法、打板桩法、地下连续墙法防止流砂产生。

1.3.3.2 井点降水法

在基坑开挖深度较大、地下水位较高、土质较差(如细砂、粉砂等)的情况下,要考虑采用井点降水法施工。

井点降水就是基坑开挖前,在基坑四周预先埋设一定数量的滤水管(井),在基坑开挖前和开挖过程中,利用抽水设备不断抽出地下水,使地下水位降到坑底以下,直至土方和基础工程施工结束。这样解决了地下水涌入坑内的问题,改善了施工条件,消除了流砂现象。降低地下水位以后,还能使土层密实,提高地基的承载能力。在降水过程中,基坑附近的地基土壤会有一定的沉降,施工时应加以注意。

井点降水有两类,一类为轻型井点(包括电渗井点与喷射井点),另一类为管井点(深井泵),其中轻型井点应用较多。对不同的土质应采用不同的降水形式。表1.6所示为常用的降水类型。

表1.6 降水类型及适用条件

降水类型 \ 适用条件	渗透系数(cm/s)	可能降低的水位深度(m)
轻型井点 多级轻型井点	$10^{-5}\sim10^{-2}$	3～6 6～12
喷射井点	$10^{-6}\sim10^{-3}$	8～20
电渗井点	$<10^{-6}$	宜配合其他形式降水使用
深井井管	$\geq10^{-5}$	>10

轻型井点(图1.17)就是沿基坑周围或一侧以一定间距将井点管(下端为滤管)埋入蓄水层内,井点管上部与总管连接,利用抽水设备使地下水经滤管进入井管,经总管不断抽出,从而将地下水位降至坑底以下。轻型井点法适用于土壤的渗透系数为0.1～50m/d的土层;降低水位深度:一级轻型井点为3～6m,二级井点可达6～9m。

轻型井点对于含有大量细砂和粉砂的土层降水效果较好,可以防止流砂现象和提高边坡稳定性。

(1)轻型井点设备

轻型井点设备由管路系统和抽水设备组成。管路系统包括滤管、井点管、弯联管及总管等。

滤管(图 1.18)为进水设备,其构造是否合理对抽水设备影响很大。滤管直径为38~50mm,长度为1~1.5m,选择时长度应不小于储水层厚的2/3。管壁上钻有直径为13~19mm的小圆孔,外包两层滤网。滤管下端为一圆锥体铸铁堵头,其上端与井点管连接,直径同滤管的无缝钢管,长度为5~7m。井点管上端用弯联管与总管相连。弯联管上装有阀门,用于检修井点。

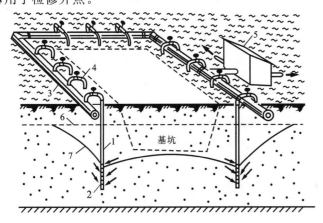

图 1.17 轻型井点降低地下水位全貌图

1—井点管;2—滤管;3—总管;4—弯联管;5—水泵房;
6—原有地下水位线;7—降低后地下水位线

井点施工视频

轻型井点
降水动画

集水总管一般用内径100~127mm的无缝钢管分节连接,每节长4m,间距0.8m或1.2m,其上端设有一个与井点管联结的短接头。真空泵轻型井点通常由1台真空泵、2台离心泵(1台备用)和1台水汽分离器组成抽水机组。抽水设备的负荷长度(即集水总管长度)在采用 W₅ 型真空泵时,不大于100m;采用 W₆ 型真空泵时,不大于120m。

图 1.18 滤管构造

1—钢管;2—管壁上的小孔;
3—缠绕的塑料管;4—细滤网;
5—粗滤网;6—粗铁丝保护网;
7—井点管;8—铸铁头

(2)轻型井点的布置

井点布置应根据基坑平面形状与大小、土质、地下水位高度与流向、降水深度要求等决定。当基坑或沟槽宽度小于6m,水位降低深度不超过5m时,可用单排线状井点布置在地下水流的上游一侧,两端延伸长度一般不小于沟槽宽度(图1.19)。如宽度大于6m或土质不定,渗透系数较大时,宜用双排井点,面积较大的基坑宜用环状井点(图1.20);为便于挖土机械和运输车辆出入基坑,可不封闭,布置为 U 形环状井点。井点距离基坑壁一般不宜小于1~1.5m,以防局部发生漏气。井点管间距一般取0.8m、1.2m、1.6m。

在考虑到抽水设备的水头损失以后,井点降水深度一般不超过6m。井点管的埋设深度 H(不包括滤管)按下式计算[图1.19(b)和图1.20(b)]:

$$H \geqslant H_1 + h + iL \tag{1.14}$$

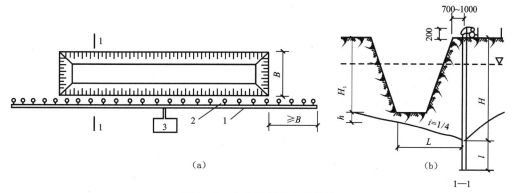

图 1.19 单排线状井点的布置

(a) 平面布置;(b) 高程布置

1—总管;2—井点管;3—抽水设备

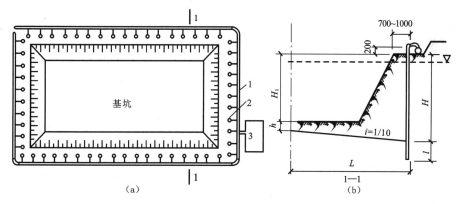

图 1.20 环形井点布置简图

(a) 平面布置;(b) 高程布置

1—总管;2—井点管;3—抽水设备

式中 H_1——井点管埋设面至基坑底的距离,m;

      h——基坑中心处坑底面(单排井点时,为远离井点一侧坑底边缘)至降低后地下水位的距离,一般为 0.5~1.0m;

      i——地下水降落坡度,其中环状井点为 1/10,单排线状井点为 1/4;

      L——井点管至基坑中心的水平距离(单排井点中为井点管至基坑另一侧的水平距离),m。

此外,确定井点管埋设深度时,还要考虑井点管一般要露出地面 0.2m 左右。

如果计算出的 H 值大于 6m,则应降低井点管抽水设备的埋置面,以适应降水深度的要求。在任何情况下,滤管都必须埋设在储水层内。为了充分利用抽水设备的抽吸能力,总管的布置标高宜接近地下水位线(要求先挖槽),水泵轴心标高宜与总管集水管平行或略低于总管,总管应具有 0.25%~0.5% 的坡度坡向泵房。各段总管与滤管最好分别设在同一水平面内。

当一级井点系统达不到降水深度时,可采用二级井点,即先挖去第一级井点所疏干的土,然后在基坑底部装设第二级井点,使降水深度增加(图 1.21)。

(3)轻型井点的安装

轻型井点的施工包括准备工作及井点系统安装。准备工作包括井点设备、动力、水源及必

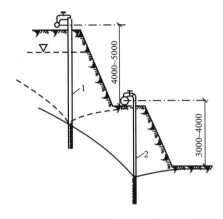

图 1.21　二级轻型井点示意图

1—第一级井点管;2—第二级井点管

要材料的准备,排水沟的开挖,附近建筑物的标高监测以及防止附近建筑沉降的措施等。

埋设井点系统的顺序:根据降水方案放线、挖管沟、布设总管、冲孔、下井点管、埋砂滤层、黏土封口、弯联管连接井点管与总管、安装抽水设备、试抽。其中井点管的埋设质量优良是保证轻型井点顺利抽水、降低地下水位的关键。

井点管的埋设一般用水冲法施工,分为冲孔[图 1.22(a)]和埋管[图 1.22(b)]两个过程。

冲孔时,先用起重设备将冲管吊起并垂直地插在井点位置上,利用高压水在井管下端冲刷土体,冲管则边冲边沉,直至比滤管底深 0.5m 时停止冲水,拔出冲管。成孔应垂直,直径一般为 300mm,以保证滤管四周有一定厚度的砂滤层。

井点管埋设动画

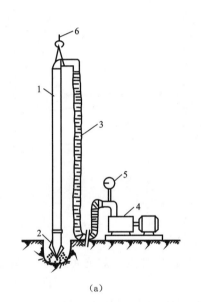

(a)

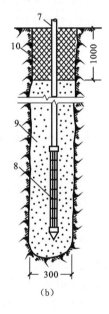

(b)

图 1.22　井点管的埋设

(a) 冲孔;(b) 埋管

1—冲管;2—冲嘴;3—胶皮管;4—高压水泵;5—压力表;

6—起重机吊钩;7—井点管;8—滤管;9—填砂;10—黏土封口

井孔冲成后,拔出冲管,立即将井点管居中插入,并在井点管与孔壁之间及时均匀地填灌砂滤层,以防孔壁塌土。砂滤层宜选用干净的粗砂,以免堵塞滤管网眼,并填至滤管顶上 1~1.5m,以保证水流畅通。距地面以下 0.5~1.0m 范围内用黏土填塞封口,以防漏气。

井点系统全部安装完毕后,应进行试抽,以检查有无漏气、漏水现象,出水是否正常,井点管有无淤塞;如有异常,进行检修后方可使用。

(4)轻型井点的使用

轻型井点运行后,应保证连续不断地抽水。若时抽时停,滤网易堵塞;中途停抽,地下水回升,会引起边坡塌方等事故。抽水过程中,应调节离心泵的出水阀以控制水量,使抽吸排水均匀,达到细水长流。正常出水规律是"先大后小,先浑后清",抽水时需注意观测真空度以判断井点系统工作是否正常,真空度一般应不低于55.3~66.7kPa,并检查观测井中水位下降情况。如果真空度低,通常是由于管路漏气,应检查管路系统连接处及井点管埋设的密封情况,并及时修理。

若井点淤塞,一般可以通过听管内水流声响、手摸管壁感到有振动、手触摸管壁有冬暖夏凉的感觉等简便方法检查。当有较多井点管发生堵塞,影响降水效果时,应逐根用高压水反向冲洗或拔出重埋。

地下基础工程(或构筑物)竣工并回填土后,停机拆除井点排水设备。使用机械或人工将井点管拔出,井孔用砂砾石填密实,地面以下2m范围内用黏土填实。

1.4 土方机械化施工

土方工程施工包括土方开挖、运输、填筑与压实等。施工过程中,除少量或零星土方采用人工施工外,应尽量采用机械施工,充分发挥机械的效率,以减轻繁重的体力劳动,提高施工速度,降低工程成本。

1.4.1 常用土方施工机械

1.4.1.1 推土机

施工机械彩图

推土机由动力机和工作部件两部分组成。推土机的动力机是拖拉机;工作部件是安装在动力机前面的推土铲。推土机结构简单,操纵灵活,工作面小,生产效率高,能独立作业,既可开挖土方,又能短距离运输,是土方工程施工的主要机械之一。

按行走的方式,推土机可分为履带式推土机和轮胎式推土机。履带式推土机附着力强,爬坡性能好,适应性强;轮胎式推土机行驶速度快,灵活性好。推土机的推土铲一般为液压操纵,动作可靠,操作方便,可借助动力机的重力强制将铲刀切入土层中。目前,我国生产的履带式推土机有东方32100、T-120、黄河220等;轮胎式推土机有TL160等。

推土机的完整作业过程由铲土、运土、卸土三个工作过程和一个空载回驶过程组成。为了提高推土机的生产效率,铲土作业中一般采用下坡铲土、分铲集运、槽型铲土等方法;在运土作业中,可采用并列推土、梯形推土、交错推土等方法,以提高推土效率,缩短铲土时间和减少土的散落和流失。

推土机多用于场地平整和清理开挖深度1.5m以内的基坑、回填基坑和沟槽等。推土机可以推挖一至四类土;为提高生产效率,对于三、四类土应事先松动。推土机推填距离宜在100m以内,效率最高为60m。

1.4.1.2 铲运机

铲运机是可以连续独立完成铲、装、运、卸、平土及碾压作业的综合机械,由牵引机械和铲斗组成。按行走方式分为牵引式铲运机和自行式铲运机;按铲斗操纵系统分,有液压操纵和机械操纵两种。在工业与民用建筑施工中,常用铲运机的斗容量为1.5~6.0m³。

铲运机对行驶道路要求较低,行驶速度快,操纵灵活,运转方便,生产效率高。在土方工程中,常用于大面积场地平整,开挖大型基坑,填筑堤坝和路基等。最宜于开挖含水量不大于

27%的松土和普通土,但不适于在砾石层、冻土地带及沼泽地区工作。当铲运较坚硬土时,宜与松土机配合工作。自行式铲运机运行速度快,适用于运距为800～3500m的大型土方工程施工,以运距在800～1500m的范围内生产效率最高;牵引式铲运机可用于运距为80～800m的土方工程施工,而运距在200～350m时效率最高。

为了提高铲运机的生产效率,可以采取下坡铲土、推土机推土助铲等方法,缩短装土时间,使铲斗的土装得较满。

(1)下坡铲土法　下坡铲土是利用机械下坡时的重力加大铲土能力,坡度一般为3°～9°,效率可提高25%左右,但最大坡度不宜超过15°;平坦的地形,可将取土地段的一端先铲低,然后保持一定的坡度向后延伸,人为地创造下坡铲土的有利条件。

(2)助铲法　自行式铲运机长距离铲运三、四类较坚硬土时,用推土机顶推铲运斗强制切土,可提高生产效率30%以上。根据填、挖方区分布情况,结合当地具体条件,合理选择运行路线,提高生产效率。一般有环形路线和"8"字形路线两种形式。

① 环形路线

对于地形起伏不大,而施工地段较短(50～100m)和填方不高(0.1～1.5m)的路堤、基坑及场地的平整,宜采用图1.23(a)所示的环形路线。当填挖交替,且相互之间距离不大时,则可采用图1.23(b)所示的大环形路线。这样,可进行多次铲土和卸土,从而减少铲运机的转弯次数。

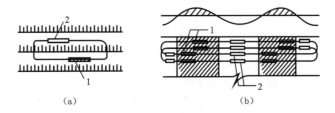

(a)　　　　　　　　　　　　　　　(b)

图1.23　环形路线

(a)环形路线;(b)大环形路线

1—铲土;2—卸土

图1.24　"8"字形路线

1—铲土;2—卸土

② "8"字形路线

在地形起伏较大、施工地段狭窄的情况下,宜采用"8"字形路线(图1.24)。这种运行路线,铲运机在上下坡时斜向行驶,故坡度平缓;一个循环中两次转弯方向不同,故机械磨损均匀;一个循环完成两次铲土和卸土,缩短了空车行驶距离,缩短了运行时间,提高了生产效率。

1.4.1.3　单斗挖土机

单斗挖土机按工作装置不同,可分为正铲、反铲、拉铲和抓铲四种(图1.25)。在建筑工程施工中,单斗挖土机可以挖掘基坑、沟槽,清理和平整场地;更换工作装置后,还可以进行装卸、起重、打桩等其他作业。

单斗挖土机按其操纵机构的不同,可分为机械式和液压式两类。液压式单斗挖土机的优点是能无级调速且调速范围大;快速作业时,惯性小,并能高速反转;转动平稳,可减少强烈的冲击和振动;结构简单,机身轻,尺寸小;附有不同的装置,能一机多用;操纵省力,易实现自动化。目前液压传动已基本取代了机械传动。

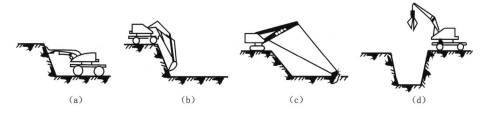

图 1.25 单斗挖土机工作装置的类型

(a) 正铲;(b) 反铲;(c) 拉铲;(d) 抓铲

(1) 正铲挖土机

正铲挖土机的工作特点是前进行驶,铲斗由下向上强制切土,挖掘力大,生产效率高;适用于开挖含水量不大于 27% 的一至四类土和经爆破后的岩石与冻土碎块,需与自卸汽车配合完成整个挖掘运输作业;可以挖掘大型干燥基坑和土丘等。开挖基坑时要通过坑道进入坑中挖土,坡道坡度为 1∶8 左右,要求停机面保持干燥,因此开挖前需做好基坑排水降水工作。

正铲挖土机的开挖方式,根据开挖路线与运输车辆相对位置的不同,挖土和卸土的方式有以下两种:

① 正向挖土,侧向卸土[图 1.26(a)] 即挖土机向前进方向挖土,运输车辆位于正铲的侧面装土(可停在停机面上或高于停机面)。采用这种开挖方式,卸土时铲臂的回转角度一般小于 90°,可避免汽车倒车和转弯较多的缺点,行驶方便,因而应用较多。

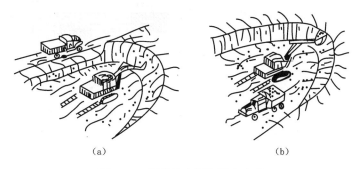

图 1.26 正铲挖土机和卸土方式

(a) 正向挖土,侧向卸土;(b) 正向挖土,反向卸土

② 正向挖土,反向卸土[图 1.26(b)] 即挖土机向前进方向挖土,运输车辆停在挖土机后面装土,挖土机和运输车辆在同一工作面上。采用这种方式,挖土工作面较大,汽车不易靠近挖土机,往往是倒车开到挖土机后面装车。卸土时铲臂的回转角度大,一般在 180° 左右,生产率低,故一般很少采用。只有在基坑宽度较小、开挖深度较大的情况下才采用这种方式。

正铲挖土机一般用于开挖停机面以上的土,停机面以下 1m 左右的土也可以挖掘,这样正铲挖土机可以自行开挖坡度为 1∶8 的下坡通道。当开挖较大面积或深度超过挖土机工作面高度的基坑时,应对挖土机的开行路线和进出口通道进行规划,绘出开挖平面图与剖面图,以便于挖土机开挖。当开挖深度小而面积较大的基坑时,只需布置一层通道即可[图 1.27(a)],第一次开行采用正向挖土、反向卸土;第二、三次可用正向挖土、侧向卸土,一次挖到坑底标高。当基坑宽度稍大于工作面宽度时,为了缩短挖土机的开行路线长度,可采用加宽工作面的办法[图 1.27(b)]。这时,挖土机按"之"字形路线开行。当基坑的深度较大时,通道可布置成多层[图 1.27(c)],逐层下挖。

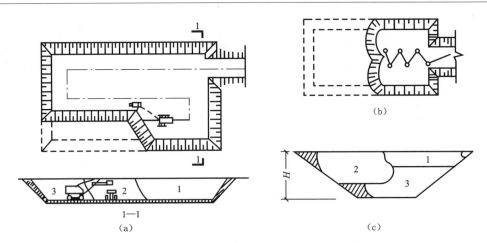

图 1.27 正铲开挖基坑

(a)—一层通道多次开挖;(b)—一层通道加宽工作面开挖;(c)三层通道布置

1,2,3—通道断面及开挖顺序

(2) 反铲挖土机

反铲挖土机的工作特点是机械后退行驶,铲斗由上而下强制切土,用于开挖停机面以下的一至三类土,适用于挖掘深度不大于 4m 的基坑、基槽、管沟,也适用于湿土、含水量较大的土壤及地下水位以下的土壤的开挖。

反铲挖土机的开行方式有沟端开挖和沟侧开挖两种。

① 沟端开挖[图 1.28(a)] 反铲挖土机停在沟端,向后退着挖土。其优点是挖土方便,挖土深度和宽度较大,机身回转角度好,视线好,机身停放平稳。

反铲挖土动画

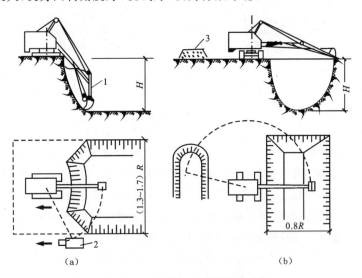

图 1.28 反铲挖土机开挖方式

(a) 沟端开挖;(b) 沟侧开挖

1—反铲挖土机;2—自卸汽车;3—弃土堆

② 沟侧开挖[图 1.28(b)] 挖土机在沟槽一侧挖土,挖土机移动方向与挖土方向垂直,采用这种方式开挖要注意沟槽边坡的稳定性。挖土的深度和宽度均较小,但当土方允许就近堆在沟槽旁时,能弃土于距沟槽边缘较远的地方。

（3）拉铲挖土机

拉铲挖土机工作时,利用惯性把铲斗甩出后靠收紧和放松钢丝绳进行挖土或卸土,铲斗由上而下,靠自重切土,可以开挖一、二类土壤的基坑、基槽和管沟等地面以下的挖土工程,特别适用于含水量大的水下松软土和普通土的挖掘。拉铲开挖方式与反铲相似,可沟端开挖,也可沟侧开挖。与反铲挖土机相比,拉铲的挖土深度、挖土半径和卸土半径都较大,但开挖的精确性差。拉铲挖土一般将土直接卸在基坑(槽)附近堆放,或配备自卸汽车装土运走,但工效较低。

（4）抓铲挖土机

抓铲挖土机主要用于开挖土质比较松软和施工面比较狭窄的基坑、沟槽、沉井等工程,特别适于水下挖土。土质坚硬时不能用抓铲施工。抓铲挖出的土可以直接装车运走,也可堆在坑(槽)旁边。

1.4.2 土方机械的选择

1.4.2.1 土方机械选择的原则

（1）土方施工包括土方开挖、运输、填筑与压实等几个施工过程,施工机械的选择应与施工内容相适应。所以,土方工程施工中,应以某一施工过程为主导,按其工程量、土质条件及工期要求,结合土方施工机械的性能、特点和适用范围选择合适的施工机械。

（2）土方施工机械的选择应与工程实际情况相结合,就是要掌握工程的实际情况,包括施工场地大小和形状、地形土质、含水量、地下水位等,再进行机械的选择。

（3）主导施工机械确定后,要合理配备完成其他辅助施工过程的机械,尽可能地做到土方工程各施工过程均实现机械化。主导机械与辅助机械所配备的数量和生产效率应尽可能协调一致,以充分发挥施工机械的效能。

（4）选择土方施工机械要考虑其他施工方法,辅助土方机械化施工。四类以上的各类土不能直接用挖土机械挖掘,可采用爆破的方法破碎成块后,采用机械化施工;地下水位较高的大型基坑开挖,可采用井点降水法将地下水降到坑底标高以下再进行施工;施工场地土的含水量大于30%时易陷车趴窝,施工前应采用明沟疏水,待场地干燥后再进行机械化施工。

1.4.2.2 土方开挖方式与机械选择

（1）平整场地常由土方的开挖、运输、填筑和压实等工序完成。

① 地势较平坦、含水量适中的大面积平整场地,选用铲运机较适宜。

② 地形起伏较大,挖方、填方量大且集中的平整场地,运距在1000m以上时,可选择正铲挖土机配合自卸汽车进行挖土、运土,在填方区配备推土机平整及压路机碾压施工。

③ 挖填方高度均不大,运距在100m以内时,采用推土机施工,灵活、经济。

（2）地面上的坑式开挖指单个基坑和中小型基础基坑开挖,在地面上作业时,多采用抓铲挖土机和反铲挖土机。抓铲挖土机适用于一、二类土质和较深的基坑;反铲挖土机适于四类以下土质,深度在4m以内的基坑。

（3）长槽式开挖指在地面上开挖具有一定截面、长度的基槽或沟槽,适于开挖大型厂房的柱列基础和管沟,宜采用反铲挖土机。若为水中取土或土质为淤泥,且坑底较深,则可选择抓铲挖土机挖土;若土质干燥,槽底开挖不深,基槽长30m以上,可采用推土机或铲运机施工。

（4）整片开挖时,对于大型浅基坑,若基坑土干燥,可采用正铲挖土机开挖,但需设上下坡道,以便运输车辆驶入坑内;若基坑内土潮湿,则采用拉铲或反铲挖土机,可在坑上作业,且运输车辆不驶入坑内,其工效比正铲挖土机时低。

(5)对于独立柱基础的基坑及小截面条形基础基槽的开挖,则采用小型液压轮胎式反铲挖土机配以翻斗车来完成浅基坑(槽)的挖掘和运土。

确定土方施工的开挖方式与机械的选择都是相对的。选择时,要依据工程的实际情况编制多种方案,进行技术经济比较,选择效率高、费用低的方案施工。

正铲、拉铲挖土机的斗容量,在建筑工地上一般选用 $0.5 \sim 1.0 \mathrm{m}^3$;抓铲挖土机斗容量为 $0.20 \mathrm{m}^3$。

自卸汽车的载重量应与挖土机的斗容量保持一定倍数关系,一般宜为每斗土的 $3 \sim 5$ 倍,要有足够数量的车辆以保证挖土机的连续工作。

1.5 基槽(坑)施工

1.5.1 房屋定位

房屋定位是在基础施工之前根据建筑总平面图设计要求,将拟建房屋的平面位置和零点标高在地面上固定下来。

定位一般用经纬仪、水准仪和钢尺等测量仪器,根据主轴线控制点,将外墙轴线的四个交点用木桩测设在地面上(图1.29)。桩顶钉一小钉,以示角点轴线的位置。在建筑物四角距基槽(坑)上口边线 $1.5 \sim 2.0 \mathrm{m}$ 处设置龙门板,在龙门板上标出建筑物的 ± 0.000 标高,并将轴线位置引测到龙门板上,并用小钉标定,作为施工放线的依据。

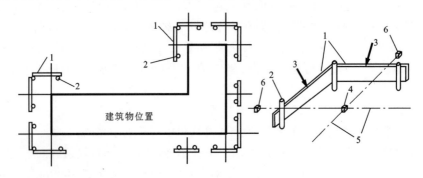

图1.29 建筑物的定位

1—龙门板(标志板);2—龙门桩;3—轴线钉;4—轴线桩(角桩);5—轴线;6—控制桩(引桩、保险桩)

房屋外墙轴线测定后,根据建筑平面图将内部纵横的所有轴线都一一测出,并用木桩及桩顶面小钉标识出来。桩顶高度、桩距槽边线的距离与龙门板板顶的高度、龙门板距槽边线的距离相同。

1.5.2 放线

房屋定位后,根据基础的宽度、土质情况、基础埋置深度及施工方法,计算确定基槽(坑)上口开挖宽度,拉通线后用石灰在地面上画出基槽(坑)开挖的上口边线,即放线(图1.30)。

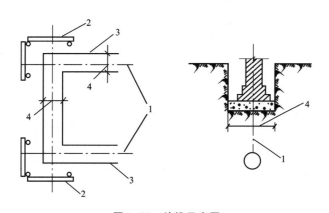

图 1.30 放线示意图

1—墙(柱)轴线;2—龙门板;3—白灰线(基槽边线);4—基槽宽度

基槽(坑)开挖宽度的计算:

(1) 不放坡,不加挡土板支撑

当土质均匀且地下水位低于槽(坑)底,挖土深度不超过《土方与爆破工程施工及验收规范》(GB 50201—2012)的有关规定时(见 1.3 节内容),可不放坡和不加支撑,这时基础底边尺寸就是放灰线尺寸。在施工过程中,距离槽(坑)边沿 1m 范围内不得堆置土方,应经常检查地表水、地下水及槽(坑)壁的稳定情况。

(2) 不放坡,但要留工作面

浇筑基础混凝土时,为了控制断面尺寸,需在槽(坑)内支立模板,为此,必须留出一定的工作面。一般,当基槽(坑)底在地下水位以上时,每边留出的工作面宽度为 300mm(图 1.31),基槽(坑)放灰线尺寸为:

$$d = a + 2c \tag{1.15}$$

式中 d——基础放灰线宽,mm;

a——基础底宽,mm;

c——工作面宽度(一般取 300mm)。

(3) 留工作面并加支撑

当基础埋置较深,场地又狭窄不能放坡时,为防止土壁坍塌,必须设置支撑。此时,放灰线尺寸除应考虑基础底宽、工作面宽度外,还需加上支撑所需尺寸(一般为 100mm)。放灰线尺寸为:

$$d = a + 2c + 2 \times 100 (\text{mm})$$

(4) 放坡

如果基槽(坑)深度超过《土方与爆破工程施工及验收规范》(GB 50201—2012)的规定时,即使土质良好且无地下水,亦需根据挖土深度和土质情况,参照表 1.5 放坡。放灰线尺寸为(图 1.32):

$$d = a + 2c + 2b \tag{1.16}$$

式中 b——放坡宽度,$b = mh$;

m——坡度系数;

h——基槽开挖深度。

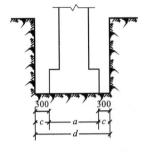

图 1.31　留工作面示意图

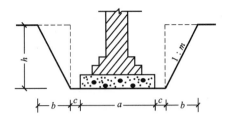

图 1.32　放坡基槽留工作面示意图

1.5.3　基槽(坑)土方开挖

基槽(坑)开挖有人工开挖和小型液压挖土机开挖两种形式。当基槽(坑)较深,土方量大时,有条件的尽量利用机械挖土。人工沿灰线开挖时,有利于保证土壁的直立或土壁放坡要求及槽(坑)底面尺寸;采用机械施工时,应注意挖土深度必须比基底标高浅,然后组织人工加以清底,以免机械挖土时扰动基底。机械挖土时的留余量要根据技术水平、施工季节等因素确定,一般留余量为 150~300mm。开挖基槽(坑)应按规定的尺寸,合理安排开挖顺序,分层进行,且应连续施工。土方开挖的顺序、方法必须与设计工况的一致,并遵循"开槽支撑,先撑后挖,分层开挖,严禁超挖"的原则。

1.5.3.1　基槽(坑)开挖深度控制

当基槽(坑)挖到离坑底 0.5m 左右时,根据龙门板上标高及时用水准仪抄平,在土壁上打上水平桩,作为控制开挖深度的依据。

1.5.3.2　基槽(坑)开挖中的注意事项

(1) 在开挖基槽(坑)之前,应检查龙门板、轴线桩有无走动现象,并根据设计图纸校核基础轴线的位置、尺寸及水准点的标高等。

(2) 基槽(坑)、管沟的挖土应分层进行。挖方时不应碰撞或损伤支护结构、降水设施。基槽(坑)开挖应连续进行,尽快完成。

(3) 在施工过程中,基槽(坑)、管沟边堆置的土方量不应超过设计荷载。开挖基槽(坑)时,若土方量不大,应有计划地堆置在现场,满足基槽(坑)回填及室内回填的需要。若有余土,则应考虑好弃土地点,并及时将土运走。开挖的土方应堆置在距离槽(坑)边 0.8m 以外,堆置高度不宜超过 1.5m,以免影响施工或造成槽(坑)土壁的崩塌。

(4) 基槽(坑)土方施工中及雨后,应对支护结构、周围环境进行观察和监测,如出现异常情况应及时处理,待恢复正常后方可继续施工。

(5) 基槽(坑)开挖时,要加强垂直高度方向的测量,防止超挖,以免扰动基底土层。挖至设计标高后,应对槽(坑)底进行保护,防止雨水侵蚀或阳光暴晒,经验槽合格后,及时进行垫层施工。

(6) 对特大型基坑,应分区分块挖至设计标高,分区分块及时浇筑垫层。必要时,可以加强垫层。

(7) 土方开挖施工中,若发现古墓及文物等,要保护好现场,并立即通知文物管理部门,经查看处理后方可施工。

1.5.3.3　验槽(坑)

基槽(坑)挖至设计标高并清理好以后,应由施工单位会同勘察单位、设计单位、监理单位、建设单位及质量监督部门有关人员,一起进行现场检查并验收基槽,包括:核对地质资料,检查地基与工程地质勘察报告、设计图纸要求是否相符,有无破坏原状土结构的现象或较大的扰动现象发生。验槽(坑)的主要内容和方法如下:

(1) 核对基槽(坑)的位置、平面尺寸、坑底标高。

(2) 核对基槽(坑)土质和地下水情况。

(3) 空穴、古墓、古井、防空掩体及地下埋设物的位置、深度、形状。在进行观察时,可采用钎探和洛阳铲探查。遇到持力层明显不均匀,或局部有软弱下卧层,或有浅埋的空穴、古墓、古井等,直接观察难以发现时,应在基坑底进行轻型动力触探。

(4) 对整个基槽(坑)底进行全面观察,注意土的颜色是否一致,土的坚硬程度是否一样,有无软硬不一的土层或弱土层,局部的含水量有无异常现象,走上去有无颤动的感觉等。如有异常现象,应会同设计部门等有关单位进行处理。

(5) 验槽的重点应选择在桩基、承重墙或其他受力较大的部位。

验槽后应填写验槽记录或检验报告。

1.6 填土与压实

1.6.1 填土的要求

为了保证填方工程的强度和稳定性,必须正确地选择土料和填筑方法。

填土的土料应符合设计要求。含有大量有机物、石膏和水溶性硫酸盐(含量大于 5%)的土以及淤泥、冻土、膨胀土等,均不应作为填方土料;以黏土作为土料时,应检查其含水量是否在控制范围内,含水量大的黏土不宜作填土用;一般碎石类土、砂土和爆破石渣可作表层以下填料,其最大粒径不得超过每层铺垫厚度的 2/3。

填土应按整个宽度分层进行,当填方位于倾斜的山坡时,应将斜坡修筑成 1:2 的阶梯形边坡后再进行施工,以免填土横向移动,并尽量用同类土填筑。如采用不同类土填筑,应将透水性较大的土层填筑在下层,透水性较小的土层填筑在上层,不能将各种土混合使用。这样有利于水分的排出和基土稳定,并可避免在填方内形成水囊和发生滑移现象。

回填施工前,填方区的积水应采用明沟排水法排出,并清除杂物。遇到河塘、沟渠时,应将水排干,并挖除软土、淤泥;如为耕土或松土,应先夯实,然后回填,要注意排水,并防止地面水的流入。由于土的可松性,回填高度的控制应预留一定的下沉高度,以备行车碾压、堆重和干湿交替自然因素的作用下土体逐渐沉落密实,其预留下沉高度(以填方高度为百分数计):砂土为 1.5%,亚黏土为 3%~3.5%。

1.6.2 土的压实方法

填土的压实方法一般有碾压、夯实、振动压实等几种。

碾压法是依靠沿填筑面滚动的鼓筒或轮子的压力压实填土,适用于大面积填土工程。碾压机械有平碾(压路机)、羊足碾、振动碾和气胎碾。平碾(8~12t)可压实砂类土和黏性土;羊足碾只宜压实黏性土;振动碾是一种振动和碾压同时作用的高效能压实机械,适用于爆破石渣、碎石类土、杂填土及轻亚黏土的大型填方工程;气胎碾在工作时是弹性体,其压力均匀,填方质量好。在实际工程中,应用最普遍的是刚性平碾。

碾压机械进行大面积填方碾压,宜采用"薄填、低速、多遍"的方法。碾压应从填土两侧逐渐压向中心,辗迹应有 15～20cm 的重叠宽度。机械的开行速度不宜过快,一般不应超过下列规定的速度:平碾、振动碾 2km/h;羊足碾 3km/h。控制压实遍数,平碾 6～8 遍,羊足碾 8～16 遍。在边角、坡度等不易压实处,应用人力夯或小型夯实机具配合施工。

为了满足填土压实的均匀性和密实度的要求,提高碾压效率,宜先用轻型机械碾压,使其表面平整后,再用重型机械碾压。

夯实是利用夯锤自由下落的冲击力来夯实填土,适用于小面积填土的压实。其优点是可以夯实较厚的黏性土层和非黏性土层。夯实机械有夯锤、内燃夯土机和蛙式打夯机等。夯锤借助起重设备提起并落下,其重力大于 15kN,落距为 2.5～4.5m,夯土影响深度可达 0.6～1.0m,常用于夯实砂性土、杂填土及含有石块的填土。内燃夯土机作用深度为 0.4～0.7m,它和蛙式打夯机常用于室内回填土和基槽、管沟两侧回填土的夯实。为防止管道、基础轴线位移或损坏管道,常用人工回填,配合小型机具施工,直至管顶 0.5m 以上,在不损坏管道的情况下,方可采用机械回填和压实。

填方坡度根据填方高度、土的种类和其重要性在设计中加以规定。设计中无规定时,可参照表 1.5 执行。

1.6.3 填土压实的影响因素

填土压实的主要影响因素为压实功、土的含水量以及每层铺土厚度。

(1)压实功的影响

填土压实后的密度与压实机械在其上所施加功的关系如图 1.33 所示。当土的含水量一定,在开始压实时,土的密度急剧增加;当接近土的最大密度时,虽经反复压实,压实功增加很多,但土的密度变化很小。实际施工中应根据土的种类、压实密度要求和不同的压实机械来决定填土压实遍数。砂土或黏性土需碾压或夯实 2～3 遍;亚砂土需 3～4 遍;亚黏土或黏土需 5～6 遍。松土先用轻碾,再用重碾压实,就会取得较好的压实效果。

(2)含水量的影响

填土含水量的大小直接影响碾压(或夯实)遍数和质量。较为干燥的土,由于摩阻力较大而不易压实;当土具有适当含水量时,土的颗粒之间因水的润滑作用而摩阻力减小,在同样的压实功作用下,得到最大的密实度,这时土的含水量称为最佳含水量(图 1.34)。

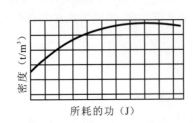

图 1.33 土的密度与压实功的关系

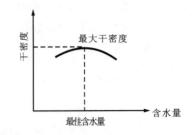

图 1.34 土的干密度与含水量关系

各种土的最佳含水量和最大干密度见表 1.7。现场黏性土最佳含水量的检测,一般以手握成团、落地开花为宜。填土压实施工中,当土的含水量较大时,一般采取翻松晾干,掺入同类干土或吸水性材料(生石灰)等措施;当土过干时,施工前应适当洒水润湿。

表 1.7 土的最佳含水量和最大干密度参考表

项次	土的种类	变 动 范 围	
		最佳含水量(%)(质量比)	最大干密度(g/cm³)
1	砂 土	8~12	1.80~1.88
2	黏 土	19~23	1.58~1.70
3	粉质黏土	12~15	1.85~1.95
4	粉 土	16~22	1.61~1.80

注:① 表中土的最大干密度应以现场实际达到的数字为准;

② 一般性的回填可不做此项测定。

(3)铺土厚度的影响

在压实功作用下,土中的应力随深度增加而逐渐减小(图 1.35),其压实作用也随土层深度的增加而逐渐减弱。在压实过程中,土的密实度也是表层较大,随深度的增加而递减;超过一定深度后,即使经多次碾压,土的密实度也不会有明显变化。各种压实机械的压实影响深度与土的性质和含水量等因素有关。铺土厚度应小于压实机械的作用深度。铺得过厚,需增加压实遍数才能达到规定的密实度;铺得过薄,也需相应增加机械的总压实遍数。最佳铺土厚度是使土方压实而机械的功耗量最小。一般情况下,平碾的每层铺土厚度为 20~30cm;羊足碾为 20~35cm;蛙式打夯机为 20~25cm。

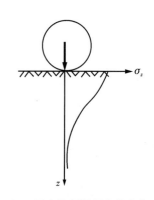

图 1.35 压实作用沿深度的变化

对于重要的填方工程,其达到规定密实度所需的压实遍数、铺土厚度等,应根据土质和压实机械在施工现场的压实试验决定。若无试验依据,应符合表 1.8 的规定。

表 1.8 填土施工时的分层厚度及压实遍数

压实机具	分层厚度(mm)	每层压实遍数
平 碾	250~300	6~8
振动压实机	250~350	3~4
柴油打夯机	200~250	3~4
人工打夯	<200	3~4

1.6.4 填土质量检查

填土压实后必须达到要求的密实度,填土密实度以设计规定的控制干密度 ρ_d(或规定的压实系数 λ)作为检查标准。土的控制干密度与最大干密度之比称为压实系数。不同的填方工程,设计要求的压实系数不同。一般场地平整,其压实系数为 0.9 左右;地基填土的压实系数为 0.91~0.97,具体取值视结构类型和填土部位而定。

土的最大干密度一般在实验室由击实试验确定。土的最大干密度乘以规范规定或设计要求的压实系数,即可计算出填土控制干密度 ρ_d 的值。

土的实际干密度可用"环刀法"测定。其取样组数:基坑回填土每 20~50m³ 取样一组;基槽、管沟填土每层(长度)按 20~50m 取样一组;室内回填土每层按 100~500m² 取样一组;场地平整填土每层按 400~900m² 取样一组。取样部位应在每层压实后的下半部。试样取出后测出实际干密度。

填土压实后的实际干密度,应有 90% 以上的组别符合设计要求,其余 10% 的最低值与设计值之差不得大于 0.08g/cm³,且应分散不应集中。

填方施工结束后,应检查标高、边坡坡度、压实程度等,检验标准应符合表 1.9 的规定。

表 1.9　填土工程质量检验标准

| 项目 | 序 | 检查项目 | 允许偏差或允许值(mm) | | | | | 检查方法 |
| | | | 桩基基坑基槽 | 场地平整 | | 管沟 | 地(路)面基层 | |
				人工	机械			
主控项目	1	标　高	−50	±30	±50	−50	−50	水准仪
	2	分层压实系数	设　计　要　求					按规定方法
一般项目	1	回填土料	设　计　要　求					取样检查或直观鉴别
	2	分层厚度及含水量	设　计　要　求					水准仪及抽样检查
	3	表面平整度	20	20	30	20	20	用靠尺或水准仪

1.7　地　基　处　理

为了满足结构安全和正常使用的要求,地基必须具有满足要求的承载力和变形。通过选定适当的基础形式,不需改变地基土体的工程性质就可满足要求的地基称为天然地基;对地基土体进行加固处理后方能满足要求的地基称为人工地基。地基处理工程的设计和施工质量直接关系到建筑物的安全,如处理不当,往往发生工程事故,且事后处理大多比较困难。因此,地基处理是否适当及其工程质量的好坏直接影响了工程的安全性。工程中常用的地基处理方法主要有:灰土地基、砂或砂石地基、高压喷射注浆地基、水泥土搅拌桩地基、水泥粉煤灰碎石桩复合地基等。

1.7.1　灰土地基

灰土地基是指将地基中不能满足建筑物要求的软弱土、不均匀土、淤泥、淤泥质土、膨胀土等挖出,用灰土分层回填压实作为基础的持力层的一种地基处理方法。它是传统的浅层地基处理方法,回填后的灰土层称为垫层。

(1)灰土地基材料要求

①土料:宜优先采用基槽中挖出的粉质黏土及塑性指数大于 7 的黏质粉土,不得含有冻土、耕土、淤泥、有机质等杂物。土料使用前应过筛,其粒径应不大于 15mm。其含水量应符合规定。

②石灰:应用新鲜的块灰或生石灰粉,使用前应经过 1~2d 的充分熟化并过筛,其粒径不得大于 5mm;不得夹有未熟化的生石灰块及其他杂质,也不得含有过多的水分。

（2）主要机具

灰土地基施工一般应备有人力夯、蛙式打夯机或压路机、平碾、振动碾、手推车、筛子(孔径为 5～10mm 和 15～20mm 两种)、靠尺、耙子、平头铁锹、喷水用胶管等机具。基槽(坑)在铺打灰土前,必须先行钎探,并按设计要求处理地基,办验槽手续。基础外侧打灰土时,必须对基础、地下室墙和地下防水层、保护层进行检查,并办完隐检手续。现浇混凝土基础墙应达到规定强度。当地下水位高于基槽(坑)底时,施工前应采取排水或降低地下水位的措施,使地下水位保持在施工面以下 500mm 左右。地基施工前应根据工程特点、填料种类、设计压实系数、施工条件等合理确定土料含水量控制范围、铺土厚度和夯打遍数等参数。重要的填方工程应通过压实试验来确定各施工参数。

施工前,测量人员应做好水平高程的标志,如在基槽(坑)或沟的边坡上每隔 3m 钉上灰土水平的木桩;在室内和散水的边墙上弹上水平线或在地坪上钉好标高控制标准的木桩。

（3）施工工艺

灰土地基主要施工工艺有:检验土和石灰粉的质量并过筛、灰土拌和、槽底清理、分层铺灰土、夯打密实及找平验收等。

首先检查土质和石灰的材料质量是否符合标准要求,然后分别过筛。石灰要用孔径为 5～10mm 的筛子过筛,土料用孔径为 15～20mm 的筛子过筛。

灰土的配合比除设计有特殊规定外,一般为 2∶8 或 3∶7(灰土体积比)。基础垫层灰土必须过标准斗,并严格控制配合比。拌和时必须均匀一致,至少翻拌 3 次;拌和好的灰土颜色应一致,要求随用随拌。

灰土施工时应适当控制含水量,现场的检验方法是用手将灰土紧握成团,松手落地即碎为宜。如土料水分过多或不足,则应翻松晾晒或洒水润湿,控制其含水量在最优含水量±2%范围内(一般为 14%～20%)。

基槽(坑)底或基土表面应将虚土、树叶、木屑、纸片等清理干净,并打两遍底夯,局部有软弱土层或孔洞时应及时挖除,然后用灰土分层回填夯实,要求坑底平整、干净。

分层铺灰土时,每层的灰土虚铺厚度可根据不同的施工方法按表 1.10 选定。

表 1.10　灰土最大虚铺厚度

夯具种类	质量	虚铺厚度(mm)	夯实厚度(mm)	备注
人力夯	40～80kg	200～250	100～150	人力打夯落高为 400～500mm,一夯压半夯
轻型夯实机具	120～400kg	200～250		蛙式或柴油打夯机
压路机	机重 6～10t	200～300		双轮压路机

各层虚铺厚度都要找平,与槽(坑)边壁上的标志木桩高度一致,或用尺、标准杆检查。

夯压的遍数应根据设计要求的干土质量密度或现场试验确定,一般不少于 4 遍,并控制机械碾压速度。打夯应一夯压半夯,夯夯相连,行行相连,纵横交叉。基础垫层灰土在每层夯压后都应按规定用环刀取样送验,并分层取样试验,符合要求后方可进行上层施工。

灰土分段施工时,要严格按施工规范的规定操作,不得在墙角、柱基及承重窗间墙下接槎。上、下两层灰土的接槎距离不得小于 500mm。铺灰时应从留槎处多铺 500mm 厚,夯实时夯过接缝 300mm 以上。接槎时用铁锹在留槎处垂直切齐。当灰土基础标高不同时,应做成阶梯形。

　　灰土最上一层完成后,应拉线或用靠尺检查标高和平整度。高的地方用铁锹铲平,低的地方补打灰土,然后报请质量检查人员验收。

1.7.2　高压喷射注浆地基

　　喷射注浆地基是利用工程钻机钻至设计深度后,用高压泵通过安装在钻杆(喷杆)杆端置于孔底的特殊喷嘴,向周围土体高压喷射固化浆液(一般使用水泥浆液),同时钻杆(喷杆)以一定的速度边旋转边提升,高压射流使一定范围内的土体结构破坏,并强制与固化浆液混合,凝固后便在土体中形成具有一定性能和形状的固结体。高压喷射注浆法具有成本较低、施工速度较快、固结体强度大、可靠性高等优点。

　　高压喷射注浆法是利用高速水流强制性地破坏土体而形成固结体,在覆盖层中一般不存在可灌性问题;同时由于高速射流被限制在土体破碎范围内,因此浆液不易流失,能保证预期的加固范围和控制固结体的形状;能在钻孔中任何一段内施工,也可以在孔底或中部喷射,还可以水平方向喷射和倾斜方向喷射施工;高喷法通常采用水泥浆液,不会造成环境和地下水的污染,且耐久性较好,施工噪声较小。其工作原理如图 1.36 所示。

　　固结体的形状与喷射流的移动方向有关。高压喷射注浆形式一般分为旋转喷射(简称旋喷)、定向喷射(简称定喷)和摆动喷射(简称摆喷)。旋喷桩主要用于加固地基,提高地基的抗剪强度,改善地基土的变形性能,使其在上部结构荷载作用下不致破坏或产生过大的变形。定喷固结体呈壁状,摆喷形成厚度较大的扇状固结体。定喷和摆喷通常用于地基防渗,改善地基土的水力条件及边坡稳定等工程。

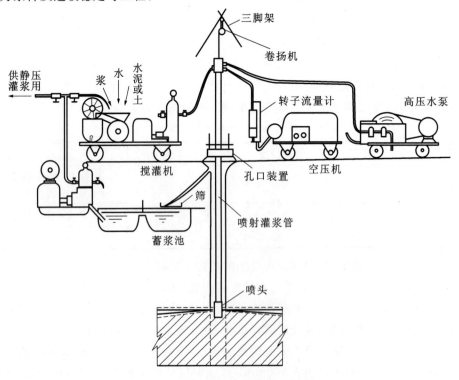

图 1.36　高压喷射注浆地基工作原理

1.7.2.1 高压喷射注浆法的分类

高压喷射注浆法按喷射介质及其管路数量可分为单管旋喷法、二管旋喷法、三管旋喷法等。

（1）单管旋喷法

单管旋喷法是通过单根管路,利用高压浆液(20～30MPa),喷射冲切破坏土体,成桩直径为40～50cm。其加固质量好、施工速度快、成本低,但固结体直径较小。

（2）二管旋喷法

二管旋喷法在单管旋喷法的基础上又加以压缩空气,并使用双通道的二重灌浆管。在管的底部侧面有一个同轴双重喷嘴,高压浆液以20MPa左右的压力从内喷嘴中高速喷出,在射流的外围加以0.7MPa左右的压缩空气。它能在土体中形成直径明显增加的柱状固结体,直径达80～150cm。

（3）三管旋喷法

三管旋喷法使用分别输送水、气、浆三种介质的三重灌浆管,在高压水射流的喷嘴周围加上圆筒状的空气射流,进行水、气同轴喷射,可以减少水射流与周围介质的摩擦,避免水射流过早雾化,增强水射流的切割能力。喷嘴旋转、喷射的同时提升,在地基中形成较大的负压区,携带同时压入的浆液充填空隙,在地基中形成直径较大、强度较高的固结体,起到加固地基的作用。

1.7.2.2 喷射注浆材料要求

水泥是喷射注浆的基本材料,水泥类浆液可分为以下几种类型。

（1）普通型

一般采用普通硅酸盐水泥,不加任何外加剂,水灰比一般为0.8:1～1.5:1,固结体的抗压强度(28d)最大可达1.0～20MPa,适用于无特殊要求的工程。

（2）速凝-早强型

适用于地下水位较高或要求早期承担荷载的工程,需在水泥浆中加入氯化钙、三乙醇胺等速凝早强剂。掺入2%氯化钙的水泥-土的固结体的抗压强度为1.6MPa,掺入4%的氯化钙后为2.4MPa。

（3）高强型

高强型水泥浆液可以选择高标号的水泥,或选择高效能的扩散剂和无机盐组成的复合配方等。其喷射固结体的平均抗压强度在20MPa以上。

1.7.2.3 高压喷射注浆工艺

高压喷射(简称高喷)注浆的喷射范围应在现场通过试验确定。高喷固结体的范围大小与土的种类和密实程度有较密切的关系,不同的喷射种类和喷射方式所形成的固结体大小不相同。定喷的喷射能量集中,喷射范围较大。旋喷黏性土的固结强度一般为0.3～6.0MPa,无黏性土的固结强度一般为4～15MPa。

防渗工程多采用定喷、摆喷,地层粒径较粗时,多采用摆喷或旋喷。对处理深度大于20m的复杂地层,最好按双排或三排布孔,使高喷桩形成堵水帷幕。一般孔距为1.73R(R为旋喷固结体半径),排距为1.5R时施工最经济。一般定喷、摆喷的孔距为1.2～2.5m,旋喷的孔距为0.8～1.2m。

高喷桩桩距应根据上部结构荷载、单桩承载力及土质情况而定,一般取桩距$S=(3～4)d$(d为旋喷桩直径)。桩的布置方式可选用矩形或梅花形。高压喷射注浆施工钻孔的目的是将灌浆管插入预定的土层中,由下而上进行喷射作业。近来,也有采用振冲方式成孔直接进行喷射作业的方法。

1.7.3 水泥土搅拌桩地基

水泥土搅拌桩属于深层搅拌法,是利用水泥作为固化剂,通过特别的深层搅拌机械在地基深处就地将软土和水泥(浆液或粉体)强制搅拌后,水泥和软土产生一系列物理和化学反应,使软土硬结改性。改性后的软土强度大大高于天然强度,但其压缩性、渗水性比天然软土大大降低。此时,软土与水泥采用机械搅拌加固,减少了软土中的含水量,增加了颗粒之间的黏结力,提高了水泥土的强度,增强了水的稳定性。在水泥加固土中,由于水泥的掺量较小,一般占被加固土的 10%～15%,水泥的水化反应完全在具有一定活性的介质——土的围绕下进行,因此其硬化速度较慢且作用复杂。

为了降低工程造价,可以采用掺加粉煤灰的措施。掺加粉煤灰的水泥土桩,其强度一般比不掺粉煤灰的高。不同水泥掺入比的水泥土,当掺入与水泥等量的粉煤灰后,其强度均比不掺粉煤灰的强度高 10%。因此,采用深层搅拌法加固软土时掺入粉煤灰,不仅消耗工业废料,还可提高水泥土的强度。

1.7.3.1 施工机械

施工机械主要有钻机、粉体发送器、空气压缩机、搅拌钻头等。

1.7.3.2 施工工艺

(1)湿法施工

湿法施工的主要施工机械为深层搅拌机。水泥土搅拌桩深层搅拌法的施工主要可分为定位、预搅下沉、制备水泥浆、喷浆搅拌上升、重复上下搅拌等几个步骤,如图 1.37 所示。

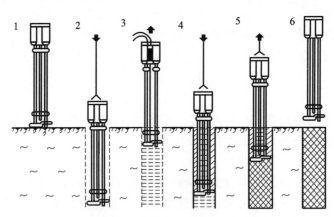

图 1.37 水泥土搅拌桩深层搅拌法的施工
1—定位;2—预搅下沉;3—喷浆搅拌上升;
4—重复搅拌下沉;5—重复搅拌上升;6—完毕

(2)干法施工

干法施工是采用水泥粉料,由空气输送,通过搅拌叶片旋转产生的空隙部位喷出,并随着搅拌叶片的旋转均匀分布在整个空隙轨道面内,进而和原位地基土搅拌并混合在一起。其施工分为柱体对位、下钻、钻进结束、提升喷粉、提升结束、桩体形成等几个步骤。

1.7.3.3 适用范围

深层搅拌法最适宜加固各种成因的饱和软黏土,常用于淤泥、淤泥质土、黏土、亚黏土等地质的加固,成桩深度可达 30m,采用多头小直径桩的成桩深度可达 18m。

1.7.4 水泥粉煤灰碎石桩复合地基

水泥粉煤灰碎石桩是由水泥、粉煤灰、碎石、石屑或砂加水拌和形成的高黏结强度桩(CFG桩),成桩后由桩、桩间土和褥垫层一起构成复合地基,如图 1.38 所示。

1.7.4.1 柱体材料选择

混合填料配制应严格选择原材料,以及洁净的河砂、卵石、Ⅱ级粉煤灰等,水泥选用优质32.5 强度等级的普通硅酸盐水泥。施工前按设计要求由实验室进行配合比试验,施工时按配合比配制混合料,以保证混合料强度。混合料中掺入的粉煤灰主要是改善拌合物的和易性,以提高桩的施工质量。混合料配比应严格按相关规范执行,且碎石和中砂含杂质量不大于 5%。按设计配合比配制混合料后,投入搅

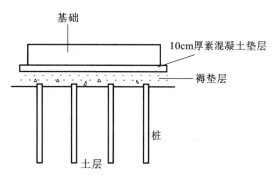

图 1.38 水泥粉煤灰碎石桩复合地基

拌机加水拌和,加水量由混合料的坍落度控制,一般坍落度为 30～50mm,成桩后浮浆厚度一般不超过 200mm。混合料的搅拌须均匀,每盘搅拌时间不得少于 60s。搅拌站设磅秤计量装置,保证砂、石、粉煤灰计量准确。

1.7.4.2 施工工艺

水泥粉煤灰碎石桩的施工工艺主要有移机就位、沉管造孔、填料加密和成桩四道工序,其中分层填料加密是关键工序。施工时,根据土质情况和荷载要求,分别选用单打法、复打法等。水泥粉煤灰碎石桩单打法施工如图 1.39 所示。

(1)桩机就位

桩位的施工应依次向后退打,有利于保护先施工的桩不被挤坏或挤歪。还考虑隔排桩跳打(隔一根桩位)的施工顺序,施工新桩与已打桩的间隔时间不少于 7d。桩机就位须平整、稳固,调整沉管,使其与地面垂直,确保垂直度偏差不大于 1%。采用活瓣式桩尖和 $D=325mm$ 桩管,桩尖对准桩位。

(2)沉管造孔

沉管过程中应注意桩机的稳定,严禁倾斜和错位。沉管过程中观察沉管的下沉速度是否正常,沉管是否有挤偏现象,若有异常情况应分析原因,及时采取措施。当沉管到达设计深度或持

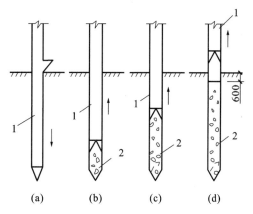

图 1.39 水泥粉煤灰碎石桩单打法施工
(a)打入桩管;(b)灌粉煤灰碎石;(c)振动拔管;(d)成桩
1—桩管;2—粉煤灰碎石桩

力层时,应判定该深度或贯入度是否已满足规定和设计要求,或试桩时规定的并经设计认可的要求,满足了这些要求和规定后方可终止沉管。

（3）填料加密

沉管达到要求深度后，立即填灌桩芯混合料，尽量缩短间隔时间。填料前检查沉管内是否吞进桩尖或进水、进泥，若存在，则及时处理。在沉管过程中，可用料斗进行空中投料。待沉管至设计标高后，须尽快投料，直到管内混合料面与钢管投料口平齐。如上料量不够，须在拔管过程中空中投料，以保证成桩桩顶、桩高满足设计要求。控制管内混合料面不低于自然地面，填料量应按沉管外径和桩长计算出的体积再乘以设计的充盈系数取值。

（4）成桩

混合料添加至钢管投料口平齐后，先振动 5～10s，再开始拔管，边振边拔，每拔 0.5～1.0m，停拔留振 5～10s，如此反复，直至沉管全部拔出。沉管灌注成桩施工的拔管速度应按匀速控制，拔管速度应控制为 1.2～1.5m/min。沉管拔出地面后，若发现桩身填料超出桩的设计顶面较多或溢出地面较多，应及时核实充盈系数。若充盈系数小于1，则认为桩身可能存在缩径或断桩隐患，应及时研究补救措施。若发现桩身填料面低于设计标高，应立即补填填料，使其顶面高于设计标高 0.5m，并用振捣器振实。补填填料时，应将桩顶上的浮土清理干净，必要时可向孔内先插入钢模，再清理浮土。确认成桩符合设计要求后用粒状材料或混凝土封顶，然后移机继续下一根桩施工。

1.7.4.3 施工中的质量控制

为保证 CFG 桩复合地基的施工质量，应注意以下事项。

（1）选用合理的施工机械设备。在施工准备阶段，必须详细了解地质情况，合理选用施工机械。这是确保 CFG 桩复合地基质量的有效途径。

（2）深入了解地质情况，采用合理的施工工艺。在施工过程中，成桩的施工工艺对 CFG 桩复合地基的质量至关重要。不合理的施工工艺将造成重大的质量问题，甚至质量事故。而要确定合理的施工工艺，必须深入了解地质情况，并在施工过程中加强监测，根据具体情况，控制施工工艺，发现特殊情况时做出具体的改变。

（3）加强施工过程中的监测。在施工过程中，应加强监测，及时发现问题，以便针对性地采取有效措施，有效控制成桩质量。重点是做好施工场地标高观测、已打桩桩顶标高观测和对有怀疑的桩的处理等。

1.8 质量标准及安全技术

1.8.1 土方工程质量验收内容

（1）场地平整挖填方工程的验收内容

① 平整区域的坐标、高程和平整度；

② 挖填方区的中心位置、断面尺寸和标高；

③ 边坡坡度及边坡的稳定性；

④ 泄水坡度，水沟的位置、断面尺寸和标高；

⑤ 填方压实情况和填土的密实度；

⑥ 隐蔽工程记录。

（2）基槽的验收内容

① 基槽(坑)的轴线位置、宽度；

② 基槽(坑)底面的标高；

③ 基槽(坑)和管沟底的土质情况及处理；

④ 槽(坑)壁的边坡坡度；

⑤ 槽(坑)、管沟的回填情况和密实度。

1.8.2 质量标准

土方开挖工程的质量检验标准应符合表 1.11 的规定。

表 1.11 土方开挖工程的质量检验标准

项目	序	项 目	允许偏差或允许值(mm)					检查方法
			柱基基坑基槽	挖方场地平整		管沟	地(路)面基层	
				人工	机械			
主控项目	1	标 高	−50	30	50	−50	−50	水准仪
	2	长度、宽度(由设计中心线向两边量)	+200 −50	+300 −100	+500 −150	+100	—	经纬仪,用钢尺量
	3	边 坡	设 计 要 求					观察或用坡度尺检查
一般项目	1	表面平整度	20	20	50	20	20	用 2m 靠尺和楔形塞尺检查
	2	基底土性	设 计 要 求					观察或土样分析

注:地(路)面基层的偏差只适用于直接在挖、填方区上做地(路)面的基层。

1.8.3 安全技术

(1) 施工前应进行场地清理,拆除施工区域内的房屋、古墓,拆除或改建通信和电力设备、上下管道、地下电缆等;迁移树木,清除树墩及含有大量有机物的草皮、耕植土和河塘淤泥等。

(2) 基槽(坑)开挖时,人工操作间距应不小于 2.5m;采用机械作业时,挖土机的间距应大于 10m。挖土应由上而下逐层进行。

(3) 基槽(坑)的开挖应严格按要求放坡。操作时,应随时注意土壁变动情况,如发现有裂纹或局部坍塌现象,应及时进行支撑,并注意支撑的稳定。

(4) 尽量避免在槽(坑)边缘堆置大量土方、材料和机械设备。材料的堆放距槽(坑)边沿应有 1m 以上的距离;用于吊土的起吊设备距槽(坑)边缘不得少于 1.5m。

(5) 运输道路应平整坚实,坡度和转弯半径应符合有关安全规定。

(6) 深基坑上下应先挖好阶梯或设置靠梯,禁止踩踏支撑上下;坑的四周应设安全栏杆或悬挂危险标志。

(7) 基槽(坑)设置的支撑应经常检查有无松动、变形等不安全迹象,特别是雨雪天气后要加强巡视检查。

(8) 对滑坡地段的挖方不宜在雨期施工,并应遵循先整治后开挖和由上而下的开挖顺序,严禁先切除坡脚或在滑体上弃土。

(9) 坑槽开挖后不宜久露,应立即进行基础或地下结构的施工。

思　考　题

1.1　试述土方工程的工作内容和特点。

1.2　试述土的含水量、干密度的物理意义。

1.3　试述土的可松性及其对土方工程施工的影响。

1.4　何谓土方调配？土方调配的原则是什么？

1.5　场地平整施工应做好哪些准备工作？

1.6　试分析土壁塌方的原因。

1.7　试述土方边坡坡度的表示方法，并分析影响边坡稳定的因素。

1.8　什么情况下基坑要放坡或加支撑？

1.9　试述集水井排水施工方法的要点。

1.10　试述轻型井点降水的工作原理及设备组成。

1.11　试述轻型井点安装与使用的注意事项。

1.12　试述推土机、铲运机的工作特点、适用范围及提高生产效率的措施。

1.13　简述正铲挖土机、反铲挖土机的工作特点、适用范围及如何正确选择开挖方式。

1.14　试述选择土方机械的要点。

1.15　建筑物定位放线怎样进行？应注意哪些事项？

1.16　基槽开挖中应注意哪些事项？

1.17　试述填土的技术要求。

1.18　影响填土压实的主要因素有哪些？怎样检查填土压实的质量？

1.19　试述常用的地基处理方法有哪些，各适应什么场合。

习　　题

1.1　某场地平整有 $4000m^3$ 的填方量需从附近取土填筑，其土质为密实的砂黏土，试计算：

(1) 所需回填土的挖方量；

(2) 如运输工具的斗容量为 $3m^3$，需运多少车次？

1.2　某基坑坑底长 80m，宽 60m，深 8m，四边放坡，边坡坡度均为 1：0.5。混凝土基础和地下室占有体积为 $24000m^3$，则应预留多少回填土（自然状态土）？若多余土方外运，外运土方（自然状态土）为多少？如果用斗容量为 $3m^3$ 的汽车外运，需运多少车？（已知土的最初可松性系数 $K_S=1.14$，最终可松性系数 $K_S'=1.05$）

1.3　某建筑场地方格网如图 1.40 所示，方格网边长 40m×40m，试用公式法计算场地总挖方量和总填方量。

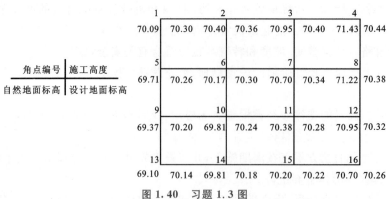

图 1.40　习题 1.3 图

模块 2 桩基础工程

知识目标

(1)桩基础的形式、构造组成,按桩的受力特点进行的分类及施工控制要点;

(2)预制桩的施工工艺和技术要求;

(3)灌注桩的施工工艺和技术要求;

(4)预制桩、灌注桩施工中易出现的质量问题及处理方法;

(5)桩基础工程的施工质量要求及安全技术。

技能目标

结合施工图和现场的情况能够进行施工准备的各项工作;确定钻孔灌注桩施工方案(干作业成孔或泥浆护壁成孔);进行桩基施工常见质量事故分析和处理;掌握灌注桩施工过程。

桩基础是深基础应用最多的一种基础形式,它由若干个沉入土中的桩和连接桩顶的承台或承台梁组成。桩的作用是将上部建筑物的荷载传递到深处承载力较强的土层上,或将软弱土层挤密实以提高地基土的承载能力和密实度。桩基础可应用于各种地质条件和各种类型的工程,尤其适用于在软弱土层上建造上部结构荷载很大的建筑物。桩基础具有承载能力强、稳定性好、沉降量小而均匀等优点。同时,当软弱土层较厚时,采用桩基础施工可省去大量土方、支撑、排水和降水设施,降低了费用,可取得较好的经济效果。

桩按受力情况分为端承桩和摩擦桩两种(图 2.1)。端承桩是穿过软弱土层而达到坚硬土层或岩层上的桩,上部结构荷载主要由岩层阻力承受;施工时以控制贯入度为主,桩尖进入持力层深度或桩尖标高可作参考。摩擦桩完全设置在软弱土层中,将软弱土层挤密实,以提高土的密实度和承载能力,上部结构的荷载由桩尖阻力和桩身侧面与地基土之间的摩擦阻力共同承受,施工时以控制桩尖设计标高为主,贯入度可作参考。

桩按施工方法分为预制桩和灌注桩两种。预制桩根据沉入土中的方法,可分为打入桩、水冲沉桩、振动沉桩和静力压桩等。灌注桩是在桩位处成孔,然后放入钢筋骨架,再浇筑混

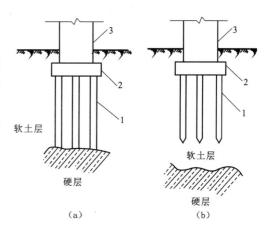

图 2.1 端承桩与摩擦桩

(a)端承桩;(b)摩擦桩

1—桩;2—承台;3—上部结构

凝土而成的桩。灌注桩按成孔方法不同,有钻孔灌注桩、挖孔灌注桩、冲孔灌注桩、套管成孔灌注桩及爆扩成孔灌注桩等。

2.1　钢筋混凝土预制桩施工

钢筋混凝土预制桩是在预制构件厂或施工现场预制,用沉桩设备在设计位置上将其沉入土中,其特点是:坚固耐久,不受地下水或潮湿环境影响,能承受较大荷载,施工机械化程度高,进度快,能适应不同土层施工。因此,钢筋混凝土预制桩是我国目前广泛采用的一种桩型。钢筋混凝土预制桩有方形实心断面桩,其断面尺寸为 200mm×200mm 至 550mm×550mm,桩长不大于 27m。因受运输条件限制,工厂预制桩一般不超过 13m;条件许可时,可考虑在施工现场预制。也有圆柱体空心断面桩,直径有 400mm、500mm 和 550mm,管壁厚 80～100mm,桩长为 25～30m 时需分节制作,每节长度为 8～10m;其下端有桩尖,接桩可采用法兰盘和螺栓连接。管桩一般都采用预应力混凝土在工厂里通过离心法生产。

钢筋混凝土预制桩施工前,应根据施工图设计要求、桩的类型、成孔过程对土的挤压情况、地质探测和试桩等资料,制订施工方案。其主要内容包括:确定施工方法,选择打桩机械,确定打桩顺序,桩的预制、运输,以及沉桩过程中的技术和安全措施。

2.1.1　施工准备

(1)场地平整及周边障碍物处理

施工现场要夯实平整,按照地势应有 2‰ 的排水坡度,并设置排水明沟,保持场地干燥,以利于施工机械进场作业。

打桩过程中振动大,土体受到急剧的挤压会发生局部隆起或水平位移,也会危及周围建(构)筑物、道路和地下管线的安全。打桩施工前,应与城市管理、房管、供水、供电、煤气、电信等部门联系,说明原因及可能的危害情况,提出具体要求,认真妥善地处理空中、地面及地下障碍物。对危房或危险构筑物,必须采取加固或隔振措施或拆除,以消除隐患。地下管道、电缆等应由主管部门负责拆迁。

(2)定桩位及埋设水准点

依据施工图设计要求,把桩基定位轴线的位置在施工现场准确地测定出来,并做出明显的标志。在打桩现场附近设置 2～4 个水准点,用以抄平场地和作为检查桩入土深度的依据。桩基轴线的定位点及水准点,应设置在不受打桩影响的地方。

在正式打桩前,应对桩基的水准点、轴线和桩位的尺寸及位置复查一次。桩位的放线允许误差:群桩±20mm;单排桩±10mm。

(3)桩帽、垫衬和送桩设备机具的准备。

2.1.2　桩的制作、运输、堆放

管桩及长度在 10m 以内的方桩在预制厂制作,较长的方桩在打桩现场制作。预制场地应夯实平整,排水通畅,防止地面因浸水而沉陷,以免桩发生变形。模板应保证桩的几何尺寸准确,使桩面平整挺直;桩顶面模板应与桩的轴线垂直;桩尖四棱锥面呈正四棱锥体,且桩尖位于桩的轴线上;底模板、侧模板及重叠法生产时的桩面间均应涂刷好隔离层,不得粘结。

钢筋骨架的主筋连接宜采用对焊;主筋接头配置在同一截面内的数量不超过 50%;同一根钢筋两个接头的距离应大于 $30d_0$ (d_0 为钢筋直径)且不小于 500mm。桩顶和桩尖直接受到冲击力易产生很高的局部应力,桩顶和桩尖钢筋配置(图 2.2)应做特殊处理。

混凝土制作宜用机械搅拌、机械振捣;浇筑混凝土过程中应严格保证钢筋位置正确,桩尖应对准纵轴线,纵向钢筋顶部保护层不宜过厚,钢筋网片的距离应正确,以防锤击时桩顶受损及桩身混凝土剥落破坏。混凝土应由桩顶向桩尖连续浇筑,不得中断。桩的表面应平整、密实;桩顶和桩尖处不得有蜂窝、麻面和裂缝。拆模时,混凝土应达到一定强度,保证不掉角,桩身不缺损。采用叠层法生产时,其重叠层渗透一般不宜超过四层。上层桩和邻桩浇筑,必须在下层和邻桩的混凝土强度达到设计强度的 30% 以后才能进行。浇筑完毕后,立即加强养护,防止由于混凝土收缩而产生裂缝,养护时间不少于 7d。

钢筋混凝土预制桩的质量检验标准应符合表 2.1 的规定。

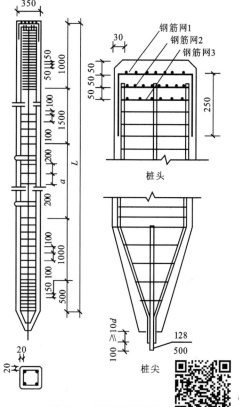

图 2.2　混凝土预制桩

混凝土预制桩

表 2.1　钢筋混凝土预制桩的质量检验标准

项	序	检 查 项 目	允许偏差或允许值		检 查 方 法
			单 位	数 值	
主控项目	1	桩体质量检验	按基桩检测技术规范		按基桩检测技术规范
	2	桩位偏差	见本表		用钢尺量
	3	承载力	按基桩检测技术规范		按基桩检测技术规范
一般项目	1	砂、石、水泥、钢材等原材料(现场预制时)	符合设计要求		查出厂质保文件或抽样送检
	2	混凝土配合比及强度(现场预制时)	符合设计要求		称量及查试块记录
	3	成品桩外形	表面平整,颜色均匀,掉角深度<10mm,蜂窝面积小于总面积0.5%		直观检查
	4	成品桩裂缝(收缩裂缝或起吊、装、堆放引起的裂缝)	深度<20mm,宽度<0.25mm,横向裂缝不超过边长的一半		裂缝测定仪,在地下水侵蚀地区及锤击数超过 500 击的长桩不适用
	5	成品桩尺寸:横截面边长	mm	±5	用钢尺量
		桩顶对角线差	mm	≤5	用钢尺量
		桩尖中心线	mm	<10	用钢尺量
		桩身弯曲矢高		<L/1000	用钢尺量,L 为桩长
		桩顶平整度	mm	<2	用钢尺量

续表 2.1

项	序	检 查 项 目	允许偏差或允许值		检 查 方 法
			单 位	数 值	
一般项目	6	电焊接桩:焊缝质量 电焊结束后停歇时间 上下节点平面偏差 节点弯曲矢高	 min mm 	 >1.0 <10 <L/1000	秒表测定 用钢尺量 用钢尺量,L 为两节桩长
	7	硫黄胶泥接桩:胶泥浇筑时间 浇筑后停歇时间	min min	<2 >7	秒表测定 秒表测定
	8	桩顶标高	mm	±50	水准仪
	9	停锤标准	符合设计要求		现场实测或查沉桩记录

　　钢筋混凝土预制桩应达到设计强度的 70% 才可起吊;达到 100% 设计强度才能运输和打桩。若提前吊运,必须采取措施并经过验算合格方可进行。

　　桩在起吊搬运时,必须做到平稳,避免冲击和振动,吊点应同时受力,且吊点位置应符合设计规定。当无吊环,设计又未作规定时,绑扎点的数量及位置按桩长而定,应符合起吊弯矩最小的原则,可按图 2.3 所示的位置捆绑。钢丝绳捆绑桩时应加衬垫,避免损坏桩身及棱角。桩的运输可采用平板拖车或轻轨平板车;长桩的运输,桩下宜设活动支座,运输过程中支点应与吊点位置一致。捆绑要牢固可靠,车辆行驶要平稳,运到现场应进行质量复查。不合格的桩作废品处理,并做出明显的标志,另外堆放。堆放场地要求平整坚实,不得产生不均匀下沉。预制桩应按规格、型号分别堆放。堆放时,支点垫木与吊点位置相同,并且各层垫木要在同一垂直线上,最下层垫木应适当加宽,堆放层数不宜超过 4 层。

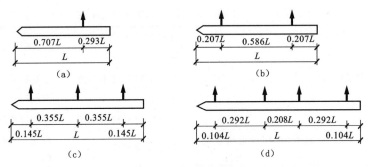

图 2.3　吊点的合理位置
(a) 1 个吊点;(b) 2 个吊点;(c) 3 个吊点;(d) 4 个吊点

2.1.3　打入法施工

　　打入法也称锤击法,是利用桩锤落到桩顶上的冲击力来克服土对桩的阻力,使桩沉到预定的深度或达到持力层的一种打桩施工方法。锤击沉桩是混凝土预制桩常用的沉桩方法,它施工速度快,机械化程度高,适用范围广,但施工时有冲撞噪声和对地表层有振动,在城区和夜间施工有所受限。

　　2.1.3.1　打桩设备及选择

　　打桩设备包括桩锤、桩架和动力装置。

（1）桩锤

桩锤可选用落锤、汽锤、柴油打桩锤和振动锤。

落锤一般由铸铁制成,有穿心锤和龙门锤两种,重 0.2～2t。它利用绳索或钢丝绳通过吊钩由卷扬机沿桩架导杆提升到一定高度,然后自由落下击打桩顶。其构造简单,冲击力大,能任意调整落锤高度,适合于在普通黏土和含砾石的土层中打桩;但打桩速度慢(6～12 次/min),效率不高,贯入能力低,对桩的损伤较大(图 2.4)。

汽锤是以高压蒸汽或压缩空气为动力的打桩机械。单动汽锤落距短,对设备和桩头损坏小,打桩速度及冲击力较落锤大,效率高,适宜于打设各种类型的桩,锤重 1.5～15t;双动汽锤工作效率高,不仅适用于一般打桩工程,还可以用于打钢板桩、斜桩及水下打桩和拔桩,锤重 0.6～6t。如图 2.5 所示。

图 2.4 打入桩施工

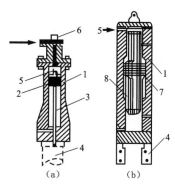

图 2.5 汽锤

(a) 单动汽锤;(b) 双动汽锤

1—汽缸;2—活塞;3—活塞杆;4—桩;5—活塞上部空间;
6—换向阀门;7—锤的垫座;8—冲击部分

柴油打桩锤是利用燃油爆炸来推动活塞做往返运动进行锤击打桩,其结构简单,使用方便。柴油打桩锤与桩架、动力设备配套组成柴油打桩机,常用来打木桩、钢板桩和长度在 12m 以内的钢筋混凝土预制桩,不适合在硬土和松软土中打桩。由于噪声大、振动强和对空气的污染大等,在城市施工中受到一定限制。锤重 0.6～6t,每分钟锤击 40～80 次。

振动锤是利用机械强迫振动,通过桩帽传到桩上使桩下沉,适用于亚黏土、黄土和软土,特别适用于砂性土、粉细砂土的沉桩施工,但不适于砾石和密实的黏性土地基的沉桩施工。振动锤质量轻,体积小,沉桩速度快,施工操作简易、安全。

桩锤类型应根据施工现场情况、机具设备性能、工作方式、工作效率等条件选择。

锤重的选择,在做功相同且锤重与落距乘积相等的条件下,宜选用重锤低击,这样可以使桩锤动量大而冲击回弹能量损耗小。但桩锤过重,所需动力设备大,能源消耗大,不经济;桩锤过轻,施打时必定增大落距,使桩身产生回弹,桩不易沉入土中,常常打坏桩头或使混凝土保护层脱落,严重者甚至使桩身断裂。

锤重应根据地质条件、工程结构、桩的类型、密集程度及施工条件等参考表 2.2 选用。

（2）桩架

桩架是支持桩身和桩锤,在打桩过程中引导桩的方向及维持桩的稳定,并保证桩锤沿着所要求方向冲击的设备。桩架一般由底盘、导向杆、起吊设备、撑杆等组成。可以根据桩的长度、桩锤的高度及施工条件等选择桩架和确定桩架高度。桩架高度＝桩长＋桩锤高度＋滑轮组高度＋桩帽高度＋1～2m 的起锤工作余量的高度。

表 2.2　锤重选择表

锤　型		柴　油　锤　（t）					
		20	25	35	45	60	72
锤的动力性能	冲击部分重(t)	2.0	2.5	3.5	4.5	6.0	7.2
	总　重(t)	4.5	6.5	7.2	9.6	15.0	18.0
	冲击力(kN)	2000	2000～2500	2500～4000	4000～5000	5000～7000	7000～10000
	常用冲程(m)	1.8～2.3					
桩的边长或直径	预制方桩、预应力管桩的边长或直径(cm)	25～35	35～40	40～45	45～50	50～55	55～60
	钢管桩直径(cm)	$\phi40$			$\phi60$	$\phi90$	$\phi90～\phi100$
持力层	黏性土粉土　一般进入深度(m)	1～2	1.5～2.5	2～3	2.5～3.5	3～4	3～5
	静力触探比贯入阻力 P_s 平均值(MPa)	3	4	5	>5	>5	>5
	砂土　一般进入深度(m)	0.5～1	0.5～1.5	1～2	1.5～2.5	2～3	2.5～3.5
	标准贯入击数 N(未修正)	15～25	20～30	30～40	40～45	45～50	50
锤的常用控制贯入度(cm/10 击)		2～3			3～5	4～8	
设计单桩极限承载力(kN)		400～1200	800～1600	2500～4000	3000～5000	5000～7000	7000～10000

注：① 本表仅供选锤用；
② 本表适用于 20～60m 长预制钢筋混凝土桩及 40～60m 长钢管桩，且桩尖进入硬土层有一定深度。

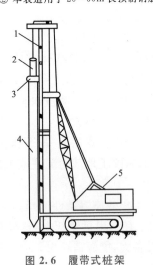

图 2.6　履带式桩架
1—导架；2—桩锤；3—桩帽；4—桩；5—吊车

桩架用钢材制作，按移动方式分类，有轮胎式、履带式、轨道式等。履带式桩架(图 2.6)以履带式起重机为主机，配备桩架工作装置而组成，操作灵活，移动方便，适用于各种预制桩和灌注桩的施工。

（3）动力装置

打桩机械的动力装置是根据所选桩锤而定的。当采用空气锤时，应配备空气压缩机；当选用蒸汽锤时，则要配备蒸汽锅炉和绞盘；柴油锤以柴油为能源，桩锤本身有燃烧室，不需外部动力设备。

2.1.3.2　打桩顺序的确定

打入桩对土体有挤压作用，先打入的桩常由于水平推挤而造成其偏移和变位，而后打入的桩则难以达到设计标高或入土深度，造成土体的隆起和挤压。打桩顺序直接影响到桩基础的质量和施工速度，应根据桩的密集程度(桩距大小)、桩的规格及长短、桩的设计标高、工作面布置、工期要求等综合考虑，合理确定打桩顺序。

根据桩的密集程度，打桩顺序一般分为逐排打设、自中部向四周打设和由中间向两侧打设三种，如图 2.7 所示。

当桩的中心距不大于 4 倍桩的直径或边长时，应由中间向两侧对称施打[图 2.7(c)]，或由中间向四周施打[图 2.7(b)]。这样,打桩时土体由中间向两侧或四周挤压,易于保证施工质量。当桩的数量较多时,也可采用分段施打。

当桩的中心距大于 4 倍桩的边长或直径时,可采用上述两种打法,或逐排单向打设[图2.7(a)]。采用逐排打设时,桩架单向移动,桩的就位和起吊均很方便,打桩效率高,但它会使土体朝一个方向挤压;为了避免土体挤压不均匀,逐排打设时可采用间隔跳打方式。

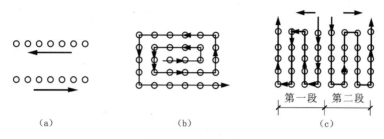

图 2.7　打桩顺序
(a) 逐排打设;(b) 自中部向四周打设;(c) 由中间向两侧打设

此外,根据基础的设计标高和桩的规格,宜按先深后浅、先大后小、先长后短的顺序进行打桩。当一侧毗邻建筑物时,应由毗邻建筑物处向另一方向施打。

打桩顺序确定后,还需要考虑打桩机是往后“退打”还是向前“顶打”,以便确定桩的运输和布置堆放。当桩顶头高出地面时,采用往后退打方法,桩不能事先布置在施打现场,只能随打随运,要组织好桩的调配运输。当打桩后桩顶的实际标高在地面以下时,则可采用向前顶打的方法施工,只要现场许可,可将桩预先布置在桩位上,以避免场内二次搬运,有利于提高施工速度,降低费用;打桩后留有的桩孔要随时铺平,以便行车和移动打桩机。

2.1.3.3　打桩

打桩机就位时,桩架应垂直平稳,导向杆中心线与打桩方向一致。先将桩锤和桩帽吊升起来,其高度应超过桩顶,并固定在桩架上。开始起吊桩身时,先将桩送至导向杆内,对准插入桩位,调整垂直偏差,使桩锤、桩帽与桩身中心线在同一垂直线上。这时,再校正一次桩的垂直度,并低锤轻击数下,观察桩身、桩架、桩锤垂直一致后,即可进行正常打桩。为了防止击碎桩顶,桩顶面不平时,施工前可用环氧树脂砂浆补抹平整;在桩锤与桩帽、桩帽与桩之间应加弹性垫衬(硬木板、麻袋片),桩帽与桩顶四周应留 5~10mm 的间隙。

桩开始打入时,应控制锤的落距,采用短距轻击;待桩入土一定深度(1~2m)稳定以后,再以规定落距施打,这样可以保证桩位的准确和桩身的垂直。一般情况下,单动汽锤的落距以0.60m 左右为宜,柴油锤以不超过 1.5m 为宜,落锤以不超过 1m 为宜。桩的施打原则是重锤低击,这样桩锤对桩头的冲击小,回弹也小,桩头不易损坏,大部分能量都用于克服桩身与土的摩阻力和桩尖阻力上,桩能较快地沉入土中。

桩入土深度是否已达到设计位置,是否停止锤击,其判断方法和控制原则与桩的类型有关。为保证打桩质量,应遵循以下原则:桩端(指桩的全断面)位于一般土层时,以控制桩端设计标高为主,贯入度可作参考;桩端达到坚硬、硬塑黏土,中密以上的粉土、碎石类土、砂土、风化岩时,以贯入度控制为主,桩端标高可作参考。最后贯入度的测定和记录,落锤、单动汽锤和柴油打桩锤取最后 10 击的入土深度;双动汽锤取最后 1min 的桩入土深度。当贯入度已满足要求,而桩尖尚未达到持力层深度时,应继续锤 3 阵,其每阵 10 击的平均贯入度不应大于设计规定的数值。贯入度应通过试桩确定,必要时施工控制贯入度通过试验及与勘察单位、设计单位、建设单位会商确定。

对于按标高控制的预制桩,桩顶标高的允许偏差为－50～＋100mm。

2.1.3.4 打桩质量要求和施工记录

(1)打桩质量要求

① 端承桩最后贯入度不大于设计规定的贯入度数值时,桩端设计标高可作参考;摩擦桩桩端标高达到设计规定的标高范围时,贯入度可作参考。

② 打(压)入桩(预制混凝土方桩、先张法预应力管桩、钢桩)的桩位偏差,必须符合表2.3的规定。斜桩倾斜度的偏差不得大于倾斜角正切值的15%(倾斜角系桩的纵向中心线与铅垂线间的夹角)。

表 2.3 预制桩(钢桩)桩位的允许偏差

项	项 目	允 许 偏 差（mm）
1	盖有基础梁的桩: (1)垂直于基础梁的中心线 (2)沿基础梁的中心线	$100+0.01H$ $150+0.01H$
2	桩数为1～3根时桩基中的桩	100
3	桩数为4～16根时桩基中的桩	1/2桩径或边长
4	桩数大于16根时桩基中的桩: (1)最外边的桩 (2)中间桩	1/3桩径或边长 1/2桩径或边长

注:H为施工现场地面标高与桩顶设计标高的距离。

③ 检验桩的承载力时,对重要工程(甲级)或地质条件复杂、成桩质量可靠性低的灌注桩,应采用静荷载试验的方法进行检验,检验桩数不应少于总数的1%,且不应少于3根,当总桩数少于50根时,不应少于2根。

(2)混凝土预制桩施工记录

打桩工程是隐蔽工程,施工中应做好每根桩的观测和记录,这是工程验收时检验质量的依据。在开始打桩时,应测量记录桩身每沉入土中1m的锤击次数、桩锤落距高度、每分钟锤击次数;当桩下沉接近设计标高时,要进行最后贯入度和桩顶标高的测量记录。最后贯入度测量应在桩顶完好、桩锤没有偏心、锤的落距符合规定高度、桩帽和弹性衬垫正常工作的条件下进行。桩顶标高应用水准测量仪器进行测量。各项观测数据应记入混凝土预制桩施工记录中,如表2.4所示。

2.1.3.5 打桩施工中常见问题的分析

在打桩施工过程中会遇见各种各样的问题,例如桩顶破碎,桩身断裂,桩身位移、扭转、倾斜,桩锤跳跃,桩身严重回弹等。出现这些问题的原因主要有钢筋混凝土预制桩制作质量不合格、沉桩操作工艺不当和土层复杂等。工程及施工验收规范规定,打桩过程中如遇到上述问题,都应立即暂停打桩,施工单位应与勘察、设计单位共同研究,查明原因,提出明确的处理意见,采取相应的技术措施后,方可继续施工。

(1)桩顶破碎

打桩时,桩顶直接受到桩锤的冲击而产生很高的局部应力,桩顶钢筋网片配置不当、混凝

表 2.4 混凝土预制桩施工记录

施工单位＿＿＿＿＿＿＿＿＿＿＿＿＿ 工程名称＿＿＿＿＿＿＿＿＿＿＿＿＿

打桩小组＿＿＿＿＿＿＿＿＿＿＿＿＿ 桩规格及长度＿＿＿＿＿＿＿＿＿＿＿

桩锤类型及冲击部分质量＿＿＿＿＿＿ 自然地面标高＿＿＿＿＿＿＿＿＿＿＿

桩帽质量＿＿＿＿＿＿＿ 气候＿＿＿＿ 桩顶设计标高＿＿＿＿＿＿＿＿＿＿＿

编　号	打桩日期	桩入土每米锤击次数				落距 (mm)	桩顶高出或低于设计标高 (m)	最后贯入度 (mm/10击)	备　注
		1	2	...	...				

工程负责人＿＿＿＿＿＿＿＿＿＿＿＿＿ 记录＿＿＿＿＿＿＿＿＿＿＿＿＿

混凝土保护层过厚、桩顶平面与桩的中心轴线不垂直或桩顶不平整等制作质量问题都会引起桩顶破碎。在沉桩工艺方面,桩垫材料选择不当、厚度不足,桩锤施打偏心或施打落距过大等也会引起桩顶破碎。

（2）桩身被打断

制作时,桩身有较大的弯曲凸肚,局部混凝土强度不足,在沉桩时桩尖遇到硬土层或孤石等障碍物,增大落距,反复过度冲击等都可能引起桩身断裂。

（3）桩身位移、扭转或倾斜

桩尖四棱锥制作偏差大,桩尖与桩中心线不重合的制作原因,桩架倾斜,桩身与桩帽、桩锤不在同一垂线上的施工操作原因以及桩尖遇孤石等都会引起桩身的位移、扭转或倾斜。

（4）桩锤回跃,桩身回弹严重

选择的桩锤较轻,会引起较大的桩锤回跃;桩尖遇到坚硬的障碍物时,桩身则会严重回弹。

2.1.3.6 打桩过程中的注意事项

（1）桩机就位后,桩架应垂直平稳,桩帽与桩顶应锁紧牢靠,连接成整体。桩锤、桩帽与桩身中心线应调整在同一垂线上,在施打过程中既能保证桩的垂直打入,又能防止损害桩尖和机具。

（2）打桩时,应密切观察桩身下沉贯入度的变化情况。当桩贯入度骤减或不沉,或桩身严重回弹时,则桩尖可能遇到障碍物;当桩的贯入度骤增,则桩尖可能遇软土层空洞或桩身断裂。贯入度变化骤增或骤减情况发生时,都应暂时停止打桩,及时与有关单位共同查明原因并妥善处理后,方可继续施工。

（3）在正常情况下,沉桩应连续施工,打入土的速度应均匀,应避免因间歇时间过长,土的固结作用而使桩难以下沉。

（4）打桩时振动大,对土体有挤压作用,可能影响周围建筑物、道路及地下管线的安全和正常使用,施工过程中要有专人巡视检查,及时发现和处理相关问题。

（5）严禁非施工人员进入打桩现场;对桩机的正常运行、桩架的稳定经常进行检查,严格按操作规程进行施工,确保安全。

2.1.3.7 桩头的处理

在打完各种预制桩后开挖基坑时,按设计要求的桩顶标高将桩头多余的部分截去。截桩头时不能破坏桩身,要保证桩身的主筋伸入承台,长度应符合设计要求。当桩顶标高在设计标高以下时,在桩位上挖成喇叭口,凿掉桩头混凝土,剥出主筋并焊接接长至设计要求长度,与承台钢筋绑扎在一起,用与桩身同强度等级的混凝土和承台一起浇筑接长桩身。

2.1.4 静力压桩

静力压桩是利用无噪声、无振动的静压力将桩压入土中,常用于土质均匀的软土地基的沉桩施工。

静力压桩机有机械式和液压式两种。静力压桩施工程序:测量定位——→桩机定位——→吊桩插桩——→桩身校正——→静力沉桩——→接桩——→再沉桩——→终止压桩——→切割桩头,如图 2.8所示。

压桩施工一般采取分节压入、逐段接长的施工方法。因此,桩需分节预制,每节长6~10m。当第一节压入土中,其上端距地面 2m 左右时,将第二节接上,接桩的方法目前有三种:焊接法(图 2.9)、法兰螺栓连接法、硫黄浆锚法(图 2.10)。

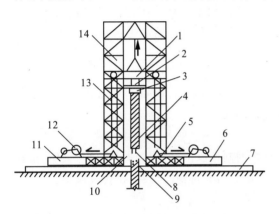

图 2.8 静力压桩机示意图

1—活动压梁;2—油压表;3—桩帽;4—上段桩;
5—加重物仓;6—底盘;7—轨道;8—上段接桩锚筋;
9—下段接桩锚筋孔;10—导笼口;11—操作平台;
12—卷扬机;13—加压钢绳滑轮组;14—桩架导向笼

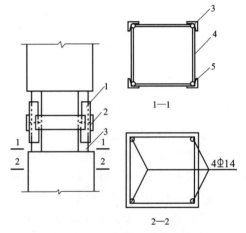

图 2.9 焊接法接桩节点构造

1—4 L 50×5 长 200(拼接角钢);
2—4 —100×300×8(连接钢板);
3—4 L 63×8 长 150(与立筋焊接);
4—φ12(与 L 63×8 焊牢);5—主筋

采用焊接法接桩时,必须使上节桩对准下节桩并垂直,检查上下桩无错位后,先用点焊将角钢在四周连接固定,再次检查位置正确无误后,方可进行焊接。为防止节点受热变形不均而使桩身歪斜,应两人同时对角对称施焊,焊缝应连续饱满,高度符合设计要求。

浆锚法接桩的硫黄胶泥是一种热塑气硬性胶结材料。它由胶结料硫黄、水泥、细砂和增韧剂聚硫 780 胶按 44:11:41:1 的质量比熔融搅拌混合而成。

接桩时,先将上节桩的 4 根锚筋对准下节桩的锚筋孔插入,上下桩面间距 200mm,在下桩安装好施工箍夹(由 4 块木板组合而成,内侧用人造革包裹 40mm 厚的树脂海绵块),将熔化的胶泥注满锚筋孔和接头平面,将上节桩压入下节内,待硫黄胶泥冷却后,拆除箍夹。

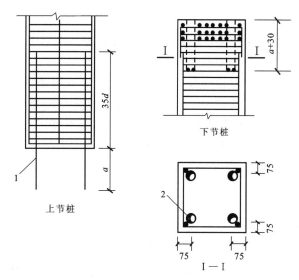

图 2.10 浆锚法接桩节点构造
1—锚筋；2—锚筋孔

为了保证接桩质量，锚筋应平直洁净；锚筋孔内应有完好的螺纹，无积水、杂物和油污；接桩时，接点的平面和锚孔内应灌满胶泥，灌注时间不应超过 2min。

2.2 混凝土灌注桩施工

灌注桩是直接在桩位上用机械成孔或人工挖孔，然后在孔内安放钢筋、灌注混凝土而成型的桩。与预制桩相比，灌注桩具有不受地层变化限制，不需要接桩和截桩，节约钢材、振动小、噪声小等特点。灌注桩成桩工艺复杂，施工时影响质量的因素较多，故在成孔、安放钢筋、浇筑混凝土施工过程中，应加强控制和检查，预防颈缩、断裂、吊脚桩等质量事故的发生。

灌注桩按成孔方法分为干作业钻孔灌注桩、泥浆护壁成孔灌注桩、沉管灌注桩、人工挖孔大直径灌注桩等。

2.2.1 干作业钻孔灌注桩

干作业钻孔灌注桩施工过程如图 2.11 所示。

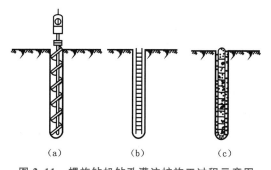

螺旋钻
施工动画

螺旋钻
施工视频

图 2.11 螺旋钻机钻孔灌注桩施工过程示意图
（a）钻机进行钻孔；（b）放入钢筋骨架；（c）浇筑混凝土

干作业成孔一般采用螺旋钻机钻孔。螺旋钻头外径分别为 $\phi400mm$、$\phi500mm$、$\phi600mm$，钻孔深度相应为 12m、10m、8m。适用于成孔深度内没有地下水的一般黏土层、砂土及人工填土地基，不适于有地下水的土层和淤泥质土。

钻机就位后，钻杆垂直对准桩位中心，开钻时先慢后快，减少钻杆的摇晃，及时纠正钻孔的偏斜或位移。钻孔时，螺旋刀片旋转削土，削下的土沿整个钻杆螺旋叶片上升而涌出孔外，钻杆可逐节接长直至钻到设计要求的深度。在钻孔过程中，若遇硬物或软岩，应减速慢钻或提起钻头反复钻，穿透后再正常进钻。在砂卵石、卵石或淤泥质土夹层中成孔时，这些土层的土壁不能直立，易造成塌孔；这时，钻机可钻至塌孔下 1～2m 以内，用低标号豆石混凝土回填至塌孔 1m 以上，待混凝土初凝后，再钻至设计要求的深度。也可用 3∶7 夯实灰土回填代替混凝土回填。

钻孔至规定要求的深度后，即进行孔底清土。清孔的目的是将孔内的浮土、虚土取出，减少桩的沉降。方法是钻机在原深处空转清土，然后停止旋转，提钻卸土。

钢筋骨架主筋、箍筋的直径、根数、间距及主筋保护层厚度均应符合设计规定，绑扎牢固，防止变形。用导向钢筋将钢筋骨架送入孔内，同时防止泥土或杂物掉进孔内。钢筋骨架就位后，应立即灌注混凝土，以防塌孔。混凝土的强度等级不宜低于 C15，骨料粒径不大于 30mm，坍落度 7～10cm。灌注时，应分层浇筑、分层捣实，每层厚度 50～60cm。用接长软轴的插入式振动棒配合钢钎捣实。

2.2.2 泥浆护壁成孔灌注桩

泥浆护壁成孔是利用泥浆保护稳定孔壁的机械钻孔方法。它通过循环泥浆将切削碎的泥石渣屑悬浮后排出孔外，适用于有地下水和无地下水的土层。成孔机械有潜水钻机、冲击钻机、冲抓锥等。泥浆护壁成孔灌注桩的施工工艺流程为测定桩位、埋设护筒、桩机就位、制备泥浆、机械（潜水钻机、冲击钻机等）成孔、泥浆循环出渣、清孔、安放钢筋骨架、浇筑水下混凝土。

2.2.2.1 埋设护筒和制备泥浆

钻孔前，在现场放线定位，按桩位挖去桩孔表层土，并埋设护筒。护筒是用厚 4～8mm 钢板制成的圆筒，高 2m 左右，上部设 1～2 个溢浆孔，其内径应大于钻头直径 200mm。护筒的作用是固定桩孔位置，保护孔口，防止地面水流入，增加孔内水压力，防止塌孔，成孔时引导钻头的方向。护筒埋入土中的深度，黏土中不宜小于 1.0m，砂土中不宜小于 1.5m。上口高出地面0.5～0.6m。护筒与孔壁缝隙用黏土夯填密实，以防止漏水。护筒埋设位置要准确、垂直和稳定，平面位置允许偏差应符合相关规定。

在钻孔过程中，向孔中注入相对密度为 1.1～1.5 的泥浆，使桩孔内孔壁土层中的孔隙封填密实，避免孔内漏水，保持护筒内水压稳定；泥浆相对密度较大，加大了孔内的水压力，可以稳固孔壁，防止塌孔；通过循环泥浆可将切削的泥石渣悬浮后排出，起到携砂、排土的作用。在黏性土和亚黏性土中成孔时，可注入清水，以原土造浆护壁，泥浆相对密度控制在 1.1～1.2；在其他土层中成孔时，则应注入制备的泥浆，泥浆制备应选用高塑性黏土或膨润土。在泥砂和较厚的夹砂层中成孔时，泥浆相对密度应控制在 1.1～1.3；在穿过夹砂卵石层或容易塌孔的土层中成孔时，泥浆相对密度应控制在 1.3～1.5。施工中应经常测定泥浆相对密度，并测定黏度、胶体率等指标。施工中排出的泥浆渣通过振动筛分离后，泥浆循环使用，石渣经干燥后运出。

2.2.2.2 成孔

（1）潜水钻机成孔

潜水钻机成孔如图 2.12 所示。

潜水钻机是一种旋转式钻孔机，其防水电机变速机构和钻头密封在一起，由桩架及钻杆定位后可潜入水、泥浆中钻孔。注入泥浆后通过正循环或反循环排渣法将孔内切削的土粒、石渣排至孔外。潜水钻机机架轻便，移动灵活，钻机钻进速度快，深度可达 50m。适用于一般黏性土、淤泥质土及砂土地基，尤其适宜在地下水位较高的土层中成孔。

桩架安装就位后，挖泥浆槽、沉淀池，接通水电，安装水电设备，制备相对密度符合要求的泥浆。用第一节钻杆（每节钻杆长约 5m，按钻进深度用钢销连接）接好钻机，另一端接上钢丝绳，吊起潜水钻对准埋设的护筒，悬离地面，先空钻然后慢速钻入土中；注入泥浆，待整个潜水钻基本入土后，观察机架是否垂直平稳，检查钻杆是否平直，满足要求后再正常钻进。在钻进过程中，如发现排出泥浆不断出现气泡或泥浆突然漏失，表明有孔壁坍塌迹象。其主

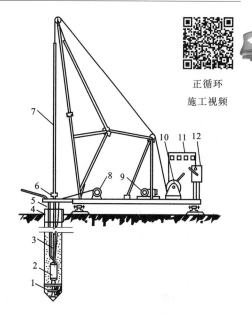

正循环
施工视频

图 2.12　潜水钻机成孔示意图
1—钻头；2—潜水钻机；3—电缆；4—护筒；
5—水管；6—滚轮（支点）；7—钻杆；8—电缆盘；
9—5kN 卷扬机；10—10kN 卷扬机；
11—电流电压表；12—启动开关

要原因是土质松散，泥浆护壁不好，或者是护筒周围与孔壁填封不密实以及护筒内水位不高。钻进中如出现颈缩、孔壁坍塌现象时，首先应保持孔内水位并加大泥浆相对密度以稳固护壁。如孔壁坍塌严重，应立即提钻回填黏土，待孔壁稳定后再钻。

钻壁不垂直、土质软硬不均匀或碰到孤石时，都会引起钻孔偏斜。钻孔偏斜时可提起钻头上下反复扫钻几次，以便削去硬土。若纠正无效，应于孔中局部回填黏土至偏斜孔处 0.5m 以上，然后重新钻进。

潜水钻机成孔排渣有正循环排渣和泵举反循环排渣两种方式，如图 2.13 所示。

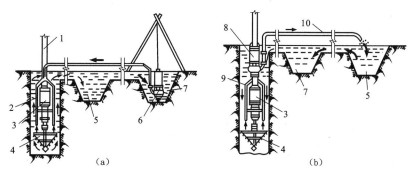

（a）　　　　　　　　　　　　　　　　　　（b）

图 2.13　循环排渣方法
（a）正循环排渣；（b）泵举反循环排渣
1—钻杆；2—送水管；3—主机；4—钻头；5—沉淀池；6—潜水泥浆泵；
7—泥浆池；8—砂石泵；9—抽渣管；10—排渣胶管

反循环
排渣视频

正循环动画

反循环动画

① 正循环排渣法

在钻孔过程中,旋转的钻头将碎泥渣切削成浆状后,利用泥浆泵压送高压泥浆,经钻机中心管、分叉管送入钻头底部强力喷出,与切削成浆状的碎泥渣混合,携带泥土沿孔壁向上运动,从护筒的溢流孔排出。连续钻进不断排泥。正循环法适用于松散性卵石、砂质黏土、页岩土层的排渣,不适于卵石土层的排渣。

② 泵举反循环排渣法

砂石泵随主机一起潜入孔内,直接将切削的碎泥渣随泥浆抽排出孔外。当钻至设计标高后,停止钻进,砂石泵开始排泥,同时注入泥浆(或清水),排至泥浆达到规定相对密度为止。这种方法适用于卵石土层的排渣。

(2) 冲击钻成孔

冲击钻机通过机架、卷扬机把带刃的重钻头(冲击锤)提高到一定高度,靠自由下落的冲击力切削破碎岩层或冲击土层成孔(图 2.14)。部分碎渣和泥浆挤压进孔壁,大部分碎渣用掏渣筒掏出。此法设备简单,操作方便,对于有孤石的砂卵石层、坚质层、岩层均可成孔。冲孔孔径可达 800～1500mm,冲孔设备一般选用国产定型冲击钻机。冲击钻头形式有十字形、工字形、人字形等,一般常用十字形冲击钻头(图 2.15)。在钻头锥顶与提升钢丝绳间设有自动转向装置,冲击锤每冲击一次转动一个角度,从而保证桩孔冲成圆孔。

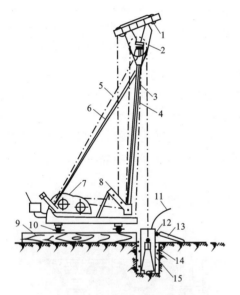

图 2.14　简易冲击钻孔机示意图

1—副滑轮;2—主滑轮;3—主杆;4—前拉索;
5—后拉索;6—斜撑;7—双滚筒卷扬机;8—导向轮;
9—垫木;10—钢管;11—供浆管;12—溢流口;
13—泥浆渡槽;14—护筒回填土;15—钻头

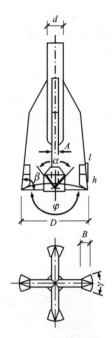

图 2.15　十字形冲击钻头示意图

冲孔前应埋设钢护筒,并准备好护壁材料。若表层为淤泥、细砂等软土,则在筒内加入小块片石、砾石和黏土;若表层为砂砾卵石,则投入小颗粒砂砾石和黏土,以便冲击造浆,并使孔壁挤密实。冲击钻机就位后,校正冲锤,使其中心对准护筒中心,在冲程 0.4～0.8m 范围内应低提密冲,并及时加入石块与泥浆护壁,直至护筒下沉 3～4m 以后,冲程可以提高到 1.5～2.0m,转入正常冲击,随时测定并控制泥浆相对密度。石渣用泥浆循环法或抽渣筒掏出,每冲击3～4m掏渣一次,直至钻到设计要求深度。进入岩基以后,应低锤冲击或间断冲击,每钻进100～500mm应清孔取样一次,以备终孔验收。施工中,应经常检查钢丝绳损坏情况,卡机松紧程度和转向装置是否灵活,以免掉钻。如果冲孔发生偏斜,应回填片石(厚300～500mm)后重新冲孔。

(3)冲抓锥成孔

冲抓锥锥头(图2.16)上有一重铁块和活动抓片,通过机架和卷扬机将冲抓锥提升到一定高度,下落时松开卷筒刹车,抓片张开,锥头便自由下落冲入土中;然后开动卷扬机提升锥头,这时抓片闭合抓土;冲抓锥整体提升至地面上卸去土渣,依次循环成孔。冲抓锥成孔施工过程、护筒安装要求、泥浆护壁循环等与冲击钻机成孔施工的相同。

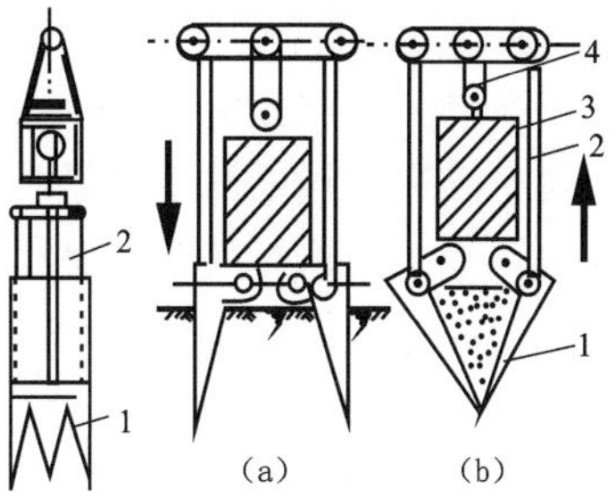

冲抓锥成孔直径为450～600mm,孔深可达10m,冲抓高度宜控制在1.0～1.5m。适用于在松软土层(砂土、黏土)中冲孔,但遇到坚硬土层时宜换用冲击钻机施工。

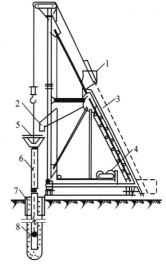

图2.16 冲抓锥锥头
(a)抓土;(b)提土
1—抓片;2—连杆;3—压重;4—滑轮组

2.2.2.3 清孔

采用钻孔、冲击成孔时,必须保证桩孔进入设计持力层深度。当孔达到设计要求后,即进行验孔和清孔。验孔是用探测器检查桩位、直径、深度和孔道情况;清孔即清除孔底沉渣、淤泥浮土,以减少桩基的沉降量,提高承载能力。泥浆护壁成孔清孔时,对于土质较好不易坍塌的桩孔,可用空气吸泥机清孔,气压为0.5MPa,使管内形成强大高压气流向上涌,同时不断地补充清水,被搅动的泥渣随气流上涌从喷口排出,直至喷出清水为止。对于稳定性较差的孔壁,应采用泥浆循环法清孔或抽筒排渣,清孔后的泥浆相对密度应控制在1.15～1.25;原土造浆的孔,清孔后泥浆相对密度应控制在1.1左右。在清孔过程中,必须及时补充足够的泥浆,并保持浆面稳定。沉渣厚度:采用端承桩时不大于50mm,采用摩擦桩时不大于150mm。清孔满足要求后,应立即安放钢筋笼并浇筑混凝土。

2.2.2.4 浇筑水下混凝土

泥浆护壁成孔灌注混凝土的浇筑是在水中或泥浆中进行的,故称为浇筑水下混凝土。水下混凝土宜比设计强度提高一个强度等级,必须具备良好的和易性,配合比应通过试验确定,坍落度宜为160～220mm,水泥用量不少于330kg/m³,砂率宜为40%～45%,并宜选中粗砂,粗骨料最大粒径应小于40mm;为改善和易性及缓凝时间,宜掺入木钙减水剂或VNF早强减水剂。

水下混凝土浇筑常用导管法(图2.17)。导管采用直径200～250mm的钢管,每节长3～4m,接头采用法兰螺栓连接或双螺纹方扣快速接头连接,在导管下部管内设一隔水栓(球塞或混凝土球塞),用细钢丝悬挂在导管下口。导管顶部高出水面3～4m,导管下端离桩底0.3～0.5m。整个导管装置安装在起重设备上,可供升降用。采用导管分隔泥浆与混凝土拌合物,防止泥浆进入混凝土后形成软

图2.17 水下浇筑混凝土
1—上料斗;2—贮料斗;3—滑道;4—卷扬机;
5—漏斗;6—导管;7—护筒;8—隔水栓

弱夹层。

浇筑时,先将导管内及漏斗灌满混凝土,其量应保证导管下端一次埋入混凝土面以下0.8m以上,然后剪断悬吊隔水栓的钢丝,混凝土拌合物在自重作用下迅速排出球塞进入水中。由于混凝土的相对密度大于泥浆相对密度,混凝土拌合物沉底,把导管的下端埋在混凝土拌合物内。然后连续均衡地浇筑混凝土,边浇筑、边拔管,拔管过程中应保持导管埋在混凝土内2~6m。混凝土实际浇筑量不得小于计算体积。

在整个浇筑过程中,应避免在水平方向移动导管,直到混凝土接近设计标高时,才可将导管提起。浇筑过程中发生堵管时,可用钢轨在导管内冲击;如果半小时内不能疏通,应立即换插备用导管。桩顶标高至少要比设计标高高出0.5m,浇筑完毕后,应清除顶面与泥浆接触的厚约500mm的浮浆层和劣质桩体。

2.2.3　沉管灌注桩

沉管灌注桩是利用锤击打桩设备或振动沉桩设备,将带有钢筋混凝土的桩尖(或钢板靴)或带有活瓣式桩靴的钢管沉入土中(钢管直径应与桩的设计尺寸一致),形成桩孔,然后放入钢筋骨架并浇筑混凝土,随之拔出套管,利用拔管时的振动将混凝土捣实,便形成所需要的灌注桩。利用锤击沉桩设备(图2.18)沉管、拔管成桩,称为锤击沉管灌注桩;利用振动器(图2.19)振动沉管、拔管成桩,称为振动沉管灌注桩。

沉管灌注桩
机械设备彩图

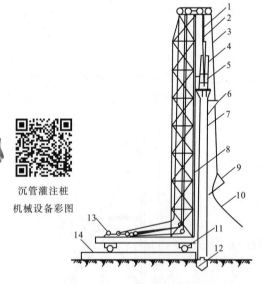

图2.18　锤击沉管灌注桩机械设备示意图
1—桩锤钢丝绳;2—桩管滑轮组;3—吊斗钢丝绳;
4—桩锤;5—桩帽;6—混凝土漏斗;7—桩管;
8—桩架;9—混凝土吊斗;10—回绳;11—行驶用钢管;
12—预制桩靴;13—卷扬机;14—枕木

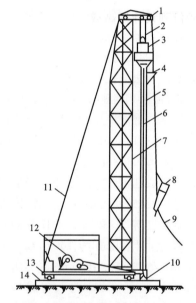

图2.19　振动沉管灌注桩桩机示意图
1—导向滑轮;2—滑轮组;3—激振器;4—混凝土漏斗;
5—桩管;6—加压钢丝绳;7—桩架;8—混凝土吊斗;
9—回绳;10—活瓣桩靴;11—缆风绳;12—卷扬机;
13—行驶用钢管;14—枕木

(1)沉管灌注桩在施工过程中,对土体有挤密作用和振动影响,施工中应结合现场施工条件,考虑成孔的顺序。

①间隔一个或两个桩位成孔;

② 在邻桩混凝土初凝前或终凝后成孔；

③ 一个承台下桩数在 5 根以上者，中间的桩先成孔，外围的桩后成孔。

（2）为了提高桩的质量和承载能力，沉管灌注桩常采用单打法、复打法、翻插法等施工工艺。

① 单打法（又称一次拔管法） 拔管时，每提升 0.5～1.0m，振动 5～10s，然后再拔管 0.5～1.0m，这样反复进行，直至全部拔出。

② 复打法 在同一桩孔内连续进行两次单打，或根据需要进行局部复打。施工时，应保证前后两次沉管轴线重合，并在混凝土初凝之前进行。

复打法动画

③ 翻插法 钢管每提升 0.5m，再下插 0.3m，这样反复进行，直至拔出。这种方法在淤泥层中可消除颈缩现象，但在坚硬土层中易损坏桩尖，因而不宜采用。

在施工时，注意及时补充套筒内的混凝土，使管内混凝土面保持一定高度并高于地面。

2.2.3.1 锤击沉管灌注桩

锤击沉管灌注桩适宜于一般黏性土、淤泥质土和人工填土地基，其施工过程如图 2.20 所示。

锤击沉管灌注桩施工要点：

（1）桩尖与桩管接口处应垫麻（或草绳）垫圈，以防地下水渗入管内，同时兼作缓冲层。

（2）沉管时先用低锤锤击，观察无偏移后，再正常施打。套管沉到设计标高或贯入度符合要求后，方可停止锤击。孔深允许偏差为 +300mm，只深不浅。

（3）拔管前，应先锤击或振动套管，在测得混凝土确已流出套管后方可拔管。

（4）桩管内混凝土应尽量填满，拔管时要均匀，保持连续密锤轻击，并控制拔管速度，一般土层以不大于 1m/min 为宜；软弱土层与软硬交界处，应控制在 0.8m/min 以内为宜。桩锤冲击频率，单动汽锤采用倒拔管，频率不低于 70 次/min；自由落锤轻击不少于 50 次/min。

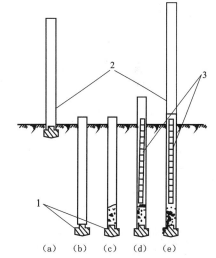

图 2.20 沉管灌注桩施工过程

(a) 就位；(b) 沉钢管；(c) 开始灌注混凝土；(d) 下钢筋骨架继续浇筑混凝土；(e) 拔管成型

1—桩靴；2—钢管；3—钢筋

（5）在管底未拔到桩顶设计标高前，倒打或轻击不得中断，注意使管内的混凝土保持略高于地面，并保持到全管拔出为止。

（6）桩的中心距在 5 倍桩管外径以内或小于 2m 时，均应跳打施工；中间空出的桩须待邻桩混凝土达到设计强度的 50% 以后，方可施打。

锤击沉管
灌注桩动画

2.2.3.2 振动沉管灌注桩

振动沉管灌注桩采用激振器或振动冲击沉管，其施工过程为：

（1）桩机就位 将桩尖活瓣合拢对准桩位中心，利用振动器及桩管自重，把桩尖压入土中。

（2）沉管 开动振动箱，桩管即在强迫振动下迅速沉入土中。沉管过程中，应经常探测管内有无水或泥浆，如发现水、泥浆较多，应拔出桩管，用砂回填桩孔后方可重新沉管。沉管时，为了适应不同土质条件，常用加压方法来调整土的自振频率。加压时，利用桩架自重，通过收紧加压滑轮组的钢丝绳把压力传到桩管上，直至桩管沉到要求深度为止。

振动沉管
灌注桩动画

（3）上料 桩管沉到设计标高后停止振动，放入钢筋笼，用上料斗将混凝土灌入桩管内,一般应灌满桩管或略高于地面。

(4) 拔管　开始拔管时,应先启动振动箱 8～10min,并用吊铊测得桩尖活瓣确已张开,混凝土确已从桩管中流出以后,卷扬机方可开始抽拔桩管,边振边拔。拔管速度应控制在 1.5m/min 以内。拔管方法根据承载力的不同,可分别采用单打法、复打法和翻插法。

振动沉管灌注桩宜用于一般黏性土、淤泥质土及人工填土地基,更适用于砂土、稍密及中密的碎石土地基。

2.2.3.3　沉管灌注桩容易出现的质量问题及处理方法

(1) 颈缩

颈缩动画

颈缩是指桩身的局部直径小于设计要求的现象。当在淤泥和软土层沉管时,由于受挤压的土壁产生空隙水压,拔管后土壁便挤向新灌注的混凝土,桩局部范围受挤压形成颈缩。此外,当拔管过快或混凝土量少,或混凝土拌合物和易性差时,周围淤泥质土趁机填充过来,也会形成颈缩。因此,拔管时应保持管内混凝土面高于地面,使之具有足够的扩散压力,混凝土坍落度应控制在 50～70mm。拔管时应采用复打法,并严格控制拔管的速度。

(2) 断桩

断桩是指桩身局部分离或断裂,更为严重的是一段桩没有混凝土。原因是桩距离太近,相邻桩施工时混凝土还未具备足够的强度,使已形成的桩受挤压而断裂。施工时,应控制相邻桩中心距离不小于 4 倍桩径;确定打桩顺序和行车路线,减少对新灌注混凝土桩的影响;采用跳打法或等已成型的桩混凝土达到 60% 设计强度后,再进行下根桩的施工。

(3) 吊脚桩

吊脚桩动画

吊脚桩是指桩底部混凝土隔空或松软,没有落实到孔底地基土层上的现象。当地下水压力过大时,或预制桩尖被打坏,或桩靴活瓣缝隙过大时,水及泥浆进入套筒钢管内,或由于桩尖活瓣受土压力,拔管至一定高度才张开,使得混凝土下落,造成桩脚不密实,形成松软层。为防止活瓣不张开,开始拔管时,可采用密张慢拔的方法,对桩脚底部进行局部翻插几次,然后再正常拔管。桩靴与套管接口处应使用性能较好的垫衬材料,以防止地下水及泥浆的渗入。

(4) 混凝土灌注过量

如果灌桩时混凝土用量比正常情况下的大 1 倍以上,这可能是由于孔底有洞穴,或者在饱和淤泥中施工时,土体受到扰动,强度大大降低,在混凝土侧压力作用下,桩身扩大而使混凝土用量增大。因此,施工前应详细了解现场地质情况,对于需在饱和淤泥软土中采用沉管灌注桩的情况,应先打试桩。若发现混凝土用量过大,应与设计单位联系,改用其他桩型。

2.2.4　人工挖孔大直径灌注桩

大直径灌注桩是采用人工挖掘方法成孔,放置钢筋笼,浇筑混凝土而形成的桩基础,也称墩基础。它由承台、桩身和扩大头组成(图 2.21),穿过深厚的软弱土层而直接坐落在坚硬的岩石层上。其优点是桩身直径大,承载能力高;施工时可在孔内直接检查成孔质量,观察地层土质变化情况;桩孔深度由地基土层实际情况控制,桩底清孔除渣彻底、干净,易保证混凝土浇筑质量。采用人工控制成孔,机具设备简单,费用低,施工速度快。但人工劳动强度大,作业面小,工作条件差,施工中要严格按操作规程施工。施工前,应根据大直径灌注桩的直径、开挖深度及地质水文资料等情况,制订合理施工方案,要解决好垂直除渣,井下通风照明,施工排水、降水等问题;防止孔壁坍塌,预防流砂、冒砂事故发生,确保施工质量和施工安全。

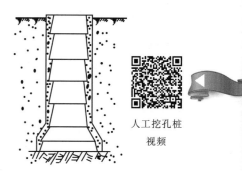

人工挖孔桩
视频

2.2.4.1 人工挖掘成孔护壁方法施工

为了确保人工挖孔桩施工中的安全,必须防止土体坍塌。预防坍塌的支护措施有现浇混凝土护壁、沉井护壁、喷射混凝土护壁等。

（1）现浇混凝土护壁法施工

即分段开挖、分段浇筑混凝土护壁,既能防止孔壁坍塌,又能起到防水作用。

图 2.21 混凝土护圈挖孔桩

桩孔采取分段开挖,每段高度取决于土壁直立状态的能力,一般 0.5～1.0m 为一施工段。开挖井孔直径为设计桩径加混凝土护壁厚度,护壁厚度一般不小于 $\frac{D}{10}+5cm$（其中 D 为设计桩径）,护壁有一定放坡（坡度为 1:10）。

护壁施工段,即支设护壁内模板（工具式活动钢模板）后浇筑混凝土,其强度一般不低于 C15,上下节护壁结构呈斜阶梯形,并且用钢筋拉结,护壁混凝土要振捣密实;当混凝土强度达到 1MPa（常温下约 24h）时可拆除模板,进入下一施工段。如此循环,直至挖到设计要求的深度。在开挖过程中,若遇松散土层或流砂层时,每段开挖深度可减少 300～500mm。浇筑混凝土护壁可配制 $\phi10 \sim \phi12$ 的环筋,间距 200mm;竖筋间距 400mm。

现浇混凝土护壁法适合土质好（黏性土、砂黏土）,地质结构单一,挖孔深度 10m 以内,地下水位低的地基人工挖孔。若地下水位较高,首先要采取措施人工降低地下水位,然后再进行施工。

（2）沉井护壁法施工

当桩径较大,挖掘深度较大,地质复杂,土质差（松软弱土层）,且地下水位较高时,应采用沉井护壁法挖孔施工。

沉井护壁施工是先在桩位上制作钢筋混凝土井筒,井筒下捣制钢筋混凝土刃脚,然后在筒内挖土掏空,井筒靠其自重或附加荷载来克服筒壁与土体之间的摩擦阻力,边挖边沉,使其垂直下沉到设计要求的深度。

2.2.4.2 施工中应注意的几个问题

（1）桩孔中心线平面位置偏差不宜超过 50mm,桩的垂直度偏差不得超过 0.5%,桩径不得小于桩设计直径。挖孔的每一施工段都必须用线坠进行对中检查,使每段护壁符合轴线要求,以保证桩身的垂直度。

（2）挖掘成孔区内,不得堆放余土和建筑材料,并防止局部集中荷载和机械振动。成孔区域内,采用明沟将雨雪水排出,孔内地下水抽出后直接排至明沟,以免孔壁土体剪应力增加而造成土壁崩塌。如果条件许可,尽可能避开在雨季或丰水期施工。

（3）桩基础一定要坐落在设计要求的持力层上,桩孔的挖掘深度应由设计人员根据现场地基土层的实际情况决定。挖到比较完整的持力层后,用小型钻机钻孔（深度不小于 3 倍桩底直径）取样探查,确认持力层下无软弱下卧层及洞穴后才能终止。

（4）人工挖掘成孔应连续施工，成孔验收后立即进行混凝土浇筑。

（5）认真清除孔底浮渣余土，排净积水，浇筑过程中防止地下水流入。桩身混凝土应分层浇筑，机械分层振捣，连续整体完成，不留施工缝。采用串筒或振动管浇筑时，应防止离析现象发生。当孔内地下水较大，无法抽干时，可采用导管法浇筑水下混凝土。

（6）人工挖掘成孔过程中，应严格按操作规程施工。施工人员进入孔内要戴安全帽，井上必须有人监护。井下照明用安全电压，潜水泵、振动器、钻机等设备必须装有防漏电装置。桩孔开挖深度达 10m 左右时，应采用鼓风机向井下输送洁净的空气，排除有害气体。

（7）井面应设置安全防护栏，当桩孔净距小于 2 倍桩径且小于 2.5m 时，应间隔挖孔施工。

2.2.5　灌注桩施工质量要求及安全技术

灌注桩施工质量检查包括成孔及清孔、钢筋笼制作及安放、混凝土搅拌及灌注等三个施工过程的质量检查。

施工前应对水泥、砂、石子、钢材等原材料进行检查，对施工组织设计中制订的施工顺序、监测手段也应进行检查。

2.2.5.1　成孔质量检查及要求

（1）桩的桩位偏差必须符合表 2.5 的规定，桩顶标高至少要比设计标高高出 0.50m。每浇筑 50m³ 必须有 1 组试件，小于 50m³ 的桩，每根桩必须有 1 组试件。

表 2.5　灌注桩的平面位置和垂直度的允许偏差

序号	成孔方法		桩径允许偏差（mm）	垂直度允许偏差（%）	桩位允许偏差（mm）	
					1～3 根、单排桩基垂直中心线方向和群桩基础的边桩	条形桩基沿中心线方向和群桩基础的中间桩
1	泥浆护壁灌注桩	$D{\leqslant}1000mm$	±50	<1	$D/6$，且不大于 100	$D/4$，且不大于 150
		$D>1000mm$	±50		$100+0.01H$	$150+0.01H$
2	沉管成孔灌注桩	$D{\leqslant}500mm$	−20	<1	70	150
		$D>500mm$			100	150
3	干作业成孔灌注桩		−20	<1	70	150
4	人工挖孔桩	混凝土护壁	+50	<0.5	50	150
		钢套管护壁	+50	<1	100	200

注：① 桩径允许偏差的负值是指个别断面。

② 采用复打、翻插法施工的桩，其桩径允许偏差不受上表限制。

③ H 为施工现场地面标高与桩顶设计标高的距离，D 为设计桩径。

（2）灌注桩成孔深度的控制要求：

① 锤击套管成孔，桩尖位于坚硬、硬塑黏性土、碎石土、中密以上的砂土、风化岩土层时，应达到设计规定的贯入度；桩尖位于其他软土层时，桩尖应达到设计规定的标高。

② 泥浆护壁成孔、干作业成孔，应达到设计规定的深度。

③ 灌注桩的沉渣厚度：当以摩擦力为主时，不得大于 150mm；当以端承力为主时，不得大于 50mm。套管成孔灌注桩不得有沉渣。

2.2.5.2 钢筋笼制作及安放要求

钢筋笼制作时,要求主筋沿环向均匀布置,箍筋的直径及间距、主筋的保护层厚度、加劲箍的间距等均应符合设计要求。主筋与箍筋之间宜采用焊接连接。加劲箍应设在主筋外侧,主筋一般不设弯钩,根据施工工艺要求,所设弯钩不得向内圈伸露,以免妨碍施工。

钢筋笼主筋的保护层允许偏差:水下灌注混凝土桩为±20mm;非水下灌注混凝土桩为±10mm。

钢筋笼制作、运输、安装过程中,应采取措施防止变形,并应有保护层垫块(或垫管、垫板)。吊放入孔时,应避免碰撞孔壁。灌注混凝土时,应采取措施固定钢筋笼的位置。

2.2.5.3 混凝土搅拌与灌注

(1)混凝土搅拌主要检查材料质量与配比计量、混凝土坍落度;灌注混凝土应检查防止混凝土离析的措施、浇筑厚度及振捣密实情况。

(2)灌注桩各工序应连续施工。钢筋笼放入泥浆后,4h内必须灌注混凝土。

(3)灌注后,桩顶应高出设计标高0.50m。灌注桩的实际浇筑混凝土量不得小于计算体积。

(4)浇筑混凝土时,同一配比的试块,每班不得少于1组;泥浆护壁成孔的灌注桩,每根不得少于1组。

(5)混凝土灌注桩的质量检验标准应符合表2.6、表2.7的规定。

表2.6 混凝土灌注桩钢筋笼质量检验标准

项	序	检查项目	允许偏差或允许值 (mm)	检查方法
主控项目	1	主筋间距	±10	用钢尺量
	2	长度	±100	用钢尺量
一般项目	1	钢筋材质检验	设计要求	抽样送检
	2	箍筋间距	±20	用钢尺量
	3	直径	±20	用钢尺量

表2.7 混凝土灌注桩质量检验标准

项	序	检查项目	允许偏差或允许值		检查方法
			单位	数值	
主控项目	1	桩位	见表2.5		基坑开挖前量护筒、开挖后量桩中心
	2	孔深	mm	+300	只深不浅,用重锤测,或测钻杆、套管长度,嵌岩桩应确保进入设计要求的嵌岩深度
	3	桩体质量检验	按基桩检测技术规范。如钻芯取样,大直径嵌岩桩应钻至桩尖下50cm		按基桩检测技术规范
	4	混凝土强度	设计要求		试件报告或钻芯取样送检
	5	承载力	按基桩检测技术规范		按基桩检测技术规范

续表 2.7

项	序	检 查 项 目		允许偏差或允许值		检 查 方 法
				单 位	数 值	
一般项目	1	垂 直 度		见表 2.5		测套管或钻杆,或用超声波探测,干施工时吊垂球
	2	桩 径		见表 2.5		井径仪或超声波检测,干施工时用钢尺量,人工挖孔桩不包括内衬厚度
	3	泥浆面标高 (高于地下水位)		m	0.5～1.0	目　测
	4	沉渣厚度	端承桩	mm	≤50	用沉渣仪或重锤测量
			摩擦桩	mm	≤150	
	5	混凝土坍落度	水下灌注	mm	160～220	坍落度仪
			干施工	mm	70～100	
	6	钢筋笼安装深度		mm	±100	用钢尺量
	7	混凝土充盈系数			＞1	检查每根桩的实际灌注量
	8	桩顶标高		mm	+30 −50	水准仪,需扣除桩顶浮浆层及劣质桩体

2.2.5.4　施工验收资料

桩基施工验收应包括下列资料:

(1)工程地质勘察报告、桩基施工图、图纸会审纪要、设计变更单及材料代用通知单等。

(2)经审定的施工组织设计、施工方案及执行中的变更情况。

(3)桩位测量放线图,包括工程桩位线复核签证单。

(4)桩孔、钢筋、混凝土工程施工隐蔽记录及各分项工程质量检查验收单及施工记录。

(5)成桩质量检查报告。

(6)单桩承载力检测报告。

(7)基坑挖至设计标高的桩位竣工平面图及桩顶标高图。

2.2.5.5　桩基础工程安全技术

(1)桩基础工程施工区域,应实行封闭式管理,进入现场的各类施工人员,必须接受安全教育,严格按操作规程施工,服从指挥,坚守岗位,集中精力操作。

(2)按不同类型桩的施工特点,针对不安全因素,制订可靠的安全措施,严格实施。

(3)对施工危险区域和机具(人工挖掘成孔的周围,桩架下,冲击、锤击桩机),要加强巡视检查,出现险情或异常情况时,应立即停止施工并及时报告,待有关人员查明原因,排除险情或进行加固处理后,方能继续施工。

(4)打桩过程中可能发生停机面土体挤压隆起或沉陷,打桩机械及桩架应随时调整,保持稳定,防止意外事故发生。

(5)加强机械设备的维护管理,机电设备应有防漏电装置。

思 考 题

2.1　试解释端承桩和摩擦桩质量控制方法的区别。

2.2　如何确定桩架的高度和选择桩锤？

2.3　为什么当桩距小于 4D 时，要考虑打桩的顺序？打桩的顺序应选哪几种？

2.4　试述预制桩施工过程及质量要求。

2.5　打桩过程中应注意哪些事项？

2.6　试分析桩锤产生回弹和贯入度骤变的原因及应采取的相应措施。

2.7　试述打桩对周围的影响以及克服挤土、振动、噪声的技术措施。

2.8　试述静力压桩的优点及适用情况。

2.9　灌注桩与预制桩相比有何优缺点？

2.10　试述泥浆护壁成孔灌注桩的施工过程及注意事项。

2.11　怎样控制锤击沉管灌注桩的施工质量？

2.12　试解释振动成孔灌注桩的单打法、复打法和翻插法。

2.13　试述人工挖孔桩的特点和工艺流程。

2.14　人工挖孔桩施工中应注意哪些主要问题？

2.15　试述灌注桩施工的质量要求。

模块 3　砌筑工程

知识目标

(1)钢管扣件脚手架构造要求及保证其稳定支撑系统的要求;
(2)砖、小型空心砌块砌筑施工工艺和技术要求;
(3)砌筑工程的安全技术。

技能目标

(1)检查砖、中小型空心砌块砌体的质量;
(2)为提高墙体的整体性和刚度采取的措施;
(3)编写多层砖房抗震构造措施及施工要求的施工方案。

砌筑工程是指普通砖、石和各类砌块的砌筑。砖砌体在我国有悠久的历史,它取材容易,造价低,施工简单,目前在中小城市、农村仍为建筑施工中的主要工种工程之一。其缺点是自重大,劳动强度高,生产效率低,且烧砖多占用农田,难以满足现代建筑工业化的需要,是墙体材料改革的重点。

砌筑工程是一个综合的施工过程,它包括材料的准备与运输、脚手架的搭设和砌体砌筑等。

3.1　脚手架工程

脚手架是砌筑过程中堆放材料和工人进行操作的临时设施。按其搭设位置分为外脚手架和里脚手架两大类;按其所用材料分为木脚手架、竹脚手架和金属脚手架;按其结构形式分为多立杆式、碗扣式、门型、方塔式、附着式升降脚手架及悬吊式脚手架等。对脚手架的基本要求是:其宽度应满足工人操作、材料堆放及运输的要求,结构简单,坚固稳定,装拆方便,能多次周转使用。脚手架的宽度一般为 1.5～2m,一步架高为 1.2～1.4m。

3.1.1　外脚手架

外脚手架是指搭设在外墙外面的脚手架。其主要结构形式有钢管扣件式、碗扣式、门型、方塔式、附着式升降脚手架和悬吊脚手架等。在建筑施工中要大力推广碗扣式脚手架和门型脚手架。

3.1.1.1　钢管扣件式脚手架

钢管扣件式脚手架目前应用最广泛,其周转次数多,摊销费用低,装拆方便,搭设高度大,适应建筑物平立面的变化。

（1）钢管扣件式脚手架的构造要求

钢管扣件式脚手架主要由钢管和扣件组成。主要杆件有立杆、大横杆、小横杆、斜杆和底座等。钢管一般用 $\phi48$mm、厚 3.5mm 的电焊钢管。用于立杆、大横杆和斜杆的钢管长为 4～6.5m，小横杆长为 2.1～2.3m。钢管扣件式脚手架的基本形式有双排式和单排式两种，其构造如图 3.1 所示。扣件用于钢管之间的连接，基本形式有三种，如图 3.2 所示。

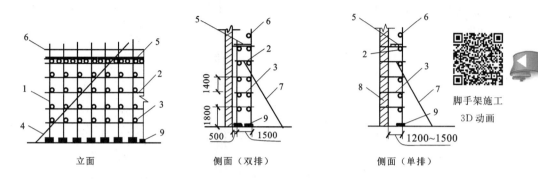

立面　　　　　　侧面（双排）　　　　　侧面（单排）

脚手架施工
3D 动画

图 3.1　多立杆式脚手架基本构造

1—立杆；2—大横杆；3—小横杆；4—斜撑；5—脚手板；6—栏杆；7—抛撑；8—砖墙；9—底座

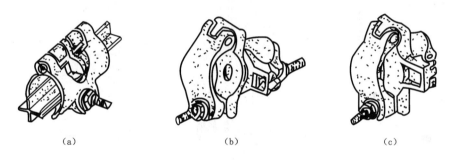

（a）　　　　　　　　　（b）　　　　　　　　　（c）

图 3.2　扣件形式

（a）对接扣件；（b）旋转扣件；（c）直角扣件

A. 对接扣件　用于两根钢管的对接连接；

B. 旋转扣件　用于两根钢管呈任意角度交叉的连接；

C. 直角扣件　用于两根钢管呈垂直交叉的连接。

① 立杆间距　大横杆步距和小横杆间距可按表 3.1 选用，最下一层步距可放大到 1.8m，便于底层施工人员的通行和运输。

表 3.1　扣件式钢管脚手架构造尺寸和施工要求

用途	构造形式	里立杆墙面的距离（m）	立杆间距(m) 横向	立杆间距(m) 纵向	操作层小横杆间距（m）	大横杆步距（m）	小横杆挑向墙面的悬臂（m）
砌筑	单排		1.2～1.5	2	0.67	1.2～1.4	
	双排	0.5	1.5	2	1	1.2～1.4	0.45
装饰	单排		1.2～1.5	2.2	1.1	1.6～1.8	
	双排	0.5	1.5	2.2	1.1	1.6～1.8	0.45

注：单排脚手架立杆横向间距指立杆离墙面的距离。

为了保证脚手架的整体稳定性,必须按规定设置支撑系统。支撑系统由剪刀撑、横向支撑和抛撑组成。为了防止脚手架内外倾覆,还必须设置承受压力和拉力的连墙杆,使脚手架与建筑物之间有可靠的连接。

② 剪刀撑 设置在脚手架两端的双跨内和中间每隔30m净距的双跨内,仅在架子外侧与地面成45°布置。

③ 连墙杆 每3步5跨设置一根,其作用不仅是防止架子外倾,同时增加立杆的纵向刚度,如图3.3所示。

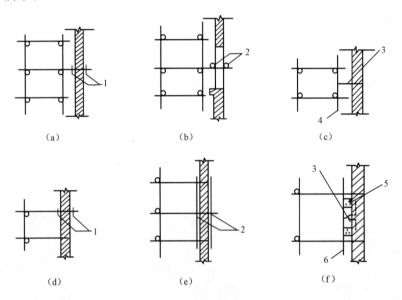

图3.3 连墙杆的做法

(a),(b),(c)双排;(d)单排(剖面);(e),(f)单排(平面)

1—扣件;2,6—短钢管;3—铅丝与墙内埋设的钢筋环拉住;4—顶墙横杆;5—木楔

(2)钢管扣件式脚手架的搭设和拆除

脚手架搭设范围内的地基要夯实找平,做好排水处理。立杆底座须在底下垫以木板或垫块。杆件搭设时应注意立杆垂直,竖立第一节立杆时,每6跨应暂设一根抛撑(垂直于大横杆,一端支承在地面上),直至固定件架设好后方可根据情况拆除。剪刀撑搭设时应将一根斜杆扣在小横杆的伸出部分,同时随着墙体的砌筑,设置连墙杆与墙锚拉,扣件要拧紧。

脚手架的拆除应按由上而下逐层向下的顺序进行,严禁上下同时作业。严禁将整层或数层固定件拆除后再拆脚手架。严禁抛扔,卸下的材料应集中。严禁非施工人员擅自进入施工现场,要统一指挥,上下呼应,保证安全。

3.1.1.2 门型脚手架

门型脚手架又称多功能门型脚手架,是目前国际上应用最普遍的脚手架之一。作为高层建筑施工使用的脚手架及各种支撑物件,它具有安全、经济、架设拆除效率高等特点。

(1)门型脚手架的构造

门型脚手架由门式框架、剪刀撑和水平梁架或脚手板等构成基本单元,如图3.4所示。将基本单元连接起来即构成整片脚手架,如图3.5所示。

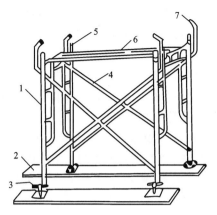

图 3.4 门型脚手架的基本单元

1—门架;2—平板;3—螺旋基脚;4—剪刀撑;

5—连接棒;6—水平梁架;7—锁臂

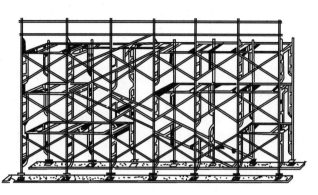

图 3.5 整片门型脚手架

（2）门型脚手架的搭设程序

门型脚手架一般按以下程序搭设:铺放垫木(板)→拉线、放底座→自一端起立门架并随即装剪刀撑→装水平梁架(或脚手板)→装梯子→需要时,装设通长的纵向水平杆→装设连墙杆→照上述步骤,逐层向上安装→装设加强整体刚度的长剪刀撑→装设顶部栏杆。

（3）门型脚手架的搭设与拆除

搭设门型脚手架时,基底必须先平整夯实。首层门型脚手架垂直度偏差(门架竖管轴线的偏移)不大于 2mm;水平度(门架平面方向和水平方向)偏差不大于 5mm。外墙脚手架必须通过连墙管与墙体拉结,并用扣件把钢管和处于相交方向的门架连接起来,如图 3.6 所示。整片脚手架必须适量放置水平加固杆(纵向水平杆),以防止脚手架的不均匀沉降,前三层每层都要设置,如图 3.7 所示,三层以上则每隔三层设一道。在架子外侧面设置长剪刀撑(φ48 脚手钢管,长 6～8m),其高度和宽度为3～4个步距和柱距,与地面夹角为 45°～60°,相邻长剪刀撑之间相隔 3～5 个柱距,沿全高布置。使用连墙管或连墙器将脚手架与建筑物连接起来,连墙点的最大间距在垂直方向为 6m,在水平方向为 8m。高层脚手架应增大连墙点布设密度。

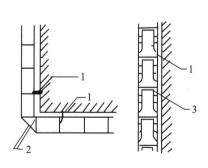

图 3.6 门架扣墙示意图

1—连墙管;2—钢管;3—门型架

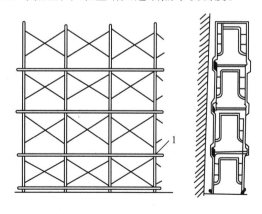

图 3.7 防止不均匀沉降的整体加固做法

1—水平加固杆

拆除架子时应自上而下进行,部件拆除顺序与安装顺序相反。严禁将拆除的部件直接从高空抛下,而应将拆下的部件分品种捆绑后,使用垂直吊运设备运至地面,集中堆放。

3.1.1.3 悬吊脚手架

悬吊脚手架是利用吊索悬吊吊架或吊篮进行砌筑或装饰工程操作的一种脚手架。其悬吊方法是在主体结构上设置支承点。其主要组成部分为吊架(包括桁架式工作台和吊篮)、支承设施(包括支承挑梁和挑架)、吊索(包括钢丝绳、铁链、钢筋)及升降装置等。

图 3.8 所示为采用屋顶挑架或屋顶挑梁的悬吊方法。屋顶上设置挑架或挑梁必须稳定,要使稳定力矩为倾覆力矩的 3 倍;采用动力驱动时,其稳定力矩应为倾覆力矩的 4 倍。固定方法必须牢固可靠,所有挑架、挑梁、吊架、吊篮和吊索均须进行验算,需有防止发生断绳和滑动事故的安全措施。

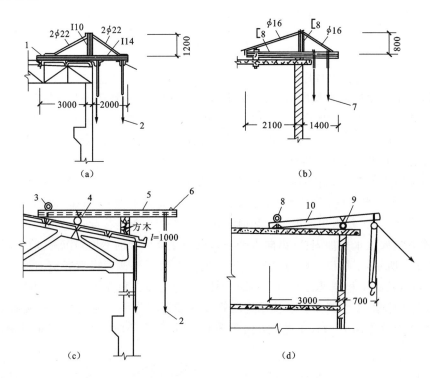

图 3.8   悬吊脚手架的悬吊方法

(a),(b) 屋顶挑架;(c),(d) 屋顶挑梁

1—U 形固定环;2—下挂桁架式工作台;3—杉木捆在屋面吊钩上;4—$\phi133$ 钢管与屋架捆牢;

5—$\phi150$ 钢管挑梁;6—L50×5 挡铁;7—下挂吊篮;8—压木;9—垫木;10—$\phi16$ 圆木挑梁

3.1.2 里脚手架

里脚手架常用于楼层上砌砖、内粉刷等工程施工。由于使用过程中不断转移施工地点,装拆较频繁,故其结构形式和尺寸应力求轻便灵活和装拆方便。

里脚手架的形式很多,按其构造可分为折叠式里脚手架和门架式里脚手架,如图 3.9 所示。

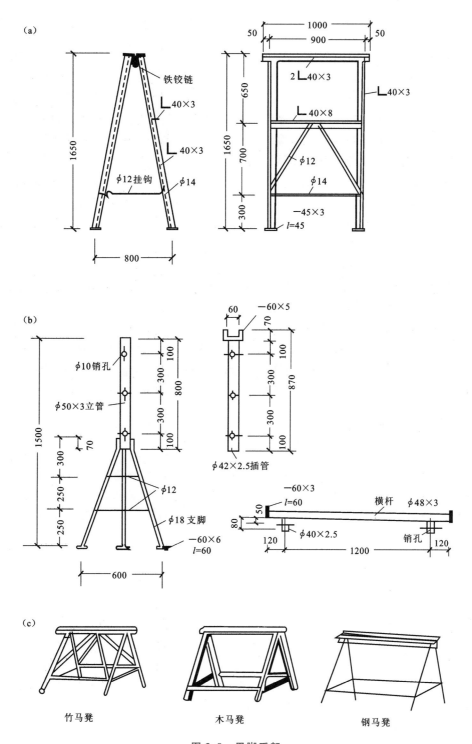

图 3.9 里脚手架
(a) 角钢折叠式；(b) 支柱式；(c) 马凳式

3.1.3　脚手架的安全措施

为了确保脚手架施工的安全,脚手架应具备足够的强度、刚度和稳定性。一般情况下,对于多立杆式外脚手架,施工均布荷载标准规定:维修脚手架为 $1kN/m^2$;装饰脚手架为 $2kN/m^2$;结构脚手架为 $3kN/m^2$。若需超载,则应采取相应措施,并经验算方可使用。

使用脚手架时必须沿外墙设置安全网,以防材料下落伤人和高空操作人员坠落。安全网是用直径 9mm 的麻绳、棕绳或尼龙绳编织而成,一般规格为宽 3m、长 6m,网眼 50mm 左右,每块支好的安全网应能承受不小于 1.6kN 的冲击荷载。

架设安全网时,其伸出墙面宽度应不小于 2m,外口要高于里口 500mm,两网搭接应扎接牢固,每隔一定距离应用拉绳将斜杆与地面锚桩拉牢。施工过程中要经常对安全网进行检查和维修,严禁向安全网内扔木料和其他杂物。

安全网要随楼层施工进度逐层上升。高层建筑除应有随楼层逐步上升的安全网外,尚应在第二层和每隔三～四层加设固定的安全网。

在无窗口的山墙上,可在墙角设立杆来挂安全网,也可在墙体内预埋钢筋环以支撑斜杆,还可以用短钢管穿墙,用回转扣件来支设斜杆。

钢脚手架(包括钢井架、钢龙门架、钢独脚拔杆提升架等)不得搭设在距离 35kV 以上高压线路 4.5m 以内和 1～10kV 高压线路 2m 以内的区域,否则使用期间应断电或拆除电源。

过高的脚手架必须有防雷设施,钢脚手架的防雷措施是用接地装置与脚手架连接,一般每隔 50m 设置一处。脚手架上最远点到接地装置的过渡电阻不应超过 10Ω。

3.2　垂直运输设施

垂直运输设施是指担负垂直输送材料和施工人员上下的机械设备和设施。在砌筑施工过程中,各种材料(砖、砂浆)、工具(脚手架、脚手板)及各层楼板安装所需的垂直运输量较大,都需要用垂直运输机具来完成。目前,砌筑工程中常用的垂直运输设施有塔式起重机、井字架、龙门架、独杆提升机、建筑施工电梯等。

3.2.1　井字架、龙门架

3.2.1.1　井字架

在垂直运输过程中,井字架的特点是稳定性好,运输量大,可以搭设较大的高度,是施工中最常用、最简便的垂直运输设施。除用型钢或钢管加工的定型井架外,还有用脚手架材料搭设而成的井架。

井架多为单孔井架,但也可构成两孔或多孔井架。井架内设吊盘(也可在吊盘下加设混凝土料斗),两孔或三孔井架可分别设吊盘和料斗,以满足同时运输多种材料的需要。井字架上还可设小型拔杆,供吊运长度较大的构件,其起重量为 5～15kN,工作幅度可达 10m。为保证井架的稳定性,必须设置缆风绳或附墙拉结杆。图 3.10 所示是用角钢制作的井架构造图。

3.2.1.2　龙门架

龙门架是由两立柱及天轮梁(横梁)构成。立柱是由若干个格构柱用螺栓拼装而成,而格构柱是用角钢及钢管焊接而成或直接用厚壁钢管构成。

龙门架设有滑轮、导轨、吊盘、安全装置以及起重索、缆风绳等,其构造如图 3.11 所示。龙门架构造简单,制作容易,用材少,装拆方便,起重高度一般为 15～30m,随立柱结构不同,其起重量范围为 5～12kN,适用于中小型工程。

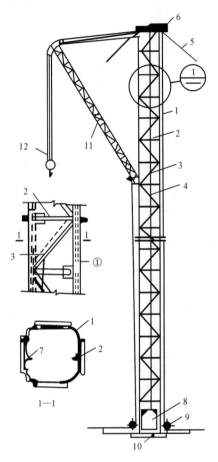

图 3.10 角钢井架

1—立柱;2—平撑;3—斜撑;4—钢丝绳;5—缆风绳;
6—天轮;7—导轨;8—吊盘;9—地轮;10—垫木;
11—摇臂拔杆;12—滑轮组

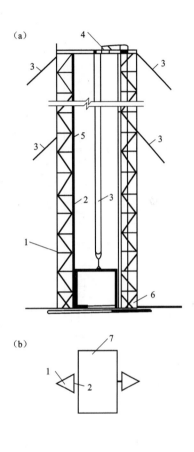

图 3.11 龙门架的基本构造形式

(a) 立面;(b) 平面

1—立杆;2—导轨;3—缆风绳;4—天轮;
5—吊盘停车安全装置;6—地轮;7—吊盘

3.2.2 建筑施工电梯

目前,在高层建筑施工中常采用人货两用的建筑施工电梯,它附着在外墙或其他建筑物结构上,可载重货物 1.0～1.2t,也可容纳 12～15 人,其吊笼装在井架外侧,沿齿条式轨道升降,其高度随着建筑物主体结构施工而接高,可达 100m,如图 3.12 所示。它特别适用于高层建筑,也可用于高大建筑、多层厂房和一般楼房施工中的垂直运输。

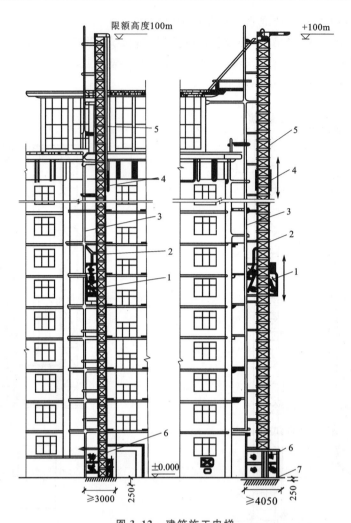

施工电梯彩图

图 3.12　建筑施工电梯
1—吊笼；2—小吊杆；3—架设安装杆；4—平衡箱；5—导轨架；6—底笼；7—混凝土基础

3.3　砖砌体施工

3.3.1　砌筑砂浆

3.3.1.1　材料要求

砌筑砂浆使用的水泥品种及标号，应根据砌体部位和所处环境来选择。水泥进场使用前，应分批对其强度、安定性进行复验。检验批应以同一生产厂家、同一编号为一批。当在使用中对水泥质量有怀疑或水泥出厂日期超过 3 个月(快硬硅酸盐水泥超过 1 个月)时，应进行复查试验，并按其结果使用。不同品种水泥不得混合使用。

砂浆用砂不得含有有害杂物。砂浆用砂的含泥量应满足下列要求：对水泥砂浆和强度等级不小于 M5 的水泥混合砂浆，不应超过 5%；对强度等级小于 M5 的水泥混合砂浆，不应超过 10%；人工砂、山砂及特细砂，应经试配并能满足砌筑砂浆技术条件要求。配制水泥石灰砂浆时,不得采用脱水硬化的石灰膏。消石灰粉不得直接用于砌筑砂浆中。砌筑砂浆应通过试配确定配合比。当砌筑砂浆的组成材料有变更时,其配合比应重新确定。施工中当采用水泥砂浆代替水泥混合砂浆时,应重新确定砂浆强度等级。凡在砂浆中掺入有机塑化剂、早强剂、缓凝剂、防冻剂等,应经检验和试配符合要求后,方可使用。有机塑化剂应有砌体强度的型式检验报告。

3.3.1.2 砂浆制备与使用

拌制砂浆所用的水,水质应符合国家现行标准《混凝土用水标准》(JGJ 63—2006)的规定。砂浆现场拌制时,各组分材料应采用质量计量。砌筑砂浆应采用机械搅拌,自投料完算起,搅拌时间应符合下列规定:水泥砂浆和水泥混合砂浆不得少于 2min;水泥粉煤灰砂浆和掺用外加剂的砂浆不得少于 3min;掺用有机塑化剂的砂浆,应为 3～5min。砂浆应随拌随用,水泥砂浆和水泥混合砂浆必须分别在拌成后 3h 和 4h 内使用完毕;如施工期间最高气温超过 30℃,必须分别在拌成后 2h 和 3h 内使用完毕。

砌筑砂浆试块强度验收时,其强度合格标准应符合下列规定:同一验收批砂浆试块强度平均值应大于或等于设计强度等级值的 1.10 倍;同一验收批砂浆试块抗压强度中最小一组的平均值应大于或等于设计等级强度值的 85%。砌筑砂浆试块验收批,同一类型、强度等级的砂浆试块不应少于 3 组;同一验收批只有 1 组或 2 组试块时,每组试块抗压强度平均值应大于或等于设计强度等级值的 1.10 倍。砂浆强度应以标准养护龄期为 28d 的试块抗压试验结果为准。抽检数量:每一检验批且不超过 250m³ 砌体中的各种类型及强度等级的砌筑砂浆,每台搅拌机应至少抽查一次。检验方法:在砂浆搅拌机出料口随机取样制作砂浆试块(同盘砂浆只应制作一组试块),最后检查试块强度试验报告单。

当施工中或验收中出现下列情况,可采用现场检验方法对砂浆和砌体强度进行原位检测或取样检测,并判定其强度:砂浆试块缺乏代表性或试块数量不足;对砂浆试块的试验结果有怀疑或有争议;砂浆试块的试验结果不能满足设计要求。

3.3.2 施工准备

砌体工程所用的材料应有产品的合格证书、产品性能检测报告。块材、水泥、钢筋、外加剂等应有材料主要性能的进场复验报告。严禁使用国家明令淘汰的材料。

3.3.2.1 砖的准备

砖的品种、强度等级必须符合设计要求,并应规格一致。用于清水墙、柱表面的砖,尚应边角整齐、色泽均匀。无出厂证明的要送实验室鉴定。砌筑砖砌体时,砖应提前 1～2d 浇水湿润,以免砌筑时因干砖吸收砂浆中的大量水分而使砂浆流动性降低,砌筑困难,并影响砂浆的粘结力和强度。但也要注意不能将砖浇得过湿,以免砖不能吸收砂浆中的多余水分,影响砂浆的密实性、强度和粘结力,并且还会产生坠灰和砖块滑动现象,使墙面不洁净,灰缝不平整,墙面不平直。一般要求砖处于半干湿状态(将水浸入砖 10mm 左右),含水率为 10%～15%。砖不应在脚手架上浇水。

3.3.2.2 机具的准备

砌筑前,必须按施工组织设计的要求组织垂直和水平运输机械、砂浆搅拌机进场、安装、调试等工作。同时,还应准备脚手架、砌筑工具(如皮数杆、托线板等)。

3.3.3　砖墙的组砌形式

3.3.3.1　240mm 厚砖墙的组砌形式

（1）一顺一丁

一顺一丁砌法是一皮中全部顺砖与一皮中全部丁砖相互间隔砌成，上下皮间的竖缝相互错开 1/4 砖长，如图 3.13（a）所示。砌体中无任何通缝，丁砖数量多，能增强横向拉结力且砌筑效率高。

（2）三顺一丁

三顺一丁砌法是三皮中全部顺砖与一皮中全部丁砖间隔砌成，上下皮顺砖与丁砖间竖缝错开 1/4 砖长，上下皮顺砖间竖缝错开 1/2 砖长，如图 3.13（b）所示。这种砌筑法由于顺砖较多，砌筑效率高，但整体性较差，宜用于一砖半以上墙体或挡土墙的砌筑。

（3）梅花丁

梅花丁砌法是每皮中丁砖与顺砖相隔，上皮丁砖坐中于下皮顺砖，上下皮间竖缝相互错开 1/4 砖长，如图 3.13（c）所示。这种砌筑法内外竖缝每次都能错开，故整体性好。

一顺一丁视频

三顺一丁动画

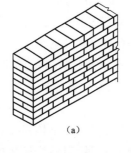

（a）　　　　　　　　　　　（b）　　　　　　　　　　　（c）

图 3.13　砖墙组砌形式

（a）一顺一丁；（b）三顺一丁；（c）梅花丁

梅花丁视频

砖砌体的组砌要求：上下错缝，内外搭接，以保证砌体的整体性，同时组砌要有规律，少砍砖，以提高砌筑效率，节约材料。

为了使砖墙的转角处各皮间竖缝相互错开，必须在外角处砌七分头砖（即 3/4 砖长）。当采用一顺一丁组砌时，七分头的顺面方向依次砌顺砖，丁面方向依次砌丁砖，如图 3.14（a）所示。

砖墙的丁字接头处，应分皮相互砌通，内角相交处的竖缝应错开 1/4 砖长，并在横墙端头处加砌七分头砖，如图 3.14（b）所示。

砖墙的十字接头处，应分皮相互砌通，立角处的竖缝相互错开 1/4 砖长，如图 3.14（c）所示。

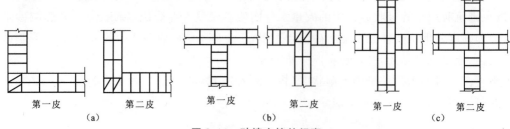

第一皮　　　　　　第二皮　　　　　第一皮　　　　　第二皮　　　　　第一皮　　　　　第二皮

（a）　　　　　　　　　　　　（b）　　　　　　　　　　　（c）

图 3.14　砖墙交接处组砌

（a）一砖墙转角（一顺一丁）；（b）一砖墙丁字交接处

（一顺一丁）；（c）一砖墙十字交接处（一顺一丁）

3.3.3.2　砖基础组砌

砖基础有带形基础和独立基础,基础下部扩大部分称为大放脚。大放脚有等高式和不等高式两种。等高式大放脚是两皮一收,两边各收进 1/4 砖长;不等高大放脚是两皮一收和一皮一收相间隔,两边各收进 1/4 砖长。大放脚一般采用一顺一丁的砌法,竖缝要错开,要注意十字接头及丁字接头处砖块的搭接;在这些交接处,纵横墙要隔皮砌通;大放脚的最下一皮及每层的最上一皮应以丁砌为主。

3.3.4　砖砌体的施工工艺

砖砌体的砌筑方法有"三一"砌砖法、挤浆法、刮浆法和满口灰法。其中,"三一"砌砖法和挤浆法最为常用。

"三一"砌砖法　即是一块砖、一铲灰、一揉压并随手将挤出的砂浆刮去的砌筑方法。这种砌法的优点:灰缝容易饱满,粘结性好,墙面整洁。故实心砖砌体宜采用"三一"砌砖法。

挤浆法　即用灰勺、大铲或铺灰器在墙顶上铺一段砂浆,然后双手拿砖或单手拿砖,将砖挤入砂浆中一定厚度之后把砖放平,达到下齐边、上齐线、横平竖直的标准。这种砌法的优点是:可以连续挤砌几块砖,减少烦琐的动作;平推平挤可使灰缝饱满;效率高;保证砌筑质量。

砖砌体的施工过程有抄平、放线、摆砖、立皮数杆、挂线、砌砖、勾缝等工序。

（1）抄平

砌墙前应在基础防潮层或楼面上定出各层标高,并用 M7.5 水泥砂浆或 C10 细石混凝土找平,使各段砖墙底部标高符合设计要求。找平时,应使上下两层外墙之间不致出现明显的接缝。

（2）放线

根据龙门板上给定的轴线及图纸上标注的墙体尺寸,在基础顶面上用墨线弹出墙的轴线和墙的宽度线,并定出门窗洞口位置线。在楼层上,可以用经纬仪或锤球将墙的轴线引上,并弹出各墙的宽度线,画出门窗洞口位置线。

（3）摆砖

摆砖是指在放线的基面上按选定的组砌方式用干砖试摆。一般在房屋外纵墙方向摆顺砖,在山墙方向摆丁砖,摆砖由一个大角摆到另一个大角,砖与砖之间留 10mm 缝隙。摆砖的目的是核对所放的墨线在门窗洞口、附墙垛等处是否符合砖的模数,以尽可能减少砍砖。

（4）立皮数杆

皮数杆是指在其上画有每皮砖和砖缝厚度以及门窗洞口、过梁、楼板、梁底、预埋件等标高位置的一种木制标杆,如图 3.15 所示。它是砌筑时控制砌体竖向尺寸的标志,皮数杆一般立于房屋的四大角、内外墙交接处、楼梯间以及洞口多的地方,大约每隔 10～15m 立一根。皮数杆上的 ±0.000 要与房屋的 ±0.000 相吻合。

（5）挂线

为保证砌体垂直平整,砌筑时必须挂线,一般二四墙可单面挂线,三七墙及以上的墙则应双面挂线。

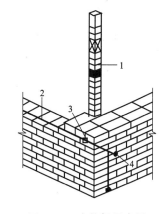

图 3.15　皮数杆示意图
1—皮数杆;2—准线;3—竹片;4—圆铁钉

（6）砌砖

砌砖的操作方法很多，常用的是"三一"砌砖法和挤浆法。砌砖时，先挂上通线，按所排的干砖位置把第一皮砖砌好，然后盘角。盘角又称立头角，指在砌墙时先砌墙角，然后从墙角处拉准线，再按准线砌中间的墙。每次盘角不得超过六皮砖，在盘角过程中应随时用托线板检查墙角是否平整垂直，砖层灰缝是否符合皮数杆标志，然后在墙角安装皮数杆，以后即可挂线砌第二皮以上的砖。砌筑过程中应三皮一吊、五皮一靠，保证墙面垂直平整。

（7）勾缝、清理

清水墙砌完后，要进行墙面修正及勾缝。墙面勾缝应横平竖直，深浅一致，搭接平整，不得有丢缝、开裂和粘结不牢等现象。砖墙勾缝宜采用凹缝或平缝，凹缝深度一般为 4～5mm。勾缝完毕后，应进行墙面、柱面和落地灰的清理。

3.3.5　砌砖的技术要求

3.3.5.1　砖基础的技术要求

砌筑砖基础前，应校核放线尺寸。放线尺寸的允许偏差应符合表 3.2 的规定。

表 3.2　放线尺寸的允许偏差

长度 L、宽度 B(m)	允许偏差（mm）	长度 L、宽度 B(m)	允许偏差（mm）
L（或 B）≤30	±5	60<L（或 B）≤90	±15
30<L（或 B）≤60	±10	L（或 B）>90	±20

砖基础砌筑前，应检查垫层施工是否符合质量要求，然后清扫垫层表面。按龙门板的标志弹出基础线。为保证基础底标高的准确，应在垫层转角、交接处及高低踏步处，预先立好基础皮数杆，先砌几皮转角及交接处部分的砖，然后在其间拉准线砌中间部分的砖。若砖基础不在同一深度，则应先在最低处砌筑。在砖基础高低台阶接头处，下面台阶要砌一定长度实砌体，砌到上面后和上面的砖一起退台。

基础墙的防潮层，若设计无具体要求，宜用 1：2.5 水泥砂浆加适量的防水剂铺设，其厚度一般为 20mm。抗震设防区的建筑物，不得用油毡做基础墙的水平防潮层。

3.3.5.2　砖墙的技术要求

（1）砖的强度等级必须符合设计要求。抽检数量：每一生产厂家的砖到现场后，按烧结砖15 万块、多孔砖 5 万块、灰砂砖及粉煤灰砖 10 万块各为一验收批，不足上述数量时按一批计，抽检数量为一组。检验方法：查砖的试验报告。

（2）砖砌体的水平灰缝厚度和竖缝厚度一般为 10mm，且不小于 8mm，也不大于 12mm。砖墙水平灰缝的砂浆饱满度不应低于 80%，砖柱水平灰缝和竖向灰缝饱满度不应低于 90%，每一检验批抽查不应少于 5 处。用百格网检查砖底面与砂浆的粘结痕迹面积，每处检验 3 块砖，取其平均值。

（3）砖砌体的转角处和交接处应同时砌筑，严禁无可靠措施的内外墙分砌施工。对不能同时砌筑而又必须留置的临时间断处，应砌成斜槎，斜槎水平投影长度应不小于高度的 2/3。抽检数量：每一检验批抽 20%接槎，且不应少于 5 处。检验方法：观察检查。如图 3.16 所示。

（4）非抗震设防及抗震设防烈度为 6 度、7 度地区的临时间断处，当不能留斜槎时，可留直槎，但直槎必须做成凸槎。留直槎处应加设拉结筋，拉结筋的数量为每 120mm 墙厚放置 1ϕ6

拉结钢筋(240mm 墙厚放置 2Φ6 拉结钢筋),间距沿墙高不应超过 500mm;埋入长度从墙的留槎处算起每边均不应小于 500mm,对抗震设防烈度为 6 度、7 度地区,不应小于 1000mm;末端应有 90°弯钩。抽检数量:每一检验批抽 20%接槎,且不应少于 5 处。检验方法:观察和尺量检查。合格标准:留槎正确,拉结钢筋设置数量、直径正确,竖向间距偏差不超过 100mm,留置长度基本符合规定。如图 3.17 所示。

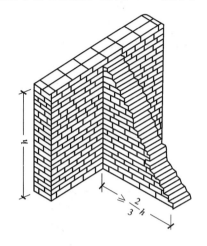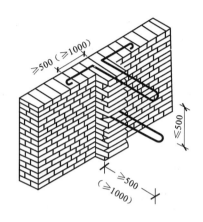

図 3.16　斜槎　　　　　　　　　　　　図 3.17　直槎

注:括号内数字为抗震设防烈度为 6 度、7 度地区的要求。

砖砌体接槎时,必须将接槎处的表面清理干净,浇水湿润,并应填筑砂浆,保持灰缝平直。

(5)在墙上留置的临时施工洞口,其侧边离交接处的墙面不应小于 500mm,洞口净宽度不应超过 1m。抗震设防烈度为 9 度地区建筑物的临时施工洞口的位置,应会同设计单位研究决定。临时施工洞口应做好补砌。

(6)不得在下列墙体或部位设置脚手眼:

① 120mm 厚墙、料石墙、清水墙、附墙柱和独立柱;

② 过梁上与过梁成 60°角的三角形范围内及过梁净跨度 1/2 的高度范围内;

③ 宽度小于 1m 的窗间墙;

④ 砌体门窗洞口两侧 200mm(石砌体为 300mm)和转角处 450mm(石砌体为 600mm)的范围内;

⑤ 梁或梁垫下及其左右 500mm 的范围内;

⑥ 设计不允许设置脚手眼的部位;

⑦ 轻质墙体;

⑧ 夹心复合墙外叶墙。

施工脚手眼补砌时,灰缝应填满砂浆,不得用干砖填塞。外墙脚手眼补砌时,要采取防渗漏措施。

(7)每层承重墙最上一皮砖、梁或梁垫下面的砖应用丁砖砌筑。隔墙和填充墙的顶面与上部结构接触处宜用侧砖或立砖斜砌挤浆。

(8)砌体相邻工作段的高度差,不得超过一个楼层的高度,也不宜大于 4m。工作段的分段位置宜设在伸缩缝、沉降缝、防震缝或门窗洞口处,砌体临时间断处的高度差不得超过一步脚手架的高度。

（9）尚未施工的楼板或屋面的墙或柱,当可能遇到大风时,其允许自由高度不得超过表3.3的规定。如超过表中限值,必须采取临时支撑等有效措施。

表 3.3　墙和柱的允许自由高度(m)

墙(柱)厚(mm)	砌体密度>1600kg/m³			砌体密度 1300~1600kg/m³		
	风载(kN/m²)			风载(kN/m²)		
	0.3(约7级风)	0.4(约8级风)	0.5(约9级风)	0.3(约7级风)	0.4(约8级风)	0.5(约9级风)
190	—	—	—	1.4	1.1	0.7
240	2.8	2.1	1.4	2.2	1.7	1.1
370	5.2	3.9	2.6	4.2	3.2	2.1
490	8.6	6.5	4.3	7.0	5.2	3.5
620	14.0	10.5	7.0	11.4	8.6	5.7

（10）砖砌体的位置及垂直度允许偏差应符合表3.4的规定。

表 3.4　砖砌体的位置及垂直度允许偏差

项次	项　　目		允许偏差(mm)	检　验　方　法
1	轴线位置偏移		10	用经纬仪和尺检查,或用其他测量仪器检查
2	垂直度	每　层	5	用2m托线板检查
		全高　≤10m	10	用经纬仪、吊线和尺检查,或用其他测量仪器检查
		>10m	20	

抽检数量:轴线查全部承重墙柱;外墙垂直度全高查全部阳角,每层不应少于5处。

（11）设有钢筋混凝土构造柱的抗震多层砖房,应先绑扎钢筋,而后砌砖墙,最后浇筑混凝土。构造柱与墙体的连接处应砌成马牙槎,马牙槎应先退后进,如图3.18所示,预留的拉结钢筋位置应正确,施工中不得有任意弯折。墙与柱应沿高度方向每500mm设2φ6钢筋,每边伸入墙内不宜小于600mm;构造柱应与圈梁连接。抽检数量:每一检验批抽查不少于5处。检验方法:观察检查和尺量检查。合格标准:钢筋竖向位移不超过100mm,每一马牙槎沿高度方向的尺寸偏差不超过300mm。钢筋竖向位移和马牙槎尺寸偏差每一构造柱不应超过2处。

（12）构造柱位置及垂直度的允许偏差应符合表3.5的规定。抽检数量:每一检验批抽10%,且不应少于5处。

3.3.5.3　空心砖墙的技术要求

空心砖墙砌筑前应试摆。在不够整砖处,如无半砖规格,可用普通黏土砖补砌。承重空心砖的孔洞应呈垂直方向砌筑,且长圆孔应顺墙方向;非承重空心砖的孔洞应呈水平方向砌筑。非承重空心砖墙,其底部应至少砌三皮实心砖,在门口两侧一砖长范围内也应用实心砖砌筑。半砖厚的空心砖隔墙,如墙较高,应在墙的水平灰缝中加设2φ8钢筋或每隔一定高度砌几皮实心砖带。

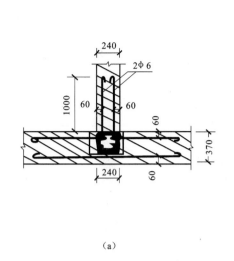

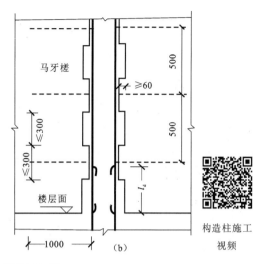

构造柱施工
视频

（a）　　　　　　　　　　　　　　　　（b）

图 3.18　拉结钢筋布置及马牙槎

（a）平面图；（b）立面图

表 3.5　构造柱尺寸允许偏差

项次	项　目			允许偏差（mm）	抽　检　方　法
1	柱中心线位置			10	用经纬仪和尺检查或用其他测量仪器检查
2	柱层间错位			8	用经纬仪和尺检查或用其他测量仪器检查
3	柱垂直度	每　　层		10	用 2m 托线板检查
		全高	≤10m	15	用经纬仪、吊线和尺检查，或用其他测量仪器检查
			>10m	20	

3.3.6　砖砌体的质量要求与允许偏差

砖砌体质量与砖、砂浆等材料质量及砌筑质量有关。其中，砖砌体的质量是影响砖混结构强度、刚度和稳定性的主要因素，关系到建筑物质量的优劣和人民生命财产的安全，因此必须符合《砌体结构工程施工质量验收规范》（GB 50203—2011）和《建筑工程施工质量验收统一标准》（GB 50300—2013）的规定。其质量要求是：横平竖直，砂浆饱满，厚薄均匀，上下错缝，内外搭砌，接槎牢固。

（1）砖砌体组砌方法应正确，上下错缝，内外搭砌，砖柱不得采用包心砌法。抽检数量：每检验批不应少于 5 处。检验方法：观察检查。合格标准：除符合本条要求外，清水墙、窗间墙应无通缝；混水墙中长度大于或等于 300mm 的通缝每间不超过 3 处，且不得位于同一面墙体上。

（2）砖砌体的灰缝应横平竖直，厚薄均匀。水平灰缝厚度宜为 10mm，且不应小于 8mm，也不应大于 12mm。抽检数量：每检验批不应少于 5 处。检验方法：水平灰缝厚度用尺量 10 皮砖砌体高度折算，竖向灰缝宽度用尺量 2m 砌体长度折算。

（3）砖砌体尺寸允许偏差应符合表 3.6 的规定。

表 3.6　砖砌体一般尺寸允许偏差

项次	项目		允许偏差（mm）	检验方法	抽检数量
1	基础顶面和楼面标高		±15	用水平仪和尺检查	不应少于 5 处
2	表面平整度	清水墙、柱	5	用 2m 靠尺和楔形塞尺检查	不应少于 5 处
		混水墙、柱	8		
3	门窗洞口高、宽（后塞口）		±10	用尺检查	不应少于 5 处
4	外墙上下窗口偏移		20	以底层窗口为准，用经纬仪或吊线检查	不应少于 5 处
5	水平灰缝平直度	清水墙	7	拉 10m 线和尺检查	不应少于 5 处
		混水墙	10		
6	清水墙游丁走缝		20	吊线和尺检查，以每层第一皮砖为准	不应少于 5 处

3.3.7　影响砖砌体工程质量的因素与防治措施

（1）砂浆强度不稳定

现象：砂浆强度低于设计强度标准值，有时砂浆强度波动较大，匀质性差。

主要原因：材料计量不准确；砂浆中塑化材料或微沫剂掺量过多；砂浆搅拌不均；砂浆使用时间超过规定；水泥分布不均匀等。

预防措施：建立材料的计量制度和计量工具校验、维修、保管制度；减少计量误差，对塑化材料（石灰膏等）宜调成标准稠度（120mm）进行称量，再折算成标准容积；砂浆尽量采用机械搅拌，分两次投料（先加入部分砂子、水和全部塑化材料，拌匀后再投入其余的砂子和全部水泥进行搅拌），保证搅拌均匀；砂浆应按需要搅拌，宜在当班用完。

（2）砖墙墙面游丁走缝

现象：砖墙面上下砖层之间竖缝产生错位，丁砖竖缝歪斜，宽窄不匀，丁不压中。清水墙窗台部位与窗间墙部位的上下竖缝错位、搬家。

主要原因：砖的规格不统一，每块砖长、宽尺寸误差大；操作中未掌握控制砖缝的标准，开始砌墙摆砖时，没有考虑窗口位置对砖竖缝的影响，当砌至窗台处分窗口尺寸时，窗的边线不在竖缝位置上。

预防措施：砌墙时用同一规格的砖，如规格不一，则应弄清现场用砖情况，统一摆砖确定组砌方法，调整竖缝宽度；提高操作人员技术水平，强调丁压中即丁砖的中线与下层条砖的中线重合；摆砖时应将窗口位置引出，使窗的竖缝尽量与窗口边线相齐，如果窗口宽度不符合砖的模数，砌砖时要打好七分头，排匀立缝，保持窗间墙处上下竖缝不错位。

（3）清水墙面水平缝不直，墙面凹凸不平

现象：同一条水平缝宽度不一致，个别砖层冒线砌筑；水平缝下垂；墙体中部（两步脚手架交接处）凹凸不平。

主要原因：砖的两个条面大小不等，使灰缝的宽度不一致，个别砖大条面偏大较多，不易将灰缝砂浆压薄，从而出现冒线砌筑现象；所砌墙体长度超过 20m，挂线不紧，挂线产生下垂，灰缝就出现下垂现象;由于第一步架墙体出现垂直偏差,接砌第二步架时进行了调整,两步架交接处出现凹凸不平。

预防措施:砌砖应采取小面跟线;挂线长度超过 15～20m 时,应加垫线;墙面砌至脚手架排木搭设部位时,预留脚手眼,并继续砌至高出脚手架板面一层砖;挂立线应由下面一步架墙面引伸,以立线延至下部墙面至少 500mm,挂立线吊直后,拉紧平线,用线锤吊平线和立线,当线锤与平线、立线相重时,则可认为立线正确无误。

(4)"螺丝"墙

现象:砌完一个层高的墙体时,同一砖层的标高差一皮砖的厚度而不能咬圈。

主要原因:砌筑时没有按皮数杆控制砖的层数;每当砌至基础面和预制混凝土楼板上接砌砖墙时,由于标高偏差大,皮数杆往往不能与砖层吻合,需要在砌筑中用灰缝厚度逐步调整;如果砌同一层砖时,误将负偏差当作正偏差,砌砖时反而压薄灰缝,在砌至层高赶上皮数时,与相邻位置正好差一皮砖。

预防措施:砌筑前应先测定所砌部位基面标高误差,通过调整灰缝厚度来调整墙体标高,标高误差宜分配在一步架的各层砖缝中,逐层调整;操作时挂线两端应相互呼应,并经常检查与皮数杆的砌层号是否相符。

各层标高除可用皮数杆控制外,还可用在室内弹出的水平线来控制,即当底层砌到一定高度后,用水准仪根据龙门板上的 ±0.000 标高,在室内墙角引测出标高控制点(一般比室内地坪高 200～500mm),然后根据该控制点弹出水平线,作为楼板标高的控制线。以此线到该层墙顶的高度计算出砖的皮数,并在皮数杆上画出每皮砖和砖缝的厚度,作为砌砖的依据。此外,在建筑物四周外墙下引测 ±0.000 标高,画上标志,当第二层墙砌到一定高度时,从底层用尺往上量出第二层标高的控制点,并用水准仪以该控制点为准,定出各墙面水平线,用以控制第二层楼板标高。

3.4 中小型砌块施工

砌块代替黏土砖作为墙体材料,是墙体改革的一个重要途径。中小型砌块按材料分有混凝土空心砌块、粉煤灰硅酸盐砌块、煤矸石硅酸盐空心砌块、加气混凝土砌块等。砌块高度为380～940mm 的称为中型砌块,砌块高度小于 380mm 的称为小型砌块。

中型砌块的施工,是采用各种吊装机械及夹具将砌块安装在设计位置,一般要按建筑物的平面尺寸及预先设计的砌块排列图逐块地按次序吊装,就位固定。小型砌块的施工方法同砖砌体施工方法一样,主要是手工砌筑。

3.4.1 混凝土小型空心砌块施工

施工时所用的混凝土小型空心砌块的产品龄期不应小于 28d。砌筑小砌块时,应清除表面污物和芯柱及小砌块孔洞底部的毛边,剔除外观质量不合格的小砌块。在天气炎热的情况下,可提前洒水湿润小砌块;对轻骨料混凝土小砌块,可提前浇水湿润。小砌块表面有浮水时,不得施工。小砌块应底面朝上反砌于墙上。承重墙严禁使用断裂的小砌块。小砌块墙体应对孔错缝搭砌,搭接长度不应小于 90mm。墙体的个别部位不能满足上述要求时,应在灰缝中设置拉结钢筋或钢筋网片,但竖向通缝不能超过两皮小砌块。

　　施工所用的小砌块和砂浆的强度等级必须符合设计要求。抽检数量:每一生产厂家,每1万块小砌块至少应抽检一组;用于多层以上建筑基础和底层的小砌块抽检数量不应少于两组。砂浆试块的抽检数量同砖砌体的有关规定。检验方法:查小砌块和砂浆试块试验报告。施工所用的砂浆宜选用专用的小砌块砌筑砂浆。砌体水平灰缝的砂浆饱满度应按净面积计算,且不得低于90%;竖向灰缝的砂浆饱满度不得小于90%,竖缝凹槽部位应用砌筑砂浆填实,不得出现瞎缝、透明缝。抽检数量:每一检验批不应少于5处。检验方法:用专用百格网检测小砌块与砂浆粘结痕迹,每处检测3块小砌块,取其平均值。

3.4.2　中型砌块施工

3.4.2.1　现场平面布置

(1)砌块堆置场地应平整夯实,有一定泄水坡度,必要时挖排水沟。

(2)砌块不宜直接堆放在地面上,应堆在草袋、煤渣垫层或其他垫层上,以免砌块底部被污染。

(3)砌块的规格、数量必须配套,不同类型分别堆放。堆放要稳定,通常采用上下皮交错堆放,堆放高度不宜超过3m,堆放一皮至两皮后宜堆成踏步形。

(4)现场应储存足够数量的砌块,保证施工顺利进行。砌块堆放应使场内运输路线最短。

3.4.2.2　机具准备

　　砌块的装卸可用桅杆式起重机、汽车式起重机、履带式起重机和塔式起重机等。砌块的水平运输可用专用砌块小车、普通平板车等。另外,还有安装砌块的专用夹具,如图3.19所示。

3.4.2.3　编制砌块排列图

　　砌块在吊装前应先绘制砌块排列图,以指导吊装施工和砌块准备,如图3.20所示。

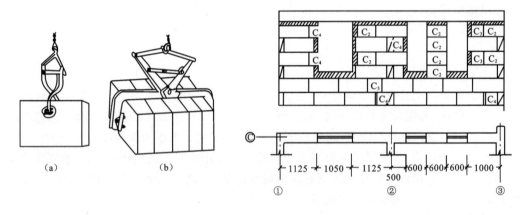

图3.19　砌块夹具　　　　　　　　　图3.20　砌块排列图
(a)单块夹具;(b)多块夹具

　　砌块排列图绘制方法:在立面图上用1∶50或1∶30的比例绘制出纵横墙面,然后将过梁、平板、大梁、楼梯、混凝土垫块等在图上标出,再将管道等孔洞标出;在纵横墙上画水平灰缝线,按砌块错缝搭接的构造要求和竖缝的大小,尽量以主砌块为主、其他各种型号砌块为辅进行排列。需要镶砖时,尽量对称分散布置。砌块排列应符合的技术要求是:上下皮砌块错缝搭接长度一般为砌块长度的1/2(较短的砌块必须满足这个要求),或不得小于砌块皮高的1/3,以保证砌块牢固搭接;外墙转角处及纵横墙交接处应用砌块相互搭接,如纵横墙不能互相搭接,则应每两皮设置一道钢筋网片。砌块中水平灰缝厚度应为10~20mm,当水平灰缝有配筋或柔性拉结条时,其灰缝厚度应为20~25mm。竖缝的宽度为15~20mm,当竖缝宽度大于30mm时,应用强度等级不低于C20的细石混凝土填实;当竖缝宽度大于或等于150mm或楼层高不是砌块加灰缝的整数倍时,都要用黏土砖镶砌。

3.4.2.4 选择砌块安装方案

中型砌块安装用的机械有台灵架、附设有起重拔杆的井架及轻型塔式起重机等。常用的砌块安装方案有如下两种:

(1)用台灵架安装砌块,用附设起重拔杆的井架进行砌块、楼板的垂直运输。用台灵架安装砌块时的吊装路线有后退法、合拢法及循环法。

① 后退法 吊装从工程的一端开始退至另一端,井架设在建筑物两端。台灵架回转半径为9.5m,房屋宽度小于9m。

② 合拢法 井架设在工程的中间,吊装线路先从工程的一端开始吊装到井架处,再将台灵架移到工程的另一端进行吊装,最后退到井架处收拢。

③ 循环法 当房屋宽度大于9m时,井架设在房屋一侧中间,吊装从房屋一端转角开始,依次循环至另一端转角处,最后吊装至井架处。

(2)用台灵架安装砌块,用塔式起重机进行砌块和预制构件的水平和垂直运输及楼板安装。此时,台灵架安装砌块的吊装路线与上述相同。

3.4.2.5 砌块施工工艺

砌块施工工艺流程如下:

(1)铺灰 砌块墙体所采用的砂浆,应具有较好的和易性;砂浆稠度宜为50~80mm;铺灰应均匀平整,长度一般不超过5m,炎热天气及严寒季节应适当缩短。

(2)砌块吊装就位 吊装砌块一般用摩擦式夹具,夹砌块时应避免偏心。砌块就位时,应使夹具中心尽可能与墙身中心线在同一垂直线上,对准位置徐徐下落至砂浆层上,待砌块安放稳定后,方可松开夹具。

(3)校正 砌块吊装就位后,用锤球或托线板检查砌块的垂直度,用拉准线的方法检查砌块的水平度。校正时可用人力轻微推动砌块或用撬杠轻轻撬动砌块。

(4)灌缝 竖缝可用夹板在墙体内外夹住,然后灌砂浆,用竹片插或用铁棒捣,使其密实。当砂浆收水后,即用刮缝板把竖缝和水平缝刮齐。此后,砌块一般不准撬动,以防止破坏砂浆的粘结。

(5)镶砖 镶砖工作要紧密配合安装,在砌块校正后进行,不要在安装好一层墙身后才镶砖。在一层楼安装完毕尚需镶砖时,最后一皮砖和安装在楼板梁、檩条等构件下的砖层都必须用丁砖镶砌。

3.5 砌筑工程的安全技术

砌筑操作前必须检查操作环境是否符合安全要求,道路是否畅通,机具是否完好牢固,安全设施和防护用品是否齐全,经检查符合要求后方可施工。

砌基础时,应检查和经常注意基槽(坑)土质的变化情况。堆放砖石材料应离槽(坑)边1m以上。

　　砌墙高度超过 1.2m 时,应搭设脚手架。在一层以上或砌墙高度超过 4m 时,采用里脚手架必须搭设安全网,采用外脚手架应设护身栏杆和挡脚手板。架上堆放材料不得超过规定荷载标准值,堆砖高度不得超过三皮侧砖,同一块脚手板上的操作人员不得超过两人。

　　不准站在墙顶上做画线、刮缝及清扫墙面或检查大角垂直等工作。不准用不稳固的工具或物体在脚手板面上操作。

　　砍砖时应面向墙体,避免碎砖飞出伤人。垂直传递砖块时,必须认真仔细,小心砸伤人。

　　不准在超过胸部的墙上进行砌筑,以免将墙体碰撞倒塌造成安全事故。禁止在刚砌好的墙体上走动,以免发生危险和质量事故。

　　不准在墙顶或架子上整修石材,以免振动墙体影响质量或石片掉下伤人。不准徒手移动上墙的石块,以免压破或擦伤手指。石块不准往下掷,运石上下时要注意安全。

　　不准起吊有部分破裂和脱落危险的砌块。起吊砌块时,严禁将砌块停留在操作人员上空或在空中整修;砌块吊装时,不得在下一层楼面上进行其他任何工作;卸下砌块时应避免冲击,砌块堆放应尽量靠近楼板的端部,不得超过楼板的承载能力;砌块吊装就位时,应待砌块放稳后,方可松开夹具。

思　考　题

3.1　简述脚手架的作用、分类及基本要求。

3.2　钢管扣件式脚手架主要由哪些部件组成? 扣件有哪几种基本形式? 各起什么作用?

3.3　简述钢管扣件式脚手架的搭设要点。

3.4　简述里脚手架的类型及构造特点。

3.5　安全网的搭设应遵守什么原则? 应注意什么问题?

3.6　砌筑工程中垂直运输机械主要有哪些? 试述井架、龙门架的主要构造。

3.7　砌筑工程对砂浆的制备和使用有什么要求? 试述砂浆强度检验的规定。

3.8　砌筑工程对砖有什么要求? 普通黏土砖砌筑前为什么要浇水? 浇湿到什么程度?

3.9　砖砌体有哪几种组砌形式? 各有什么优缺点?

3.10　什么叫皮数杆? 皮数杆如何布置? 如何画线? 起什么作用?

3.11　砖墙为什么要挂线? 怎样挂线?

3.12　砖墙在转角处和交接处,留设临时间断有什么构造要求?

3.13　砖砌体的每日砌筑高度如何规定? 为什么?

3.14　砖砌体的砌筑质量有哪些要求? 影响砌体质量的因素是什么?

3.15　如何检查砖砌体的质量?

3.16　试述影响砖砌体工程质量的因素及防治措施。

3.17　简述混凝土小型空心砌块砌筑时的一般要求。

3.18　什么是砌块排列图? 砌块的排列有哪些技术要求?

3.19　砌体工程在施工中主要采取哪些安全技术措施?

模块 4 钢筋混凝土工程

 知识目标

(1)模板的作用、要求和种类;

(2)基础柱、梁、板模板的受力特点及要求;

(3)模板拆除的具体规定;

(4)钢筋的验收与存放;

(5)钢筋的冷拉和控制;

(6)钢筋制作与安装;

(7)钢筋焊接、机械连接、绑扎连接的技术规定;

(8)混凝土的运输、浇筑与振捣的施工工艺及技术要求;

(9)施工缝的留置与处理;

(10)混凝土的质量检查与缺陷的防治;

(11)钢筋混凝土工程施工的安全技术。

 技能目标

(1)钢筋、模板、混凝土工程质量检查的内容和要求;

(2)确定单层工业厂房杯形基础施工方案;

(3)钢筋混凝土梁模板拆除时间的确定;

(4)编制混凝土施工缝留设与处理的施工方案。

钢筋混凝土工程包括现浇钢筋混凝土结构施工和装配式钢筋混凝土构件制作两个方面,由模板、钢筋和混凝土等多个工种工程组成。

模板工程方面,不断开发新型模板,以满足清水混凝土的施工要求,同时因地制宜地发展多种支模方法,采用了工具式支模方式与组合式钢模板,继续推广工具式大模板、滑升模板、爬模、提模、台模、隧道模等支模方法和专用工具;不断开发钢框胶合板模板、中型钢模板、钢或胶合板可拆卸式大模板、塑料或玻璃钢模壳等工具式模板及支撑体系,进一步提高了模板制作质量和施工技术水平。

钢筋工程方面,大力推广应用 HRB400 钢筋、冷轧带肋钢筋等高效钢筋,低松弛高强度钢绞线及钢筋网焊接技术;采用了数控调直剪切机、光电控制点焊机、钢筋冷拉联动线等;大力推广粗直径钢筋的机械连接与焊接,在电渣压力焊、气压焊、套筒挤压连接技术,锥螺纹及直螺纹连接技术和线性规划用于钢筋下料等方面取得了不少成绩。

混凝土工程方面,大力发展预拌混凝土应用技术,加强搅拌站的改造,实现上料机械化、计量计算机控制和管理、混凝土搅拌自动化或半自动化,进一步扩大商品混凝土的应用范围;应用当地材料,配制满足多种性能要求的高强度混凝土,继续提高 C50、C55、C60 级高强混凝土的应用率;开发超塑化剂、超细活性掺合料及高性能混凝土的应用;还推广了混凝土强制搅拌、高频振动、混凝土搅拌运输车和混凝土泵等新工艺。

4.1　模板工程

模板是土木建筑施工中量大面广的重要施工工具。模板工程占钢筋混凝土工程总造价的 20%～30%,占劳动量的 30%～40%,占工期的 50% 左右,决定着施工方法和施工机械的选择,直接影响工期和造价。

模板是使新拌混凝土在浇筑过程中保持设计要求的位置尺寸和几何形状,使之硬化成为钢筋混凝土结构或构件的模型。模板工程的施工包括模板的选材、选型、设计、制作、安装、拆除和周转等过程。

4.1.1　模板的作用、要求和种类

模板系统包括模板、支架和紧固件三个部分。模板又称模型板,是新浇混凝土成型用的模型。支承模板及承受作用在模板上的荷载的结构(如支柱、桁架等)均称为支架。模板及其支架应根据工程结构形式、荷载大小、地基土类别、施工设备和材料供应等条件进行设计。模板及其支架应有足够的承载力、刚度和稳定性,能可靠地承受浇筑混凝土的重力、侧压力以及施工荷载。同时必须符合下列规定:保证工程结构和构件各部位形状尺寸和相互位置的正确;构造简单,装拆方便,便于钢筋的绑扎与安装、混凝土的浇筑与养护等;接缝严密,不得漏浆。

模板种类很多,按其所用的材料不同分为木模板、钢模板、钢木模板、钢竹模板、胶合板模板、塑料模板、铝合金模板等;按其结构的类型不同分为基础模板、柱模板、楼板模板、墙模板、壳模板和烟囱模板等;按其形式不同分为整体式模板、定型模板、工具式模板、滑升模板、胎模等。

长期以来,我国普遍使用木、竹模板,而我国木材资源十分贫乏,到 20 世纪 70 年代末至 80 年代,我国开始大力推广应用组合钢模板,"以钢代木"是我国模板工程的一次重大技术进步。进入 20 世纪 90 年代,为满足清水混凝土的施工要求,逐渐研究开发了各种以人造板做面板的新型模板,这种新型模板逐渐成为我国模板工程的发展趋势。

4.1.2　木模板

其他形式的模板在构造上可以说大都是从木模板演变而来,而且,目前还有些中小工程或工程的某些部位使用木模板,所以还是有必要学习木模板的构造。

木模板及其支架系统一般在加工厂或现场木工棚制成元件,然后再在现场拼装。图 4.1 所示为基本元件之一拼板的构造。

拼板由规则的板条用拼条拼钉而成,板条厚度一般为 25～50mm,板条宽度不超过 200mm,以保证干缩时缝隙均匀,浇水后易于密缝。但梁底板的板条宽度不受此限制,以减少拼缝,防止漏浆。拼板的拼条一般平放,但梁侧板的拼条则立放。拼条的间距取决于新浇混凝土的侧压力和板条的厚度,一般为 400～500mm。

4.1.2.1 基础模板

基础的特点是高度不大但体积较大,基础模板一般利用地基或基槽(坑)进行支撑。如土质良好,基础的最下一级可不用模板,直接原槽浇筑。安装时,要保证上下模板不发生相对位移,如为杯形基础,则还要在其中放入杯口模板。图 4.2 所示为阶梯形基础模板。

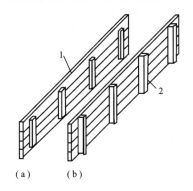

图 4.1　拼板的构造

(a) 一般拼板;(b) 梁侧板的拼板

1—板条;2—拼条

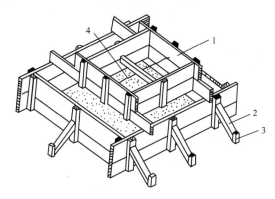

图 4.2　阶梯形基础模板

1—拼板;2—斜撑;3—木桩;4—铁丝

4.1.2.2 柱子模板

柱子的特点是断面尺寸不大但高度较大。如图 4.3 所示,柱模板由内拼板夹在两块外拼板之内组成,亦可用短横板代替外拼板钉在内拼板上。有些短横板可先不钉上,而作为混凝土的浇筑孔,待浇至其下口时再钉上。柱模板底部开有清理孔,沿高度每隔约 2m 开有浇筑孔。柱底部一般有一钉在底部混凝土上的木框,用来固定柱模板的位置。为承受混凝土的侧压力,拼板外要设柱箍,柱箍可为木制、钢制或钢木制。由于柱模板底部所受混凝土侧压力较大,因而柱模板下部柱箍较密。柱模板顶部根据需要开有与梁模板连接的缺口。

在安装柱模板前,应先绑扎好钢筋,测出标高并标注在钢筋上,同时在已浇筑的基础顶面或楼面上固定好柱模板底部的木框,在内外拼板上弹出中心线,根据柱边线及木框竖立模板,并用临时斜撑固定,然后由顶部用锤球校正,使其垂直。检查无误后,即用斜撑钉牢固定。同在一条轴线上的柱,应先校正两端的柱模板,再从柱模板上口中心线拉一铁丝来校正中间的柱模。柱模之间,要用水平撑及剪刀撑相互拉结。

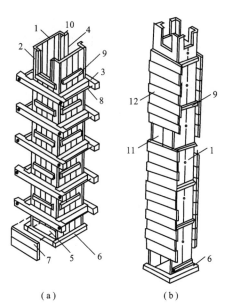

图 4.3　柱模板

(a) 拼板柱模板;(b) 短横板柱模板

1—内拼板;2—外拼板;3—柱箍;
4—梁缺口;5—清理孔;6—木框;
7—盖板;8—拉紧螺栓;9—拼条;
10—三角木条;11—浇筑孔;
12—短横板

柱模板
施工视频

4.1.2.3 梁模板

梁的特点是跨度大而宽度不大,梁底一般是架空的。梁模板主要由底模、侧模、夹木及支架系统组成。底模用长条模板加拼条拼成,或用整块板条。为承受垂直荷载,在梁底模板下每隔一定间距(800～1200mm)用顶撑(琵琶撑)顶住,顶撑可用圆木、方木或钢管制成,在顶撑底部要加铺垫块。

梁模板安装时,沿梁模板下方地面上铺垫板,在柱模板缺口处钉衬口档,把底板搁置在衬口档上;接着,立起靠近柱或墙的顶撑,再将梁按长度等分,立中间部分顶撑,顶撑底下打入木楔,并检查调整标高;然后,把侧模板放上,两头钉于衬口档上,在侧板底外侧铺钉夹木,再钉上斜撑和水平拉条。有主次梁模板时,要待主梁模板安装并校正后才能进行次梁模板安装。梁模板安装后再拉中线检查、复核各梁模板中心线位置是否正确。

若梁的跨度大于或等于4m,应使梁底模板中部略起拱,防止由于混凝土的重力而使跨中下垂。如设计无规定,起拱高度宜为全跨长度的1/1000～3/1000。

4.1.2.4 楼板模板

楼板的特点是面积大而厚度比较薄,侧向压力小。楼板模板及其支架系统,主要承受钢筋、混凝土的自重及其施工荷载,保证模板不变形,如图4.4所示。

楼板模板
施工动画

楼板模板
施工视频

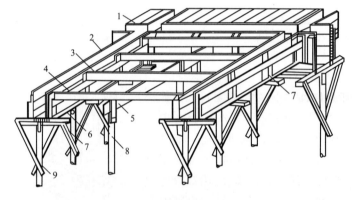

图 4.4 梁及楼板的模板

1—楼板模板;2—梁侧模板;3—楞木;4—托木;5—杠木;6—夹木;7—短撑木;8—杠木撑;9—顶撑

楼板模板常用25～30mm厚的木板拼合,板下用60mm×90mm或100mm×100mm的方楞钉带,间距不宜大于600mm。板跨较大时,中间可增设顶撑。

4.1.2.5 楼梯模板

楼梯模板的构造与楼板相似,不同点是楼梯模板要倾斜支设,且要能形成踏步。

踏步模板分为底板及梯步两部分。底板成倾斜面,拼合板由20～25mm厚的板拼成,用50mm×60mm的木方做带,100mm×100mm木方为托木和支柱。将梯步这样放到板上,锯下多余部分成齿形,再把梯步模板钉上,安装固定在绑完钢筋的楼梯斜面上即可。平台、平台梁的模板同前,如图4.5所示。

4.1.3 定型组合钢模板

定型组合钢模板是一种工具式定型模板,由钢模板和配件组成,配件包括连接件和支承件。

钢模板通过各种连接件和支承件可组合成多种尺寸、结构和几何形状的模板,以适应各种类型建筑物的梁、柱、板、墙、基础和设备等施工的需要,也可用其拼装成大模板、滑模、隧道模和台模等。施工时可在现场直接组装,亦可预拼装成大块模板或构件模板用起重机吊运安装。

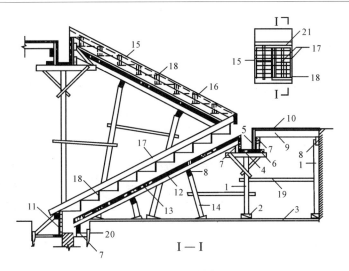

图 4.5　楼梯模板

1—支柱(顶撑);2—木楔;3—垫板;4—平台梁底板;5—侧板;6—夹板;7—托木;8—杠木;

9—木楞;10—平台底板;11—梯基侧板;12—斜木楞;13—楼梯底板;14—斜向顶撑;

15—外帮板;16—横档木;17—反三角板;18—踏步侧板;19—拉杆;20—木桩;21—平台梁模

定型组合钢模板组装灵活,通用性强,拆装方便;每套钢模可重复使用 50~100 次;加工精度高,浇筑混凝土的质量好,成型后的混凝土尺寸准确,棱角整齐,表面光滑,可以节省装修用工。

4.1.3.1　钢模板

钢模板包括平面模板、阴角模板、阳角模板和连接角模,如图 4.6 所示。

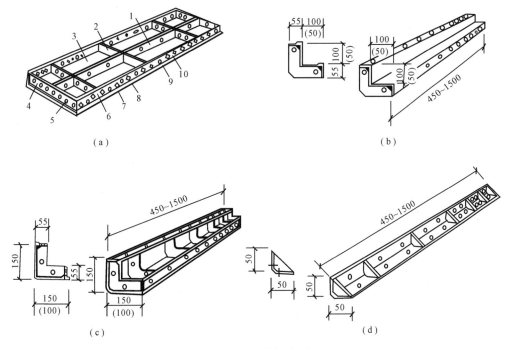

图 4.6　钢模板类型

(a) 平面模板;(b) 阳角模板;(c) 阴角模板;(d) 连接角模

1—中纵肋;2—中横肋;3—面板;4—横肋;5—插销孔;6—纵肋;7—凸棱;8—凸鼓;9—U 形卡孔;10—钉子孔

钢模板采用模数制设计,宽度模数以 50mm 进级,长度模数以 150mm 进级,可以适应横竖拼装成以 50mm 进级的任何尺寸的模板。

4.1.3.2　连接件

定型组合钢模板的连接件包括 U 形卡、L 形插销、钩头螺栓、紧固螺栓、对拉螺栓和扣件等,如图 4.7 所示。

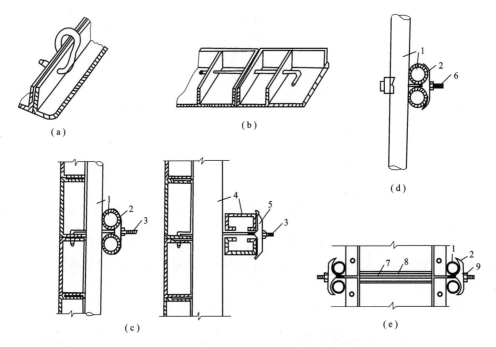

图 4.7　钢模板连接件

(a) U 形卡连接;(b) L 形插销连接;(c) 钩头螺栓连接;(d) 紧固螺栓连接;(e) 对拉螺栓连接

1—圆钢管钢楞;2—"3"形扣件;3—钩头螺栓;4—内卷边槽钢钢楞;5—蝶形扣件;

6—紧固螺栓;7—对拉螺栓;8—塑料套管;9—螺母

4.1.3.3　支承件

定型组合钢模板的支承件包括钢楞、柱箍、钢支架、斜撑、钢桁架及梁卡具等,如图 4.8～图 4.12 所示。

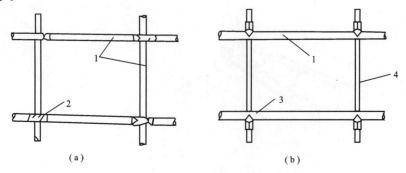

图 4.8　柱箍

1—圆钢管;2—直角扣件;3—"3"形扣件;4—对拉螺栓

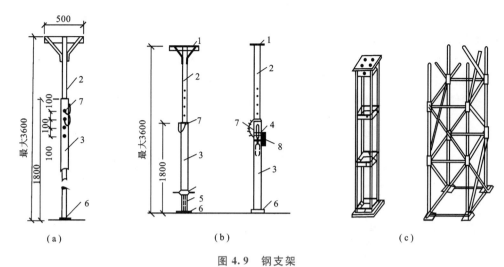

图 4.9　钢支架

（a）钢管支架；（b）调节螺杆钢管支架；（c）组合钢支架和钢管井架

1—顶板；2—插管；3—套管；4—转盘；5—螺杆；6—底板；7—插销；8—转动手柄

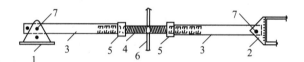

图 4.10　斜撑

1—底座；2—顶撑；3—钢管斜撑；4—花篮螺栓；5—螺母；6—旋杆；7—销钉

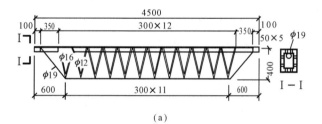

图 4.11　钢桁架

（a）整榀式；（b）组合式

4.1.3.4　定型组合钢模板的配板设计

钢模板有很多规格型号，对同一面积的模板可用不同规格型号的钢模板作多种方式的排列组合。配板方案是否合理，对支模效益、工程质量都有一定影响。因此，在组合模板安装时，应尽量做到钢模板及支承件的合理配置，使模板的种类与块数最少，使拼补的木材用量最少，以期节约木材，方便施工，取得较好的经济效益。

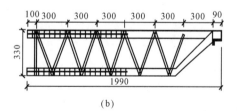

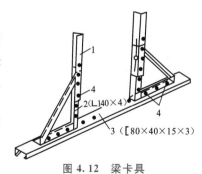

图 4.12　梁卡具

1—调节杆；2—三角架；3—底座；4—螺栓

模板的配板设计包括以下几个方面的内容：

① 画出各构件的模板展开图。

② 绘制模板配板图。根据模板展开图，选用规格最适合的钢模板布置在模板展开图上，应尽量选用大尺寸模板，以减少工作量。配板可采用横排，也可采用纵排，可以采用错缝拼接，也可

以采用齐缝拼接;配板接头部分,应以木板镶拼面积最小为宜;钢模板连接应对齐,以便使用 U 形卡;配板图上应注明预埋件、预留孔、对拉螺栓的位置。

③ 确定支模方案,进行支撑工具的布置。根据结构类型及空间位置、荷载大小等确定支模方案,根据配板图布置支撑。

④ 根据配板图的支撑件布置图,计算各种规格模板和配件的数量,列出清单进行备料。

4.1.4　钢框胶合板模板

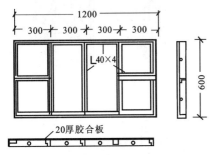

图 4.13　钢框胶合板模板

钢框胶合板模板是指钢框与木胶合板或竹胶合板结合使用的一种模板。这种模板采用模数制设计,横竖都可以拼装,使用灵活,使用范围广,并有完整的支撑体系,可适用于墙体、楼板、梁、柱等多种结构的施工,是国外应用最广泛的模板形式之一。

钢框胶合板模板由防水木、竹胶合板平铺在钢框上,用沉头螺栓与钢框连牢,构造如图 4.13 所示。钢框边上可钻连接孔,用连接件纵横连接,组装成各种尺寸的模板。用于面板的竹胶合板是用竹片或竹帘涂胶黏剂,纵横向铺放,组坯后热压成型。为使钢框竹胶合板板面光滑平整,便于脱模和增加周转次数,一般板面采用涂料覆面处理或浸胶纸覆面处理。钢框竹胶合板模板的宽度有 300mm、600mm 两种,长度有 900mm、1200mm、1800mm、2400mm 等。

4.1.5　模板的拆除

拆模视频

模板的拆除日期取决于混凝土的强度、各个模板的用途、结构的性质、混凝土硬化时的气温等。及时拆模,可提高模板的周转率,也可为其他工种施工创造条件。但过早拆模,混凝土会因强度不足以承担本身自重,或受到外力作用而变形甚至断裂,造成重大质量事故。

4.1.5.1　侧模板

侧模板拆除时的混凝土强度应能保证其表面及棱角不因拆除模板而受损。

4.1.5.2　底模板及支架

底模板及支架拆除时的混凝土强度应符合设计要求;当设计无具体要求时,混凝土强度应符合表 4.1 的规定。检查数量:全数检查。检查方法:同条件养护试件强度试验报告。

表 4.1　底模板及支架拆除时的混凝土强度要求

构件类型	构件跨度(m)	达到设计的混凝土立方体抗压强度标准值的百分率(%)
板	≤2	≥50
	>2,≤8	≥75
	>8	≥100
梁、拱、壳	≤8	≥75
	>8	≥100
悬臂构件	—	≥100

4.1.5.3 拆模顺序

一般是先支后拆，后支先拆，先拆除侧模板，后拆除底模板。重大复杂模板的拆除，事前应制订拆模方案。对于肋形楼板的拆模，首先拆除柱模板，然后拆除楼板底模板、梁侧模板，最后拆除梁底模板。

多层楼板模板支架的拆除，应按下列要求进行：上层楼板正在浇筑混凝土时，下一层楼板的模板支架不得拆除，再下一层楼板模板的支架仅可拆除一部分；跨度≥4m 的梁均应保留支架，其间距不得大于 3m。

4.1.5.4 拆模的注意事项

模板拆除时，不应对楼层形成冲击荷载。拆除的模板和支架宜分散堆放并及时清运。拆模时，应尽量避免混凝土表面或模板受到损坏。拆下的模板应及时加以清理、修理，按尺寸和种类分别堆放，以便下次使用。若定型组合钢模板背面油漆脱落，应补刷防锈漆。已拆除模板及支架的结构，应在混凝土强度达到设计要求后，才允许承受全部使用荷载。当承受施工荷载产生的效应比使用荷载更为不利时，必须经过核算，并加设临时支撑。

现浇结构模板安装的偏差应符合表 4.2 的规定。

表 4.2 现浇结构模板安装的允许偏差及检验方法

项　　目		允许偏差(mm)	检验方法
轴线位置		5	钢尺检查
底模上表面标高		±5	水准仪或拉线、钢尺检查
模板内部尺寸	基　　础	±10	钢尺检查
	柱、墙、梁	±5	钢尺检查
	楼梯相邻踏步高差	5	
柱、墙垂直度	层高≤6m	8	经纬仪或吊线、钢尺检查
	层高>6m	10	经纬仪或吊线、钢尺检查
相邻两板表面高差		2	钢尺检查
表面平整度		5	2m 靠尺和塞尺检查

注：检查轴线位置时，应沿纵、横两个方向量测，并取其中的较大值。

4.2 钢筋工程

4.2.1 钢筋的验收和存放

钢筋混凝土结构和预应力混凝土结构的钢筋应按下列规定选用：普通钢筋即用于钢筋混凝土结构中的钢筋及预应力混凝土结构中的非预应力钢筋，宜采用 HRB400 和 HRB335 钢筋，也可采用 HPB300 和 RRB400 钢筋；预应力钢筋宜采用预应力钢绞线、钢丝，也可采用热处理钢筋。

HRB400 和 HRB335 钢筋是指现行国家标准《钢筋混凝土用钢　第 2 部分：热轧带肋钢筋》(GB 1499.2—2007)中的热轧带肋钢筋 HRB400 和 HRB335；HPB300 钢筋指现行国家标准《钢筋混凝土用钢　第 1 部分：热轧光圆钢筋》(GB 1499.1—2008)中的低碳钢热轧圆盘条

Q300 钢筋；RRB400 钢筋是《钢筋混凝土用余热处理钢筋》(GB 13014—2013)中的余热处理带肋钢筋 KL400。

钢筋混凝土工程中所用的钢筋均应进行现场检查验收,合格后方能入库存放、待用。

(1) 钢筋的验收

钢筋进场时,应按国家现行相应标准的规定,抽取试件做力学性能和重量偏差检验,检验结果必须符合有关标准的规定。检查数量:按进场的批次和产品的抽检方案确定。检验方法:检查产品合格证、出厂检验报告和进场复验报告。钢筋应有出厂质量证明书或试验报告单,每捆(盘)钢筋均应有标牌。运至工地后,应按炉罐(批)号及直径分别堆放,分批验收。同一厂家、同一类型的成型钢筋,不超过 30t 为一批,每批随机抽取 3 个成型钢筋。验收内容有查对标牌,检查外观,并按有关标准的规定抽取试样进行力学性能试验。对钢筋的质量有疑问或类别不明时,在使用前应做拉力和冷弯试验;根据试验结果确定钢筋的类别后,才允许使用。

钢筋的外观检查包括:钢筋应平直、无损伤,表面不得有裂纹、油污、颗粒状或片状锈蚀。钢筋表面凸块不允许超过螺纹的高度;钢筋的外形尺寸应符合有关规定。

进行力学性能试验时,从每批中任意抽出两根钢筋,每根钢筋上取两个试样分别进行拉力试验(测定其屈服点、抗拉强度、伸长率)和冷弯试验。如果有一项试验结果不符合规定,则从同一批中另取双倍数量的试件重做各项试验,如仍有一项指标不合格,则该批钢筋为不合格品,应降级使用。

对有抗震设防要求的结构,其纵向受力钢筋的强度应满足设计要求;当设计无具体要求时,对按一、二、三级抗震等级设计的框架和斜支撑构件中的纵向受力钢筋,其强度和最大拉力下的总伸长率应符合有关标准的规定。

当发现钢筋脆断、焊接性能不良或力学性能显著异常等现象时,应对该批钢筋进行化学成分检验或其他专项检验。

(2) 钢筋的存放

钢筋运至现场后,必须严格按批次分牌号、直径、长度等挂牌存放,并注明数量,不得混淆。应堆放整齐,避免锈蚀和污染,堆放钢筋的下面要加垫木,离地一定距离;有条件时,尽量堆入仓库或料棚内。

4.2.2 钢筋的冷拉

钢筋冷拉是在常温下对钢筋进行强力拉伸,以超过钢筋屈服强度的拉应力,使钢筋产生塑性变形,达到调直钢筋、提高强度的目的。

(1) 冷拉原理

钢筋冷拉原理如图 4.14 所示。图中,abcde 为钢筋的拉伸特性曲线。冷拉时,拉应力超过屈服点 b 达到 c 点,然后卸荷。由于钢筋已产生了塑性变形,卸荷过程中应力应变沿 co_1 降至 o_1 点。如果立即重新拉伸,应力应变图将沿 o_1cde 变化,并在高于 c 点附近出现新的屈服点,该屈服点明显高于冷拉前的屈服点 b,这种现象称为“变形硬化”。其原因是在冷拉过程中,钢筋内部结晶面滑移,晶格变化,内部组织发生变化,因而屈服强度提高,塑性降低。

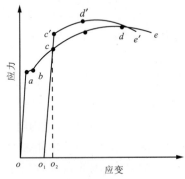

图 4.14 钢筋拉伸曲线

冷拉后钢筋有内应力存在,内应力会促进钢筋内的晶体组织调整,使屈服强度进一步提高。该晶体组织的调整过程称为"时效"。钢筋经冷拉和时效后的拉伸特性曲线即为 $o_1c'd'e'$。冷拉 HPB235、HRB335 钢筋的时效过程在常温下需 $15\sim20d$(称自然时效)才能完成;但在 $100℃$ 温度下,只需 2h 即可完成。因而,为加速时效可利用蒸汽、电热等手段进行人工时效,冷拉 HRB400、RRB400 钢筋在自然条件下一般达不到时效的效果,宜采用人工时效。一般通电加热至 $150\sim200℃$,保持 20min 左右即可。

(2)冷拉控制

钢筋冷拉控制可以用控制冷拉应力或冷拉率的方法。冷拉控制应力及最大冷拉率如表4.3 所示。冷拉后检查钢筋的冷拉率,如超过表中规定的数值,则应进行钢筋力学性能试验。用作预应力混凝土结构的预应力筋,宜采用冷拉应力来控制。

表 4.3 冷拉控制应力及最大冷拉率

项 次	钢 筋 级 别		冷拉控制应力(N/mm^2)	最大冷拉率(%)
1	HPB235	$d\leqslant12$	280	10
2	HRB335	$d\leqslant25$	450	5.5
		$d=28\sim40$	430	
3	HRB400	$d=8\sim40$	500	5
4	RRB400	$d=10\sim28$	700	4

钢筋冷拉以冷拉率控制时,其控制值必须由试验确定。对同炉批钢筋,试件不宜少于4 个,每个试件都要按表 4.4 规定的冷拉应力值在万能试验机上测定相应的冷拉率,取平均值作为该炉批钢筋的实际冷拉率。如钢筋强度偏高,平均冷拉率低于 1% 时,仍按 1% 进行冷拉。

表 4.4 测定冷拉率时钢筋的冷拉应力

钢 筋 级 别	钢 筋 直 径(mm)	冷拉应力(N/mm^2)
HPB235	$\leqslant12$	310
HRB335	$\leqslant25$	480
	$28\sim40$	460
HRB400	$8\sim40$	530
RRB400	$10\sim28$	730

不同炉批的钢筋,不宜用控制冷拉率的方法进行钢筋冷拉。多根连接的钢筋,用控制应力的方法进行冷拉时,其控制应力和每根钢筋的冷拉率均应符合表 4.3 的规定;当用控制冷拉率的方法进行冷拉时,冷拉率可按总长计,但拉后每根钢筋的冷拉率不得超过表 4.3 的规定。钢筋冷拉速度不宜过快,一般以每秒拉长 5mm 或每秒增加 $5N/mm^2$ 拉应力为宜。

预应力筋由几段对焊而成时,应在焊接后再进行冷拉,以免因焊接而降低冷拉所获得的强度。

冷拉钢筋应分批进行验收,每批应由同牌号、同直径的钢筋组成。钢筋的验收包括外观检查和力学性能检查。外观检验包括钢筋表面不得有裂纹和局部颈缩。若钢筋作为预应力筋使用,则应逐根检查。力学性能试验同热轧钢筋。

（3）冷拉设备

冷拉设备由拉力设备、承力结构、测量设备和钢筋夹具等部分组成,如图 4.15 所示。拉力设备为卷扬机和滑轮组,多用 3～5t 的慢速卷扬机。承力结构可采用地锚,冷拉力大时可采用钢筋混凝土冷拉槽。回程可用荷重架或卷扬机滑轮组。测量设备常用液压千斤顶或电子秤。

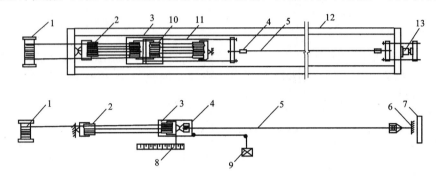

图 4.15　冷拉设备

1—卷扬机;2—滑轮组;3—冷拉小车;4—夹具;5—被冷拉的钢筋;6—地锚;7—防护壁;
8—标尺;9—回程荷重架;10—回程滑轮组;11—传力架;12—冷拉槽;13—液压千斤顶

（4）钢筋冷拉计算

钢筋的冷拉计算包括冷拉力、拉长值、弹性回缩值和冷拉设备选择的计算。

① 冷拉力 N_{con} 计算　冷拉力计算的作用:一是确定按控制应力冷拉时的油压表读数;二是作为选择卷扬机的依据。

冷拉力应等于钢筋冷拉前截面面积 A_S 乘以冷拉时的控制应力 σ_{con},即

$$N_{con}=A_S\sigma_{con} \tag{4.1}$$

② 计算拉长值 ΔL

钢筋的拉长值应等于冷拉前钢筋的长度 L 与钢筋的冷拉率 δ 的乘积,即

$$\Delta L=L\delta \tag{4.2}$$

③ 计算钢筋弹性回缩值 ΔL_1　根据钢筋弹性回缩率 δ_1（一般为 0.3% 左右）计算,即

$$\Delta L_1=(L+\Delta L)\delta_1 \tag{4.3}$$

则钢筋冷拉完毕后的实际长度为:

$$L'=L+\Delta L-\Delta L_1 \tag{4.4}$$

④ 冷拉设备的选择　冷拉设备主要选择卷扬机,计算确定冷拉时油压表的读数,即

$$P=\frac{N_{con}}{F} \tag{4.5}$$

式中　N_{con}——钢筋按控制应力计算求得的冷拉力,N;

　　　　F——千斤顶活塞缸面积,mm²;

　　　　P——油压表的读数,N/mm²。

冷拉用卷扬机的选择,主要取决于卷扬机牵引索的拉力（即卷扬机的吨位数）。为了尽量选用小吨位卷扬机,冷拉时一般采用滑轮车组。

4.2.3　钢筋配料

钢筋配料是根据结构施工图,先绘出各种形状和规格的单根钢筋简图并加以编号,然后分

别计算钢筋下料长度、根数及质量,填写配料单,申请加工。

4.2.3.1 钢筋配料单的编制

① 熟悉图纸。编制钢筋配料单之前必须熟悉图纸,把结构施工图中钢筋的品种、规格列成钢筋明细表,并读出钢筋设计尺寸。

② 计算钢筋的下料长度。

③ 填写和编写钢筋配料单。根据钢筋下料长度,汇总编制钢筋配料单。在配料单中,要反映出工程名称,钢筋编号,钢筋简图和尺寸,钢筋直径、数量、下料长度、质量等。

④ 填写钢筋料牌。根据钢筋配料单,为每一编号的钢筋制作一块料牌,作为钢筋加工的依据,如图 4.16 所示。

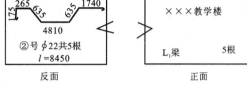

图 4.16 钢筋料牌

4.2.3.2 钢筋下料长度的计算原则及规定

(1)钢筋长度

结构施工图中所指钢筋长度是钢筋外缘之间的长度,即外包尺寸,这是施工中量度钢筋长度的基本依据。

(2)混凝土保护层厚度

混凝土保护层是指受力钢筋外缘至混凝土构件表面的距离,其作用是保护钢筋在混凝土结构中不受锈蚀。无设计要求时应符合表 4.5 的规定。

表 4.5 纵向受力钢筋的混凝土保护层最小厚度(mm)

环境类别		板、墙、壳			梁			柱		
		≤C20	C25~C45	≥C50	≤C20	C25~C45	≥C50	≤C20	C25~C45	≥C50
一		20	15	15	30	25	25	30	30	30
二	a	—	20	20	—	30	30	—	30	30
	b	—	25	20	—	35	30	—	35	30
三		—	30	25	—	40	35	—	40	35

注:基础中纵向受力钢筋的混凝土保护层厚度不应小于 40mm;当无垫层时不应小于 70mm。

混凝土的保护层厚度,一般通过将水泥砂浆垫块或塑料卡垫置于钢筋与模板之间来控制。塑料卡的形状有塑料垫块和塑料环圈两种,塑料垫块用于水平构件,塑料环圈用于垂直构件。

(3)弯曲量度差值

钢筋弯曲后,外边缘伸长,内边缘缩短,中心线既不伸长也不缩短。而结构施工图中钢筋长度系指外包尺寸,因此钢筋弯曲以后,存在一个量度差值,在计算下料长度时必须予以扣除。否则所形成的下料太长,造成浪费,也给施工带来不便。根据理论推理和实践经验,现将钢筋弯曲量度差值列于表 4.6 中。

钢筋弯曲视频

表 4.6 钢筋弯曲量度差值

钢筋弯起角度	30°	45°	60°	90°	135°
钢筋弯曲调整值	0.35d	0.54d	0.85d	1.75d	2.5d

注:d 为钢筋直径。

（4）钢筋弯钩增加值

钢筋弯钩最常用的形式是半圆弯钩，即 180°弯钩。受力钢筋的弯钩和弯折应符合下列要求：

① HPB300 钢筋末端应做 180°弯钩，其弯弧内直径不应小于钢筋直径的 2.5 倍，弯钩弯后平直部分长度不应小于钢筋直径的 3 倍。每钩增加值为 6.25d。

② 当设计要求钢筋末端需做 135°弯钩时，HRB335、HRB400 钢筋的弯弧内直径不应小于钢筋直径的 4 倍，弯钩弯后平直部分长度应符合设计要求。

③ 钢筋做不大于 90°的弯折时，弯折处的弯弧内直径不应小于钢筋直径的 5 倍。

除焊接封闭环式箍筋外，箍筋的末端应做弯钩，弯钩形式应符合设计要求；当设计无具体要求时，应符合下列要求：

① 箍筋弯钩的弯弧内直径除应满足上述要求外，尚应不小于受力钢筋直径。

② 箍筋弯钩的弯折角度：对一般结构不应小于 90°；对于有抗震要求的结构应为 135°。

③ 箍筋弯后平直部分长度：对一般结构不宜小于箍筋直径的 5 倍；对于有抗震要求的结构不应小于箍筋直径的 10 倍和 75mm 两者之中的较大值。

（5）箍筋调整值

为了箍筋计算方便，一般将箍筋弯钩增长值和量度差值两项合并成一项为箍筋调整值，见表 4.7。计算时，将箍筋外包尺寸或内皮尺寸加上箍筋调整值即为箍筋下料长度。

表 4.7 箍筋调整值

箍筋量度方法	箍 筋 直 径 （mm）			
	4～5	6	8	10～12
量外包尺寸	40	50	60	70
量内包尺寸	80	100	120	150～170

（6）钢筋下料长度计算

直钢筋下料长度＝直构件长度－保护层厚度＋弯钩增加长度

弯起钢筋下料长度＝直段长度＋斜段长度－弯折量度差值＋弯钩增加长度

箍筋下料长度＝直段长度＋弯钩增加长度－弯折量度差值

或　　　箍筋下料长度＝箍筋周长＋箍筋调整值

4.2.3.3 钢筋下料计算注意事项

（1）在设计图纸中，钢筋配置的细节问题没有注明时，一般按构造要求处理。

（2）配料计算时，要考虑钢筋的形状和尺寸，在满足设计要求的前提下，要有利于加工。

（3）配料时，还要考虑施工需要的附加钢筋。

4.2.3.4 钢筋配料计算实例

【例 4.1】 某建筑物简支梁配筋如图 4.17 所示，试计算钢筋下料长度。其中，钢筋保护层取 25mm（梁编号为 L_1，共 10 根）。

【解】 （1）绘出各种钢筋简图（表 4.8）

（2）计算钢筋下料长度

①号钢筋下料长度

$$（6240＋2×200－2×25）－2×2×25＋2×6.25×25＝6802（mm）$$

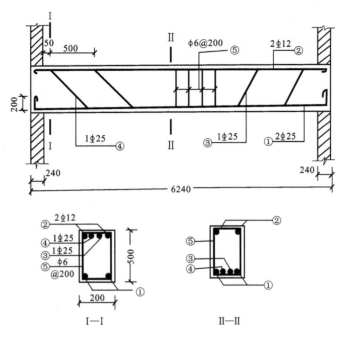

图 4.17 某建筑物简支梁配筋图

表 4.8 钢筋配料单

构件 名称	钢筋 编号	简 图	钢号	直径 (mm)	下料长度 (mm)	单根 根数	合计 根数	质量 (kg)
L₁ 梁 （ 共 10 根 ）	①	6190	Φ	25	6802	2	20	523.75
	②	6190	Φ	12	6340	2	20	112.60
	③	765 636 3760	Φ	25	6824	1	10	262.72
	④	265 636 4760	Φ	25	6824	1	10	262.72
	⑤	162 462	Φ	6	1298	32	320	91.78
	合计	Φ6:91.78kg；Φ12:112.60kg；Φ25:1049.19kg						

②号钢筋下料长度

$$6240-2\times25+2\times6.25\times12=6340(mm)$$

③号弯起钢筋下料长度

上直段钢筋长度 $240+50+500-25=765(mm)$

斜段钢筋长度 $(500-2\times25)\times1.414=636(mm)$

中间直段长度 $6240-2\times(240+50+500+450)=3760(mm)$

下料长度 $(765+636)\times2+3760-4\times0.5\times25+2\times6.25\times25=6824(mm)$

④号钢筋下料长度计算为6824mm。

⑤号箍筋下料长度

宽度 $200-2\times25+2\times6=162(mm)$

高度 $500-2\times25+2\times6=462(mm)$

下料长度为 $(162+462)\times2+50=1298(mm)$

4.2.4 钢筋代换

4.2.4.1 代换原则及方法

当施工中遇到钢筋品种或规格与设计要求不符时,可参照以下原则进行钢筋代换:

(1)等强度代换法:

当构件配筋受强度控制时,可按代换前后强度相等的原则进行代换,称作"等强度代换"。如设计图中所用的钢筋设计强度为 f_{y1},钢筋总面积为 A_{S1},代换后的钢筋设计强度为 f_{y2},钢筋总面积为 A_{S2},则应使:

$$A_{S1}\cdot f_{y1}\leqslant A_{S2}\cdot f_{y2} \tag{4.6}$$

即

$$n_1\cdot\frac{\pi d_1^2}{4}\cdot f_{y1}\leqslant n_2\cdot\frac{\pi d_2^2}{4}\cdot f_{y2} \tag{4.7}$$

$$n_2\geqslant\frac{n_1 d_1^2 f_{y1}}{d_2^2 f_{y2}} \tag{4.8}$$

式中 n_2——代换钢筋根数;

   n_1——原设计钢筋根数;

   d_2——代换钢筋直径;

   d_1——原设计钢筋直径。

(2)等面积代换法:

当构件按最小配筋率配筋时,可按代换前后面积相等的原则进行代换,称"等面积代换"。代换时应满足下式要求:

$$A_{S1}\leqslant A_{S2} \tag{4.9}$$

则

$$n_2\geqslant n_1\cdot\frac{d_1^2}{d_2^2} \tag{4.10}$$

式中符号含义同上。

(3)当构件配筋受裂缝宽度或挠度控制时,代换后应进行裂缝宽度或挠度验算。

4.2.4.2 代换注意事项

钢筋代换时,应办理设计变更文件,并应符合下列规定:

(1)重要受力构件(如吊车梁、薄腹梁、桁架下弦等)不宜用 HPB300 钢筋代换变形钢筋,以免裂缝开展过大。

(2)钢筋代换后,应满足混凝土结构设计规范中所提出的钢筋间距、锚固长度、最小钢筋直径、根数等配筋构造要求。

(3)梁的纵向受力钢筋与弯起钢筋应分别代换,以保证正截面与斜截面的强度。偏心受压构件(如框架柱、有吊车的厂房柱、桁架上弦等)或偏心受拉构件作钢筋代换时,不应取整个截面进行配筋量计算,而应按受力面(受拉或受压)分别代换。

（4）有抗震要求的梁、柱和框架，不宜以强度等级较高的钢筋代换原设计中的钢筋；如必须代换，代换的钢筋检验所得的实际强度，尚应符合抗震钢筋的要求。

（5）预制构件的吊环，必须采用未经冷拉的 HPB300 钢筋制作，严禁以其他钢筋代换。

（6）当构件受裂缝宽度或挠度控制时，钢筋代换后应进行刚度、裂缝验算。

4.2.5 钢筋的绑扎与机械连接

钢筋的连接方式可分为三类：绑扎连接、焊接和机械连接。纵向受力钢筋的连接方式应符合设计要求。机械连接接头和焊接连接接头的类型及质量应符合国家现行标准的规定。受力钢筋的接头宜设在受力较小处。在同一根钢筋上宜少设接头。在施工现场，应按国家现行标准《钢筋机械连接技术规程》（JGJ 107—2016）、《钢筋焊接及验收规程》（JGJ 18—2012）的规定，抽取钢筋机械连接接头、焊接接头试件做力学性能检验，其质量应符合规定。

绑扎连接需要较长的搭接长度，浪费钢材且连接不可靠，故宜限制使用。焊接连接方法，成本较低，质量可靠，故宜优先选用。机械连接设备简单，节约能源，无明火作业，施工不受气候条件限制，连接可靠，技术易于掌握，适用范围广，特别适合焊接连接有困难的现场施工。

4.2.5.1 钢筋绑扎连接

钢筋绑扎安装前，应先熟悉施工图纸，核对钢筋配料单和料牌，研究钢筋安装和与有关工种配合的顺序，准备绑扎用的铁丝、绑扎工具、绑扎架等。

梁筋绑扎视频

钢筋绑扎一般用 18～22 号铁丝，其中 22 号铁丝只用于绑扎直径 12mm 以下的钢筋。

（1）钢筋绑扎要求

钢筋的交叉点应用铁丝扎牢。板和墙的钢筋网片，除靠近外围两行钢筋的相交点全部扎牢外，中间部分的相交点可相隔交错扎牢，但应保证受力钢筋不发生位移；双向受力的钢筋网片，应全部扎牢。

板筋绑扎视频

柱、梁的箍筋，除设计有特殊要求外，应与受力钢筋垂直；箍筋弯钩叠合处，应沿受力钢筋方向错开设置。

柱中竖向钢筋搭接时，角部钢筋的弯钩平面与模板面的夹角，矩形柱应为 45°，多边形柱应为模板内角的平分角。圆形柱钢筋的弯钩平面应与模板的切平面垂直；中间钢筋的弯钩平面应与模板面垂直。当采用插入式振捣器浇筑小型截面柱时，弯钩平面与模板面的夹角不得小于 15°。

板、次梁与主梁交叉处，板的钢筋在上，次梁的钢筋居中，主梁的钢筋在下；当有圈梁或垫梁时，主梁的钢筋应放在圈梁上。主筋两端的搁置长度应保持均匀一致。

（2）钢筋绑扎接头

同一构件中相邻纵向受力钢筋的绑扎搭接接头宜相互错开，如图 4.18 所示。绑扎搭接接头中钢筋的横向净距离不应小于钢筋直径，且不应小于 25mm。钢筋绑扎搭接接头连接区段的长度为 $1.3l_l$，凡搭接接头连接点位于该连接区段长度内的搭接接头均属于同一连接区段。同一连接区段内，纵向钢筋搭接接头面积百分率为该区段内有搭接接头的纵向受力钢筋截面面积与全部纵向受力钢筋截面面积的比值，其百分率应符合设计要求，当无具体要求时，应符合下列规定：

对梁类、板类及墙类构件，不宜大于 25%；对柱类构件不宜大于 50%。当工程中确有必要提高接头面积百分率时,对梁类构件不应大于 50%,对其他构件可根据实际情况放宽。

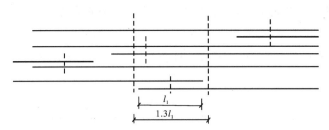

图 4.18　钢筋绑扎搭接接头

根据《混凝土结构设计规范》(GB 50010—2010,2015 年版)的规定,纵向受力钢筋绑扎接头的最小搭接长度,应根据钢筋强度、外形、直径及混凝土强度等指标经计算确定,并根据钢筋搭接接头面积百分率等进行修正,在任何情况下,纵向受拉钢筋绑扎搭接接头的搭接长度均不应小于 300mm;纵向受压钢筋的搭接长度,取受拉钢筋搭接长度的 0.7 倍,且在任何情况下不应小于 200mm。

4.2.5.2　钢筋机械连接

(1) 套筒挤压连接

套筒挤压连接是把两根待接钢筋的端头先插入一个优质钢套管内,然后用挤压机在侧向加压数次,套筒塑性变形后即与带肋钢筋紧密咬合以达到连接的目的。

套筒挤压连接的优点是接头强度高,质量稳定可靠,安全,无明火,且不受气候影响,适应性强,可用于垂直、水平、倾斜、高空、水下等的钢筋连接,还特别适用于不可焊钢筋、进口钢筋的连接,近年来推广应用迅速。挤压连接的主要缺点是设备移动不便,连接速度较慢。

套筒挤压
连接视频

(2) 锥螺纹连接

锥螺纹连接是用锥形螺纹套筒将两根钢筋端头对接在一起,利用螺纹的机械咬合力传递拉力或压力。所用的设备主要是套丝机,通常安放在现场对钢筋端头进行套丝。套完锥形丝扣的钢筋用塑料帽保护,防止搬运、堆放过程中受损。套筒一般在工厂内加工。连接钢筋时,利用测力扳手拧紧套筒至规定的力矩值即可完成钢筋对接。锥螺纹连接现场操作工序简单,速度快,适用范围广,不受气候影响,受施工单位欢迎。但锥螺纹接头破坏易发生在接头处,现场加工的锥螺纹质量,漏拧或拧紧力矩,丝扣松动等对接头强度和变形有很大影响。因此,必须重视锥螺纹接头的现场检验,严格执行行业标准中"必须从工程结构中随机抽取试件进行现场检验"的规定,绝不能用形式检验的证明材料或送样试件,作为判定接头强度等级的依据。

(3) 直螺纹连接

直螺纹连接是近年来开发的一种新的螺纹连接方式。它先把钢筋端部镦粗,然后再切削直螺纹,最后用套筒进行钢筋对接。镦粗段钢筋切削后的净截面仍大于钢筋原截面,即螺纹不削弱钢筋截面,从而确保接头强度大于母材强度。直螺纹不存在扭紧力矩对接头性能的影响,从而提高了连接的可靠性,也加快了施工速度。直螺纹接头比套筒挤压接头省钢 70%,比锥螺纹接头省钢 35%,技术经济效益显著。

① 等强直螺纹接头的制作工艺及其优点

等强直螺纹接头制作工艺分为以下几个步骤:

A. 钢筋端部镦粗;B. 切削直螺纹;C. 用连接套筒对接钢筋。

钢筋镦粗用的镦头机能自动实现对中、夹紧、镦头等工序,每次镦头所需时间为30～40s,每台班约可镦500～600个,镦头操作十分简单。镦头机质量仅为380kg,便于运至现场加工。直螺纹套丝也有专用机床,可用于不同直径钢筋的套丝加工,并严格保持丝头直径和螺纹精度的稳定性,保证与套筒的良好配合和互换性。连接套筒则在工厂按设计规格及精度预制好后装箱待用。最后在现场用连接套筒对接钢筋,利用普通扳手拧紧即可。

直螺纹接头的优点:

A. 强度高 镦粗段钢筋切削螺纹后所得截面面积略大于钢筋原截面面积,即螺纹不削弱截面,从而可确保接头强度大于钢筋母材强度,性能稳定;

B. 稳定性好 接头强度不受扭紧力矩影响,丝扣松动或少拧入2～3扣,均不会明显影响接头强度,排除了人为因素和测力工具对接头性能的影响,比锥螺纹接头稳定性高;

C. 连接速度快 直螺纹套筒比锥螺纹套筒短40%左右,丝扣螺距大,拧入扣数少,且不必用扭力扳手,加快了连接速度;

D. 应用范围广 在弯折钢筋、固定钢筋、钢筋笼等不能转动钢筋的场合也可方便地使用;

E. 经济 直螺纹接头比挤压接头省钢70%,比锥螺纹接头省钢35%,综合技术经济效益好;

F. 便于管理 锥螺纹接头应用中曾多次出现不同直径钢筋混用一种连接套筒的情况,尤其在夜间或昏暗环境下不易发现混用的情况,直螺纹接头则不可能出现这类情况。

② 接头性能

为充分发挥钢筋母材强度,连接套筒的设计强度应大于或等于钢筋抗拉强度标准值的1.2倍,直螺纹接头标准型套筒的规格、尺寸见表4.9。

表4.9 标准型套筒规格、尺寸

钢筋直径(mm)	套筒外径(mm)	套筒长度(mm)	螺纹规格(mm)
20	32	40	M24×2.5
22	34	44	M25×2.5
25	39	50	M29×3.0
28	43	56	M32×3.0
32	49	64	M36×3.0
36	55	72	M40×3.5
40	61	80	M45×3.5

③ 接头类型

直螺纹接头在应用范围上比锥螺纹接头更广泛,一些带弯筋的场合、钢筋笼和钢筋不能转动的场合,可利用钢筋一端制作加长螺纹,将连接套筒先全部拧入一端钢筋,待另一端钢筋端头靠拢后再将连接套筒反拧实现对接。必要时可增加锁定螺帽。根据不同应用场合,接头可分为如表4.10所示的6种类型。

标准型接头是最常用的,套筒长度均为2倍钢筋直径,以φ25mm钢筋为例:套筒长度为50mm,钢筋丝头长度为25mm,套筒拧入钢筋一端并用扳手拧紧后,丝头端面即在套筒中央,再将另一端钢筋丝头拧入并用普通扳手拧紧,利用两端丝头的相互对顶力锁定套筒位置。

表 4.10 直螺纹接头类型及使用场合

序　号	形　　式	使　用　场　合
1	标　准　型	正常情况下连接钢筋
2	加　长　型	用于转动钢筋困难的场合,通过转动套筒连接钢筋
3	扩　口　型	用于钢筋较难对中的场合
4	异　径　型	用于连接不同直径的钢筋
5	正反丝扣型	用于两端钢筋均不能转动而要求调节轴向长度的场合
6	加锁母型	用于钢筋完全不能转动的场合,通过转动套筒连接钢筋,用锁母锁定套筒

扩口型接头是在连接套筒的一端增加 5~6mm 长的 45°角的扩口段,以利于钢筋对口入扣。

④ 钢筋机械连接接头质量检查与验收

A. 工程中应用钢筋机械连接时,应由该技术提供单位提交有效的检验报告。

B. 钢筋连接工程开始前及施工过程中,应对每批进场钢筋进行接头工艺检验,工艺检验应符合设计图纸或规范要求。

C. 现场检验应进行外观质量检查和单向拉伸试验。对接头有特殊要求的结构,应在设计图纸中另行注明相应的检验项目。

D. 接头的现场检验按验收批进行。同一施工条件下采用同一批材料制作的同等级、同形式、同规格接头,以 500 个为一个验收批进行检验与验收,不足 500 个也作为一个验收批。

E. 对接头的每一验收批,必须在工程结构中随机截取 3 个试件做单向拉伸试验,按设计要求的接头性能等级进行检验与评定。当 3 个试件的单向拉伸试验结果均符合设计图纸或规范强度要求时,该验收批为合格。如有 1 个试件的强度不符合要求,应再取 6 个试件进行复检。复检中如仍有 1 个试件试验结果不符合要求,则该验收批评为不合格。

F. 在现场连续检验 10 个验收批,其全部单向拉伸试件一次抽样均合格时,验收批接头数量可扩大为 1000 个。

G. 外观质量检验的质量要求、抽样数量、检验方法及合格标准由各类型接头的技术规程确定。

4.2.6 钢筋的焊接

钢筋常用的焊接方法有闪光对焊、电弧焊、电渣压力焊、埋弧压力焊和气压焊等。

钢筋焊接接头质量检查与验收应满足下列规定:

(1) 钢筋焊接接头或焊接制品(焊接骨架、焊接网)应按《钢筋焊接及验收规程》(JGJ 18—2012)的规定进行质量检查与验收。

(2) 钢筋焊接接头或焊接制品应分批进行质量检查与验收。质量检查应包括外观检查和力学性能试验。

(3) 外观检查首先应由焊工对所焊接头或制品进行自检,然后再由质量检查人员进行检验。

(4) 力学性能试验应在外观检查合格后随机抽取试件进行试验。试验方法按现行行业标准《钢筋焊接接头试验方法标准》(JGJ/T 27—2014)的有关规定执行。

（5）钢筋焊接接头或焊接制品质量检验报告单中应包括下列内容：

① 工程名称、取样部位；② 批号、批量；③ 钢筋牌号、规格；④ 力学性能试验结果；⑤ 施工单位。

4.2.6.1 闪光对焊

闪光对焊具有成本低、质量好、工效高及适用范围广等特点，广泛用于钢筋接长及预应力筋与螺丝端杆的焊接。热轧钢筋焊接宜优先选用闪光对焊。

闪光对焊的原理如图 4.19 所示。它是利用对焊机使两端钢筋接触，通过低压的强电流使钢筋加热到一定温度变软后，进行轴向加压顶锻，形成对焊接头。

根据钢筋级别、直径和所用焊机的功率，闪光对焊工艺可分为连续闪光焊、预热闪光焊、闪光—预热闪光焊三种。

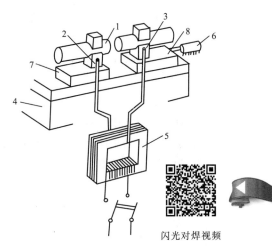

闪光对焊视频

图 4.19 钢筋闪光对焊原理

1—焊接的钢筋；2—固定电极；3—可动电极；
4—机座；5—变压器；6—平动顶压机构；
7—固定支座；8—滑动支座

（1）连续闪光焊：

连续闪光焊的工艺过程包括连续闪光和顶锻过程。施焊时，闭合电源使两钢筋端面轻微接触，此时钢筋端面接触点很快熔化并产生金属蒸气飞溅，形成闪光现象；接着徐徐移动钢筋，形成连续闪光过程，同时钢筋接头被加热；待接头烧平、闪去杂质和氧化膜、白热熔化时，立即施加轴向压力迅速进行顶锻，使两根钢筋焊牢。连续闪光焊宜用于焊接直径 25mm 以内的 HPB300、HRB335 和 HRB400 钢筋。

（2）预热闪光焊：

预热闪光焊的工艺过程包括预热、连续闪光及顶锻过程，即在连续闪光焊前增加了一次预热过程，使钢筋预热后再连续闪光烧化进行加压顶锻。

预热闪光焊适宜焊接直径大于 25mm 且端部较平坦的钢筋。

（3）闪光—预热闪光焊：

即在预热闪光焊前面增加了一次闪光过程，使不平整的钢筋端面烧化平整，预热均匀，最后进行加压顶锻。它适宜焊接直径大于 25mm，且端部不平整的钢筋。

钢筋闪光对焊后，除检查接头外观（无裂纹和烧伤，接头弯折不大于 4°，接头轴线偏移不大于钢筋直径的 10%，且不大于 2mm）外，还应按规范规定进行抗拉试验和冷弯试验。

（4）对于闪光对焊接头的质量检验，应分批进行外观检查和力学性能试验，并应按下列规定抽取试件：

① 在同一台班内，由同一焊工完成的 300 个同级别、同直径的钢筋焊接接头应作为一批。当同一台班内焊接的接头数量较少，可在一周之内累计计算；累计仍不足 300 个接头，应按一批计算。

② 外观检查的接头数量，应从每批中抽查 10%，且不得少于 10 个。

③ 进行力学性能试验时，应从每批接头中随机切取 6 个试件，其中 3 个做拉伸试验，3 个做弯曲试验。

④ 焊接等长的预应力钢筋（包括螺丝端杆与钢筋）时，可按生产时的同等条件制作模拟试件。

⑤ 螺丝端杆接头可只做拉伸试验。

（5）闪光对焊接头外观检查结果应符合下列要求：

① 接头处不得有横向裂纹；

② 与电接触处的钢筋表面，HPB300、HRB335 和 HRB400 钢筋焊接时不得有明显烧伤；RRB400 钢筋焊接时不得有烧伤；

③ 接头处的弯折角不得大于 2°；

④ 接头处的轴线偏移不得大于钢筋直径的 10%，且不得大于 1mm。

当外观检查结果中有 1 个接头不符合要求时，应对全部接头进行检查，剔除不合格接头，切除热影响区后重新焊接。

（6）闪光对焊接头拉伸试验结果应符合下列要求：

① 3 个热轧钢筋接头试件的抗拉强度均不得小于该级别钢筋规定的抗拉强度；余热处理的 RRB400 钢筋接头试件的抗拉强度均不得小于热轧 HRB400 钢筋规定的抗拉强度值 540MPa。

② 应至少有 2 个试件断于焊缝之外，并呈延性断裂。

当试验结果中有 1 个试件的抗拉强度小于上述规定值，或有 2 个试件在焊缝或热影响区发生脆性断裂时，应再取 6 个试件进行复验。当复验结果中仍有 1 个试件的抗拉强度小于规定值时，或有 3 个试件断于焊缝或热影响区且呈脆性断裂，应确认该批接头为不合格品。

（7）预应力钢筋与螺丝端杆闪光对焊接头的拉伸试验结果中，3 个试件应全部断于焊缝之外，并呈延性断裂。

当试验结果中有 1 个试件在焊缝或热影响区发生脆性断裂时，应从成品中再切取 3 个试件进行复验。当复验结果中仍有 1 个试件在焊缝或热影响区发生脆性断裂时，应确认该批接头为不合格品。

（8）模拟试件的试验结果不符合要求时，应从成品中再切取试件进行复验，其数量和要求应与初始试验时的相同。

（9）闪光对焊接头做弯曲试验时，应将受压面的金属毛刺和镦粗变形部分消除，且应与母材的外表齐平。

弯曲试验可在万能试验机、手动或电动液压弯曲试验器上进行，焊缝应处于弯曲中心点，弯心直径和弯曲角应符合有关规范的规定，当弯至 90° 时至少有 2 个试件未发生宽度达到 0.5mm 的裂纹。

当试验结果中有 2 个试件发生宽度达到 0.5mm 的裂纹时，应再取 6 个试件进行复验。当复验结果中仍有 3 个试件发生宽度达到 0.5mm 的裂纹时，应确认该批接头为不合格品。

4.2.6.2　电弧焊

电弧焊是利用弧焊机使焊条与焊件之间产生高温电弧，从而使焊条和电弧燃烧范围内的焊件熔化，待其凝固后便形成焊缝或接头。电弧焊广泛用于钢筋接头与钢筋骨架焊接、装配式结构接头焊接、钢筋与钢板焊接及各种钢结构焊接。

弧焊机有直流与交流之分，常用的是交流弧焊机。

焊条的种类很多，一般应根据钢材牌号和焊接接头形式选择焊条，如结 420、结 500 等。焊条表面涂有焊药，它可保证电弧稳定，使焊缝免被氧化，并产生熔渣覆盖焊缝以减缓冷却速度。

焊接电流和焊条直径应根据钢筋牌号、直径、接头形式和焊接位置进行选择。

钢筋电弧焊的接头形式有三种：搭接接头、帮条接头及坡口接头，如图 4.20 所示。

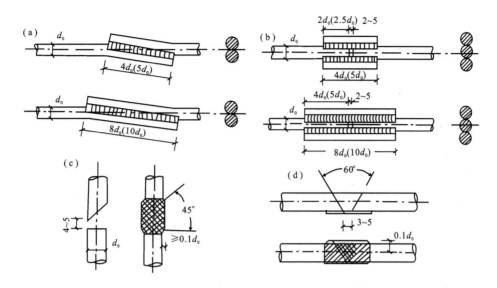

图 4.20 钢筋电弧焊的接头形式

(a)搭接焊接头;(b)帮条焊接头;(c)立焊的坡口焊接头;(d)平焊的坡口焊接头

搭接接头的长度、帮条的长度、焊缝的宽度和高度,均应符合规范的规定。接头除进行外观质量检查外,亦须抽样进行拉伸试验。

(1)电弧焊接头外观检查时,应在清渣后逐个进行目测或量测。当进行力学性能试验时,应按下列规定抽取试样:

① 在一般构筑物中,应从成品中每批随机切取 3 个接头进行拉伸试验;

② 在装配式结构中,可按生产条件制作模拟试件;

③ 在工厂焊接条件下,以 300 个同接头形式、同牌号钢筋的接头作为一批;

④ 在现场安装条件下,连续二楼层中以 300 个同接头形式、同牌号钢筋的接头作为一批;不足 300 个,仍作为一批。

(2)钢筋电弧焊接头外观检查结果,应符合下列要求:

① 焊缝表面应平整,不得有凹陷或焊瘤;

② 焊接接头区域不得有裂纹;

③ 咬边深度、气孔、夹渣等缺陷允许值及接头尺寸的允许偏差,应符合表 4.11 的规定;

表 4.11 钢筋电弧焊接头尺寸偏差及缺陷允许值

名　　　称	单位	接　头　形　式		
		帮条焊	搭接焊	坡口焊、窄间隙焊、熔槽帮条焊
帮条沿接头中心线的纵向偏移	mm	$0.3d$	—	—
接头处弯折角	°	2	2	2
接头处钢筋轴线的偏移	mm	$0.1d$	$0.1d$	$0.1d$
	mm	1	1	1
焊缝宽度	mm	$+0.1d$	$+0.1d$	—
焊缝长度	mm	$-0.3d$	$-0.3d$	—

续表 4.11

名　　　　称		单位	接　头　形　式		
			帮条焊	搭接焊	坡口焊、窄间隙焊、熔槽帮条焊
咬边深度		mm	0.5	0.5	0.5
在长 2d 焊缝表面上的气孔及夹渣	数量	个	2	2	—
	面积	mm²	6	6	—
在全部焊缝表面上的气孔及夹渣	数量	个	—	—	2
	面积	mm²	—	—	6

注：① d 为钢筋直径(mm)；

　　② 负温电弧焊接头咬边深度不得大于 0.2mm。

④ 焊缝余高应为 2～4mm。

外观检查不合格的接头,经修整或补强后可提交二次验收。

(3) 钢筋电弧焊接头拉伸试验结果应符合下列要求：

① 3 个热轧钢筋接头试件的抗拉强度均不得小于该级别钢筋规定的抗拉强度；余热处理的 RRB400 钢筋接头试件的抗拉强度均不得小于热轧 HRB400 钢筋规定的抗拉强度 540MPa；

② 3 个接头试件均应断于焊缝之外,并应至少有 2 个试件呈延性断裂。

当试验结果中有 1 个试件的抗拉强度小于规定值,或有 1 个试件断于焊缝,或有 3 个试件呈脆性断裂时,应确认该批接头为不合格品。

(4) 模拟试件的数量和要求应与从成品中切取的试件的数量和要求相同。当模拟试件试验结果不符合要求时,复验应再从成品中切取,其数量和要求应与初始试验时的相同。

4.2.6.3　电渣压力焊

电渣压力焊是利用电流通过渣池产生的电阻热将钢筋端部熔化,然后施加压力使钢筋焊合。这种方法比电弧焊容易掌握,工效高而成本低,工作条件也好,多适用于现浇钢筋混凝土结构构件内竖向钢筋的焊接接长,我国在一些高层建筑中的应用已取得良好的效果。

钢筋电渣压力焊分手工操作和自动控制两种。采用自动电渣压力焊时,主要设备是自动电渣焊机,电渣焊构造如图 4.21 所示。

电渣压力焊的焊接参数为焊接电流、渣池电压和通电时间等,可根据钢筋直径选择。电渣压力焊的接头应按规范规定的方法进行外观质量检查和试样拉伸试验。

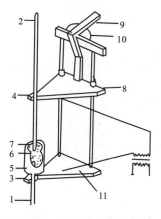

图 4.21　电渣焊构造示意图
1,2—钢筋；3—固定电极；4—活动电极；
5—药盒；6—导电剂；7—焊药；8—滑动架；
9—手柄；10—支架；11—固定架

(1) 电渣压力焊接头应逐个进行外观检查。当进行力学性能试验时,应从每批接头中随机切取 3 个试件做拉伸试验,且应按下列规定抽取试样：

① 在一般构筑物中,应以 300 个同牌号钢筋接头作为一批；

② 在现浇钢筋混凝土多层结构中,应以不超过连续二

楼层中的 300 个同级别钢筋接头作为一批,不足 300 个接头仍应作为一批。

(2)电渣压力焊接头外观检查结果应符合下列要求:

① 四周焊包凸出钢筋表面的高度,当钢筋直径为 25mm 及以下时,不得小于 4mm;当钢筋直径为 28mm 及以上时,不得小于 6mm;

② 钢筋与电极接触处,应无烧伤缺陷;

③ 接头处的弯折角不得大于 2°;

④ 接头处的轴线偏移不得大于 1mm。

外观检查不合格的接头应切除重焊,或采取补强焊接措施。

(3)电渣压力焊接头拉伸试验结果中,3 个试件的抗拉强度均不得小于该级别钢筋规定的抗拉强度。

当试验结果中有 1 个试件的抗拉强度低于规定值,应再取 6 个试件进行复验。当复验结果中仍有 1 个试件的抗拉强度小于规定值时,应确认该批接头为不合格品。

4.2.6.4 埋弧压力焊

埋弧压力焊是利用焊剂层下的电弧,将两焊件相邻部位熔化,然后加压顶锻使两焊件焊合,如图 4.22 所示。这种焊接方法工艺简单,比电弧焊工效高,不用焊条,质量好,具有焊后钢板变形小、抗拉强度高的特点。

埋弧压力焊适宜钢筋与钢板做丁字接头的焊接。

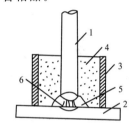

图 4.22 埋弧压力焊示意图
1—钢筋;2—钢板;3—焊剂盒;
4—431 焊剂;5—电弧柱;6—弧焰

4.2.6.5 钢筋气压焊

钢筋气压焊是利用乙炔、氧气混合气体燃烧的高温火焰,加热钢筋结合端部,不待钢筋熔融便使其在高温下加压接合。钢筋气压焊属于热压焊,压接后的接头可以达到与母材相同甚至更高的强度,而且气压焊设备轻巧,使用灵活,效率高,成本低,适用于 HPB300、HRB335 和 HRB400 热轧钢筋、直径相差不大于 7mm 的不同直径钢筋及全方位(竖向、水平、斜向)布置的钢筋的焊接。

气压焊的设备包括供气装置、加热器、加压器和压接器等,如图 4.23 所示。

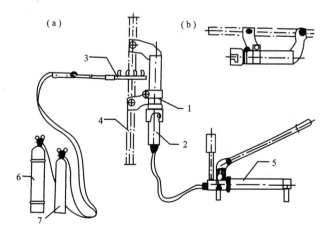

图 4.23 气压焊装置系统图
(a)竖向焊接;(b)横向焊接
1—压接器;2—顶头油缸;3—加热器;4—钢筋;5—加压器(手动);6—氧气;7—乙炔

气压焊操作工艺:施焊前,钢筋端头用切割机切齐,压接面应与钢筋轴线垂直,如稍有偏斜,两钢筋间距不得大于 3mm;钢筋切平后,端头周边用砂轮磨成小八字角,并将端头附近 50～100mm 范围内钢筋表面上的铁锈、油渍和水泥清除干净。施焊时,先将钢筋固定于压接器上,并加以适当的压力使钢筋接触,然后将火钳火口对准钢筋接缝处,加热钢筋端部至 1150～1250℃,表面呈深红色时,当即加压油泵,对钢筋施以 30～40MPa 的压力。压接部分的膨鼓直径为钢筋直径的 1.4 倍以上,其形状呈平滑的圆球形。待钢筋加热部分火色褪消后,即可拆除压接器。

(1)气压焊接头应逐个进行外观检查。当进行力学性能试验时,应从每批接头中随机切取 3 个接头做拉伸试验;在梁、板的水平钢筋连接中切取 3 个接头做弯曲试验,且应按下列规定抽取试件:

① 在一般构筑物中,以 300 个接头作为一批;

② 在现浇钢筋混凝土房屋结构中,应在不超过连续二楼层中应以 300 个接头作为一批;不足 300 个接头仍应作为一批。

(2)气压焊接头外观检查结果应符合下列要求:

① 偏心量 e 不得大于钢筋直径的 10%,且不得大于 1mm。当不同直径钢筋焊接时,应按较小钢筋直径计算。当 e 大于 30% 时,应切除重焊。

② 两钢筋轴线弯折角不得大于 2°,当大于规定值时,应重新加热矫正。

③ 镦粗直径 d_0 不得小于钢筋直径的 1.4 倍。当小于此规定值时,应重新加热镦粗。

④ 镦粗长度 L_c 不得小于钢筋直径的 1.0 倍,且凸起部分应平缓圆滑。当小于此规定值时,应重新加热镦粗。

(3)气压焊接头拉伸试验结果中,3 个试件的抗拉强度均不得小于该级别钢筋规定的抗拉强度,并应断于压焊面外,呈延性断裂。当有 1 个试件不符合要求时,应再切取 6 个试件进行复验;当复验结果中仍有 1 个试件不符合要求时,应确认该批接头为不合格品。

(4)气压焊接头进行弯曲试验时,应将试件受压面的凸起部分消除,并应与钢筋外面齐平。弯曲试验可在万能试验机、手动或电动液压弯曲试验器上进行;压焊面应处在弯曲中心点,弯至 90° 时至少有 2 个试件未发生宽度达到 0.5mm 的裂纹。当试验结果有 2 个试件不符合要求时,应再切取 6 个试件进行复验。当复验结果中仍有 3 个试件不符合要求时,应确认该批接头为不合格品。

4.2.7　钢筋的加工与安装

钢筋的加工有除锈、调直、剪切及弯曲成型等。钢筋加工的形状、尺寸应符合设计要求,其偏差应符合表 4.12 的规定。加工同一类型钢筋、同一加工设备加工钢筋的抽查不应少于 3 件,用钢尺检查。

表 4.12　钢筋加工的允许偏差

项　　目	允许偏差(mm)
受力钢筋顺长度方向全长的净尺寸	±10
弯起钢筋的弯折位置	±20
箍筋内净尺寸	±5

（1）除锈

钢筋应保持洁净，表面上附着的油渍、漆污和锤击能导致剥落的浮皮、铁锈等，在使用前均应清除干净。钢筋除锈一般可以通过以下两个途径：一是大量钢筋除锈可在钢筋冷拉或钢筋调直机调直过程中完成；二是少量的钢筋局部除锈可采用电动除锈机或人工用钢丝刷、砂盘以及喷砂和酸洗等方法进行。除锈后钢筋表面有严重的麻坑、斑点等已伤蚀截面时，应降级使用或剔除不用，带有蜂窝状锈迹的钢丝不得使用。

（2）调直

钢筋调直宜采用机械方法，也可以采用冷拉方法。对局部曲折、弯曲或成盘的钢筋，在使用前应加以调直。钢筋调直方法很多，常用的方法是使用卷扬机拉直和用调直机调直。当采用冷拉方法调直时，HPB300 钢筋的冷拉率不宜大于 4%，HRB335、HRB400 和 RRB400 钢筋的冷拉率不宜大于 1%。

（3）切断

钢筋弯曲成型前，应根据钢筋配料单上的下料长度分别截断。切断前，应将同规格钢筋长短搭配，统筹安排，一般先断长料，后断短料，以减少短头和损耗。

钢筋切断可用钢筋切断机或手动剪切器进行。手动剪切器只适用于直径小于 16mm 的钢筋；钢筋切断机可切断直径不大于 40mm 的钢筋；当钢筋直径大于 40mm 时，用氧气乙炔焰割断。

（4）弯曲成型

切断的钢筋常需弯曲成需要的形状和尺寸。钢筋弯曲的顺序是画线、试弯、弯曲成型。画线主要是根据不同的弯曲角在钢筋上标出弯折的部位，以外包尺寸为依据，扣除弯曲量度差值。

钢筋弯曲有人工弯曲和机械弯曲两种。人工弯曲是在成型台上用手摇扳子，每次可弯 4~8 根直径 8mm 以下的钢筋，或用板柱铁板和扳子弯直径 32mm 以下的钢筋。第一根钢筋弯曲成型后，应根据配料表上标明的形状、尺寸进行复核，符合要求后再成批生产。

（5）安装检查

钢筋安装完毕后，应检查钢筋的品种、级别、直径、形状、根数、间距是否符合设计要求；钢筋的接头位置及搭接长度是否符合规定；钢筋连接是否牢固，不允许有变形、松动现象；钢筋表面是否清洁，不允许有油渍、铁锈等。钢筋安装位置的偏差应符合表 4.13 的规定。

表 4.13　钢筋安装位置的允许偏差和检验方法

项　　目			允许偏差（mm）	检　验　方　法
绑扎钢筋网	长、宽		±10	钢尺检查
	网眼尺寸		±20	钢尺量连续三档，取最大值
绑扎钢筋骨架	长		±10	钢尺检查
	宽、高		±5	钢尺检查
受 力 钢 筋	间　距		±10	钢尺量两端、中间各一点，取最大值
	排　距		±5	
	保护层厚度	基　础	±10	钢尺检查
		柱、梁	±5	钢尺检查
		板、墙、壳	±3	钢尺检查

续表 4.13

项　　　目		允许偏差（mm）	检　验　方　法
绑扎箍筋、横向钢筋间距		±20	钢尺量连续三档,取最大值
钢筋弯起点位置		20	钢尺检查
预埋件	中心线位置	5	钢尺检查
	水平高差	+3,0	钢尺和塞尺检查

4.3　混凝土工程

混凝土工程包括混凝土配料、搅拌、运输、浇筑、振捣和养护等施工过程,各个施工过程相互联系和影响,任一施工过程处理不当都会影响混凝土的最终质量。因此,在施工中必须注意各个环节并严格按照规范要求进行施工,以确保混凝土的工程质量。

4.3.1　混凝土的原材料

水泥进场时应对其品种、级别、包装或散装仓号、出厂日期等进行检查,并应对其强度、安定性及其他必要的性能指标进行复验,其质量必须符合现行国家标准《通用硅酸盐水泥》(GB 175—2007)等的规定。当使用中对水泥质量有怀疑或水泥出厂超过 3 个月(快硬硅酸盐水泥超过 1 个月)时,应进行复验,并依据复验结果决定是否使用。钢筋混凝土结构、预应力混凝土结构中,严禁使用含氯化物的水泥。检验数量:按同一生产厂家、同一等级、同一品种、同一批号且连续进场的水泥,袋装不超过 200 t 为一批,散装不超过 500 t 为一批,每批抽样不少于一次。检验方法:检查产品合格证、出厂检验报告和进场复验报告。

混凝土中所掺外加剂的质量应符合现行国家标准《混凝土外加剂》(GB 8076—2008)、《混凝土外加剂应用技术规程》(GB 50119—2013)等以及有关环境保护的规定。

混凝土中所掺矿物掺合料的质量应符合现行国家标准《用于水泥和混凝土中的粉煤灰》(GB/T 1596—2017)等的规定。矿物掺合物的掺量应通过试验确定。

普通混凝土所用的粗、细骨料的质量应符合《普通混凝土用砂、石质量及检验方法标准》(JGJ 52—2006)的规定。

混凝土外加剂,掺合料及粗、细骨料的检查数量应根据进场的批次和产品的抽样检验方案确定。检验方法是检查进场复验报告。

拌制混凝土宜采用饮用水;当采用其他水源时,水质应符合国家标准《混凝土用水标准》(JGJ 63—2006)的规定。同一水源检查不应少于一次,检查其水质试验报告。

混凝土原材料每盘称量的偏差应符合表 4.14 的规定。

表 4.14　原材料每盘称量的允许偏差

材　料　名　称	允　许　偏　差
水泥、掺合料	±2%
粗、细骨料	±3%
水、外加剂	±1%

4.3.2 混凝土的施工配料

混凝土应按国家现行标准《普通混凝土配合比设计规程》(JGJ 55—2011)的有关规定,根据混凝土强度等级、耐久性和工作性等要求进行配合比设计。对有特殊要求的混凝土,其配合比设计应符合国家现行有关标准的规定。

施工配料必须加以严格控制,施工配料时影响混凝土质量的因素主要有两方面:一是称量不准;二是未按砂、石骨料实际含水量的变化进行施工配合比的换算。因此,为了确保混凝土的质量,在施工中必须及时进行施工配合比的换算和严格控制称量。

4.3.2.1 施工配合比换算

实验室提供的配合比,是根据完全干燥的砂、石骨料制定的,而实际使用的砂、石骨料一般都含有一些水分,而且含水量又会随气候条件发生变化。所以,施工时应及时测定砂、石骨料的含水量,并将混凝土配合比换算成在实际含水量情况下的施工配合比。

设混凝土实验室配合比为:水泥:砂子:石子$=1:x:y$。测得砂子的含水量为ω_x,石子的含水量为ω_y,则施工配合比应为:$1:x(1+\omega_x):y(1+\omega_y)$。

【例 4.2】 已知 C20 混凝土的实验室配合比为:$1:2.55:5.12$,水胶比为 0.65,经测定砂的含水量为 3%,石子的含水量为 1%,每 1m³ 混凝土的水泥用量为 310kg,则施工配合比为:

$$1:2.55\times(1+3\%):5.12\times(1+1\%)=1:2.63:5.17$$

每 1m³ 混凝土材料用量为:

水泥:310kg

砂子:$310\times2.63=815.3$kg

石子:$310\times5.17=1602.7$kg

水:$310\times0.65-310\times2.55\times3\%-310\times5.12\times1\%=161.9$kg

4.3.2.2 施工配料

施工中往往以一袋或两袋水泥为下料单位,每搅拌一次叫作一盘。因此,求出每 1m³ 混凝土材料用量后,还必须根据工地现有搅拌机出料容量确定每次需用几袋水泥,然后按水泥用量算出砂、石子的每盘用量。

例 4.2 中,如采用 JZ250 型搅拌机,出料容量为 0.25m³,则每搅拌一次的装料数量为:

水泥:$310\times0.25=77.5$kg(取一袋半水泥,即 75kg)

砂子:$815.3\times\dfrac{75}{310}=197.25$kg

石子:$1602.7\times\dfrac{75}{310}=387.75$kg

水:$161.9\times\dfrac{75}{310}=39.2$kg

4.3.3 混凝土的搅拌

混凝土搅拌是将水、水泥和粗细骨料进行均匀拌和及混合的过程,同时,通过搅拌还要起到使材料强化、塑化的作用。

4.3.3.1 混凝土搅拌机

混凝土搅拌机按搅拌原理分为自落式和强制式两类。

搅拌机械彩图

　　自落式搅拌机多用于搅拌塑性混凝土和低流动性混凝土,根据其构造的不同又分为若干种,见表 4.15。双锥式反转出料搅拌机是自落式搅拌机中较好的一种,它在生产效率、能耗、噪音和搅拌质量等方面都比鼓筒式好;其搅拌筒由两个截头圆锥组成,搅拌筒转一周,物料在筒中的循环次数比鼓筒式搅拌机中的多,它正转搅拌,反转出料,搅拌作用强烈,能搅拌低流动性混凝土,是目前应用较多的一种搅拌机。双锥式倾翻出料搅拌机结构简单,适用于大容量、大骨料、大坍落度的混凝土搅拌,多用于水电工程。

　　强制式搅拌机多用于搅拌干硬性混凝土和轻骨料混凝土,也可以搅拌低流动性混凝土。其搅拌作用比自落式搅拌机的强烈,但其机件磨损大。强制式搅拌机又分为立轴式和卧轴式两种。卧轴式有单轴、双轴之分,而立轴式又分为涡桨式和行星式,见表 4.15。立轴式强制搅拌机是通过底部的卸料口卸料,卸料迅速,但如果卸料口密封不好,水泥浆易漏出,所以不宜搅拌流动性大的混凝土。卧轴式搅拌机具有适用范围广、搅拌时间短、搅拌质量好等优点,是目前国内外大力发展的机型。这种搅拌机的水平搅拌轴上装有搅拌叶片,搅拌筒内的拌合物在搅拌叶片的带动下做相互切翻运转和按螺旋形轨迹做交替运动,得到强烈的搅拌。

　　选择搅拌机型号时,要根据工程量大小、混凝土的坍落度和骨料尺寸等确定,既要满足技术要求,又要考虑经济效益和节能环保。

　　混凝土搅拌机以其出料容量(m^3)×1000 为标定规格。常用的有 50L、150L、250L、350L、500L 等数种。

表 4.15　混凝土搅拌机类型

自　落　式			强　制　式			
鼓 筒 式	双　锥　式		立　轴　式			卧轴式(单轴、双轴)
	反转出料	倾翻出料	涡桨式	行　星　式		
				定盘式	盘转式	

4.3.3.2　搅拌制度的确定

　　为了获得优质的混凝土拌合物,除正确选择搅拌机外,还必须正确确定搅拌制度,即搅拌时间、投料顺序和进料容量等。

　　(1)搅拌时间

　　从砂、石、水泥和水等全部材料投入搅拌筒起,到开始卸料为止所经历的时间称为混凝土的搅拌时间。搅拌时间与混凝土的搅拌质量密切相关,随搅拌机类型和混凝土的和易性不同而变化。在一定范围内,随搅拌时间的延长,混凝土强度有所提高,但过长时间的搅拌既不经济,又会使混凝土的和易性降低,影响混凝土的质量。加气混凝土还会因搅拌时间过长而含气量下降。混凝土搅拌的最短时间可按表 4.16 采用。

表 4.16 混凝土搅拌的最短时间

混凝土坍落度 (cm)	搅拌机机型	最短时间(s)		
		搅拌机容量<250L	250~500L	>500L
≤4	自落式	90	120	150
	强制式	60	90	120
>4,且<10	自落式	90	90	120
	强制式	60	60	90
≥10	自落式	90		
	强制式	60		

注:① 掺有外加剂时,搅拌时间应适当延长。

② 全轻混凝土宜采用强制式搅拌机搅拌,砂轻混凝土可用自落式搅拌机搅拌,但搅拌时间应延长 60~90s。

③ 轻骨料宜在搅拌前预湿,采用强制式搅拌机搅拌的加料顺序:先加粗、细骨料和水泥搅拌 60s,再加水继续搅拌;采用自落式搅拌机的加料顺序:先加 1/2 的用水量,然后加粗、细骨料和水泥,均匀搅拌 60s,再加剩余用水量继续搅拌。

④ 当采用其他形式的搅拌设备时,搅拌的最短时间应按设备说明书的规定或经试验确定。

(2)投料顺序

投料顺序应从提高搅拌质量,减少叶片、衬板的磨损,减少拌合物与搅拌筒的粘结,减少水泥飞扬,改善工作环境,提高混凝土强度及节约水泥等方面综合考虑确定。常用一次投料法和二次投料法。

一次投料法是在上料斗中先装石子,再加水泥和砂,然后一次投入搅拌筒中进行搅拌。自落式搅拌机要在搅拌筒内先加部分水,投料时砂压住水泥,使水泥不飞扬,而且水泥和砂先进入搅拌筒形成水泥砂浆,可缩短水泥包裹石子的时间。强制式搅拌机出料口在下部,不能先加水,应在投入原材料的同时,缓慢均匀分散地加水。

二次投料法,是先向搅拌机内投入水和水泥(和砂),待其搅拌 1min 后再投入石子和砂继续搅拌到规定时间。这种投料方法能改善混凝土性能,提高混凝土的强度,在保证规定的混凝土强度的前提下节约水泥。目前常用的方法有两种:预拌水泥砂浆法和预拌水泥净浆法。预拌水泥砂浆法是指先将水泥、砂和水加入搅拌筒内进行充分搅拌,成为均匀的水泥砂浆后,再加入石子搅拌成均匀的混凝土。预拌水泥净浆法是先将水泥和水充分搅拌成均匀的水泥净浆后,再加入砂和石子搅拌成混凝土。与一次投料法相比,二次投料法可使混凝土强度提高 10%~15%,节约水泥 15%~20%。

另外,还有一种水泥裹砂法混凝土搅拌工艺,用这种方法拌制的混凝土称为造壳混凝土(简称 SEC 混凝土)。它是分两次加水,两次搅拌。先将全部砂、石子和部分水倒入搅拌机拌和,使骨料湿润,称之为造壳搅拌,搅拌时间以 45~75s 为宜;再倒入全部水泥搅拌 20s,加入拌合水和外加剂进行第二次搅拌,60s 左右完成,这种搅拌工艺称为水泥裹砂法。与一次投料法相比,混凝土强度可提高 20%~30%,节约水泥 5%~10%,混凝土不离析,泌水少,工作性好。我国在此基础上又开发了裹石法、裹砂石法、净浆裹石法等,均达到了提高混凝土强度、节约水泥的目的。

(3)进料容量

进料容量是指将搅拌前各种材料的体积累积起来的容量,又称干料容量。进料容量与搅拌机搅拌筒的几何容量有一定比例关系,进料容量为出料容量的 1.4~1.8 倍(通常取 1.5

倍)。如任意超载(超载 10%),就会使材料在搅拌筒内无充足的空间进行拌和,影响混凝土的和易性;反之,装料过少,又不能充分发挥搅拌机的效能。

4.3.4　混凝土的运输

混凝土
运输视频

4.3.4.1　混凝土运输的要求

混凝土在运输中的全部时间不应超过混凝土的初凝时间。运输中混凝土应保持匀质性,不应产生分层离析现象,不应漏浆;运至浇筑地点后应具有规定的坍落度,并在初凝前有充分的时间进行浇筑。

混凝土的运输道路要求平坦,混凝土应以最少的运转次数、最短的时间从搅拌地点运至浇筑地点,从搅拌机中卸出到浇筑完毕的延续时间不宜超过表 4.17 的规定。

表 4.17　混凝土从搅拌机中卸出到浇筑完毕的延续时间

混凝土强度等级	延续时间(min)	
	气温<25℃	气温≥25℃
低于或等于 C30	120	90
高于 C30	90	60

注:① 掺用外加剂或采用快硬水泥拌制混凝土时,应按试验确定;
　　② 轻骨料混凝土的运输、浇筑延续时间应适当缩短。

4.3.4.2　运输工具的选择

混凝土运输
机械彩图

混凝土运输分地面水平运输、垂直运输和楼面水平运输三种。

(1)地面运输时,短距离多用双轮手推车、机动翻斗车运输;长距离宜用自卸汽车、混凝土搅拌运输车运输。混凝土搅拌运输车可以把搅拌站拌好的混凝土运到距离较远的工地,在运输途中继续缓慢搅拌,以防混凝土离析;也可以装入干料,在到达浇筑地点前 15~20min 开动搅拌机搅拌。

(2)垂直运输可采用各种井架、龙门架和塔式起重机作为垂直运输工具。对于浇筑量大、浇筑速度比较稳定的大型设备基础和高层建筑,宜采用混凝土泵,也可采用自升式塔式起重机或爬升式塔式起重机运输。

4.3.4.3　泵送混凝土

用混凝土泵运输混凝土,通常称为泵送混凝土。混凝土泵是一种有效的混凝土运输工具和浇筑工具,它以泵为动力,通过管道将混凝土运输到浇筑地点,可以综合完成水平运输和垂直运输。常用的混凝土泵有液压活塞泵和挤压泵两种。

(1)液压活塞泵

液压活塞泵如图 4.24 所示。它是利用活塞的往复运动将混凝土吸入和排出。泵工作时,搅拌好的混凝土装入受料斗 6,吸入端水平片阀 7 移开,排出端竖直片阀 8 关闭,活塞 4 在液压作用下带动活塞 2 左移,混凝土在自重及其真空吸力作用下进入混凝土缸 1。然后,液压系统中压力油的进出方向相反,活塞右移,同时吸入端片阀关闭,排出端片阀移开,混凝土被压入管道 9 中,输送到浇筑地点。混凝土泵的出料是脉冲式的,有两个缸体交替出料,通过 Y 形输料管 9 送入同一输送管中,因而能连续稳定地出料。

混凝土输送管有直管、弯管、锥形管和浇筑软管等,一般由合金钢、橡胶、塑料等材料制成,常用混凝土输送管的管径为 100~150mm。直管以 3.0m 标准长度管为主管,弯管角度有数

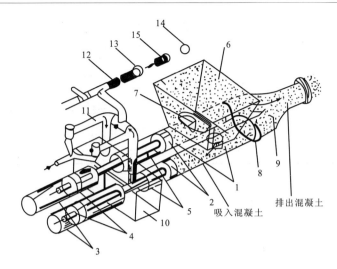

图 4.24 液压活塞式混凝土泵工作原理图

1—混凝土缸;2—混凝土活塞;3—液压缸;4—液压活塞;5—活塞杆;6—受料斗;
7—吸入端水平片阀;8—排出端竖直片阀;9—Y形输料管;10—水箱;11—水洗装置换向阀;
12—水洗用高压软管;13—水洗用法兰;14—海绵球;15—清洗活塞

种,以适应管道改变方向。当两种不同直径的输送管需要连接时,中间用锥形管过渡,一般长度为 1m。在管道的出口处都接有软管,以便在不移动输送管的情况下扩大布料范围。

将混凝土泵装在汽车上便成为混凝土泵车,车上还装有可以伸缩或曲折的"布料杆",末端是一软管,可将混凝土直接送至浇筑地点,使用十分方便。

(2)泵送混凝土对原材料的要求

泵送混凝土时,为使混凝土拌合物在泵送过程中不致离析和堵塞,必须正确选择混凝土拌合物的原材料及配合比。

① 粗骨料 碎石最大粒径与输送管内径之比不宜大于 1:3;卵石不宜大于 1:2.5。

② 砂 以天然砂为宜,砂率宜控制在 40%～50%,通过 0.315mm 筛孔的砂不少于 15%。

③ 水泥 最少水泥用量为 300kg/m³,坍落度宜为 80～180mm,混凝土内宜适量掺入外加剂。泵送轻骨料混凝土的原材料的选用及配合比应通过试验确定。

(3)泵送混凝土施工中应注意的问题

输送管的布置宜短直,尽量减少弯管数,转弯宜缓,管段接头要严密,少用锥形管;混凝土的供料应保证混凝土泵能连续工作,不间断;正确选择骨料级配,严格控制配合比;泵送前,为减少泵送阻力,应先用适量与混凝土内成分相同的水泥浆或水泥砂浆润滑输送管内壁;泵送过程中,泵的受料斗内应充满混凝土,防止吸入空气形成阻塞;防止停歇时间过长,若停歇时间超过 45min,应立即用压力水或其他方法冲洗管内残留的混凝土;泵送结束后,要及时清洗泵体和管道;用混凝土泵浇筑的建筑物,要加强养护,防止龟裂。

4.3.5 混凝土的浇筑与振捣

4.3.5.1 混凝土浇筑前的准备工作

混凝土浇筑前,应对模板、钢筋、支架和预埋件进行检查。检查模板的位置、标高、尺寸、强度和刚度是否符合要求,接缝是否严密,预埋件位置和数量是否符合图纸要求;检查钢筋的规

混凝土
浇筑视频

格、数量、位置、接头和保护层厚度是否正确;清理模板上的垃圾和钢筋上的油污,浇水湿润木模板;填写隐蔽工程记录。

4.3.5.2   混凝土浇筑

(1) 混凝土浇筑的一般规定

① 混凝土浇筑前不应发生离析或初凝现象,如已发生,须重新搅拌。混凝土运至现场后,其坍落度应满足表 4.18 的要求。

表 4.18   混凝土浇筑时的坍落度

结　　　构　　　种　　　类	坍落度(mm)
基础或地面的垫层、无配筋的大体积结构(挡土墙、基础等)或配筋稀疏的结构	10~30
板、梁和大型及中型截面的柱子等	30~50
配筋密列的结构(薄壁、斗仓、筒仓、细柱等)	50~70
配筋特密的结构	70~90

注:① 本表系指采用机械振捣时混凝土的坍落度,采用人工捣实时可适当增大;

　　② 需要配制大坍落度混凝土时,应掺用外加剂;

　　③ 曲面或斜面结构混凝土的坍落度值,应根据实际需要另行选定;

　　④ 轻骨料混凝土的坍落度,宜比表中数值减少 10~20mm。

② 混凝土自高处倾落时,其自由倾落高度不宜超过 2m;若混凝土自由下落高度超过 3m,应设溜槽、串筒、溜管或振动串筒等,如图 4.25 所示。

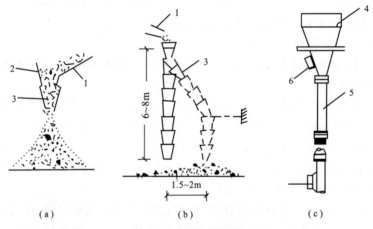

图 4.25   溜槽与串筒

(a) 溜槽;(b) 串筒;(c) 振动串筒

1—溜槽;2—挡板;3—串筒;4—漏斗;5—节管;6—振动器

③ 混凝土的浇筑工作,应尽可能连续进行。如必须有间歇,其间歇时间应尽量缩短,并应在上一层混凝土凝结前将次层混凝土浇筑完毕。

④ 混凝土的浇筑应分段、分层连续进行,随浇随捣。混凝土浇筑层厚度应符合表 4.19 的规定。

⑤ 在竖向结构中浇筑混凝土时,不得发生离析现象。当浇筑高度超过 3m 时,应采用串筒、溜槽或振动溜管。竖向结构浇筑时,应先在其底部浇筑一层 50~100mm 厚的与混凝土内砂浆成分相同的水泥砂浆,然后再浇筑混凝土。

表 4.19　混凝土浇筑层厚度

项　次	捣实混凝土的方法		浇筑层厚度(mm)
1	插入式振捣		振捣器作用部分长度的 1.25 倍
2	表面振动		200
3	人工捣固	在基础、无筋混凝土或配筋稀疏的结构中	250
		在梁、墙板、柱结构中	200
		在配筋密列的结构中	150
4	轻骨料混凝土	插入式振捣器	300
		表面振动(振动时须加荷)	200

(2) 施工缝的留设与处理

如果由于技术或施工组织上的原因,不能对混凝土结构一次连续浇筑完毕,而必须停歇较长的时间,其停歇时间已超过混凝土的初凝时间,致使混凝土已初凝;当继续浇混凝土时,就形成了接缝,即为施工缝。施工缝的位置应在混凝土浇筑前按设计要求和施工技术方案确定。施工缝的处理应按施工技术方案执行。

① 施工缝的留设位置

施工缝设置的原则为一般宜留在结构受力(剪力)较小且便于施工的部位。柱子的施工缝宜留在基础与柱子交接处的水平面上,或梁的下面,或吊车梁牛腿的下面、吊车梁的上面、无梁楼盖柱帽的下面,如图 4.26 所示。在框架结构中,如果梁的负筋向下弯入柱内,施工缝也可设置在这些钢筋的下端,以便绑扎。

高度大于 1m 的钢筋混凝土梁的水平施工缝,应留在楼板底面下 20～30mm 处,当板下有梁托时,留在梁托下部;单向平板的施工缝,可留在平行于短边的任何位置处;对于有主次梁的楼板结构,宜顺着次梁方向浇筑,施工缝应留在次梁跨度的中间 1/3 范围内,如图 4.27 所示。楼梯施工缝,应留在梯段长度中间的 1/3 范围内,栏板施工缝与梯段施工缝相对应,栏板混凝土与踏步板一起浇筑。墙的施工缝留在门窗洞口过梁跨中 1/3 范围内,也可置留在纵横墙交接处。施工缝的表面应与构件的纵向轴线垂直,即柱与梁的施工缝表面应与其轴线垂直,板和梁的施工缝应与其表面垂直。

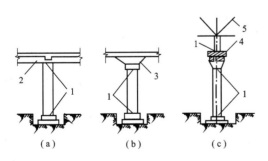

图 4.26　柱子施工缝的位置

(a) 肋形楼板柱;(b) 无梁楼板柱;(c) 吊车梁柱

1—施工缝;2—梁;3—柱帽;4—吊车梁;5—屋架

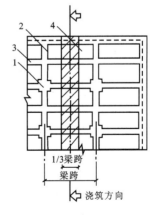

图 4.27　有梁板的施工缝位置

1—柱;2—主梁;3—次梁;4—板

② 施工缝的处理

施工缝处继续浇筑混凝土应待混凝土的抗压强度不小于 1.2MPa 后进行。混凝土达到这一强度的时间取决于水泥的标号、混凝土的强度等级、气温等,可以根据试块试验确定,也可以查阅有关手册确定。

施工缝浇筑混凝土之前,应除去施工缝表面的水泥薄膜、松动的石子和软弱的混凝土层,并加以充分湿润和冲洗干净,不得有积水。浇筑时,施工缝处宜先铺水泥浆(水泥∶水＝1∶0.4),或与混凝土成分相同的水泥砂浆一层,厚度为 30～50mm,以保证接缝的质量。浇筑过程中,施工缝应细致捣实,使其紧密结合。

(3) 混凝土的浇筑方法

① 多层钢筋混凝土框架结构的浇筑

浇筑框架结构首先要划分施工层和施工段,施工层一般按结构层划分,而每一施工层的施工段的划分,则要考虑工序数量、技术要求、结构特点等。

混凝土的浇筑顺序:先浇捣柱子,在柱子浇捣完毕后,停歇 1～1.5h,使混凝土达到一定强度后,再浇捣梁和板。

一个施工段内的每排柱子应从两端同时开始向中间推进,不可从一端开始向另一端推进,以防柱子模板逐渐受推倾斜,使误差积累难以纠正。梁和板一般同时浇筑,从一端开始向前推进。只有当梁高大于 1m 时,才允许将梁单独浇筑;此时,施工缝应留在板下 20～30mm 处。

② 大体积钢筋混凝土结构的浇筑

大体积钢筋混凝土结构多为工业建筑中的设备基础及高层建筑中厚大的桩基承台或基础底板等。其特点是混凝土浇筑面和浇筑量大,整体性要求高,不能留施工缝,以及浇筑后水泥的水化热量大且聚集在构件内部,形成较大的内外温差,易造成混凝土表面产生收缩裂缝等。为此,应优先选用发热量低、初凝时间较长的矿渣水泥,降低水泥用量,掺入适量的粉煤灰和缓凝减水剂,降低浇筑速度和减小浇筑层厚度,采取人工降温措施等,防止大体积混凝土浇筑后产生裂缝。

为保证混凝土浇筑工作连续进行,不留施工缝,应在下一层混凝土初凝之前,将上一层混凝土浇筑完毕。要求混凝土按不小于下述的浇筑量进行浇筑:

$$Q=\frac{FH}{T}$$

式中　Q——混凝土最小浇筑量,m³/h;

　　　　F——混凝土浇筑区的面积,m²;

　　　　H——浇筑层厚度,m;

　　　　T——下层混凝土从开始浇筑到初凝所容许的时间间隔,h。

大体积钢筋混凝土结构的浇筑方案,一般分为全面分层、分段分层和斜面分层三种,如图 4.28 所示。

A. 全面分层　即在第一层浇筑完毕后,再回头浇筑第二层,如此逐层浇筑,直至完工为止。全面分层法适用于平面尺寸不太大的结构,从短边开始,沿长边方向进行较好。

B. 分段分层　混凝土从底层开始浇筑,进行 2～3m 后再回头浇筑第二层,同样依次浇筑各层。分段分层法适用于厚度不大,而长度极大的结构。

C. 斜面分层　要求斜坡坡度不大于 1/3,适用于结构长度远远超过厚度 3 倍的情况。

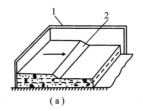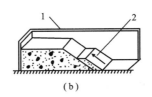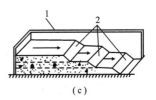

图 4.28 大体积钢筋混凝土浇筑方案

(a) 全面分层;(b) 分段分层;(c) 斜面分层

1—模板;2—新浇筑的混凝土

4.3.5.3 混凝土的振捣

混凝土浇筑后要立即进行充分振捣,使混凝土成为含气泡或空隙较少的密实体,同时必须使混凝土浇满钢筋周围和模板各个角落。

振捣方式分为人工振捣和机械振捣两种。人工振捣是利用捣锤或插钎等工具的冲击力来使混凝土密实成型,其效率低、效果差;机械振捣是将振动器的振动力传给混凝土,使之发生强迫振动而密实成型,其效率高、质量好。因此,应尽可能使用机械振捣。

混凝土振动机械按其工作方式分为内部振动器、表面振动器、外部振动器和振动台等,如图 4.29 所示。

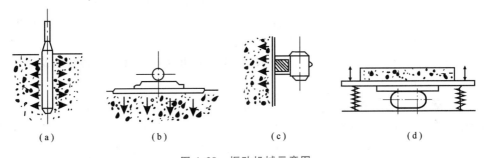

图 4.29 振动机械示意图

(a) 内部振动器;(b) 表面振动器;(c) 外部振动器;(d) 振动台

这些振动机械的构造原理,主要是利用偏心轴或偏心块的高速旋转,使振动器因离心力的作用而振动。由于振动器的高频振动,水泥浆的凝胶结构受到破坏,从而减小了水泥浆的粘结力和骨料之间的摩擦力,提高了混凝土拌合物的流动性,使之能很好地填满模板内部,并获得较高的密实度。

(1) 内部振动器

内部振动器又称插入式振动器,其构造如图 4.30 所示。适用于振捣梁、柱、墙等构件和大体积混凝土。

插入式振动器操作要点:

① 插入式振动器的振捣方法有两种:一是垂直振捣,即振动棒与混凝土表面垂直;二是斜向振捣,即振动棒与混凝土表面成一定的角度,为 $40°\sim45°$。

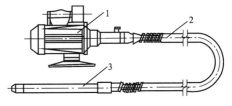

图 4.30 插入式振动器

1—电动机;2—软轴;3—振动棒

② 振捣器的操作要做到快插慢拔,插点要均匀,逐点移动,顺序进行,不得遗漏,达到均匀振实的目的。振动棒的移动,可采用行列式或交错式,如图 4.31 所示。振动棒的有效作用半

径一般为 300~400mm。

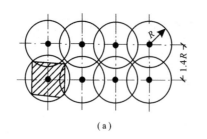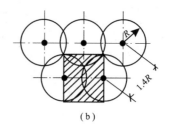

图 4.31　振捣点的布置

(a) 行列式；(b) 交错式

R—振动棒的有效作用半径

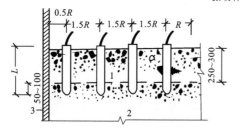

图 4.32　插入式振动器的插入深度

1—新浇筑的混凝土；2—下层已振捣但尚未初凝的混凝土；

3—模板；R—有效作用半径；L—振捣棒长度

③ 混凝土分层浇筑时，为了保证每一层混凝土上下振捣均匀，应将振动棒上下来回抽动 50~100mm；同时，在振捣上层混凝土时，还应将振动棒深入下层混凝土中 50mm 左右，如图 4.32 所示。

④ 每一振捣点的振捣时间一般为 20~30s；使用高频振捣器时，最短不应少于 10s，以混凝土表面呈水平并出现水泥浆且不再出现气泡及不显著沉落为准。

⑤ 使用振动器时，不允许将其支承在结构钢筋上或碰撞钢筋，不宜紧靠模板振捣。

（2）表面振动器

表面振动器又称平板振动器，是将电动机轴上装有左右两个偏心块的振动器固定在一块平板上而形成的。其振动作用可直接传递至混凝土面层上。这种振动器适用于振捣楼板、空心板、地面和薄壳等薄壁结构。在无筋或单层钢筋的结构中，每次振捣的厚度不大于 200mm；在双层钢筋结构中，每次振捣厚度不大于 120mm。相邻两段之间应搭接振捣 50mm 左右。使用时，在每一位置上应连续振动一定时间，正常情况下为 25~40s，以混凝土表面均匀出现浆液为准。移动时，应成排依次振捣前进，最好进行两遍，且两遍的方向要互相垂直；第一遍主要是使混凝土密实，第二遍则是使其表面平整。

（3）外部振动器

外部振动器又称附着式振动器，它是直接安装在模板上进行振捣，利用偏心块旋转时产生的振动力通过模板传给混凝土，达到振实的目的。适用于振捣断面较小或钢筋较密的柱子、梁、板等构件。其最大振动深度约为 300mm。

（4）振动台

振动台一般在预制厂用于振实干硬性混凝土和轻骨料混凝土。宜采用加压振动的方法，加压力为 1~3kN/m^2。

4.3.6　混凝土的养护

混凝土浇捣后能逐渐凝结硬化，主要是水泥水化作用的结果，而水化作用需要适当的湿度和温度。为保证水泥水化作用的正常进行，应在混凝土浇筑完毕后，12h 以内对混凝土表面加以覆盖,并保湿养护。

混凝土的养护对混凝土的质量影响很大。养护不良的混凝土,由于水分很快散失,水化作用停止,混凝土表面会干燥,表面产生裂纹,出现片状或粉状剥落,严重影响混凝土的强度,因此混凝土浇筑后初期养护非常重要。在混凝土浇筑完毕后,应在12h以内加以覆盖和浇水;干硬性混凝土应于浇筑完毕后立即进行养护。

常用的混凝土养护方法是自然养护法。混凝土的自然养护是指在平均气温高于5℃的条件下,在一定时间内使混凝土保持湿润状态。自然养护又可分为洒水养护和喷洒塑料薄膜养护两种。

洒水养护是用吸水保温能力较强的材料(如草帘、芦席、麻袋、锯末等)将混凝土覆盖,经常洒水使其保持湿润。养护时间的长短取决于水泥品种,采用普通硅酸盐水泥和矿渣硅酸盐水泥拌制的混凝土,不少于7d;采用火山灰质硅酸盐水泥和粉煤灰硅酸盐水泥拌制的混凝土不少于14d;有抗渗要求的混凝土不少于14d。洒水次数以能保持混凝土具有足够的湿润状态为宜。喷洒塑料薄膜养护适用于不易洒水养护的高耸构筑物和大面积混凝土结构及缺水地区。它是将过氯乙烯树脂塑料溶液用喷枪喷洒在混凝土表面上,溶液挥发后在混凝土表面形成一层塑料薄膜,使混凝土与空气隔绝,阻止其中水分的蒸发,以保证水化作用的正常进行。

对于表面积大的构件(如地坪、楼板、屋面、路面),也可用湿土、湿砂覆盖,或沿构件周边用黏土等围住,在构件中间蓄水进行养护。

混凝土必须养护至其强度达到1.2MPa以上,才允许在上面行人和架设支架、安装模板等,但不得冲击混凝土。

4.3.7 混凝土的质量检查与缺陷防治

4.3.7.1 混凝土的质量检查

混凝土质量检查包括施工过程中的质量检查和养护后的质量检查。

施工过程中的质量检查,即在混凝土制备和浇筑过程中对原材料的质量、配合比、坍落度等的检查,每一工作班至少检查两次,如遇特殊情况还应及时进行抽查。混凝土的搅拌时间应随时检查。

混凝土养护后的质量检查,主要指混凝土的立方体抗压强度检查。混凝土的抗压强度应以标准立方体试件(边长150mm),在标准条件下(温度20℃±3℃和相对湿度90%以上的湿润环境)养护28d后测得的具有95%保证率的抗压强度。

结构混凝土的强度等级必须符合设计要求。用于检查结构混凝土强度的试件,应在浇筑地点随机抽样留设,不得挑选。取样与试件留置应符合下列规定:

每拌制100盘且不超过100m³的同配合比的混凝土,取样不少于1次;每工作班拌制的同配合比混凝土不足100盘时,取样不少于1次;当一次连续浇筑超过1000m³时,同一配合比的混凝土每200m³取样不得少于一次;每一楼层、同一配合比的混凝土,取样不得少于一次;每次取样应留置不少于一组标准养护试件,同条件养护试件的留置组数,应根据实际需要确定。

每组(3块)试件应在同盘混凝土中取样制作,其强度代表值按下述规定确定:

取3个试件试验结果的平均值作为该组试件强度代表值;当3个试件中的最大或最小的强度值与中间值之差超过10%时,以中间值代表该组试件强度;当3个试件中的最大和最小的强度值与中间值之差均超过 15% 时,该组试件不应作为强度评定的依据。

混凝土强度检验评定,应符合下列要求:

(1) 混凝土的强度应分批进行验收

一个验收批的混凝土应由相同强度等级、相同龄期及生产工艺和配合比基本相同的混凝土组成。对现浇混凝土结构构件,尚应按单位工程的验收项目划分验收批,每个验收项目应按现行国家标准《建筑安装工程质量检验评定统一标准》确定。同一验收批的混凝土强度,应以同批内标准试件的全部强度代表值来评定。

(2)统计方法评定

采用统计方法评定时,应按下列规定进行:

①当连续生产的混凝土,生产条件在较长时间内保持一致,且同一品种、同一强度等级混凝土的强度变异性保持稳定时,应按下列标准的规定进行评定:

一个检验批的样本容量应为连续的 3 组试件,其强度应同时符合下列规定:

$$m_{f_{cu}} \geqslant f_{cu,k} + 0.7\sigma_0 \tag{4.11}$$

$$f_{cu,min} \geqslant f_{cu,k} - 0.7\sigma_0 \tag{4.12}$$

检验批混凝土立方体抗压强度的标准差应按下式计算:

$$\sigma_0 = \sqrt{\frac{\sum_{i=1}^{n} f_{cu,i}^2 - nm_{f_{cu}}^2}{n-1}} \tag{4.13}$$

当混凝土强度等级不高于 C20 时,其强度的最小值尚应满足下式要求:

$$f_{cu,min} \geqslant 0.85 f_{cu,k} \tag{4.14}$$

当混凝土强度等级高于 C20 时,其强度的最小值尚应满足下式要求:

$$f_{cu,min} \geqslant 0.90 f_{cu,k} \tag{4.15}$$

式中　$m_{f_{cu}}$——同一检验批混凝土立方体抗压强度的平均值,N/mm²,精确到 0.1N/mm²;

　　　$f_{cu,k}$——混凝土立方体抗压强度标准值,N/mm²,精确到 0.1N/mm²;

　　　σ_0——检验批混凝土立方体抗压强度的标准差,N/mm²,精确到 0.01N/mm²,当检验批混凝土强度标准差 σ_0 计算值小于 2.5N/mm² 时,应取 2.5N/mm²;

　　　$f_{cu,i}$——前一个检验期内同一品种、同一强度等级的第 i 组混凝土试件的立方体抗压强度代表值,N/mm²,精确到 0.1N/mm²,该检验期不应少于 60d,也不得大于 90d;

　　　n——前一检验期内的样本容量,在该期间内样本容量不应少于 45;

　　　$f_{cu,min}$——同一检验批混凝土立方体抗压强度的最小值,N/mm²,精确到 0.1 N/mm²。

②其他情况应按以下标准的规定进行评定:

当样本容量不少于 10 组时,其强度应同时满足下列要求:

$$m_{f_{cu}} \geqslant f_{cu,k} + \lambda_1 \cdot S_{f_{cu}} \tag{4.16}$$

$$f_{cu,min} \geqslant \lambda_2 \cdot f_{cu,k} \tag{4.17}$$

同一检验批混凝土立方体抗压强度的标准差应按下式计算:

$$S_{f_{cu}} = \sqrt{\frac{\sum_{i=1}^{n} f_{cu,i}^2 - nm_{f_{cu}}^2}{n-1}} \tag{4.18}$$

式中　$S_{f_{cu}}$——同一检验批混凝土立方体抗压强度的标准差，N/mm^2，精确到$0.01N/mm^2$，当

检验批混凝土强度标准差$S_{f_{cu}}$计算值小于$2.5N/mm^2$时，应取$2.5N/mm^2$；

λ_1，λ_2——合格评定系数，按表4.20取用；

n——本检验期内的样本容量。

表 4.20　混凝土强度的合格评定系数

试件组数	10~14	15~19	≥20
λ_1	1.15	1.05	0.95
λ_2	0.90	0.85	

（3）非统计方法评定

当用于评定的样本容量小于10组时，应采用非统计方法评定混凝土强度。

按非统计方法评定混凝土强度时，其强度应同时符合下列规定：

$$m_{f_{cu}} \geqslant \lambda_3 \cdot f_{cu,k} \tag{4.19}$$

$$f_{cu,min} \geqslant \lambda_4 \cdot f_{cu,k} \tag{4.20}$$

式中　λ_3，λ_4——合格评定系数，应按表4.21取用。

表 4.21　混凝土强度的非统计法合格评定系数

混凝土强度等级	<C60	≥C60
λ_3	1.15	1.10
λ_4	0.95	

如果对混凝土试件强度的代表性有怀疑，可采用非破损检验方法或从结构、构件中钻取芯样的方法，按有关标准的规定，对结构构件中的混凝土强度进行推定，作为是否进行处理的依据。混凝土现场检测抽样方法有回弹法、超声波回弹综合法及钻芯法等。

现浇混凝土结构的允许偏差，应符合表4.22的规定；当有专门规定时，尚应符合相应的规定。

表 4.22　现浇结构位置、尺寸允许偏差及检验方法

项 目			允许偏差(mm)	检验方法
轴线位置	整体基础		15	经纬仪及尺量
	独立基础		10	经纬仪及尺量
	柱、墙、梁		8	尺量
垂 直 度	柱、墙层高	≤6m	10	经纬仪或吊线、尺量
		>6m	12	经纬仪或吊线、尺量
	全高(H)≤300m		$H/30000+20$	经纬仪、尺量
	全高(H)>300m		$H/10000$且≤80	经纬仪、尺量
标高	层高		±10	水准仪或拉线、尺量
	全高		±30	水准仪或拉线、尺量

续表 4.22

项　目		允许偏差（mm）	检验方法
截面尺寸	基础	+15,−10	尺量
	柱、梁、板、墙	+10,−5	尺量
	楼梯相邻踏步高差	±6	尺量
电梯井洞	中心位置	10	尺量
	长、宽尺寸	+25,0	尺量
表面平整度		8	2m 靠尺和塞尺检查
预埋件 中心位置	预埋件	10	尺量
	预埋螺栓	5	尺量
	预埋管	5	尺量
	其他	10	尺量
预留洞、孔中心线位置		15	尺量

注：① 检查轴线、中心线位置时，沿纵、横两个方向测量，并取其中偏差的较大值。

② H 为全高，单位为 mm。

混凝土表面外观质量要求：不应有蜂窝、麻面、孔洞、露筋、缝隙及夹层、缺棱掉角和裂缝等。

4.3.7.2　现浇混凝土结构质量缺陷及产生原因

现浇混凝土结构的外观质量缺陷，应由监理（建设）单位、施工单位等各方根据其对结构性能和使用功能影响的严重程度，按表 4.23 确定。

表 4.23　现浇混凝土结构的外观质量缺陷

名　称	现　象	严重缺陷	一般缺陷
露筋	构件内钢筋未被混凝土包裹而外露	纵向受力钢筋有露筋	其他钢筋有少量露筋
蜂窝	混凝土表面缺少水泥砂浆而形成石子外露	构件主要受力部位有蜂窝	其他部位有少量蜂窝
孔洞	混凝土中孔穴深度和长度均超过保护层厚度	构件主要受力部位有孔洞	其他部位有少量孔洞
夹渣	混凝土中夹有杂物且深度超过保护层厚度	构件主要受力部位有夹渣	其他部位有少量夹渣
疏松	混凝土中局部不密实	构件主要受力部位有疏松	其他部位有少量疏松
裂缝	裂缝从混凝土表面延伸至混凝土内部	构件主要受力部位有影响结构性能或使用功能的裂缝	其他部位有少量不影响结构性能或使用功能的裂缝
连接部位缺陷	构件连接处混凝土有缺陷及连接钢筋、连接件松动	连接部位有影响结构传力性能的缺陷	连接部位有基本不影响结构传力性能的缺陷
外形缺陷	缺棱掉角、棱角不直、翘曲不平、飞边凸肋等	清水混凝土构件有影响使用功能或装饰效果的外形缺陷	其他混凝土构件有不影响使用功能的外形缺陷
外表缺陷	构件表面麻面、掉皮、起砂、沾污等	具有重要装饰效果的清水混凝土构件有外表缺陷	其他混凝土构件有不影响使用功能的外表缺陷

混凝土质量缺陷产生的原因主要如下：

（1）蜂窝

由于混凝土配合比不准确，浆少而石子多，或搅拌不均造成砂浆与石子分离，或浇筑方法不当，或振捣不足，以及模板严重漏浆。

（2）麻面

模板表面粗糙不光滑，模板湿润不够，接缝不严密，振捣时发生漏浆。

（3）露筋

浇筑时垫块移位，甚至漏放，钢筋紧贴模板，或者因混凝土保护层处漏振或振捣不密实而造成露筋。

（4）孔洞

混凝土结构内存在空隙，砂浆严重分离，石子成堆，砂与水泥分离。另外，有泥块等杂物掺入也会形成孔洞。

（5）缝隙和薄夹层

主要是混凝土内部处理不当的施工缝、温度缝和收缩缝，以及混凝土内有外来杂物而造成的夹层。

（6）裂缝

构件制作时受到剧烈振动，混凝土浇筑后模板变形或沉陷，混凝土表面水分蒸发过快，养护不及时等，以及构件堆放、运输、吊装时位置不当或受到碰撞。

另有混凝土强度不足造成的质量缺陷。产生混凝土强度不足的原因是多方面的，主要与混凝土配合比设计、搅拌、现场浇捣和养护等四个方面有关。

① 配合比设计方面　有时不能及时测定水泥的实际活性，影响了混凝土配合比设计的正确性；另外，套用混凝土配合比时选用不当及外加剂用量控制不准等，都有可能导致混凝土强度不足。

② 搅拌方面　任意增加用水量，配料时称料不准，搅拌时颠倒加料顺序及搅拌时间过短等造成搅拌不均匀，导致混凝土强度降低。

③ 现场浇捣方面　主要是施工中振捣不实，以及发现混凝土有离析现象时，未能及时采取有效措施来纠正。

④ 养护方面　主要是不按规定的方法、时间对混凝土进行妥善的养护，以致造成混凝土强度降低。

4.3.7.3　混凝土质量缺陷的防治与处理

（1）表面抹浆修补

对数量不多的小蜂窝、麻面、露筋、露石的混凝土表面，主要是保护钢筋和混凝土不受侵蚀，可用 1:2～1:2.5 的水泥砂浆抹面修整。在抹砂浆前，须用钢丝刷或加压力的水清洗润湿，抹浆初凝后要加强养护工作。

（2）细石混凝土填补

当蜂窝比较严重或露筋较深时，应凿除不密实的混凝土，用清水洗净并充分湿润后，再用比原强度等级高一级的细石混凝土填补并仔细捣实。

对孔洞的补强，可在旧混凝土表面采取处理施工缝的方法进行。将孔洞处疏松的混凝土和凸出的石子剔凿掉，孔洞顶部要凿成斜面，避免形成死角，然后用水冲洗干净，保持湿润 72h

后,用比原混凝土强度等级高一级的细石混凝土捣实。混凝土的水胶比宜控制在 0.5 以内,并掺水泥用量万分之一的铝粉,分层捣实,以免新旧混凝土接触面上出现裂缝。

（3）水泥灌浆与化学灌浆

对于宽度大于 0.5mm 的裂缝,宜采用水泥灌浆;对于宽度小于 0.5mm 的裂缝,宜采用化学灌浆。化学灌浆所用的灌浆材料,应根据裂缝性质、缝宽和干燥情况选用。作为补强用的灌浆材料,常用的有环氧树脂浆液（能修补缝宽 0.2mm 以上的干燥裂缝）和甲凝（能修补缝宽 0.05mm 以上的干燥细微裂缝）等。作为防渗堵漏用的灌浆材料,常用的有丙凝（能灌入缝宽 0.01mm 以上的裂缝）和聚氨酯树脂（能灌入缝宽 0.015mm 以上的裂缝）等。

4.4　预制装配式混凝土结构施工

4.4.1　预制装配式建筑概述

预制装配式建筑是将组成建筑的部分构件或全部的构件在工厂内加工完成,然后运输到施工现场将预制构件通过可靠的连接方式拼装就位而建成的建筑形式。

4.4.1.1　预制装配式建筑的主要形式

（1）预制装配式混凝土结构形式（装配整体式钢筋混凝土结构）。以预制的混凝土构件（也叫 PC 构件）为主要构件,经工厂预制,现场进行装配连接,并在结合部分现浇混凝土而成的结构。

（2）预制装配钢结构。以钢柱及钢梁作为主要的承重构件。钢结构建筑自重轻、跨度大、抗风及抗震性好、保温隔热、隔声效果好,符合可持续化发展的方针,特别适用于别墅、多高层住宅、办公楼等民用建筑及建筑加层等。

（3）预制集装箱式房屋。以集装箱为基本单元,在工厂内流水生产完成各模块的建造并完成内部装修,再运输到施工现场,快速组装成多种风格的建筑。

4.4.1.2　装配式建筑的特点

（1）大量的建筑部品由车间生产加工完成,构件种类主要有:外墙板、内墙板、叠合板、阳台、空调板、楼梯、预制梁、预制柱等。

（2）现场大量的装配作业,比原始现浇作业大大减少。

（3）采用建筑、装修一体化设计、施工,理想状态是装修可随主体施工同步进行。

（4）设计的标准化和管理的信息化,构件越标准,生产效率越高,相应的构件成本就会下降,配合工厂的数字化管理,整个装配式建筑的性价比会越来越高。

（5）符合绿色建筑的要求。

4.4.2　预制构件的制作与运输

4.4.2.1　一般规定

（1）预制构件制作单位应具备相应的生产工艺设施,并应有完善的质量管理体系和必要的试验检测手段。

（2）预制构件制作前,应对其技术要求和质量标准进行技术交底,并应制定生产方案;生产方案应包括生产工艺,模具方案,生产计划,技术质量控制措施,成品保护、堆放及运输方案等内容。

（3）预制构件用混凝土的工作性应根据产品类别和生产工艺要求确定,构件用混凝土原材料及配合比设计应符合国家现行标准《混凝土结构工程施工规范》(GB 50666—2011)、《普通混凝土配合比设计规程》(JGJ 55—2011)和《高强混凝土应用技术规程》(JGJ/T 281—2012)等的规定。

（4）预制结构构件采用钢筋套筒灌浆连接时,应在构件生产前进行钢筋套筒灌浆连接接头的抗拉强度试验,每种规格的连接接头试件数量不应少于 3 个。

（5）预制构件用钢筋的加工、连接与安装应符合国家现行标准《混凝土结构工程施工规范》(GB 50666—2011)和《混凝土结构工程施工质量验收规范》(GB 50204—2015)等的有关规定。

4.4.2.2 预制混凝土构件制作

（1）在混凝土浇筑前应进行预制构件的隐蔽工程检查。

（2）带面砖或石材饰面的预制构件宜采用反打一次成型工艺制作,并应符合下列要求:

①当构件饰面层采用面砖时,在模具中铺设面砖前,应根据排砖图的要求进行配砖和加工;饰面砖应采用背面带有燕尾槽或粘结性能可靠的产品。

②当构件饰面层采用石材时,在模具中铺设石材前,应根据排板图的要求进行配板和加工;应按设计要求在石材背面钻孔、安装不锈钢卡钩、涂覆隔离层。

③应采用具有抗裂性和柔韧性、收缩小且不污染饰面的材料嵌填面砖或石材之间的接缝,并应采取防止面砖或石材在安装钢筋、浇筑混凝土等生产过程中发生位移的措施。

（3）夹心外墙板宜采用平模工艺生产,生产时应先浇筑外叶墙板混凝土层,再安装保温材料和拉结件,最后浇筑内叶墙板混凝土层;当采用立模工艺生产时,应同步浇筑内外叶墙板混凝土层,并应采取保证保温材料及拉结件位置准确的措施。

（4）应根据混凝土的品种、工作性、预制构件的规格形状等因素,制定合理的振捣成型操作规程。混凝土应采用强制式搅拌机搅拌,并宜采用机械振捣。

（5）预制构件采用洒水、覆盖等方式进行常温养护时,应符合现行国家标准《混凝土结构工程施工规范》(GB 50666—2011)的要求。

预制构件采用加热养护时,应制定养护制度对静停、升温、恒温和降温时间进行控制,宜在常温下静停 2～6h,升温、降温速度不应超过 20℃/h,最高养护温度不宜超过 70℃,预制构件出池的表面温度与环境温度的差值不宜超过 25℃。

（6）脱模起吊时,预制构件的混凝土立方体抗压强度应满足设计要求,且不应小于 15N/mm²。

（7）采用后浇混凝土或砂浆、灌浆料连接的预制构件结合面,制作时应按设计要求进行粗糙面处理。设计无具体要求时,可采用化学处理、拉毛或凿毛等方法制作粗糙面。

4.4.2.3 预制混凝土运输与堆放

（1）应制定预制构件的运输与堆放方案,其内容应包括运输时间、次序、堆放场地、运输线路、固定要求、堆放支垫及成品保护措施等。对于超高、超宽、形状特殊的大型构件的运输和堆放应有专门的质量安全保证措施。

（2）预制构件的运输车辆应满足构件尺寸和载重要求,装卸与运输时应符合下列规定:

①装卸构件时,应采取保证车体平衡的措施;

②运输构件时,应采取防止构件移动、倾倒、变形等的固定措施;

③运输构件时,应采取防止构件损坏的措施,对构件边角部或链索接触处的混凝土,宜设置保护衬垫。

（3）预制构件堆放应符合下列规定：

①堆放场地应平整、坚实，并应有排水措施；

②预埋吊件应朝上，标识宜朝向堆垛间的通道；

③构件支垫应坚实，垫块在构件下的位置宜与脱模、吊装时的起吊位置一致；

④重叠堆放构件时，每层构件间的垫块应上下对齐，堆垛层数应根据构件、垫块的承载力确定，并应根据需要采取防止堆垛倾覆的措施；

⑤堆放预应力构件时，应根据构件起拱值的大小和堆放时间采取相应措施。

（4）墙板的运输与堆放应符合下列规定：

①当采用靠放架堆放或运输构件时，靠放架应具有足够的承载力和刚度，与地面倾斜角度宜大于80°；墙板宜对称靠放且外饰面朝外，构件上部宜采用木垫块隔离；运输时构件应采取固定措施。

②当采用插放架直立堆放或运输构件时，宜采取直立运输方式；插放架应有足够的承载力和刚度，并应支垫稳固。

③采用叠层平放的方式堆放或运输构件时，应采取防止构件产生裂缝的措施。

4.4.3　预制混凝土结构施工

4.4.3.1　一般规定

（1）装配式结构施工前应制定施工组织设计、施工方案；施工方案的内容应包括构件安装及节点施工方案、构件安装的质量管理及安全措施等。

（2）装配式结构的后浇混凝土部位在浇筑前应进行隐蔽工程验收。

（3）预制构件、安装用材料及配件等应符合设计要求及国家现行有关标准的规定。

（4）吊装用吊具应按国家现行有关标准的规定进行设计、验算或试验检验。

吊具应根据预制构件形状、尺寸及重量等参数进行配置，吊索水平夹角不宜小于60°，且不应小于45°；对尺寸较大或形状复杂的预制构件，宜采用有分配梁或分配桁架的吊具。

（5）钢筋套筒灌浆前，应在现场模拟构件连接接头的灌浆方式，每种规格钢筋应制作不少于3个套筒灌浆连接接头，进行灌注质量以及接头抗拉强度的检验；经检验合格后，方可进行灌浆作业。

（6）在装配式结构的施工全过程中，应采取防止预制构件及预制构件上的建筑附件、预埋件、预埋吊件等损伤或污染的保护措施。

（7）未经设计允许不得对预制构件进行切割、开洞。

（8）装配式结构施工过程中应采取安全措施，并应符合现行行业标准《建筑施工高处作业安全技术规范》（JGJ 80—2016）、《建筑机械使用安全技术规程》（JGJ 33—2012）和《施工现场临时用电安全技术规范（附条文说明）》（JGJ 46—2005）等的有关规定。

4.4.3.2　安装准备

（1）应合理规划构件运输通道和临时堆放场地，并应采取成品堆放保护措施。

（2）安装施工前，应核对已施工完成结构的混凝土强度、外观质量、尺寸偏差等符合现行国家标准《混凝土结构工程施工规范》（GB 50666—2011）的有关规定，并应核对预制构件的混凝土强度及预制构件和配件的型号、规格、数量等符合设计要求。

（3）安装施工前，应进行测量放线、设置构件安装定位标识。

（4）安装施工前,应复核构件装配位置、节点连接构造及临时支撑方案等。

（5）安装施工前,应检查复核吊装设备及吊具处于安全操作状态。

（6）安装施工前,应核实现场环境、天气、道路状况等满足吊装施工要求。

（7）装配式结构施工前,宜选择有代表性的单元进行预制构件试安装,并应根据试安装结果及时调整完善施工方案和施工工艺。

4.4.3.3　安装与连接

（1）预制构件吊装就位后,应及时校准并采取临时固定措施。

（2）采用钢筋套筒灌浆连接,钢筋浆锚搭接连接的预制构件就位前,应检查下列内容:

①套筒、预留孔的规格、位置、数量和深度;

②被连接钢筋的规格、数量、位置和长度。

当套筒、预留孔内有杂物时,应清理干净;当连接钢筋倾斜时,应进行校直。连接钢筋偏离套筒或孔洞中心线不宜超过 5mm。

（3）墙、柱构件的安装应符合下列规定:

①构件安装前,应清洁结合面;

②构件底部应设置可调整接缝厚度和底部标高的垫块;

③钢筋套筒灌浆连接接头,钢筋浆锚搭接连接接头灌浆前,应对接缝周围进行封堵,封堵措施应符合结合面承载力设计要求;

④多层预制剪力墙底部采用坐浆材料时,其厚度不宜大于 20mm。

（4）钢筋套筒灌浆连接接头,钢筋浆锚搭接连接接头应按检验批划分要求及时灌浆,灌浆作业应符合国家现行有关标准及施工方案的要求,并应符合下列规定:

①灌浆施工时,环境温度不应低于 5℃;当连接部位养护温度低于 10℃时,应采取加热保温措施;

②灌浆操作全过程应有专职检验人员负责旁站监督并及时形成施工质量检查记录;

③应按产品使用说明书的要求计量灌浆料和水的用量,并搅拌均匀;每次拌制的灌浆料拌合物应进行流动度的检测,且其流动度应满足规定;

④灌浆作业应采用压浆法从下口灌注,当浆料从上口流出后应及时封堵,必要时可设分仓进行灌浆;

⑤灌浆料拌合物应在制备后 30min 内用完。

（5）焊接或螺栓连接的施工应符合国家现行标准《钢筋焊接及验收规程》(JGJ 18—2012)、《钢结构焊接规范》(GB 50661—2011)、《钢结构工程施工规范》(GB 50755—2012)和《钢结构工程施工质量验收规范》(GB 50205—2001)的有关规定。

采用焊接连接时,应采取防止因连续施焊而引起的连接部位混凝土开裂的措施。

（6）钢筋机械连接的施工应符合现行行业标准《钢筋机械连接技术规程》(JGJ 107—2016)的有关规定。

（7）后浇混凝土的施工应符合下列规定:

①预制构件结合面疏松部分的混凝土应剔除并清理干净;

②模板应保证后浇混凝土部分形状、尺寸和位置准确,并应防止漏浆;

③在浇筑混凝土前应洒水润湿结合面,混凝土应振捣密实;

④同一配合比的混凝土,每工作班且建筑面积不超过 1000m² 应制作一组标准养护试件,

同一楼层应制作不少于 3 组标准养护试件。

(8)构件连接部位后浇混凝土及灌浆料的强度达到设计要求后,方可拆除临时固定措施。

(9)受弯叠合构件的装配施工应符合下列规定:

①应根据设计要求或施工方案设置临时支撑;

②施工荷载宜均匀布置,并不应超过设计规定;

③在混凝土浇筑前,应按设计要求检查结合面的粗糙度及预制构件的外露钢筋;

④叠合构件在后浇混凝土强度达到设计要求后,方可拆除临时支撑。

(10)安装预制受弯构件时,端部的搁置长度应符合设计要求,端部与支承构件之间应坐浆或设置支承垫块,坐浆或支承垫块厚度不宜大于 20mm。

(11)外挂墙板的连接节点及接缝构造应符合设计要求;墙板安装完成后,应及时移除临时支承支座、墙板接缝内的传力垫块。

(12)外墙板接缝防水施工应符合下列规定:

①防水施工前,应将板缝空腔清理干净;

②应按设计要求填塞背衬材料;

③密封材料嵌填应饱满、密实、均匀、顺直、表面平滑,其厚度应符合设计要求。

4.4.4　预制混凝土结构工程质量检查

4.4.4.1　主控项目

(1)后浇混凝土强度应符合设计要求。

检查数量:按批检验,检验批应符合 4.4.3.3 节第(7)条的有关要求。

检验方法:按现行国家标准《混凝土强度检验评定标准》(GB/T 50107—2010)的要求进行。

(2)钢筋套筒灌浆连接及浆锚搭接连接的灌浆应密实饱满。

检查数量:全数检查。

检验方法:检查灌浆施工质量检查记录。

(3)钢筋套筒灌浆连接及浆锚搭接连接用的灌浆料强度应满足设计要求。

检查数量:按批检验,以每层为一检验批;每工作班应制作一组且每层不应少于 3 组 40mm×40mm×160mm 的长方体试件,标准养护 28d 后进行抗压强度试验。

检验方法:检查灌浆料强度试验报告及评定记录。

(4)剪力墙底部接缝坐浆强度应满足设计要求。

检查数量:按批检验,以每层为一检验批;每工作班应制作一组且每层不应少于 3 组边长为 70.7mm 的立方体试件,标准养护 28d 后进行抗压强度试验。

检验方法:检查坐浆材料强度试验报告及评定记录。

(5)钢筋采用焊接连接时,其焊接质量应符合现行行业标准《钢筋焊接及验收规程》(JGJ 18—2012)的有关规定。

检查数量:按现行行业标准《钢筋焊接及验收规程》(JGJ 18—2012)的规定确定。

检验方法:检查钢筋焊接施工记录及平行加工试件的强度试验报告。

(6)钢筋采用机械连接时,其接头质量应符合现行行业标准《钢筋机械连接技术规程》(JGJ 107—2016)的有关规定。

检查数量:按现行行业标准《钢筋机械连接技术规程》(JGJ 107—2016)的规定确定。

检验方法:检查钢筋机械连接施工记录及平行加工试件的强度试验报告。

(7)预制构件采用焊接连接时,钢材焊接的焊缝尺寸应满足设计要求,焊缝质量应符合现行国家标准《钢结构焊接规范》(GB 50661—2011)和《钢结构工程施工质量验收规范》(GB 50205—2001)的有关规定。

检查数量:全数检查。

检验方法:按现行国家标准《钢结构工程施工质量验收规范》(GB 50205—2001)的要求进行。

(8)预制构件采用螺栓连接时,螺栓的材质、规格、拧紧力矩应符合设计要求及现行国家标准《钢结构设计规范》(GB 50017—2003)和《钢结构工程施工质量验收规范》(GB 50205—2001)的有关规定。

检查数量:全数检查。

检验方法:按现行国家标准《钢结构工程施工质量验收规范》(GB 50205—2001)的要求进行。

4.4.4.2 一般项目

(1)装配式结构尺寸允许偏差应符合设计要求,并应符合表4.24中的规定。

检查数量:按楼层、结构缝或施工段划分检验批。在同一检验批内,对梁、柱,应抽查构件数量的10%,且不少于3件;对墙和板,应按有代表性的自然间抽查10%,且不少于3间;对大空间结构,墙可按相邻轴线间高度5m左右划分检查面,板可按纵、横轴线划分检查面,抽查10%,且均不少于3面。

表4.24 装配式结构尺寸允许偏差及检验方法

项目			允许偏差(mm)	检验方法
构件中心线对轴线位置	基础		15	尺量检查
	竖向构件(柱、墙、桁架)		10	
	水平构件(梁、板)		5	
构件标高	梁、柱、墙、板底面或顶面		±5	水准仪或尺量检查
构件垂直度	柱、墙	<5m	5	经纬仪或全站仪量测
		≥5m且<10m	10	
		≥10m	20	
构件倾斜度	梁、桁架		5	垂线、钢尺量测
相邻构件平整度	板端面		5	钢尺、塞尺量测
	梁、板底面	抹灰	5	
		不抹灰	3	
	柱、墙侧面	外露	5	
		不外露	10	
构件搁置长度	梁、板		±10	尺量检查
支座、支垫中心位置	板、梁、柱、墙、桁架		10	尺量检查
墙板接缝	宽度		±5	尺量检查
	中心线位置			

（2）外墙板接缝的防水性能应符合设计要求。

检查数量：按批检验。每 1000m² 外墙面积应划分为一个检验批,不足 1000m² 时也应划分为一个检验批;每个检验批每 100m² 应至少抽查一处,每处不得少于 10m²。

检验方法：检查现场淋水试验报告。

4.5　钢筋混凝土工程的安全技术

在现场安装模板时,所用工具应装在工具包内;当上下交叉作业时,应戴安全帽。垂直运输模板或其他材料时,应有统一指挥,统一信号。拆模时应有专人负责安全监督,或设立警戒标志。高空作业人员应经过体格检查,不合格者不得进行高空作业。高空作业应穿防滑鞋,系好安全带。模板在安全系统未钉牢固之前,不得上下;未安装好的梁底板或挑檐等模板的安装与拆除,必须有可靠的技术措施,确保安全。非拆模人员不准在拆模区域内通行。拆除后的模板应将朝天钉向下,并及时运至指定的堆放地点,然后拔除钉子,分类堆放整齐。

在高空绑扎和安装钢筋时,须注意不要将钢筋集中堆放在模板或脚手架的某一部分,以保证安全;特别是悬臂构件,还要检查支撑是否牢固。在脚手架上不要随便放置工具、箍筋或短钢筋,避免放置不稳滑下伤人。焊接或扎结竖向放置的钢筋骨架时,不得站在已绑扎或焊接好的箍筋上工作。搬运钢筋的工人须带帆布垫肩、围裙及手套;除锈工人应戴口罩及风镜;电焊工应戴防护镜并穿工作服。300～500mm 的钢筋短头禁止用机器切割。在有电线通过的地方安装钢筋时,必须特别小心谨慎,勿使钢筋碰到电线。

在进行混凝土施工前,应仔细检查脚手架、工作台和马道是否绑扎牢固,如有空头板应及时搭好,脚手架应设保护栏杆。运输马道宽度：单行道应比手推车的宽度大 400mm 以上;双行道应比两车宽度大 700mm 以上。搅拌机、卷扬机、皮带运输机和振动器等接电要安全可靠,绝缘接地装置良好,并应进行试运转。搅拌台上操作人员应戴口罩;搬运水泥工人应戴口罩和手套,有风时戴好防风眼镜。搅拌机应由专人操作,中途发生故障时,应立即切断电源进行修理;运转时不得将铁锹伸入搅拌筒内卸料;其机械传动外露装置应加保护罩。采用井字架和拔杆运输时,应设专人指挥;井字架上卸料人员不能将头或脚伸入井字架内,起吊时禁止在拔杆下站人。振动器操作人员必须穿胶鞋;振动器必须设专门防护性接地导线,避免火线漏电发生危险,如发生故障应立即切断电源进行修理。夜间施工时应设足够的照明;深坑和潮湿地点施工时,应使用 36V 以下低压安全照明。

思　考　题

4.1　试述模板的作用和要求。

4.2　基础、柱、梁、楼板结构的模板构造及安装要求有哪些?

4.3　跨度在 4m 及 4m 以上的梁模板为什么要起拱? 有什么具体要求?

4.4　试述定型组合钢模板的组成及各组成部分的作用。

4.5　何时须进行模板设计? 模板及支架设计时应考虑哪些荷载?

4.6　试述拆模的顺序及应注意的事项。

4.7　钢筋冷拉后为什么能节约钢材? 试述钢筋冷拉的原理。

4.8　试述钢筋冷拔原理及工艺。钢筋冷拔与冷拉有何区别?

4.9 试述钢筋闪光对焊的常用工艺及适用范围。

4.10 试述钢筋电弧焊的接头形式及适用范围。

4.11 如何计算钢筋的下料长度？如何编制钢筋配料单？

4.12 试述钢筋代换的原则及方法。

4.13 钢筋的加工有哪些内容？钢筋绑扎接头的最小搭接长度和搭接位置是怎样规定的？

4.14 如何根据砂、石的含水量换算施工配合比？

4.15 搅拌时间对混凝土质量有何影响？

4.16 搅拌混凝土的投料顺序有几种？对混凝土的质量有何影响？

4.17 搅拌机为什么不能超载？

4.18 混凝土在运输过程中可能产生哪些问题？怎样预防？

4.19 泵送混凝土有什么优点？其配合比和浇筑方法与普通混凝土的有什么不同？

4.20 混凝土浇筑前对模板钢筋应做哪些检查？

4.21 混凝土浇筑时应注意哪些问题？如何防止离析？

4.22 什么是施工缝？留设位置如何？如何处理？

4.23 试述多层钢筋混凝土框架结构施工顺序、施工过程及柱、梁、板浇筑方法。

4.24 大体积混凝土施工特点有哪些？如何确定浇筑方案？

4.25 试述振动器的种类及适用范围。

4.26 试述插入式振动器的施工要点。

4.27 试述混凝土自然养护的方法与要求。

4.28 混凝土质量检查的内容有哪些？如何确定混凝土强度是否合格？

4.29 常见混凝土的质量缺陷有哪些？产生原因是什么？如何防治与处理？

习 题

4.1 已知某教学楼共有 5 根钢筋混凝土外伸简支梁 L_1，其配筋如图 4.33 所示。试计算各种钢筋的下料长度，并编制钢筋配料单(梁端保护层厚度取 25mm)。

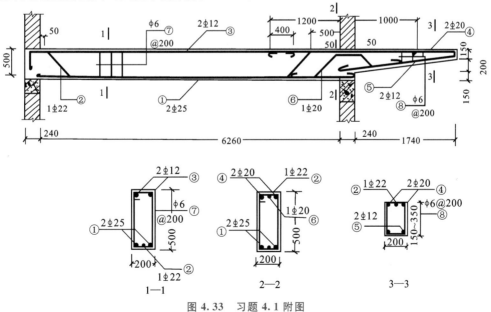

图 4.33 习题 4.1 附图

4.2　已知某混凝土实验室配合比为 1 : 2.56 : 5.5，水胶比为 0.64，每 1m³ 混凝土的水泥用量为 251.4kg；测得砂子含水量为 4％，石子含水量为 2％。试求：(1) 该混凝土的施工配合比；(2) 若用 JZ250 型搅拌机搅拌，其出料容量为 0.25m³，则每拌制一盘混凝土，各种材料的需用量为多少？

4.3　某主梁设计主筋为 4 Φ 20(f_{y1} = 300N/mm²)，今现场无 HRB335 钢筋，拟用 Φ 22 钢筋代换(f_{y2} = 360N/mm²)，试计算需几根钢筋？

模块 5　预应力混凝土工程

知识目标

(1)预应力混凝土的基本概念、优点及材料、品种、规格、强度要求;

(2)先张法施工工艺中的预应力筋的控制应力、张拉程序和放张程序的确定及注意事项;

(3)后张法施工工艺中的孔道留设、锚具选择、预应力筋的张拉顺序、孔道灌浆等施工方法及注意要点。

技能目标

预应力混凝土工程的质量保证措施和安全技术。

混凝土的抗拉强度很低,约为抗压强度的 1/10,所以在一般受弯构件中,为了避免承受荷载后的受拉区混凝土过早出现裂缝,设计时不得不限制其中钢筋的相应的变形率,这样不利于钢筋充分发挥作用。普通钢筋混凝土构件中,如果保证混凝土不开裂,受拉钢筋的应力只能达到 $20 \sim 30 \text{N/mm}^2$。允许出现裂缝的构件,由于裂缝宽度的限制,钢筋应力也只能达到 $150 \sim 200 \text{N/mm}^2$。因此,虽然高强钢材不断发展,但在普通钢筋混凝土构件中却不能充分发挥其作用。

预应力混凝土能充分发挥高强度钢材的作用,即在外荷载作用于构件之前,利用钢筋张拉后的弹性回缩,对构件受拉区的混凝土预先施加压力,产生预压应力,使混凝土结构在作用状态下充分发挥钢筋抗拉强度高和混凝土抗压能力强的特点,可以提高构件的承载能力。当构件在荷载作用下产生拉应力时,首先抵消预应力,然后随着荷载不断增加,受拉区混凝土才受拉开裂,从而延迟了构件裂缝的出现和限制了裂缝的开展,提高了构件的抗裂度和刚度。这种利用钢筋对受拉区混凝土施加预压应力的钢筋混凝土,叫作预应力混凝土。预应力混凝土与钢筋混凝土结构相比,具有构件截面小、自重轻、刚度好、抗裂度高、耐久性好、材料省等优点,并能用于大跨度结构;与钢结构相比,可节约大量钢材,降低成本。预应力混凝土施工,需要专用张拉灌浆机具和锚固装置,施工技术比较复杂,操作要求高。

预加应力的方法,可以分为先张法和后张法两类。先张法是先张拉钢筋,后浇筑混凝土,预应力靠钢筋与混凝土之间的粘结力传递给混凝土。后张法是先浇筑混凝土并预留孔道,待混凝土达到一定强度后张拉钢筋,预应力靠锚具传递给混凝土。

为了达到较高的预应力值,宜优先采用高强度等级混凝土。当采用冷拉 HRB335、HRB400 钢筋和冷轧带肋钢筋作预应力钢筋时,其混凝土强度等级不宜低于 C30;当采用消除应力钢丝、钢绞线、热处理钢筋作预应力钢筋时,混凝土强度等级不宜低于 C40。

5.1　先　张　法

先张法是在浇筑混凝土构件之前将预应力筋张拉到设计控制应力,用夹具将其临时固定在台座或钢模上,然后绑扎钢筋,安装铁件,支设模板,再浇筑混凝土;待混凝土达到规定的强度(一般不低于设计强度标准值的 75%),保证预应力筋与混凝土有足够的黏结力时,放松预应力筋,借助于它们之间的黏结力,在预应力筋弹性回缩时,使混凝土构件受拉区的混凝土获得预压应力。先张法生产示意图如图 5.1 所示。

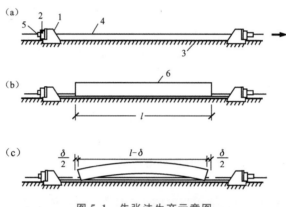

图 5.1　先张法生产示意图
(a) 预应力筋张拉;(b) 混凝土浇筑和养护;(c) 放松预应力筋
1—台座;2—横梁;3—台面;4—预应力筋;5—夹具;6—构件

先张法动画

先张法一般用于预制构件厂生产定型的中小型构件,如楼板、屋面板、檩条及吊车梁等。

先张法生产时,可采用台座法和机组流水法。采用台座法时,预应力筋的张拉、锚固,混凝土的浇筑、养护及预应力筋放张等均在台座上进行;预应力筋放松前,其拉力由台座承受。采用机组流水法时,构件连同钢模通过固定的机组,按流水方式完成每一生产过程(张拉、锚固、混凝土浇筑和养护);预应力筋放松前,其拉力由钢模承受。

先张法施工工艺流程如图 5.2 所示。

5.1.1　先张法施工准备

5.1.1.1　台座

台座由台面、横梁和承力结构等组成,是先张法生产的主要设备。预应力筋张拉、锚固,混凝土浇筑、振捣和养护及预应力筋放张等全部施工过程都在台座上完成。预应力筋放张前,台座承受全部预应力筋的拉力,因此,台座应有足够的强度、刚度和稳定性。台座按构造形式分为墩式台座和槽式台座,选用时应根据生产构件的类型、形式、张拉力的大小和施工条件而决定。

(1) 墩式台座

墩式台座由台墩、台面与横梁等组成。台墩和台面共同承受拉力。台座一般长 100m,宽 2m。在台座的两端应留出张拉、锚固预应力筋的操作场地和通道,两侧要有构件运输和堆放的场地。墩式台座用以生产各种形式的中小型构件。张拉一次预应力筋,可生产多根构件,从而减少张拉的临时锚固次数及因钢筋滑移而引起的预应力损失。

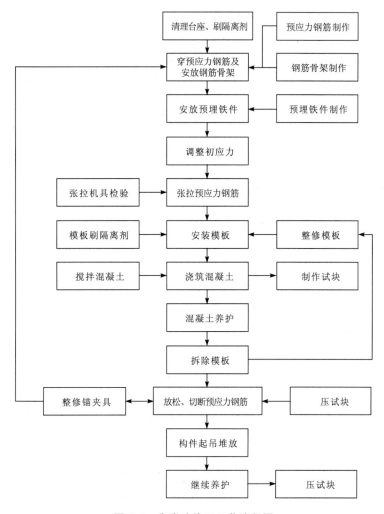

图 5.2　先张法施工工艺流程图

① 台墩

台墩是承力结构,由钢筋混凝土浇筑而成。台座依靠其自重和土压力来平衡张拉力所产生的倾覆力矩,依靠土的反力和摩阻力来平衡张拉所产生的水平位移。承力台墩设计时,应进行稳定性和强度验算。稳定性验算一般包括抗倾覆验算与抗滑移验算。抗倾覆安全系数不得小于 1.5,抗滑移安全系数不得小于 1.3。

抗倾覆验算的计算简图如图 5.3 所示,按下式计算:

$$K_0 = \frac{M'}{M} \geqslant 1.5 \qquad (5.1)$$

式中　K_0——台座的抗倾覆安全系数;

　　　　M——由张拉力产生的倾覆力矩,$kN \cdot m$;

$$M = T \cdot e$$

　　　　T——张拉力合力,kN;

　　　　e——张拉合力 T 的作用点到倾覆转动点 O 的力臂,m;

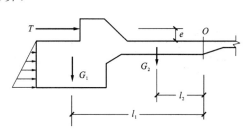

图 5.3　墩式台座抗倾覆验算简图

M'——抗倾覆力矩,$kN \cdot m$。

如忽略土压力,则

$$M' = G_1 \cdot l_1 + G_2 \cdot l_2 \tag{5.2}$$

抗滑移安全系数按下式验算:

$$K_e = \frac{T_1}{T} \geqslant 1.3 \tag{5.3}$$

式中　K_e——抗滑移安全系数。

　　　　T——张拉力合力,kN。

　　　　T_1——抗滑移的力,kN。对于独立的台墩,由侧壁上压力和底部摩阻力等产生;对与台面共同工作的台墩,其水平推力几乎全部传给台面,不存在滑移问题,可不做抗滑移计算,此时应验算台面的强度。

台座强度验算时,支承横梁的牛腿,按柱牛腿计算方法配筋;墩式台座与台面接触外伸部分,按偏心受拉构件计算;台面按轴心受压构件计算;横梁按承受均布荷载的简支梁计算,其挠度应控制在 2mm 以内,并不得产生翘曲。预应力筋的定位板必须安装准确,其挠度不大于 1mm。

② 台面

台面是预应力构件成型的胎模,它是在 150mm 厚夯实碎石垫层上浇筑 60～80mm 厚 C20 混凝土面层,原浆压实抹光而成,制作时要求地基坚实平整。台面要求坚硬、平整、光滑,沿其纵向有 3‰ 的排水坡度。为避免混凝土因温度变化而引起台面开裂,可采用 40～50mm 厚细砂层作隔离层,使台面在温度变化时能自由变形,以减少温度应力;或台面每隔 10～20m 设置宽 30～50mm 的伸缩缝。

③ 横梁

横梁以墩座牛腿为支承点安装其上,是锚固夹具临时固定预应力筋的支承点,也是张拉机械张拉预应力筋的支座。横梁常采用型钢或钢筋混凝土制作。

(2) 槽式台座

槽式台座由端柱、传力柱、横梁和台面组成。台面长度要便于生产多种构件,一般长 45m 或 76m;宽度随构件外形和制作方式而定,一般不小于 1m。槽式台座既可承受拉力,又可作蒸汽养护槽,适用于张拉吨位较大的大型构件,如屋架、吊车梁等。

槽式台座构造如图 5.4 所示。为便于运送和浇筑混凝土及蒸汽养护,槽式台座一般低于地面,但要考虑地下水位和排水问题。端柱、传力柱的端面必须平整,对接接头必须紧密;柱与柱之间连接必须牢靠。

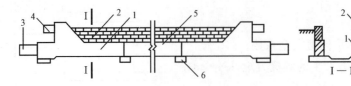

槽式台座动画

图 5.4　槽式台座

1—钢筋混凝土端柱;2—砖墙;3—下横梁;4—上横梁;5—传力柱;6—柱垫

槽式台座需进行强度和稳定性计算。端柱和传力柱的强度按钢筋混凝土偏心受压构件计算。槽式台座端柱抗倾覆力矩由端柱、横梁自重力矩及部分张拉力矩组成。

5.1.1.2 夹具

夹具是先张法构件施工时保持预应力筋拉力,并将其固定在张拉台座(或设备)上的临时性锚固装置。按其工作用途不同分为锚固夹具和张拉夹具。对夹具的要求是:具有可靠的锚固能力,要求不低于预应力筋抗拉强度的 90%;使用中不发生变形或滑移,且预应力损失较小;夹具应耐久,锚固与拆卸方便,能重复使用,且适应性好;构造简单,加工方便,成本低。

(1) 钢丝锚固夹具

① 锥销夹具 锥销夹具可分为圆锥齿板式夹具和圆锥槽式夹具,由钢质圆柱形套筒和带有细齿(或凹槽)的锥销组成,如图 5.5 所示。锥销夹具既可用于固定端,也可用于张拉端,具有自锁和自锚能力。自锁即锥销或齿板打入套筒后不致弹回脱出;自锚即能可靠锚固预应力钢丝。锚固时,将圆锥销打入套筒,借助夹阻力将钢丝锚固。适用于夹持单根直径 3~5mm 的冷轧带肋钢丝。

② 镦头夹具 如图 5.6 所示,采用镦头夹具时,将预应力筋端部热镦或冷镦,通过承力分孔板锚固。它用于预应力钢丝固定端的锚固。

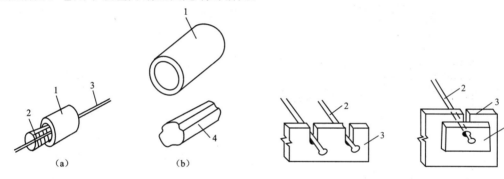

图 5.5 钢质锥销夹具

(a)圆锥齿板式;(b)圆锥槽式

1—套筒;2—齿板;3—钢丝;4—锥塞

图 5.6 固定端镦头夹具

1—垫片;2—镦头钢丝;3—承力板

(2) 钢筋锚固夹具

钢筋锚固常用圆套筒三片式夹具,由套筒和夹片组成(图 5.7)。套筒的内孔呈圆锥形,三个夹片互成 120°,钢筋夹持在三个夹片中心,夹片内槽有齿痕,以保证钢筋的锚固。其型号有 YJ12、YJ14,适用于先张法;用 YC18 型千斤顶张拉时,适用于锚固直径为 12mm、14mm 的单根冷拉 HRB335、HRB400、RRB400 钢筋。

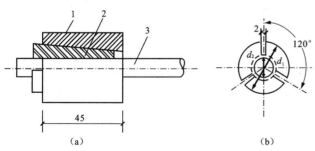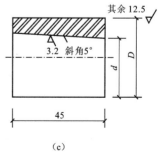

图 5.7 圆套筒三片式夹具

(a)装配图;(b)夹片;(c)套筒

1—套筒;2—夹片;3—预应力钢筋

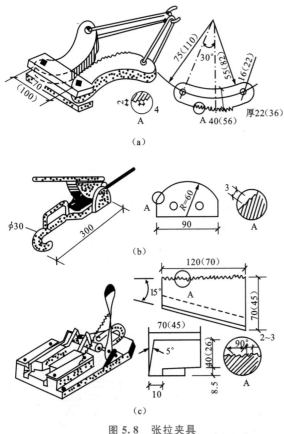

图 5.8 张拉夹具

(a) 月牙形夹具；(b) 偏心式夹具；(c) 楔形夹具

（3）张拉夹具

张拉夹具是夹持住预应力筋后，与张拉机械连接起来进行预应力筋张拉的机具。常用的张拉夹具有月牙形夹具、偏心式夹具、楔形夹具等，如图 5.8 所示，适用于张拉钢丝和直径 16mm 以下的钢筋。

单根钢筋之间的连接或粗钢筋与螺丝杆的连接，可采用钢筋连接器，如图 5.9 所示。

5.1.1.3 张拉设备

张拉设备要求工作可靠，控制应力准确，能以稳定的速率增大拉力。选择张拉机具时，为了保证设备、人身安全和张拉力准确，张拉机具的张拉力应不小于预应力筋张拉力的 1.5 倍；张拉机具的张拉行程不小于预应力筋伸长值的 1.1～1.3 倍；此外，还应考虑张拉机具与锚固夹具配套使用。

（1）钢丝张拉设备

钢丝张拉分单根张拉和成组张拉。用钢模以机组流水法或传送带法生产构件时，常采用成组钢丝张拉。此时，钢丝以镦头锚固在锚固板上，用油压千斤顶进行张拉，要求钢丝长度相等，并事先调整初应力。用油压表读数控制张拉应力。在台座上生产构件时，一般采用单根钢丝张拉，可采用电动卷扬机、电动螺杆张拉机进行张拉。

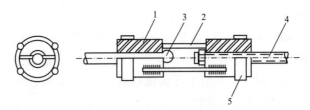

图 5.9 套筒双拼式连接器

1—半圆套筒；2—连接筋；3—钢筋镦头；4—工具式螺丝杆；5—钢圈

① 电动卷扬机

如图 5.10 所示，这套装置由电动卷扬机、杠杆测力装置及张拉夹具组成，安装在窄轨小车底座上。通过钢丝绳将卷扬机、张拉夹具和杠杆测力装置联系起来共同工作，同时完成张拉、张拉力控制施工过程。

工作过程是用夹轨器将张拉装置与窄轨锚固连接起来，张拉夹具 1 夹持住钢丝 10，依据计算好的张拉力，将配重砝码挂好，启动卷扬机开始张拉。当张拉力达到控制应力值时，杠杆 4 翘起脱离断电器 5，卷扬机随即自动停车。这时，将预应力钢丝用钢质圆锥形夹具锚固在钢丝承力板上。

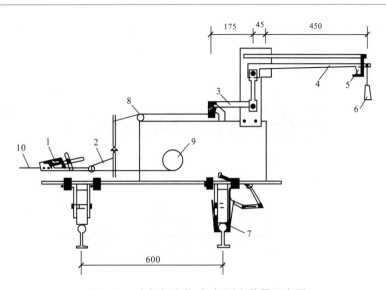

图 5.10 卷扬机张拉、杠杆测力装置示意图

1—钳式张拉夹具;2—钢丝绳;3,4—杠杆;5—断电器;6—砝码;

7—夹轨器;8—导向轮;9—卷扬机;10—钢丝

用杠杆测力器控制张拉力误差小,操作简便,常用于冷拔低碳钢丝的张拉与测力。

② 电动螺杆张拉机

如图 5.11 所示,电动螺杆张拉机由螺杆、顶杆、张拉夹具、弹簧测力器及电动机组成。使用时,将顶杆 6 支撑在台座横梁 7 上,张拉夹具 10 夹紧钢丝 8,启动电动机 1,通过传动机构的运动迫使螺杆 5 做直线运动来张拉预应力钢丝,而压缩测力计弹簧以弹簧压缩值来控制张拉力值。

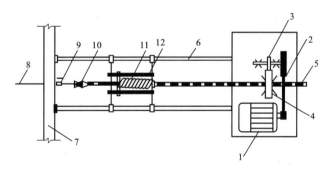

图 5.11 电动螺杆张拉机

1—电动机;2—皮带;3—齿轮;4—齿轮螺母;5—螺杆;6—顶杆;7—台座横梁;

8—钢丝;9—锚固夹具;10—张拉夹具;11—弹簧测力计;12—滑动架

电动螺杆张拉机构造简单,体积小,操作灵活,运行平稳,螺杆具有自锁能力,张拉速度快,行程大。其张拉能力为 10kN,螺杆直径为 30mm,螺杆行程约为 800mm,张拉速度为 1m/min,适合冷轧带肋钢丝的张拉和测力。

(2) 钢筋张拉设备

穿心式千斤顶用于直径 12～20mm 的单根钢筋、钢绞线或钢丝束的张拉。用 YC20 型穿心式千斤顶(图 5.12)张拉时,高压油泵启动,从后油嘴进油,前油嘴回油,被偏心式夹具夹紧的钢筋随液压缸的伸出而被拉伸。

YC20 型穿心式千斤顶的最大张拉力为 20kN,最大行程为 200mm。适于用圆套筒三片式夹具张拉锚固直径 12～20mm 的单根冷拉 HRB335、HRB400 和 RRB400 钢筋。

油压千斤顶张拉时,用油压表读数直接控制张拉力大小。

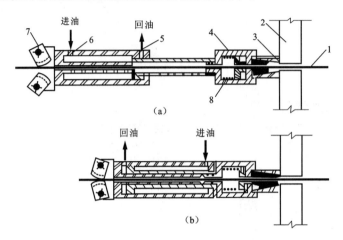

图 5.12 YC－20 型穿心式千斤顶

(a) 张拉;(b) 复位

1—钢筋;2—台座;3—穿心式夹具;4—弹性顶压头;5,6—油嘴;7—偏心式夹具;8—弹簧

5.1.2 先张法施工工艺

5.1.2.1 张拉控制应力和张拉程序

张拉控制应力是指在张拉预应力筋时所达到的规定应力,应按设计规定采用。控制应力的数值直接影响预应力的效果。控制应力稍高,预应力效果会更好些,不仅可以提高构件的抗裂性能和减少挠度,还可以节约钢材。所以,把张拉应力适当规定得高一些是有利的。但控制应力过高,构件在使用过程中预应力筋处于高应力状态,使构件出现裂缝的荷载与破坏荷载接近,构件延性差;破坏时,挠度小而脆断,没有明显预兆,这是不允许的。同时,为了减少钢筋松弛、测力误差、温度影响、锚具变形、混凝土硬化时收缩徐变和钢筋滑移引起的预应力损失,施工中采用超张拉工艺,使超张拉应力比控制应力提高 3%～5%。这时,若张拉应力过高,可能达到或超过钢筋的屈服极限而产生塑性变形,从而失去预应力的作用。

预应力筋的张拉控制应力应符合设计要求。施工中预应力筋需要超张拉时,可比设计要求提高 3%～5%,但其最大张拉控制应力不得超过表 5.1 的规定。

表 5.1 张拉控制应力限值

钢 筋 种 类	张 拉 方 法	
	先 张 法	后 张 法
消除应力钢丝、钢绞线	$0.75f_{ptk}$	$0.75f_{ptk}$
热处理钢筋	$0.70f_{ptk}$	$0.65f_{ptk}$
冷拉钢筋	$0.90f_{pyk}$	$0.85f_{pyk}$

注:f_{ptk}——预应力筋极限抗拉强度标准值;

f_{pyk}——预应力筋屈服强度标准值。

张拉程序可按下列之一进行：

$$0 \rightarrow 105\% \sigma_{con} \xrightarrow{\text{持荷 2min}} \sigma_{con}$$

或

$$0 \rightarrow 103\% \sigma_{con}$$

其中 σ_{con} 为预应力筋的张拉控制应力。

为了减少应力松弛损失，预应力钢筋宜采用 $0 \rightarrow 105\% \sigma_{con} \xrightarrow{\text{持荷 2min}} \sigma_{con}$ 的张拉程序。应力松弛指钢材在常温高应力作用下不断产生塑性变形的特点。应力松弛的数值与控制应力和延续时间有关，控制应力高，应力松弛也大，并随时间的延续而增大。超张拉 5% 并持荷 2min，而后回到设计控制应力，其目的是加速钢筋松弛早期发展，以减少因钢筋松弛而引起的应力损失（约 50%），提高钢筋的使用强度和构件的抗裂性。

预应力钢丝张拉工作量大时，宜采用一次张拉程序 $0 \rightarrow 103\% \sigma_{con}$。超张拉 3% 是为了弥补设计中不可预见的钢筋松弛、测力误差、温度影响、锚具变形、操作等原因造成的应力损失。

5.1.2.2 预应力值的校核

预应力钢筋的张拉力，一般用伸长值校核。张拉预应力筋的理论伸长值与实际伸长值的误差在 $-5\% \sim +10\%$ 的范围内是允许的。预应力筋理论伸长值 ΔL 按下式计算：

$$\Delta L = \frac{F_P L}{A_P E_S} \tag{5.4}$$

式中　F_P——预应力筋平均张拉力，kN，轴线张拉取张拉端的拉力，两端张拉的曲线筋取张拉端的拉力与跨中扣除孔道摩阻损失后拉力的平均值；

　　　L——预应力筋的长度，mm；

　　　A_P——预应力筋的截面面积，mm^2；

　　　E_S——预应力筋的弹性模量，kN/mm^2。

预应力筋的实际伸长值，宜在初应力约为 $10\% \sigma_{con}$ 时测量，并加上初应力的推算伸长值。

预应力钢丝张拉时，伸长值不作校核。钢丝张拉锚固后，应采用钢丝内力测定仪检查钢丝的预应力值。其偏差按一个构件全部钢丝的预应力平均值计算，不得大于或小于设计规定预应力值的 5%。

国产 2CN-1 型钢丝内力测定仪如图 5.13 所示。使用时，先用挂钩钩住钢丝，旋转螺丝 9，使测头与钢丝接触，此时百分表 4、5 的读数均为零；继续旋转螺丝 9，使挠度百分表 4 的读数达到某一常数（试验确定），从测力百分表 5 读数便可知钢丝拉力 N。测力计的精度为 2%，使用前要经过标定。

5.1.2.3 张拉前的准备

(1) 钢筋的接长与冷拉

① 钢丝的接长　一般用钢丝拼接器采用 20~22 号铁丝密排绑扎（图 5.14）。绑扎长度的规定：对于冷拔低碳钢丝不得小于 40 倍钢丝直径；对于高强度钢丝不得小于 80 倍钢丝直径。

② 预应力钢筋的接长与冷拉　预应力钢筋一般采用冷拉 HRB335、HRB400 和 RRB400 热轧钢筋。预应力钢筋的接长及预应力钢筋与螺丝端杆的连接，宜采用对焊连接，且应先焊接后冷拉，以免因焊接而降低冷拉后的强度。预应力钢筋的制作，一般有对焊和冷拉两道工序。

③ 预应力钢筋铺设时，钢筋与钢筋、钢筋与螺丝端杆的连接可采用套筒双拼式连接（图 5.9）。

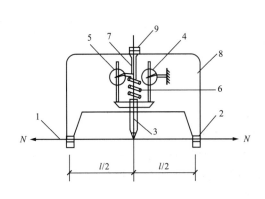

图 5.13　2CN-1 型钢丝测力计
1—钢丝;2—挂钩;3—测头;4—测挠度百分表;
5—测力百分表;6—弹簧;7—推杆;8—表架;9—螺丝

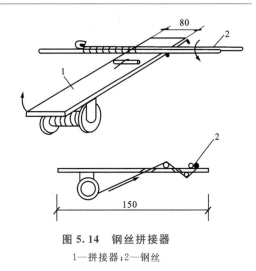

图 5.14　钢丝拼接器
1—拼接器;2—钢丝

(2) 钢筋(丝)的镦头

预应力筋(钢丝)固定端采用镦头夹具锚固时,钢筋(丝)端头要镦粗形成镦粗头。镦头一般有热镦和冷镦两种工艺。热镦在手动电焊机上进行,钢筋(丝)端部在喇叭口紫铜模具内,进行多次脉冲式通电加热、加压形成镦粗头(图 5.15)。操作时,加热、加压应根据钢筋软化强度缓慢均匀地进行,每次通电时间要短,压力要小,防止过热或成型不良。要逐根进行外观检查,不得有镦头歪斜或烧伤缺陷,还应取镦头总数的 3% 做抗拉试验,其抗拉强度不得小于钢材抗拉强度的 98%。

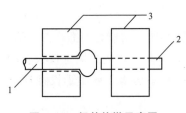

图 5.15　钢筋热镦示意图
1—钢筋;2—紫铜棒;3—电极

(3) 预应力筋的张拉力和伸长值的计算

控制张拉力:$F_P = \sigma_{con} \cdot A_P \cdot n$

超张拉力:$F = (103 \sim 105)\% \sigma_{con} \cdot A_P \cdot n$

伸长值:$\Delta L = \dfrac{\sigma_{con}}{E_S} L$

式中　　σ_{con}——预应力张拉控制应力,kN/mm^2;

A_P——预应力筋截面面积,mm^2;

n——同时张拉预应力筋的根数;

E_S——预应力筋的弹性模量,kN/mm^2;

L——预应力筋的长度,mm。

(4) 张拉机具设备及仪表的定期维护和校验

张拉设备应配套校验,每半年校验一次,以确定张拉力与仪表读数的关系曲线,保证张拉力的准确。设备出现反常现象或检修后应重新校验。张拉设备宜定岗负责,专人专用。

(5) 预应力筋(丝)的铺设

长线台座面(或胎模)在铺放钢丝前,应清扫并涂刷隔离剂。一般涂刷皂角水溶性隔离剂,涂刷均匀,不得漏涂。待其干燥后,铺设预应力筋,一端用夹具锚固在台座横梁的定位承力板上,另一端卡在台座张拉端的承力板上待张拉。在生产过程中,应防止雨水或养护水冲刷掉台面上的隔离剂。

5.1.2.4 预应力筋的张拉

（1）张拉前的准备

① 检查预应力筋的品种、牌号、规格、数量（排数、根数）是否符合设计要求。

② 预应力筋的外观质量应全数检查，预应力筋应符合展开后平顺，没有弯折，表面无裂纹、小刺、机械损伤、氧化铁皮和油污等要求。

③ 检查张拉设备是否完好，测力装置是否校核准确。

④ 检查横梁、定位承力板是否贴合及严密稳固。

（2）预应力筋张拉的注意事项

① 为避免台座承受过大的偏心力，应先张拉靠近台座截面重心处的预应力筋。张拉时，应以稳定的速度逐渐加大拉力，张拉力应控制准确。

② 钢质锥形夹具锚固时，敲击锥塞或楔块应先轻后重，同时倒开张拉设备并放松预应力筋，两者应密切配合，既要减少钢丝滑移，又要防止锤击力过大导致钢丝在锚固夹具处断裂。

③ 对重要结构构件（如吊车梁、屋架等）的预应力筋，用应力控制方法张拉时，应校核预应力筋的伸长值。

④ 同时张拉多根预应力钢丝时，应预先调整初应力（$10\%\sigma_{con}$），使其相互之间的应力一致。

⑤ 预应力筋张拉后，对设计位置的偏差不得大于 5mm，也不得大于构件截面最短边长的 4%。

⑥ 在浇筑混凝土前发生断裂或滑脱的预应力筋必须予以更换。

⑦ 张拉、锚固预应力筋应专人操作，实行岗位责任制，并做好预应力筋张拉记录。

⑧ 在已张拉钢筋（丝）上进行绑扎钢筋、安装预埋铁件、支承安装模板等操作时，要防止踩踏、敲击或碰撞钢丝。

5.1.2.5 混凝土的浇筑与养护

混凝土的收缩是水泥浆在硬化过程中脱水密结和形成的毛细孔被压缩的结果。混凝土的徐变是在荷载长期作用下混凝土的塑性变形，因水泥石内凝胶体的存在而产生。为了减少混凝土的收缩和徐变引起的预应力损失，在确定混凝土配合比时，应优先选用干缩性小的水泥，采用低水胶比，控制水泥用量，对骨料采取良好的级配等技术措施。

预应力钢丝张拉、绑扎钢筋、预埋铁件安装及立模工作完成后，应立即浇筑混凝土，每条生产线应一次连续浇筑完成。采用机械振捣密实时，要避免碰撞钢丝。混凝土未达到一定强度前，不允许碰撞或踩踏钢丝。

预应力混凝土可采用自然养护或湿热养护，自然养护不得少于 14d。干硬性混凝土浇筑完毕后，应立即覆盖进行养护。当预应力混凝土采用湿热养护时，要尽量减少由于温度升高而引起的预应力损失。预应力筋张拉后锚固在台座两端，随着养护温度升高，预应力筋纵向伸长，而台座的温度和长度变化不大，因而预应力筋的应力降低；在这种情况下，混凝土逐渐硬化而造成预应力的损失。为了减少温差造成的应力损失，采用湿热养护时，在混凝土未达到一定强度前，温差不要太大，一般不超过 20℃。待混凝土强度达到 7.5MPa（粗钢筋）或 10MPa（钢丝、钢绞线）时，可二次升温进行养护。采用机组流水法或传送带法用钢模制作预应力构件及湿热养护混凝土时，若钢模与预应力筋同样升温和伸长，就不会引起预应力损失。

5.1.2.6 预应力筋放张

放张预应力筋前，必须拆除模板，进行混凝土试块试压，混凝土强度必须符合设计要求，如设计无具体要求,不应低于设计混凝土立方体抗压强度标准值的75%。

(1)放张顺序

为避免预应力筋放张对预应力混凝土构件产生过大的冲击力,引起构件翘曲、裂纹和预应力筋断裂等,预应力筋放张时,应缓慢放松锚固装置,使各根预应力筋缓慢放松。预应力筋放张顺序应符合设计要求,当设计未规定时,可按下列要求进行:

承受轴心预压力的构件(压杆、桩等),所有预应力筋应同时放张;承受偏心预压力的构件(如梁),应先同时放张预压力较小区域的预应力筋,再同时放张预压力较大区域的预应力筋。如不能满足上述要求,应分阶段、对称、相互交错进行放张,以防止放张过程中构件产生弯曲和预应力筋断裂。

长线台座生产的钢弦构件,剪断钢丝宜从台座中部开始;叠层生产的预应力构件,宜按自上而下的顺序进行放张;板类构件放张时,应从两边逐渐向中心进行。

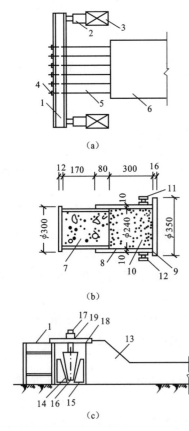

图 5.16 预应力筋放张装置
(a)千斤顶放张装置;(b)砂箱放张装置;
(c)楔块放张装置
1—横梁;2—千斤顶;3—承力架;4—夹具;5—钢丝;
6—构件;7—活塞;8—套箱;9—套箱底板;10—砂;
11—进砂口(M25螺丝);12—出砂口(M16螺丝);
13—台座;14,15—钢固定楔块;16—钢滑动楔块;
17—螺杆;18—承力板;19—螺母

(2)放张方法

预应力放张应缓慢进行,防止冲击。常用放张方法如下:

① 对于中小型预应力混凝土构件,预应力钢丝的放张宜从生产线中间处开始,以减少回弹量且有利于脱模;对于构件应从外向内对称、交错逐根放张,以免构件扭转、端部开裂或钢丝断裂。钢丝一般用钢丝钳、砂轮机切割;钢绞线用氧炔焰、电弧割断。

② 放张单根预应力筋,一般采用千斤顶放张,如图5.16(a)所示,即用千斤顶拉动单根钢筋的端部,松开螺母。多根预应力筋构件采用千斤顶放张时,应按对称、相互交错放张的原则进行,拟定合理的放张顺序,控制每一次循环放张的吨位,缓慢逐根多次循环放松。

③ 构件预应力筋较多时,整批同时放张可采用砂箱、楔块等放张装置。

砂箱装置如图5.16(b)所示,由钢板制作的缸套和活塞组成,内装石英砂或铁砂。预应力筋张拉时,砂箱中的砂被压实并承受横梁的反力;预应力筋放张时,将出砂口打开,砂缓慢地流出,活塞徐徐回退,钢筋则逐渐放松。砂箱中的砂应选用级配适宜的干燥砂。安装时,用大于张拉力的压力压紧砂箱,以减小砂的孔隙引起的预应力损失。采用两台砂箱时,要控制两砂箱的放张速度一致,以免构件扭曲损伤。砂箱放张构造简单,能控制放张速度,工作可靠,常用于张拉力大于1000kN的预应力筋的放张。

楔块放张装置由固定楔块、活动楔块和螺杆组成,楔块放置在台座与横梁之间,如图 5.16 (c)所示。预应力筋放张时,旋转螺母使螺杆向上运动,带动楔块向上移动,钢块间距变小,横梁向台座方向移动,从而同时放张预应力筋。楔块放张装置一般由施工单位自行设计,适用于张拉力不大于 300kN 的情况。

5.2 后 张 法

后张法是先制作混凝土构件,并在预应力筋的位置预留出相应孔道,待混凝土强度达到设计规定的数值后,穿入预应力筋进行张拉,并利用锚具把预应力筋锚固,最后进行孔道灌浆。张拉过程中,借助构件两端的锚具将钢筋的拉张力传给混凝土构件,从而使混凝土产生预压应力。预应力混凝土后张法生产工艺如图 5.17 所示。

后张法施工由于是直接在钢筋混凝土构件上进行预应力筋的张拉,因此不需要固定台座设备,不受地点限制,它既适用于生产预制构件,也适用于现场施工大型预应力构件;而且后张法又是预制构件拼装的手段,可在预制厂制作成小型块件,运到工地后,穿入预应力筋,施加预应力拼装成整体。

后张法预应力施工工艺复杂,专业性强,技术含量高,操作要求严,故应由具有专项施工资质的施工单位承担。后张法的工艺流程如图 5.18 所示。

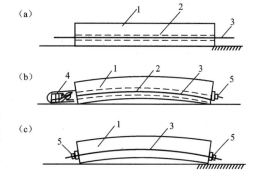

图 5.17 预应力混凝土后张法生产示意图
(a) 制作混凝土构件;(b) 张拉钢筋;
(c) 锚固和孔道灌浆
1—混凝土构件;2—预留孔道;
3—预应力筋;4—千斤顶;
5—锚具

后张法动画

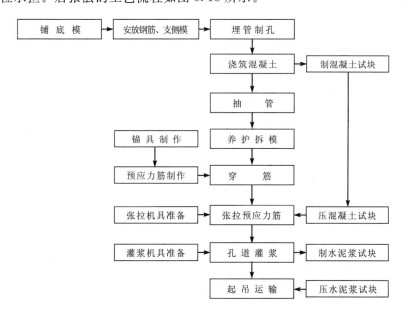

图 5.18 后张法生产工艺流程

5.2.1　预应力筋、锚具和张拉机具

锚具是在后张法的结构或构件中,保持预应力筋拉力并将其传递到混凝土上用的永久性锚固装置。在后张法中,锚具是建立预应力值和保证结构安全的关键,是预应力构件的一个组成部分。要求锚具的尺寸形状准确,有足够的强度和刚度,受力后变形小,锚固可靠,不会产生预应力筋的滑移和断裂现象。预应力筋所用锚具、夹具和连接器应按设计要求采用,其性能应符合现行国家标准的规定。使用前应进行外观检查,其表面应无污物、锈蚀、机械损伤和裂纹。

5.2.1.1　单根粗钢筋

(1)锚具

单根粗钢筋的预应力筋,如果采用一端张拉,则在张拉端用螺丝端杆锚具,固定端用帮条锚具或镦头锚具;如果采用两端张拉,则两端均用螺丝端杆锚具。

① 螺丝端杆锚具如图 5.19 所示。螺丝端杆采用 45 号钢,螺母、垫板采用 3 号钢制作,螺丝端杆锚具的强度不得低于预应力筋的抗拉强度实测值。适用于锚固直径 18～36mm 的冷拉 HRB335 与 HRB400 钢筋。

② 帮条锚具如图 5.20 所示。由一块方形衬板与三根互成 120° 的钢筋帮条与预应力筋端部焊接而成。衬板用 3 号钢制作,帮条采用与预应力筋同级别的钢筋。三根帮条与衬板相接触的截面应在同一垂直面上,以免受力时产生扭曲。

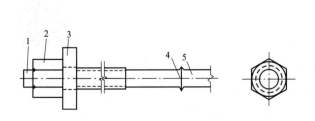

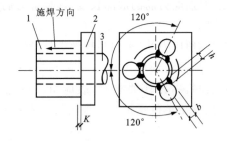

图 5.19　螺丝端杆锚具　　　　　　　　　　　图 5.20　帮条锚具
1—螺丝端杆;2—螺母;3—垫板;4—焊接接头;5—钢筋　　　1—帮条;2—衬板;3—主筋

螺丝端杆锚具、帮条锚具与预应力筋连接宜采用闪光对焊焊接,应在预应力筋冷拉前进行。预应力筋冷拉时,螺母应在端杆的端部,使拉力由螺母传至端杆和预应力筋,冷拉后的螺丝端杆不得发生塑性变形。

③ 镦头锚具由镦头和垫板组成。当预应力筋直径在 22mm 以内时,采用对焊机热镦成型;当预应力筋直径在 22mm 以上时,可采用加热锻打成型。

(2)张拉设备

与螺丝端杆锚具配套的张拉设备为拉杆式千斤顶。常用的有 YL20 型、YL60 型液压千斤顶。

YL60 型千斤顶是一种通用型的拉杆式液压千斤顶(图 5.21)。它由主、副油缸及活塞、传力架组成。千斤顶由电动高压油泵供油。主油缸进油后,张拉力大小由油泵的压力表控制;达到规定的张拉力后,拧紧螺母,锚固预应力筋。副缸进油后,主活塞卸载,回到原位。

YL60 型千斤顶的最大张拉力为 600kN,张拉行程 150mm,活塞面积为 16200mm²,最大工作油压为 40N/mm²,其配套油泵为 ZB4/500 型。适用于张拉采用螺丝端杆锚具的粗钢

筋、锥形螺杆锚具的钢丝束及镦头锚具的钢筋束。

（3）单根粗钢筋预应力筋的制作

单根粗钢筋预应力筋的制作，包括配料、对焊、冷拉等工序。预应力筋的下料长度应根据计算确定，计算时要考虑结构构件的孔道长度、锚具厚度、千斤顶长度、焊接接头或镦头的预留量、冷拉伸长值、弹性回缩值等。现以两端用螺丝端杆锚具锚固的预应力筋为例（图 5.22）来说明其下料长度计算方法。

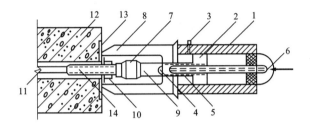
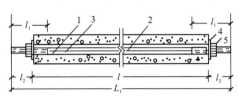

图 5.21　拉杆式千斤顶张拉单根粗钢筋工作原理图　　　　图 5.22　粗钢筋下料长度计算示意图

1—主缸；2—主缸活塞；3—主缸进油孔；4—副缸；　　　　　1—螺丝端杆；2—预应力钢筋；3—对焊接头；

5—副缸活塞；6—副缸进油孔；7—连接器；8—传力架；　　　　　　　4—垫板；5—螺母

9—拉杆；10—螺母；11—预应力筋；12—混凝土构件；

13—预埋铁板；14—螺丝端杆

预应力筋的成品长度（即预应力筋和螺丝端杆对焊并经冷拉后的全长）L_1：

$$L_1 = l + 2l_2 \qquad (5.5)$$

预应力筋（不包括螺丝端杆）冷拉后需达到的长度 L_0：

$$L_0 = L_1 - 2l_1 \qquad (5.6)$$

预应力筋（不包括螺丝端杆）冷拉前的下料长度 L：

$$L = \frac{L_0}{1 + r - \delta} + n\Delta \qquad (5.7)$$

式中　l——构件孔道长度；

　　　l_2——螺丝端杆伸出构件外的长度：

　　　　　张拉端　$l_2 = 2H + h + 5\text{mm}$

　　　　　锚固端　$l_2 = H + h + 10\text{mm}$

　　　l_1——螺丝端杆长度（一般为 320mm）；

　　　r——预应力筋的冷拉率（由试验确定）；

　　　δ——预应力筋的冷拉弹性回缩率（一般为 0.4%～0.6%）；

　　　n——对焊接头数量；

　　　Δ——每个对焊接头的压缩量（一般为 20～30mm）；

　　　H——螺母高度；

　　　h——垫板厚度。

【例 5.1】　21m 预应力屋架的孔道长为 20.80m，预应力筋为冷拉 HRB400 钢筋，直径为 22mm，每根长度为 8m，实测冷拉率 $r=4\%$，弹性回缩率 $\delta=0.4\%$，张拉应力为 $0.85f_{pyk}$。螺丝端杆长为 320mm，帮条长为 50mm，垫板厚为 16mm。计算：

（1）两端用螺丝端杆锚具锚固时预应力筋的下料长度为多少？

（2）一端用螺丝端杆，另一端用帮条锚具锚固时预应力筋的下料长度为多少？

(3) 预应力筋的张拉力为多少?

【解】 (1) 螺丝端杆锚具,两端同时张拉,螺母厚度取 36mm,垫板厚度取 16mm,则螺丝端杆伸出构件外的长度 $l_2 = 2H + h + 5 = 2 \times 36 + 16 + 5 = 93$mm;对焊接头个数 $n = 2 + 2 = 4$;每个对焊接头的压缩量 $\Delta = 22$mm,则预应力筋下料长度为

$$L = \frac{l - 2l_1 + 2l_2}{1 + r - \delta} + n\Delta = \frac{20800 - 2 \times 320 + 2 \times 93}{1 + 0.04 - 0.004} + 4 \times 22$$
$$= 19727 (\text{mm})$$

(2) 帮条长为 50mm,垫板厚 16mm,则预应力筋的成品长度为

$$L_1 = l + l_2 + l_3 = 20800 + 93 + (50 + 16) = 20959 (\text{mm})$$

预应力筋(不含螺丝端杆锚具)冷拉后长度:

$$L_0 = L_1 - l_1 = 20959 - 320 = 20639 (\text{mm})$$
$$L = \frac{L_0}{1 + r - \delta} + n\Delta = \frac{20639}{1 + 0.04 - 0.004} + 4 \times 22$$
$$= 20010 (\text{mm})$$

(3) 预应力筋的张拉力为

$$F_P = \sigma_{\text{con}} \cdot A_P = 0.85 \times 500 \times \frac{3.14}{4} \times 22^2$$
$$= 161475 (\text{N}) = 161.475 (\text{kN})$$

5.2.1.2 钢筋束、钢绞线

(1) 锚具

钢筋束、钢绞线采用的锚具有 JM 型、XM 型、QM 型和镦头锚具。

① JM 型锚具

JM 型锚具由锚环与夹片组成(图 5.23),锚环分甲型和乙型两种。甲型锚环是具有锥形内孔的圆锥体,外形比较简单,使用时直接放置在构件端部的垫板上即可;乙型锚环是在圆柱体外部增加正方形肋板,使用时锚环直接预埋在构件的端部,不另设置垫板。夹片呈扇形,用两侧的半圆槽锚固预应力筋,半圆槽内刻有梯形齿痕,夹片背面的锥度与锚环一致,夹片的数量由锚固的钢筋(钢绞线)根数决定。

JM12 型锚具性能好,利用活动楔块原理,多根预应力钢筋或钢绞线束被单根夹紧,不受直径误差的影响,且预应力筋是在直线状态下被张拉和锚固的,受力性能好。

JM 型锚具与 YL60 型千斤顶配套使用,适用于锚固 3~6 根直径为 12mm 的光面或螺纹钢筋束,也可用于锚固 5~6 根直径为 12mm 或 15mm 的钢绞线束。

② XM 型和 QM 型锚具

XM 型和 QM 型锚具是一种新型锚具,利用楔形夹片将每根钢绞线独立地锚固在带有锥形的锚环上,形成一个独立的锚固单元。其特点是每根钢绞线都是分开锚固的,任何一根钢绞线的锚固失效(如钢绞线拉断、夹片碎裂)都不会引起整束钢绞线锚固失效。

XM 型锚具由锚环和三块夹片组成,如图 5.24 所示,适用于锚固 1~12 根直径 15mm 的钢绞线,也可用于锚固钢筋束;QM 型锚具适用于锚固 4~31 根直径 12mm 或 3~19 根直径 15mm 的钢绞线。

(2) 钢筋束、钢绞线的制作

钢筋束所用钢筋是成圆盘供应的,不需对焊连接。钢筋束或钢绞线束预应力筋的制作包括开盘冷拉、下料、编束等工序。预应力钢筋束下料应在冷拉后进行。当采用镦头锚具时,则

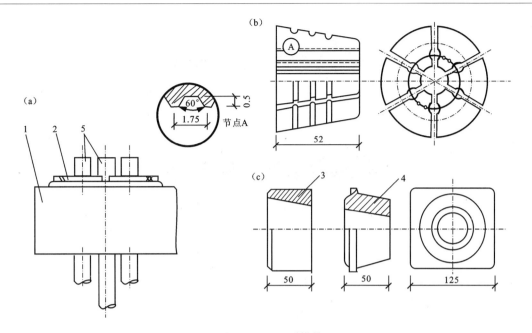

图 5.23　JM12 型锚具

(a) JM12 型锚具;(b) JM12 型锚具的夹片;(c) JM12 型锚具的锚环

1—锚环;2—夹片;3—圆锚环;4—方锚环;5—预应力钢筋束

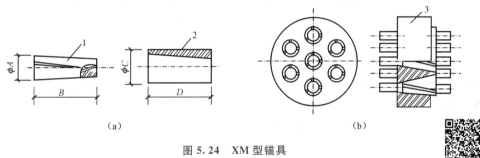

图 5.24　XM 型锚具

(a) 单根 XM 型锚具;(b) 多根 XM 型锚具

1—夹片;2—锚环;3—锚板

XM 型锚具动画

应增加镦头工序。

当采用 JM 型或 XM 型锚具,用穿心式千斤顶张拉时,钢筋束和钢绞线的下料长度 L 应等于构件孔道长度加上两端为张拉、锚固所需的外露长度,如图 5.25 所示。可按下式计算:

两端张拉时:

$$L = l + 2(l_1 + l_2 + l_3 + 100) \tag{5.8}$$

一端张拉时:

$$L = l + 2(l_1 + 100) + l_2 + l_3 \tag{5.9}$$

式中　l——构件的孔道长度,mm;

　　　l_1——工作锚厚度,mm;

　　　l_2——穿心式千斤顶长度,mm;

　　　l_3——夹片式工具锚厚度,mm。

热处理钢筋、冷拉 RRB400 钢筋及钢绞线下料切断时,不得采用电弧切割。钢绞线切断

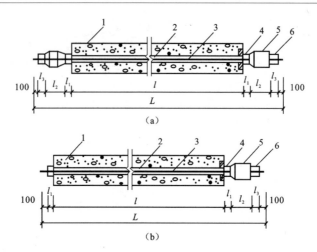

图 5.25　钢筋束、钢绞线束下料长度计算简图

(a) 两端张拉；(b) 一端张拉

1—混凝土构件；2—孔道；3—钢绞线；4—夹片式工作锚；5—穿心式千斤顶；6—夹片式工具锚

前,在切口两侧各 50mm 处,应用铅丝绑扎,以免钢绞线松散。

　　钢绞线束或钢筋束预应力筋的编束,主要是为了保证穿入构件孔道中的预应力筋束不发生扭结。编束工作是将钢筋或钢绞线理顺以后,用 18～22 号铅丝每隔 1m 左右绑扎成束。在穿筋时,尽可能注意防止扭结。

5.2.1.3　钢丝束

(1) 锚具

　　钢丝束用作预应力筋时,由几根到几十根直径 3～5mm 的平行碳素钢丝组成。其固定端采用钢丝束镦头锚具,张拉端锚具可采用钢质锥形锚具、锥形螺杆锚具、钢丝束镦头锚具。

　　① 锥形螺杆锚具(图 5.26)　用于锚固 14、16、20、24 或 28 根直径为 5mm 的碳素钢丝。施工中,先将钢丝束均匀整齐地紧贴在螺杆锥体上,用拉杆式千斤顶将锥杆、钢丝和套筒进行预紧(锚具预紧力为张拉力的 120%～130%),将钢丝束牢固地锚固在锚具上。锥形螺杆锚具可使用拉杆式千斤顶 YL60 型,也可使用穿心式千斤顶 YC60 型张拉锚固。当张拉力达到设计规定张拉力时,拧紧螺母,从而锚固钢丝束。

　　② 钢丝束镦头锚具(图 5.27)　适用于 12～54 根直径为 5mm 的碳素钢丝。镦头锚具的形式与规格,可根据需要自行设计。常用镦头锚具分为 A 型与 B 型。A 型由锚杯与螺母组成,用于张拉端;B 型为锚板,用于固定端。

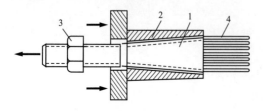

图 5.26　锥形螺杆锚具

1—锥形螺杆；2—套筒；3—螺帽；4—预应力钢丝束

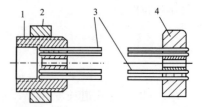

图 5.27　钢丝束镦头锚具

1—A 型锚杯；2—螺母；3—钢丝束；4—B 型锚板

　　锚具材料:锚杯与锚板采用 45 号钢,螺母采用 30 号或 45 号钢。锚杯内外壁均有丝扣(螺纹),内螺纹用于张拉螺杆,外螺纹用于拧紧螺母锚固钢丝束。锚杯和锚板上应按设计要求的

孔数、间距和直径钻孔,以固定镦头钢丝。钢丝宜用冷镦工艺。钢丝束一端可在制束时将头镦好。

③ 钢质锥形锚具

钢质锥形锚具(图 5.28)用于锚固以锥锚式双作用千斤顶张拉的钢丝束,适用于锚固 6、12、18 或 24 根直径 5mm 的钢丝束。钢丝分布在锚环锥孔内侧,由锚塞塞紧锚固。锚环内孔的锥度应与锚塞的锥度一致。锚塞上刻有细齿槽,以夹紧钢丝防止滑动。

锥形锚具工作时,若钢丝直径误差较大,易产生单根钢丝滑丝现象,且滑丝后很难弥补预应力损失。如用较大顶锚力的办法防止滑丝,过大的顶锚力易使钢丝咬伤。此外,钢丝锚固时呈辐射状态,弯折处受力较大,受力性能不好。

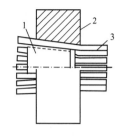

图 5.28 钢质锥形锚具
1—锚塞;2—锚环;3—钢丝束

(2) 张拉设备

锥形螺杆锚具、钢丝束镦头锚具宜采用拉杆式千斤顶(YL60 型)或穿心式千斤顶(YC60 型)张拉锚固。钢质锥形锚具应用锥锚式双作用千斤顶(常用 YZ60 型)张拉锚固。

① 穿心式千斤顶

YC60 型穿心式千斤顶是目前预应力混凝土施工中应用较多的张拉机械。如图 5.29 所示,沿千斤顶纵轴线有一直穿心通道,供穿过预应力筋用。沿千斤顶的径向分布着内外两层油缸,外层为张拉油缸,工作时张拉预应力筋;内层为顶压油缸,工作时进行锚具的顶压锚固,故称 YC60 型为穿心式双作用千斤顶。

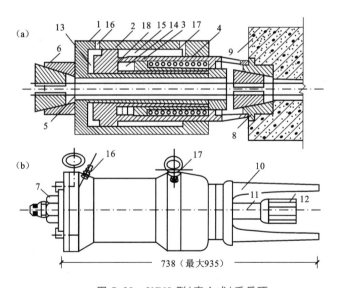

图 5.29 YC60 型(穿心式)千斤顶
(a) 构造与工作原理图;(b) 加撑脚后的外貌图
1—张拉油缸;2—顶压油缸(即张拉活塞);3—顶压活塞;4—弹簧;5—预应力筋;6—工具锚;7—螺帽;
8—锚环;9—构件;10—撑脚;11—张拉杆;12—连接器;13—张拉工作油室;14—顶压工作油室;
15—张拉回程油室;16—张拉缸油嘴;17—顶压缸油嘴;18—油孔

YC60 型穿心式千斤顶张拉力为 600kN,最大行程为 200mm,可用于张拉螺丝端杆锚具的单根粗钢筋,也可张拉钢质锥形锚具的钢丝束。

② 锥锚式双作用千斤顶

锥锚式双作用千斤顶构造如图 5.30 所示。其主缸和主缸活塞用于张拉预应力筋。主缸前端缸体上有卡环和销片，用以锚固预应力筋。主缸活塞为一中空筒状活塞，中空部分设有拉力弹簧。副缸及活塞用于预压锚塞，将预应力筋锚固在构件端部。

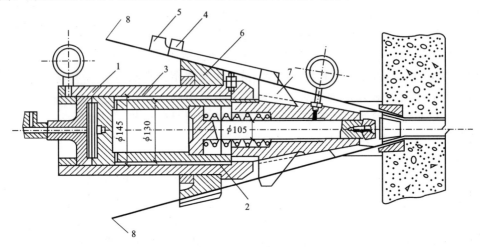

图 5.30   锥锚式千斤顶构造图

1—主缸;2—副缸;3—退楔缸;4—楔块(张拉时位置);5—楔块(退出时位置);

6—锥形卡环;7—退楔翼片;8—预应力筋

YZ60 型锥锚式双作用千斤顶张拉力为 600kN，张拉行程为 300mm。

(3) 钢丝束制作

钢丝束制作一般需经调直、下料、编束和安装锚具等工序。当用钢质锥形锚具、XM 型锚具时，钢丝束的制作和下料长度计算基本上与预应力钢筋束相同。

钢丝束镦头锚固体系，如采用镦头锚具一端张拉时，应考虑钢丝束张拉锚固后螺母位于锚环中部，钢丝的下料长度 L，可按图 5.31 所示，用下式计算：

$$L = L_0 + 2a + 2\delta - 0.5(H - H_1) - \Delta l - C \qquad (5.10)$$

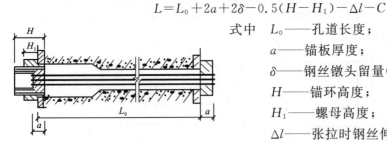

图 5.31   用镦头锚具时钢丝
下料长度计算简图

式中　L_0——孔道长度；

　　　　a——锚板厚度；

　　　　δ——钢丝镦头留量(取钢丝直径的 2 倍)；

　　　　H——锚环高度；

　　　　H_1——螺母高度；

　　　　Δl——张拉时钢丝伸长值；

　　　　C——混凝土弹性压缩值(当其值很小时可略去不计)。

用钢丝束镦头锚具锚固钢丝束时，其下料长度力求精确。为了保证张拉时钢丝束中每根钢丝应力值的一致，对直的或一般曲率的钢丝束，在同一束钢丝中下料长度的相对差值应控制在 $L/5000$ 以内，且不大于 5mm(L 为钢丝下料长度)。因此，钢丝束、钢丝通常采用应力状态下料，即把钢丝拉至 300MPa 应力状态下画定长度，放松后剪切下料。用锥形螺杆锚具锚固的钢丝束、经过调直的钢丝可以在非应力状态下料。

编束是为了防止钢丝扭结。编束前必须对同一束钢丝直径进行测量，使同一束钢丝直径误差控制在 0.1mm 以内,以保证成束钢丝与锚具可靠连接。编束应在平整的场地上进行,按设计规定的每排根数逐根排列理顺,一端在挡板上对齐,每隔 1.0~1.5m 间距安放梳子定位板,分别把钢丝嵌入梳子板内,然后用 18~22 号铁丝按次序编织成帘子状(图 5.32);再每间隔 1.0~1.5m 放一只外径与

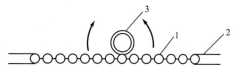

图 5.32 钢丝束的编束
1—钢丝;2—铁丝;3—衬圈

钢丝束内径相同的弹簧圈或短钢管,将钢丝片合拢捆扎成束。

采用镦头锚具时,按设计规定的钢丝分圈布置的特点,将内圈和外圈钢丝分别用铁丝按次序编排成片,然后将内圈放在外圈内绑扎成钢丝束。即先把钢丝束一端的钢丝穿过锚环上的圆孔并完成镦头工作,另一端的镦头待钢丝穿过预留孔道另一端锚板后再进行。

5.2.2 后张法施工工艺

后张法施工工艺与预应力施工有关的是孔道留设、预应力筋张拉和孔道灌浆三部分。

5.2.2.1 孔道留设

构件中留设孔道主要是为穿预应力钢筋(束)及张拉锚固后灌浆用。孔道成型的质量是后张法构件制造的关键之一。

(1)孔道留设的基本要求:

① 孔道直径应保证预应力筋(束)能顺利穿过。对于采用螺丝端杆锚具的粗钢筋孔道的直径,应比钢筋对焊处外径大 10~15mm;对于钢丝束、钢绞线孔道的直径,应比预应力束或锚具外径大 5~10mm。

② 孔道应按设计要求的位置、尺寸埋设准确、牢固,浇筑混凝土时不应出现移位和变形。孔道应平顺光滑,端部预埋件垫板应垂直于孔道中心线。

③ 在设计规定位置上留设灌浆孔。构件两端每间隔 12m 留设一个直径为 20mm 的灌浆孔,并在构件两端各设一个排气孔。一般在预埋件垫板内侧面刻有凹槽作排气孔用。

④ 在曲线孔道的曲线波峰部位应设置排气兼泌水管,必要时可在最低点设置排水管。

⑤ 灌浆孔及泌水管的孔径应能保证浆液流动畅通。

(2)预留孔道形状有直线、曲线和折线形,孔道留设方法如下:

① 钢管抽芯法

预先将平直、表面圆滑的钢管埋设在模板内预应力筋孔道位置上,采用钢筋井字架将其固定在钢筋骨架上,灌筑混凝土时应避免振动器直接接触钢管而产生位移。在开始浇筑至浇筑后拔管前,间隔一定时间要缓慢匀速地转动钢管,使混凝土与钢管壁不发生粘结;在混凝土初凝后至终凝之前,用卷扬机匀速拔出钢管即在构件中形成孔道。

钢管抽芯法只用于留设直线孔道,钢管长度不宜超过 15m,钢管两端各伸出构件 500mm 左右,以便转动和抽管。构件较长时,可采用两根钢管,中间用套管连接(图 5.33)。

抽管时间与水泥品种、浇筑气温和养护条件有关。常温下,一般在浇筑混凝土后 3~5h 抽出。抽管应按先上后下的顺序进行,抽管用

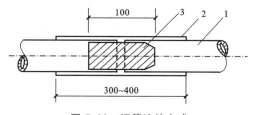

图 5.33 钢管连接方式
1—钢管;2—白铁皮套管;3—硬木塞

力必须平稳,速度均匀,边转动钢管边抽出,并与孔道保持在同一直线上,防止构件表面产生裂缝。抽管后,立即进行检查、清理孔道工作,避免日后穿筋困难。

采用钢筋束镦头锚具和锥形螺杆锚具留设孔道时,张拉端的扩大孔也可用钢管成型,留孔时应注意端部扩孔应与中间孔道同心。抽管时先抽中间钢管,后抽扩孔钢管,以免碰坏扩孔部分,并保持孔道平滑和尺寸准确。

② 胶管抽芯法

胶管抽芯法采用 5~7 层帆布夹层,壁厚 6~7mm 的普通橡胶管,用于直线、曲线或折线形孔道成型。胶管一端密封,另一端接上阀门,安放在孔道设计位置上,并用钢筋井字架(间距 500mm)绑扎固定在钢筋骨架上。浇筑混凝土前,胶管内充入压力为 0.6~0.8N/mm^2 的压缩空气或压力水,使胶管鼓胀,直径可增大 3mm 左右。混凝土浇筑成型时,振动机械不要直接碰撞胶管,并经常注意观察压力表的压力是否正常;如有变化,必要时可以补压。待混凝土初凝后、终凝前,将胶管阀门打开放水(或放气)降压,胶管回缩与混凝土自行脱落。抽管时间比抽钢管时间略迟。一般按先上后下、先曲后直的顺序将胶管抽出。抽管后,应及时清理孔道内的堵塞物。

③ 预埋管法

预埋管法是用钢筋井字架将黑铁皮管、薄钢管或金属螺旋管固定在设计位置上,在混凝土构件中埋管成型的一种施工方法。预埋管具有质量轻、刚度好、弯折方便、连接简单等特点,可做成各种形状的孔道,并省去了抽管工序。适用于预应力筋密集或曲线预应力筋的孔道埋设,但在电热后张法施工中,不得采用波纹管或其他金属管埋设的管道。

金属螺旋管安装时,宜先在构件底模、侧模上弹安装线,并检查波纹管有无渗漏现象,避免漏浆堵塞管道。同时,尽量避免波纹管多次反复弯曲,并防止电火花烧伤管壁。

5.2.2.2　预应力筋张拉

用后张法张拉预应力筋时,构件的混凝土强度应符合设计要求;当设计无具体要求时,不应低于设计的混凝土立方体抗压强度标准值的 75%。预应力筋的张拉控制应力应符合设计要求,施工中预应力筋需超张拉时,可比设计要求提高 3%~5%,但其最大张拉控制应力不得超过表 5.1 的规定。

（1）穿筋

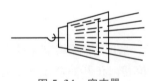

图 5.34　穿束器

螺丝端杆锚具预应力筋穿孔时,用塑料套或布片将螺纹端头包扎保护好,避免螺纹与混凝土孔道摩擦损坏。成束的预应力筋将一头对齐,按顺序编号套在穿束器上(图 5.34),一端用绳索牵引穿束器,钢丝束保持水平在另一端送入孔道,并注意防止钢丝束扭结和错向。

（2）预应力筋的张拉顺序

预应力筋的张拉顺序应按设计规定进行;如设计无规定,应采取分批分阶段对称地进行,以免构件受过大的偏心压力而发生扭转和侧弯。

图 5.35 所示是预应力混凝土屋架下弦预应力筋张拉顺序。图 3.35(a)所示预应力筋为两束,能同时张拉,宜采用两台千斤顶分别设置在构件两端对称张拉。图 3.35(b)所示预应力筋是对称的四束预应力筋,不能同时张拉,应采取分批对称张拉,用两台千斤顶分别在两端张拉对角线上的两束,然后张拉另两束。

图 5.36 所示是预应力混凝土吊车梁预应力筋采用两台千斤顶的张拉顺序,对配有多根不

对称预应力筋的构件,应采用分批分阶段对称张拉。采用两台千斤顶先张拉上部两束预应力筋,下部四束曲线预应力筋采用两端张拉方法分批进行。为使构件对称受力,每批两束预应力筋先按一端张拉方法进行张拉,待两批四束均进行一端张拉后,再分批在另一端张拉,以减少先批张拉筋所受的弹性压缩损失。

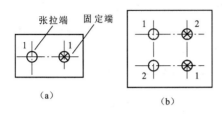

图 5.35 屋架下弦杆预应力筋张拉顺序

(a) 两束;(b) 四束

1,2—预应力筋分批张拉顺序

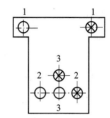

图 5.36 吊车梁预应力筋的张拉顺序

1,2,3—预应力筋的分批张拉顺序

平卧重叠浇筑的预应力混凝土构件,张拉预应力筋的顺序是先上后下,逐层进行。为了减少上下层之间由摩阻引起的预应力损失,可逐层加大张拉力,但底层张拉力不宜比顶层张拉力大 5%(钢丝、钢绞线和热处理钢筋)或 9%(冷拉 HRB335,HRB400 和 RRB400 钢筋),且要注意加大张拉控制应力后不要超过最大张拉力的规定。为了减少叠层浇筑构件间摩阻力引起的应力损失,应进一步改善隔离层的性能,限制重叠浇筑层数(一般不得超过四层)。如果隔离层效果较好,也可采用同一张拉值张拉。

(3) 预应力筋的张拉程序

预应力筋的张拉程序,主要根据构件类型、张锚体系、松弛损失取值等因素来确定。用超张拉方法减少预应力筋的松弛损失时,预应力筋的张拉程序宜为:

$$0 \rightarrow 105\% \sigma_{con} \xrightarrow[2\min]{持荷} \sigma_{con}$$

采用上述程序时,千斤顶应回油至稍低于 σ_{con},再进油至 σ_{con},以建立准确的预应力值。

当预应力筋张拉吨位不大,根数很多,而设计中又要求采取超张拉方法以减少应力松弛损失时,其张拉程序可为:

$$0 \rightarrow 103\% \sigma_{con}$$

(4) 预应力筋的张拉方法

为了减少预应力筋与预留孔壁间的摩擦而引起的应力损失,对于曲线预应力筋和长度大于 24m 的直线预应力筋,应采用两端同时张拉的方法;长度小于或等于 24m 的直线预应力筋,可一端张拉,但张拉端宜分别设置在构件两端。对预埋波纹管孔道的曲线预应力筋和长度大于 30m 的直线预应力筋宜在两端张拉,长度小于或等于 30m 的直线预应力筋可在一端张拉。

安装张拉设备时,对于直线预应力筋,应使张拉力的作用线与孔道中心线重合;对于曲线预应力筋,应使张拉力的作用线与孔道中心线末端的切线方向重合。

用应力控制方法张拉时,还应测定预应力筋实际伸长值,以对预应力值进行校核。预应力筋实际伸长值的测定方法与先张法相同。

(5) 张拉安全事项

预应力筋张拉过程中应特别注意安全。在张拉构件的两端应设置保护装置,如用麻袋、草包装土筑成土墙,以防止螺帽滑脱、钢筋断裂飞出伤人;在张拉操作中,预应力筋的两端严禁站人,操作人员应在侧面工作。

5.2.2.3　孔道灌浆

预应力筋张拉后,应尽快地用灰浆泵将水泥浆压灌到预应力孔道中去,目的是防止预应力筋锈蚀,同时可使预应力筋与混凝土有效粘结,提高结构的抗裂性、耐久性和承载能力。

灌浆用水泥浆应有足够的粘结力,且应有较大的流动性,较小的干缩性和泌水性。应采用普通的硅酸盐水泥,水胶比为 0.40～0.45,搅拌后 3h 泌水率宜控制在 2% 以内,水泥浆的抗压强度不应低于 $30N/mm^2$。为了提高孔道灌浆的密实性,水泥浆中可掺入对预应力筋无腐蚀作用的外加剂,如可掺入占水泥用量 0.25% 的木质素磺酸钙,或占水泥用量 0.05% 的铝粉。严禁使用含氯化物的水泥和含氯化物的外加剂。

灌浆前,用压力水冲洗和湿润孔道。用电动或手动灰浆泵灌浆,压力以 0.5～0.6N/mm^2 为宜。灌浆顺序应先下后上,以免上层孔道漏浆把下层孔道堵塞。直线孔道灌浆时,应从构件一端灌到另一端;曲线孔道灌浆时,应从孔道最低处向两端进行。灌浆工作应缓慢均匀连续进行,不得中断,并防止空气压入孔道而影响灌浆质量。排气应通畅,直至气孔排出空气→水→稀浆→浓浆为止。在孔道两端冒出浓浆并封闭排气孔后,继续加压灌浆,稍后再封闭灌浆孔。对不掺外加剂的水泥浆,可采用二次灌浆法,以提高孔道灌浆的密实度。

水泥浆强度达到 $15N/mm^2$ 时方可移动构件,水泥浆强度达到 100% 设计强度时,才允许吊装或运输。

5.3　无粘结预应力混凝土施工

后张无粘结预应力混凝土是近几年发展起来的新技术。此时,后张法无须预留管道与灌浆,而是将无粘结预应力筋同普通钢筋一样铺设在结构模板设计位置上,用 20～22 号铁丝与非预应力钢丝绑扎牢靠后浇筑混凝土;待混凝土达到设计强度后,对无粘结预应力筋进行张拉和锚固,借助于构件两端锚具传递预压应力。无粘结预应力混凝土施工工序减少,操作简便。无粘结预应力钢丝可以按曲线形式安装绑扎,具有结构性能好、摩擦损失小、设计自由度大等特点。目前,主要应用在现浇框架结构双向连续平板和密肋板中,可以提高结构的整体刚度,节约钢材和混凝土的用量。

5.3.1　无粘结预应力筋

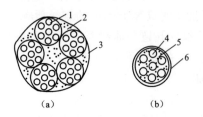

图 5.37　无粘结筋横截面示意图
(a) 无粘结钢绞线束;
(b) 无粘结钢丝束或单根钢绞线
1—钢绞线;2—沥青涂料;3—塑料布外包层;
4—钢丝;5—油脂涂料;6—塑料管外包层

无粘结预应力筋是由 7 根 $\phi5$ 高强钢丝组成的钢丝束或扭结成的钢绞线,通过专门的设备涂包涂料层和包裹外包层构成的(图 5.37)。

涂料层一般采用防腐沥青。其作用是使预应力筋与混凝土隔离,减少张拉时的摩擦损失,保护钢筋不受有害介质的腐蚀。外包层选用高压聚乙烯塑料制作,其温度适应性范围大,化学稳定性好,具有足够的韧性和抗破损性,能保证无粘结预应力筋在运输、存放、铺设和浇筑混凝土的过程中不损坏。

无粘结预应力混凝土中,锚具必须具有可靠的锚固能力,要求不低于无粘结预应力筋抗拉强度的 95%。高强钢丝作为无粘结预应力筋时,主要用镦头锚具锚固;钢绞线作为无粘结预应力筋时,则可采用 XM 型锚具锚固。

5.3.2 无粘结预应力混凝土施工工艺

5.3.2.1 无粘结预应力筋的铺放与定位

在无粘结预应力梁板结构中,无粘结钢筋按曲线配置,其形状与外荷载弯矩图相适应。因此,铺设双向配筋的无粘结预应力筋时,应先铺设标高较低的钢丝束,再铺设标高较高的钢丝束,以避免两个方向上的钢丝束相互穿插。钢丝束的曲率用 $\phi12$ 的钢筋马凳控制,其间距一般为 1m。单向配置无粘结筋平板时,可依次铺设。

无粘结预应力筋应在绑扎完底筋以后进行铺放。无粘结预应力筋应铺放在电线管下面,避免张拉时电线管弯曲破碎。钢丝束就位后,按设计要求调整标高及水平位置,用 20~22 号铁丝与非预应力钢筋绑扎固定,以免浇筑混凝土过程中发生位移。

5.3.2.2 端部锚具节点安装

(1)无粘结钢丝束镦头锚具

如图 5.38 所示,张拉端钢丝束从外包层抽拉出来,穿过锚杯孔眼镦粗头。塑料套筒一端与承压板预留孔接口,另一端与无粘结筋外包层接口,要求接口严实牢靠,以避免浇筑混凝土时进浆影响张拉效果。塑料套管内应注满防锈润滑油脂。固定端镦头锚具设置在构件内,并用螺旋状钢筋加强。张拉端承压板和固定端锚板应紧贴端模安装。无粘结预应力筋在 300mm 区段内,应与承压板、锚板垂直。

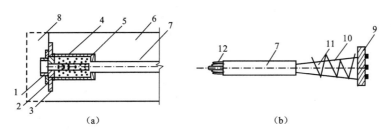

图 5.38 无粘结钢丝束镦头锚具

(a)张拉端;(b)锚固端

1—锚杯;2—螺母;3—预埋件;4—塑料套筒;5—建筑油脂;6—构件;7—软塑料管;
8—C30 混凝土封头;9—锚板;10—钢丝;11—螺旋钢筋;12—钢丝束

无粘结预应力筋安装定位后,在锚具张拉端将螺母拧入锚杯,顶紧锚杯内的钢丝镦头,确定锚杯埋入深度。用定位螺母将锚杯固定在端模板上,使之不产生滑移错动;固定端钢丝镦头与锚板紧贴,不允许有错落。

(2)无粘结钢绞线夹片式锚具

如图 5.39 所示,无粘结钢绞线夹片式锚具常采用 XM 型锚具,其固定端采用压花成型并埋置在设计部位,待混凝土强度等级达到设计强度后,方能形成可靠的粘结式锚头。张拉端抽出钢丝,并用夹片夹紧,钢丝预留长度不小于 150mm。垫板按设计位置预埋,要求紧贴端模。

经检查钢丝束(绞线)、锚具安装符合设计要求后,即可浇筑混凝土。

5.3.2.3 无粘结预应力筋的张拉及锚头处理

混凝土强度达到设计强度时才能进行张拉。张拉程序采用 $0 \rightarrow 103\% \sigma_{con}$。由于无粘结筋

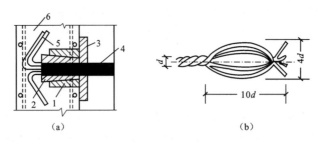

图 5.39　无粘结钢绞线夹片式锚具

(a) 张拉端；(b) 固定端

1—锚环；2—夹片；3—预埋件；4—软塑料管；5—散开打弯钢丝；6—圈梁

一般为曲线筋,故采用两端同时张拉。张拉顺序应根据设计顺序确定,先铺设的先张拉,后铺设的后张拉。

为了减小张拉摩阻损失,成束无粘结筋张拉前,宜用千斤顶往复抽动 1~2 次。

无粘结筋张拉过程中,钢丝发生滑脱或断裂根数不应超过同一截面总根数的 2%。对于多跨双向连续板,其同一截面应按每跨计算。

无粘结筋端部锚固区的防护处理是施工中的一项重要内容,必须认真做好防锈防火处理,严防水汽渗入。锚具外包浇筑钢筋混凝土圈梁。

①镦头锚具　通过锚杯注油孔,用油枪向塑料套管内注满润滑防锈油脂,再浇筑外包钢筋混凝土。

②夹片式锚具　将外露无粘结筋切去,仅留 200mm 长;将其分段弯折后,再浇筑外包钢筋混凝土。

5.4　液压张拉设备仪表的使用与校验及操作安全技术

5.4.1　液压张拉设备仪表的使用与校验

(1) 操作人员上岗前必须进行安全生产、安全技术措施和安全操作规程培训教育,经考核合格才能上岗。

(2) 液压张拉设备与仪表应由专人负责、使用和管理,并定期维护和校验,校验期不应超过半年。

(3) 张拉设备(千斤顶、油泵、压力表等)应配套标定,并配套使用,以便确定压力表读数与千斤顶输出力之间的关系曲线,且要求标定时千斤顶活塞的运行方向应与实际张拉工作状态一致。

(4) 施工时应根据预应力筋种类合理选择张拉设备。预应力筋张拉力不应大于设备额定张拉力,其伸长值不应大于其额定的行程。

(5) 操作人员要严格遵守操作规程,如严禁在负荷时拆换油管或压力表等。

5.4.2　操作安全技术

(1) 操作人员上岗必须戴防护眼镜或防护面罩,防止高压油泄漏伤害眼睛。

(2) 在先张法的台座两端、后张法的构件两端应设防护装置,如麻袋装土筑成的屏障。在预应力筋张拉过程中，两端严禁人员逗留，必要的操作人员应在千斤顶的侧面工作。

（3）沿台座或构件的长度方向间隔设置防护架且有明显警示标志，非施工人员不得进入施工现场，以防止锚具滑脱、预应力筋断裂伤人事故的发生。

（4）在油泵工作过程中，操作人员不得擅自离开岗位，如需离开应将油阀全部松开，并切断电路。

（5）钢丝、钢绞线、热处理钢筋、冷轧带肋钢筋和冷拉 HRB335、HRB400 钢筋，严禁采用电弧切割，应使用砂轮锯或切断机切断。施工过程中应避免电火花损伤预应力筋，因为预应力筋遇电火花易损伤，容易在张拉阶段脆断。

思 考 题

5.1 什么是预应力混凝土？它与钢筋混凝土相比具有哪些优点？

5.2 施加应力的方法有几种？其预应力值是如何建立和传递的？

5.3 先张法长线台座由哪些部分组成？各起什么作用？台座须作哪些验算？

5.4 先张法常用的夹具有哪几种？如何与张拉设备配套使用？

5.5 先张法主要工艺过程有哪些？各应注意什么问题？

5.6 试述先张法的张拉程序。怎样计算张拉力？

5.7 先张法中预应力筋放松时，应注意哪些问题？试述放松的方法。

5.8 后张法常用的锚具有哪些？如何与张拉设备配套使用？

5.9 试述 XM 型锚具的特点及适用情况。

5.10 后张法孔道留设有几种方法？各适用于什么情况？应注意哪些问题？

5.11 在张拉程序中，为什么要超张拉和持荷 2min？

5.12 后张法预应力筋张拉时，应注意哪些问题？

5.13 分批张拉时，如何弥补混凝土弹性压缩引起的应力损失？

5.14 重叠生产预应力构件时，如何弥补其应力损失？

5.15 后张法预应力筋张拉后，为什么必须及时进行孔道灌浆？孔道灌浆有什么要求？

5.16 什么叫无粘结张拉？无粘结预应力混凝土施工工艺有哪些特点？

习 题

5.1 先张法空心板，用冷拔低碳钢丝 $\phi^b 4$ 作预应力筋，标准强度值 $f_{pyk}=650N/mm^2$，控制应力 $\sigma_{con}=0.7f_{pyk}$。采用单根张拉，张拉程序为 $0\rightarrow1.03\sigma_{con}$，试求张拉力。

5.2 先张法预应力吊车梁，采用冷拉 HRB400 钢筋作预应力筋，其强度标准值 $f_{pyk}=500N/mm^2$，$\sigma_{con}=0.49f_{pyk}$，用 YC60 型千斤顶张拉（活塞面积为 20000mm²），求张拉 ϕ^L 筋时的张拉力和油泵油表读数（不计千斤顶的摩阻力）。若采用 $0\rightarrow1.05\sigma_{con}\rightarrow\sigma_{con}$ 程序，求相应阶段油泵油表读数。

5.3 某预应力混凝土屋架，采用机械张拉后张法施工，两端为螺丝端杆锚具，端杆长度为 320mm，端杆外露出构件端部长度为 120mm，孔道长度为 23.80m，预应力筋为冷拉 RRB400 钢筋，直径为 20mm，钢筋长度为 8m，实测钢筋冷拉率为 4%，弹性回缩率为 0.3%，张拉控制应力为 $0.85f_{pyk}$（$f_{pyk}=500N/mm^2$），计算钢筋的下料长度和张拉力。

5.4 某车间预应力混凝土吊车梁长度为 6m，配置直线预应力筋为 4 束 6 $\phi^L 12$ 钢筋，采用 YC60 型千斤顶一端张拉，千斤顶长度为 435mm，两端均采用 JM12-6 型锚具，锚具厚度为 55mm，垫板厚 15mm，张拉控制应力（σ_{con}）为 $0.85f_{pyk}$（$f_{pyk}=500N/mm^2$），试计算钢筋的下料长度和张拉力。

模块6　钢结构工程

知识目标

掌握钢结构工程材料的分类、进场验收和存储规定；钢结构焊接、高强度螺栓连接的施工要求；钢结构安装的施工准备；柱、梁、支撑、桁架的安装过程及要求。

技能目标

结合钢结构单层工业厂房实例，能编制专项施工方案；熟悉施工准备的工作内容；掌握钢构件进场验收程序和主要内容；熟练掌握焊接施工、高强螺栓连接施工的基本要求，能对施工现场出现的技术问题进行分析和处理。

　　钢结构是用钢板、热轧型钢、薄壁型钢和钢管等通过焊接、铆接、螺栓连接等方式组合而成的结构。钢结构在房屋建筑中的应用有工业厂房、大跨度结构、高层及多层建筑、轻型钢结构、钢-混凝土组合结构等。钢结构还可用于桥梁结构、塔桅结构等。

　　钢结构建筑具有自重轻、制作安装简便、施工周期短、抗震性能好、投资回收快、环境污染少等优点。钢结构拆除后可再生循环利用，有的构件可重复利用。从这点来看，钢结构是绿色建筑，可减轻对不可再生资源的破坏。因此，钢结构有利于保护环境、节约资源。

　　钢结构的缺点是钢材耐腐性差，在使用期间要定期维护；钢材耐热不耐火，重要结构必须采取防火措施或喷涂防火涂料，或采用耐火材料围护。

　　钢结构工程由专业厂家、专业承包单位负责制作安装。钢结构工程施工工作内容包括熟悉图纸、施工阶段结构分析、施工详图设计、结构工程材料采购验收、钢结构构件加工制作、钢结构现场安装验收等。

6.1　钢结构施工阶段设计

　　钢结构工程施工阶段设计的主要内容包括施工阶段的结构分析与验算、结构预变形设计、临时支撑结构和施工措施设计、施工详图设计等。

6.1.1　施工阶段结构分析

　　施工阶段结构分析是对结构安装成型过程进行施工阶段分析，以保证结构安全，或满足规定功能要求。

　　施工阶段的临时支撑结构和施工措施要按施工状况的荷载作用对构件进行强度、刚度和稳定性验算；临时支承结构拆除顺序和步骤要通过分析确定，并编制专项施工方案。对吊装状态的构件或结构单元,应进行强度、稳定性和变形验算。

6.1.2 施工详图设计

钢结构施工详图作为制作、安装和质量验收的主要技术文件,其设计工作主要包括节点构造设计和施工详图绘制两项内容。

节点构造设计是以便于钢结构加工制作和安装为原则,对节点构造进行完善,根据结构设计施工图提供的内力进行焊接或螺栓连接节点设计,以确定连接板的规格、焊缝尺寸和螺栓数量等内容。

施工详图绘制主要包括图纸目录、施工详图设计总说明、构件布置图、构件详图和安装节点详图等内容。钢结构施工详图需经原设计单位确认。

6.2 钢结构工程材料

钢结构工程所用的材料应符合设计文件和国家现行有关标准的规定,应具有质量合格证明文件,并经现场检验合格后使用。钢结构工程材料有钢材、焊接材料、紧固件、钢铸件、锚具和销轴、涂装材料等。

钢材的进场验收除符合设计文件和国家有关标准规定外,还应按《钢结构工程施工质量验收规范》(GB 50205—2001)的有关规定进行抽样复验。

焊接材料的品种、规格、性能等应符合国家现行有关产品标准和设计要求。焊条、焊丝、焊剂、电渣焊熔嘴等应与设计选用的钢材相匹配,且应符合《钢结构焊接规范》(GB 50661—2011)的有关规定。

钢结构连接用的普通螺栓、高强度大六角头螺栓连接副、扭剪型高强度螺栓连接副等紧固件,应符合相应的国家紧固件标准。

钢结构涂装材料有钢结构防腐涂料、稀释剂和固化剂。富锌防腐油漆和钢结构防火涂料应符合设计文件和国家标准的有关规定。

材料存储及成品的管理应有专人负责。材料入库前应进行检验,核对材料的品种、规格、批号、质量合格证明文件、中文标志和检验报告等,检查表面质量、包装等。钢材堆放应减少钢材变形和锈蚀,并应放置垫木或垫块。焊条、焊丝、焊剂等焊接材料应按品种、规格和批号分别存放在干燥的存储室内;在使用前,应按产品说明书的要求进行焙烘。连接用紧固件应防止锈蚀和碰伤,不得混批存储。涂装材料按产品说明书的要求进行存储。

6.3 零件及部件加工

零件及部件加工前,应熟悉设计文件和施工详图,做好各道工序和工艺准备,并结合加工实际情况编制加工工艺文件。

6.3.1 放样与号料

放样是根据施工详图用1:1的比例在样台上放出大样,通常按生产需要制作样板或样杆进行号料,并作为切割、加工、弯曲、制孔等后检查之用。

放样和号料时应预留余量,一般包括制作和安装时焊接收缩余量、构件的弹性压缩量、切割刨边和铣平等加工余量及厚钢板展开的余量。

号料后零件和部件应进行标识,包括工程号、零部件编号、加工符号、孔的位置等,便于切割及后续工序工作,避免造成混乱。

6.3.2　切割

钢材切割可采用气割、机械切割、等离子切割等方法。为了保证气割质量,切割前要求将钢材切割区表面清理干净。气割可用于机械、人工切割,适用于中厚钢板。采用剪板机或型钢剪切割钢材速度快,但切割质量不是很好,因为在钢材的剪切过程中,一部分是剪切而另一部分为撕断,在剪切面附近连续 2～3mm 范围内形成严重的冷作硬化区,使这部分钢材脆性很大。因此,规范规定剪切零件的厚度不宜大于 12mm,对于较厚的钢材或直接受动荷载的钢板不应采用剪切。等离子切割适用于较薄钢板(厚度为 20～30mm)、钢条和不锈钢。

6.3.3　矫正和成型

矫正可采用机械矫正、加热矫正、加热与机械矫正方法。冷矫正和冷弯曲碳素结构钢的环境温度不低于 −16℃,低合金钢不低于 −12℃,这是为了保证钢材在低温情况下受到外力作用时不致发生冷脆断裂。加热矫正时,加热矫正温度为 700～800℃。

当零件采用热加工成型时,应根据材料的含碳量选择不同的加热温度,温度控制在1100～1300℃。热加工成型温度应均匀,同一构件不应反复进行热加工。

冷矫正和冷弯曲的最小曲率半径和最大弯曲矢高的允许值,应根据钢材特性、工艺可行性及成型后外观质量的限制而确定。

6.3.4　边缘加工

边缘加工可采用气割和机械加工方法,对边缘有特殊要求时应采用精密切割。气割或机械剪切的零件,需要进行边缘切割时,其刨削量不应小于 2mm。焊缝坡口可采用气割、铲削、刨边机加工等方法。

6.3.5　制孔

钻孔、冲孔为一次制孔(冲孔的板厚≤12mm);铣孔、铰孔、镗孔和锪孔等为二次制孔,即在一次制孔的基础上进行孔的二次加工。一般直径在 80mm 以上的圆孔、长圆孔或异形孔,可先钻孔,然后再用气割制孔方法进行二次制孔。

6.4　构件组装及加工

6.4.1　构件组装

构件组装也称装配、拼装,是把加工好的零件按照施工图的要求拼装成单个构件。钢构件的大小应根据运输道路、现场条件、运输和安装单位的机械设备能力与结构受力的允许条件等来确定。

(1)组装要求

① 构件组装前,要求对组装人员进行技术交底,交底内容包括施工详图、组装工艺、操作规程等技术文件。组装之前,组织人员应检查组装用的零件/部件编号、清单及实物,确保实物与图纸相符。

② 编制组装工艺应考虑设计要求、构件形式、连接方式、焊接方法和焊接顺序等因素,确定组装顺序,然后严格按照组装顺序进行拼装。

③ 钢构件组装应在平台上进行,平台应测平。用于装配的组装架及胎模要牢固地固定在平台上。

④ 对于尺寸较大、形状较复杂的构件,应先分成几个部分组装成简单组件,再逐渐拼成整个构件,并注意先组装内部组件,再组装外部组件。

⑤ 组装好的构件或结构单元,应根据图纸的规定进行编号,并标注构件的重量、重心的位置、定位中心缝、标高基准线等。

(2)组装方法

构件的组装应根据构件形式、尺寸、数量、组装场地、组装设备等综合考虑,主要有以下几种:

① 地样法 用1∶1的比例在组装平台上放出构件实样,然后根据零件在实样上的位置,分别组装后形成构件。

② 胎模装配法 将构件的各个零件用胎模定位在其组装位置上的组装方法。这种方法适用于批量大、精度要求高的构件。

③ 立装 根据构件的特性,将各个零件直接放在设备上进行组装的方法。这种方法适用于放置平稳、高度不大的构件。

④ 卧装 将构件放平后进行组装的方法。这种方法适用于断面不大、长度较大的细长杆件。

6.4.2 钢结构的连接施工

(1)焊接施工

焊接连接是钢结构的主要连接方法。其优点是构造简单,加工方便,构件刚度大,连接的密封性好,节约钢材,生产效率高;缺点是焊件易产生焊接应力和焊接变形。钢结构制作和安装焊接有焊条电弧焊接、气体保护电弧焊接、埋弧焊接和电渣焊接等。

焊接施工的基本要求:

① 通过焊接工艺评定,选择最佳的焊接材料、焊接方法、焊接工艺、焊后热处理等,以保证焊缝接头的力学性能满足设计要求。

② 在焊接前,焊条、焊丝按质量要求进行烘焙,烘焙后的焊条应放在保温箱内随用随取。

③ 现场高空焊接作业应搭设稳固的操作平台和防护棚。焊接作业环境温度不得低于—10℃。环境温度低于0℃且不低于—10℃时,应采取加热或防护措施。

④ 采用钢丝刷、砂轮等工具,清除待焊处表面的氧化皮、铁锈、油污等杂物。

⑤ 为了减少焊接变形,应选择合理的焊接顺序。一般从焊接件的中心开始向四周扩展;先焊接缩量大的焊缝,后焊接缩量小的焊缝;尽可能地对称施焊;焊缝相交时,先焊纵向焊缝,待冷却至常温后,再焊横向焊缝;钢板较厚时分层施焊。

(2)高强度螺栓连接施工

高强度螺栓连接是用强力将钢板紧固,使钢板与钢板间产生摩擦力来传递剪力的连接方法。高强度螺栓采用 20MnTiB 钢制作。螺栓的紧固使用电动扳手或扭矩扳手,将预定的拉力导入螺栓中。其特点是施工方便,可拆可换,传力均匀,疲劳强度高,螺母不易松动,结构安全可靠。高强度螺栓可分为大六角头高强度螺栓(即扭矩型高强度螺栓)和扭剪型高强度螺栓。

高强度螺栓连接的基本要求:

① 摩擦面处理。对高强度螺栓连接的摩擦面在钢构件制作时应采用喷砂处理,酸洗后涂无机富锌漆或贴塑料纸加以保护。安装前进行检查,若摩擦面有锈蚀、污染等,须进行清除。常用铲刀、钢丝刷、砂轮机、除漆剂、火焰等进行处理,使之达到设计要求。

② 螺栓穿孔。安装高强度螺栓时,应做到孔眼对准,螺栓同连接板的接触面之间必须保证平整。严禁锤击穿孔。要正确使用垫圈,每一个节点的螺栓穿孔方向必须一致。

③ 高强度螺栓应自由穿入螺栓孔内,当板层发生错孔时,允许用铰刀扩孔,扩孔的数量不得超过一个接头螺栓的 1/3,扩孔后的孔径不应大于 $1.2d$。扩孔时,落入板层间的铁屑应彻底清除干净。

④ 一个接头上的高强度螺栓连接,应从螺栓群中部开始安装,向四周扩展,逐个拧紧。扭矩型高强度螺栓的初拧、复拧、终拧,每完成一次,应涂上相应的颜色或标记,以防漏拧。

⑤ 接头如有高强度螺栓连接又有焊接连接时,应按先栓后焊方式施工,先终拧完高强度螺栓后再焊接焊缝。

⑥ 高强度螺栓连接终拧后,螺栓丝扣外露应为 2～3 扣,其中允许有 10% 螺栓外露 1 扣或4 扣。

⑦ 大六角头高强度螺栓终拧可采用扭矩法和转角法。扭矩法是根据高强度螺栓的扭矩系数计算施工扭矩值,然后用标定过的力矩扳手进行施拧,控制施工扭矩值。转角法是在初拧的基础上,用扳手将螺栓再转动某个角度值 α。α 值与螺栓的直径及长度有关,可以事先标定。

⑧ 扭剪型高强度螺栓是一种自标量螺栓,终拧紧固只需把尾部梅花头扭掉即可。

6.5　钢结构安装

6.5.1　施工准备

(1)熟悉并掌握钢结构施工阶段设计内容,依据其专项施工方案组织施工。

(2)施工现场要满足运输车辆通行的要求,即:场地平整;有电源、水源,排水通畅;堆场的面积满足工程进度的需要。

(3)安装前应按构件明细表对进场的构件查验产品合格证,工厂预拼过的构件在现场组装时,应根据拼装记录进行。

(4)构件吊装前应清除表面上的油污、冰雪、泥沙和灰尘等杂物,并做好轴线和标高标记。

(5)钢结构安装应根据结构特点按照合理顺序进行,并应形成稳固的空间刚度单元,必要时应增加临时支承结构或临时措施。

(6)起重设备宜采用塔式起重机、履带吊、汽车吊等定型机械产品,根据起重设备性能、结构特点、现场环境、作业效率等因素综合确定。

(7)用于吊装的钢丝绳、吊装带、卸扣、吊钩等吊具经检查合格,并应在额定许可荷载范围内使用。

6.5.2 基础、支承面和预埋件

(1)钢结构安装前应对建筑物的定位轴线、基础轴线和标高、地脚螺栓位置等进行检查,并应办理交接验收手续。

① 基础混凝土强度应达到设计要求;

② 基础周围回填夯实应完毕;

③ 基础的轴线标志和标高基准点准确、齐全。

(2)基础顶面的预埋钢板的标高、水平度,地脚锚固螺栓的中心偏移、露出长度和螺纹长度,应符合规范要求。

6.5.3 构件安装

(1)钢柱安装

① 柱脚安装时,锚栓应使用导入器或护套。

② 首节钢柱安装后,应及时进行标高、轴线位置和垂直度校正,校正后的钢柱应可靠固定。

③ 首节以上的钢柱定位轴线应从地面控制轴线直接引上,不得从下层柱的轴线引上。钢柱校正垂直度时,应确定钢梁接头焊接的收缩量,并预留焊缝收缩变形值。

(2)钢梁安装

① 钢梁宜采用两点起吊;当梁长度大于 21m,采用两点吊装不能满足构件强度和变形要求时,宜设置 3～4 个吊装点吊装,吊点位置应通过计算确定。

② 钢梁可采用一机一吊或一机串吊方式吊装,就位后立即进行临时固定。

③ 钢梁面的标高及两端高差采用水准仪与标尺进行测量,校正完成后应进行永久性的连接。

(3)支撑安装

① 支交叉撑宜按从下到上的顺序组合吊装;

② 支撑构件的校正宜在相邻结构校正固定后进行。

(4)桁架(屋架)安装

① 桁架(屋架)安装应在钢柱校正后进行;

② 桁架(屋架)可采用整榀或分段安装;

③ 桁架(屋架)应在起扳和吊装过程中防止产生变形;

④ 桁架(屋架)安装时应采用缆绳和刚性支撑以增加侧向临时约束。

6.5.4 单层钢结构安装

(1)单跨结构宜从跨端一侧向另一侧、中间向两端或两端向中间的顺序进行吊装。多跨结构宜先吊主跨、后吊副跨;当有多台起重设备共同作业时,也可多跨同时吊装。

(2)单层钢结构在安装过程中,应及时安装柱间支撑、桁架支撑或稳定缆绳,应在形成空间结构稳定体系后再扩展安装。单层钢结构安装过程中形成的临时空间稳定结构,应能承受结构自重、风荷载、雪荷载、施工荷载以及吊装过程中冲击荷载的作用。

（3）单层钢结构安装方法有分件安装法和综合安装法。

分件安装法是指起重机在厂房内每开行一次，安装一种或两种构件，通常分三步安装所有构件。第一步安装柱，校正固定；第二步安装吊车梁、连系梁及柱间支撑；第三步分节间安装桁架、屋面构件及桁架支撑系统。

6.5.5　多层钢结构安装

（1）多层及高层钢结构应划分为多个流水作业段进行安装，流水段宜以每节框架为单位。流水段划分应符合下列规定：

① 流水段内最重构件应在起重设备的起重能力范围内；

② 起重设备的爬升高度应满足下节流水段内构件起吊高度的要求；

③ 流水段划分应与混凝土结构施工相适应；

④ 根据结构特点和现场条件在平面上划分流水区进行施工。

（2）流水作业段内构件的吊装应符合下列规定：

① 吊装可采用整个流水段内先柱后梁，或局部先柱后梁的顺序，单柱不得长时间处于悬臂状态；

② 钢楼板或压型金属板安装应与构件吊装进度同步；

③ 多层及高层钢结构安装校正应根据基准柱进行，楼层标高可采用相对标高或标高进行控制。

6.6　钢结构涂装施工

6.6.1　一般要求及表面处理

（1）钢结构防腐涂装施工在构件组装和预拼装工程检验批的施工质量验收合格后进行。涂装完毕后，在构件上标注构件编号、重量、重心位置和定位标记。

（2）钢结构防火涂料涂装施工在钢结构安装工程和防腐涂装工程检验批施工质量验收合格后进行。

（3）构件表面防腐油漆的底层漆、中间漆和面层漆之间的搭配相互兼容，防腐油漆与防火涂料相互兼容，以保证涂装系统的质量。

（4）防腐涂装前，表面除锈采用机械除锈和手工除锈方法进行处理。

（5）经过处理的钢材表面不应有焊渣、焊疤、灰尘、油污、水和毛刺等；对于镀锌构件，酸洗除锈后，钢材表面应显露出金属色泽，并无污渍、锈迹和残留酸液。表面处理后 3～6h 内涂布底层漆。

6.6.2　油漆防腐涂装

（1）涂装可采用涂刷法、手工滚涂法、空气喷涂法和高压无气喷涂法。

（2）涂装时环境温度为 5～38℃，相对湿度不大于 85%，被施工物体表面不得有凝露；遇雨、雾、雪、强风天气时，应停止露天涂装；应避免在强烈阳光照射下施工。

6.6.3 防火涂料涂装

(1)基层表面应无油污、灰尘和泥沙等污垢,且防锈层应完整,底漆无漏刷。构件连接处的缝隙应采用防火涂料填平。

(2)防火涂料可采用喷涂、抹涂或滚涂等方法。涂装施工应分层进行,在上道涂层干燥或固化后,再进行下道涂层施工。

(3)涂料、涂装厚度、涂装遍数应符合设计要求。

思 考 题

6.1 简述钢结构的概念及其在房屋建筑中的应用。

6.2 简述钢结构的优缺点。

6.3 钢结构工程施工阶段设计的主要内容是什么?

6.4 钢结构施工详图包括哪些内容?

6.5 常用钢结构的主要材料有哪些?

6.6 简述零部件加工的主要顺序。

6.7 什么叫构件组装?

6.8 构件组装方法有哪几种?

6.9 为了减少焊接变形,简述合理的焊接顺序。

6.10 高强度螺栓穿孔、扩孔及拧紧施工中有哪些要求?

6.11 简述钢结构安装施工准备工作的内容。

6.12 简述柱、梁、支撑、桁架安装的注意事项。

6.13 简述单层钢结构的安装顺序。

模块 7 结构安装工程

知识目标

(1)常用起重机械类型、性能、适用范围;
(2)履带式起重机的起重参数及参数间的相互关系;
(3)单层工业厂房结构构件安装准备工作、吊装工艺;
(4)单层工业厂房结构安装方法:单件法、综合节间法。

技能目标

(1)单层工业厂房结构安装的准备工作;
(2)柱、屋架、吊车梁在施工现场的排放布置图的确定及绘制;
(3)结构吊装方法及起重机的开行路线。

装配式结构房屋的施工特点是结构构件生产工厂化和现场施工的装配化,有利于提高劳动生产率。结构安装工程就是用起重机械将预制的结构构件安装到设计位置的整个施工过程。

起重机械彩图

7.1 起重机械

结构安装工程常用的起重机械有桅杆式起重机、自行式起重机和塔式起重机。

7.1.1 桅杆式起重机

桅杆式起重机制作简单,装拆方便,起重量较大,受地形限制小,能用于安装其他起重机械不能安装的一些特殊工程和设备;但这类机械的服务半径小,移动较困难,需设较多的缆风绳。桅杆式起重机按其构造不同,可分为独脚拔杆、人字拔杆、悬臂拔杆和牵缆式桅杆起重机等。

7.1.1.1 独脚拔杆

独脚拔杆按制作的材料不同,可分为木独脚拔杆、钢管独脚拔杆、金属格构式独脚拔杆等。独脚拔杆由拔杆、起重滑轮组、卷扬机、缆风绳和锚碇等组成,如图 7.1(a)所示。使用时,β 角应保持不大于 10°,以便吊装的构件不碰撞拔杆,底部要设置拖子以便移动,缆风绳数量一般为 6~12 根,缆风绳与地面的夹角 α 为 30°~45°。木独脚拔杆的起重高度一般为 8~15m,起重量 10t 以下;钢管独脚拔杆起重高度可达 30m,起重量可达 45t;金属格构式独脚拔杆起重高度可达 70~80m,起重量可达 100t。

7.1.1.2 人字拔杆

人字拔杆一般是由两根圆木或两根钢管用钢丝绳绑扎或铁件铰接而成,两杆夹角一般为

20°～30°,底部设有拉杆或拉绳,以平衡水平推力,拔杆下端两脚的距离约为高度的1/3～1/2,如图 7.1(b)所示。人字拔杆的特点是其侧向稳定性比独脚拔杆的好,但构件起吊后活动范围小,缆风绳的数量较少(根据拔杆的起重量和起重高度决定,但一般不少于5根),一般用于安装重型构件或作为辅助设备以吊装厂房屋盖体系上的构件。

7.1.1.3 悬臂拔杆

悬臂拔杆是在独脚拔杆的中部或 2/3 高度处装一根起重臂而成。其特点是起重高度和起重半径都较大,起重臂左右摆动的角度也较大,但起重量较小,多用于轻型构件的吊装,如图 7.1(c)所示。

7.1.1.4 牵缆式桅杆起重机

牵缆式桅杆起重机是在独脚拔杆下端装一根起重臂而成。这种起重机的起重臂可以起伏,机身可回转 360°,可以在起重机半径范围内把构件吊到任何位置。用角钢组成的格构式截面杆件的牵缆式起重机,桅杆高度可达 80m,起重量可达 60t 左右。牵缆式桅杆起重机要设较多的缆风绳,比较适用于构件多且集中的工程,如图 7.1(d)所示。

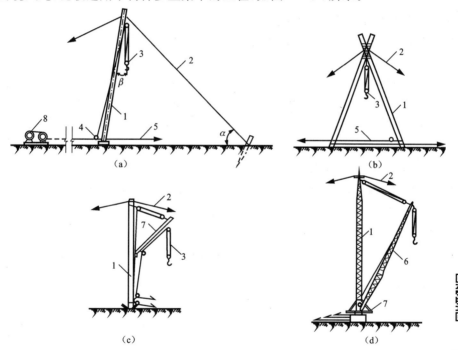

图 7.1 桅杆式起重机

(a)独脚拔杆;(b)人字拔杆;(c)悬臂拔杆;(d)牵缆式桅杆起重机

1—拔杆;2—缆风绳;3—起重滑轮组;4—导向装置;5—拉索;6—起重臂;7—回转盘;8—卷扬机

桅杆式
起重机动画

7.1.2 自行式起重机

自行式起重机可分为履带式起重机、汽车式起重机与轮胎式起重机。

7.1.2.1 履带式起重机

履带式起重机是一种具有履带行走装置的全回转起重机,它利用两条面积较大的履带着地行走,由行走装置、回转机构、机身及起重臂等部分组成,如图 7.2 所示。履带式起重机操作灵活,使用方便,有较大的起重力,在平坦坚实的道路上可负载行走,是结构安装工程常用的吊装机械。

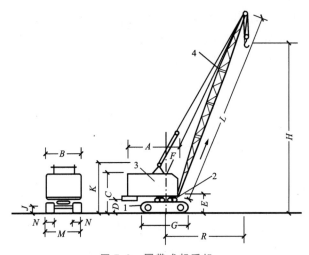

图 7.2   履带式起重机

1—行走装置;2—回转机构;3—机身;4—起重臂

(1)履带式起重机的常用型号及性能

在结构安装工程中,常用的履带式起重机有 W_1-50 型、W_1-100 型、W_1-200 型及一些进口机型。

W_1-50 型起重机的最大起重量为 10t,起重臂可接长至 18m,适于安装跨度在 18m 以下,高度在 10m 左右的小型车间和做一些辅助工作(如装卸构件)。

W_1-100 型起重机的最大起重量为 15t,机身较大,行驶速度较慢,可接长起重臂,适于 18～24m 跨度厂房结构的安装。

W_1-200 型起重机的最大起重量为 50t,起重臂可接长至 40m,一般用于大型厂房结构的安装。

履带式起重机的主要技术性能包括三个主要参数:起重量 Q、起重半径 R、起重高度 H。起重量 Q 不包括吊钩、滑轮组的质量,起重半径 R 是指起重机回转中心至吊钩中心的水平距离,起重高度 H 是指吊钩中心至停机面的垂直距离。

常用履带式起重机的外形尺寸及技术性能见表 7.1、表 7.2、表 7.3、表 7.4。

表 7.1   履带式起重机外形尺寸(单位:mm)

符号	名 称	型 号				
		W_1-50 (W-501、 W-505)	W_1-100 (W-1001、 W-1004)	W_1-200 (W-2001)	W-1252	W-4
A	机棚尾部到回转中心距离	2900	3300	4500	3540	5250
B	机棚宽度	2700	3120	3200	3120	—
C	机棚顶部距地面高度	3220	3675	4125	3675	—
D	回转平台底面距地面高度	1000	1045	1190	1095	—
E	起重臂枢轴中心距地面高度	1555	1700	2100	1700	2650
F	起重臂枢轴中心至回转中心的距离	1000	1300	1600	1300	2340
G	履带长度	3420	4005	4950	4005	—
M	履带架宽度	2850	3200	4050	3200	—
N	履带板宽度	550	675	800	675	—
J	行走底架距地面高度	300	275	390	—	—
K	双足支架顶部距地面高度	3480	4170	4300	4180	8580

表 7.2 履带式起重机性能表

参　　数		单位	型　　号												
			W_1-50			W_1-100		W_1-200			W-1252			W-4		
起重臂长度		m	10	18	18带鸟嘴	13	23	15	30	40	12.5	20	25	21	27	33	45
最大起重半径		m	10.0	17.0	10.0	12.5	17.0	15.5	22.5	30.0	10.1	15.5	19.0	20.32	25.52	30.67	41.12
最小起重半径		m	3.7	4.5	6.0	4.23	6.5	4.5	8.0	10.0	4.0	5.65	6.5	6.54	7.79	9.03	11.51
起重量	最小起重半径时	t	10.0	7.5	2.0	15.0	8.0	50.0	20.0	8.0	20.0	9.0	7.0	63.4	56.8	45.7	32.0
	最大起重半径时	t	2.6	1.0	1.0	3.5	1.7	8.2	4.3	1.5	5.5	2.5	1.7	16.8	11.3	83.3	4.34
起升高度	最小起重半径时	m	9.2	17.2	17.2	11.0	19.0	12.0	26.8	36.0	10.7	17.9	22.8	20.5	26.5	32.5	45
	最大起重半径时	m	3.7	7.6	14.0	5.8	16.0	3.0	19.0	25.0	8.1	12.7	17.0	10.5	13.5	16.5	22.65

注:表中数据所对应的起重臂倾角为 $\alpha_{min}=30°$,$\alpha_{max}=77°$。

表 7.3 W_1-50 型履带式起重机起重特性

臂　长　10m			臂　长　18m			臂　长　10m(带鹅头)		
R(m)	Q(t)	H(m)	R(m)	Q(t)	H(m)	R(m)	Q(t)	H(m)
3.7	10.0	9.2	4.5	7.5	17.2	6	2.0	17.2
4	8.7	9.0	5	6.2	17	8	1.5	16
5	6.2	8.6	7	4.1	16.4	10	1.0	14
6	5.0	8.1	9	3.0	15.5	—	—	—
7	4.1	7.5	11	2.3	14.4	—	—	—
8	3.5	6.5	13	1.8	12.8	—	—	—
9	3.0	5.4	15	1.4	10.7	—	—	—
10	2.6	3.7	17	1.0	7.6	—	—	—

表 7.4 W_1-100 型履带式起重机起重特性

R(m)	臂　长　13m		臂　长　23m		臂　长　27m		臂　长　30m	
	Q(t)	H(m)	Q(t)	H(m)	Q(t)	H(m)	Q(t)	H(m)
4.5	15.0	11	—	—	—	—	—	—
5	13.0	11	—	—	—	—	—	—
6	10.0	11	—	—	—	—	—	—
6.5	9.0	10.9	8.0	19	—	—	—	—
7	8.0	10.8	7.2	19	—	—	—	—
8	6.5	10.4	6.0	19	5.0	23	—	—
9	5.5	9.6	4.9	19	3.8	23	3.6	26
10	4.8	2.2	4.2	18.9	3.1	22.9	2.9	25.9
11	4.0	7.8	3.7	18.6	2.5	22.6	2.4	25.7
12	3.7	6.5	3.2	18.2	2.2	22.2	1.9	25.4
13	—	—	2.9	17.8	1.9	22	1.4	25
14	—	—	2.4	17.5	1.5	21.6	1.1	24.5
15	—	—	2.2	17	1.4	21	0.9	23.8
17	—	—	1.7	16	—	—	—	—

（2）履带式起重机的稳定性验算

履带式起重机在正常情况下工作，机身可保持稳定。当履带式起重机需进行超负荷吊装或需额外接长起重臂时，应对起重机的稳定性进行验算，以保证起重机在吊装过程中不发生倾覆事故。

在图 7.3 所示的情况下吊装构件，起重机的稳定性最差，此时以履带中心 A 点为倾覆点，分别按以下条件进行验算：

当考虑吊装荷载及附加荷载时，稳定安全系数为：
$$K_1 = M_稳/M_倾 \geqslant 1.15 \tag{7.1}$$

当考虑吊装荷载，不考虑附加荷载时，稳定安全系数为：
$$K_2 = \frac{稳定力矩(M_稳)}{倾覆力矩(M_倾)} = \frac{G_1 L_1 + G_2 L_2 + G_0 L_0 - G_3 L_3}{(Q+q)(R-L_2)} \geqslant 1.4 \tag{7.2}$$

式中　G_0——机身平衡重；

　　　G_1——起重机机身可转动部分的质量；

　　　G_2——起重机机身不可转动部分的质量；

　　　G_3——起重臂质量；

　　　L_0, L_1, L_2, L_3——G_0、G_1、G_2、G_3 各部分重心至 A 点的距离；

　　　R——起重半径；

　　　Q——起重量（包括构件和索具质量）；

　　　q——起重滑轮组的质量。

（3）起重臂接长计算

当起重机的起重高度或起重半径不足时，在起重臂的强度和稳定性能得到保证的前提下，可以将起重臂接长，接长后的起重量 Q' 按图 7.4 计算。

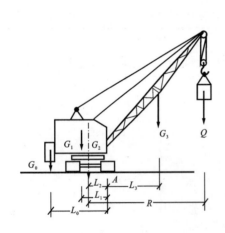

图 7.3 履带式起重机受力简图

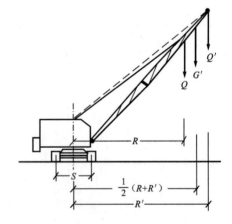

图 7.4 接长起重臂受力图

根据同一起重机起重力矩相等的原则，得：
$$Q'\left(R' - \frac{S}{2}\right) + G'\left(\frac{R+R'}{2} - \frac{S}{2}\right) = Q\left(R - \frac{S}{2}\right)$$

整理后得：
$$Q' = \frac{1}{2R'-S}\left[Q(2R-S) - G'(R+R'-S)\right] \tag{7.3}$$

式中 R'——接长起重臂后的起重半径;

       G'——起重杆接长部分的质量;

       S——两条履带板中心线间的距离。

其他符号同前。若计算得出的 Q' 小于所吊构件的质量,则需采取相应的加强措施。

7.1.2.2 汽车式起重机

汽车式起重机是自行式全回转起重机,起重机构安装在汽车的通用或专用底盘上,如图 7.5 所示。汽车式起重机具有起重机的作业特性和载重汽车的行驶特性,具有行驶速度快,机动性能好的优点;但吊装时必须伸出支腿以保证起重机的稳定,不能负荷行驶,也不适宜在松软的场地上工作。汽车式起重机常用于构件的运输、装卸及结构吊装。QY 系列汽车式起重机应用较普遍,如 QY8、QY12、QY16 等。

7.1.2.3 轮胎式起重机

轮胎式起重机是把起重机构安装在加重型轮胎和轮轴组成的特制底盘上的全回转起重机,如图 7.6 所示。轮胎式起重机的行驶速度快,不破坏路面,稳定性较好,起重量较大,起重时一般要伸出支腿以保证机身的稳定。常用的电动式轮胎起重机有 QLD16、QLD20、QLD25、QLD40 等型号;液压式轮胎起重机主要有 QLY16、QLY25 等型号。

图 7.5 汽车式起重机

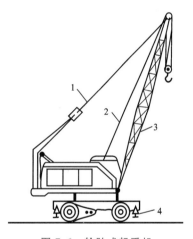

图 7.6 轮胎式起重机

1—起重杆;2—起重索;3—变幅索;4—支腿

7.1.3 塔式起重机

塔式起重机是一种具有竖直塔身的全回转臂式起重机。它具有较高的起重高度、工作幅度和起重量,工作速度快、生产效率高,广泛用于多层、高层房屋的施工。塔式起重机的类型较多,按结构与性能特点分为两大类:一般式塔式起重机与自升式塔式起重机。

7.1.3.1 一般式塔式起重机

一般式塔式起重机主要介绍 $QT_1 - 6$、$QT - 60/80$ 等型号。$QT_1 - 6$ 型为上回转动臂变幅式塔式起重机,起重量为 $2\sim6t$,工作幅度为 $8.5\sim20m$,最大起升高度约为 $40m$,起重力矩为 $400kN \cdot m$,适用于结构吊装及材料装卸工作,如图 7.7 所示。$QT - 60/80$ 型为上回转动臂变幅式塔式起重机,起重量为 $10t$,起重力矩为 $600\sim800kN \cdot m$,起重高度可达 $70m$,是使用较为广泛的机型,适于较高建筑的结构吊装。

7.1.3.2 自升式塔式起重机

自升式塔式起重机的型号较多,如 QTZ50、QTZ60、QTZ100、QTZ120 等。QT$_4$ - 10 型多功能(可附着、可固定、可行走、可爬升)自升式塔式起重机,是一种上旋转、小车变幅自升式塔式起重机,随着建筑物的增高,它利用液压顶升系统而逐步自行接高塔身,如图 7.8 所示。QT$_4$ - 10型自升式塔式起重机的主要技术性能如表 7.5 所示。

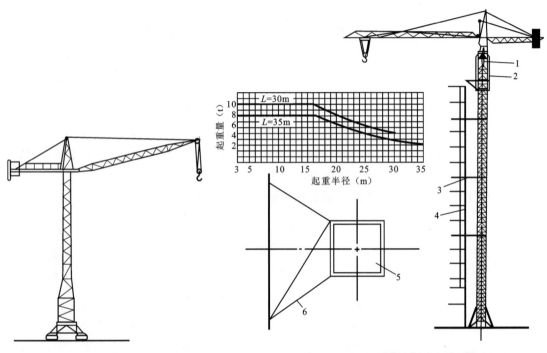

图 7.7 QT$_1$ -6 型塔式起重机

图 7.8 QT$_4$ -10 型塔式起重机

1—液压千斤顶;2—顶升套架;3—锚固装置;
4—建筑物;5—塔身;6—附着杆

表 7.5 QT$_4$ -10型自升式塔式起重机的主要技术性能表

项 目		单 位	技 术 参 数					
起重臂长		m	30			35		
起重半径		m	3～16	20	30	3～16	25	35
起重量		t	10.0	8.0	5.0	8.0	5.0	3.0
起升速度	4 索	m/min	22.5					
	2 索	m/min	45					
小车变幅速度		m/min	18					
回转速度		r/min	0.47					
顶升速度		m/min	0.52					
轨 距		m	6.5					
起重机行走速度		m/min	10.36					

自升式塔式起重机的液压顶升系统主要有顶升套架、长行程液压千斤顶、支承座、顶升横梁、引渡小车、引渡轨道及定位销等。液压千斤顶的缸体装在塔吊上部结构的底端支承座上,

活塞杆通过顶升横梁支承在塔身顶部,其顶升过程如图 7.9 所示。

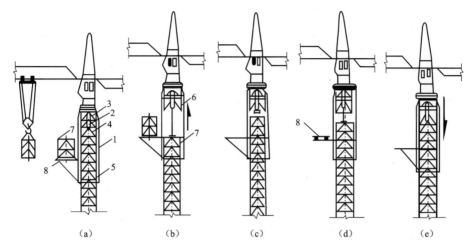

图 7.9 附着式自升塔式起重机的顶升过程

(a) 准备状态;(b) 顶升塔顶;(c) 推入塔身标准节;(d) 安装塔身标准节;(e) 塔顶与塔身联成整体

1—顶升套架;2—液压千斤顶;3—支承座;4—顶升横梁;5—定位销;6—过渡节;7—标准节;8—摆渡小车

　　附着式塔吊随施工进程向上顶升接高到限定的自由高度后,便需通过锚固装置与建筑物拉结,其作用是使塔吊上部传来的不平衡力矩、水平力及扭矩通过锚固装置传递给建筑物,减小塔身的长细比,改善塔身结构的受力情况。

　　塔身中心线至建筑物外墙表面的垂直距离称为附着距离,附着距离的长短要符合起重机生产厂家的规定。其第一道锚固装置设置在距地面 30~40m 处,向上每隔 16~20m 设一道。锚固装置的附着杆布置形式如图 7.10 所示。

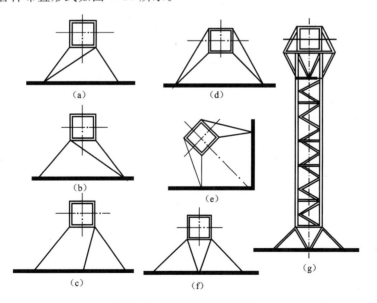

图 7.10 附着杆的布置形式

(a)、(b)、(c) 三杆式附着杆系;(d)、(e)、(f) 四杆式附着杆系;(g) 空间桁架式附着杆系

7.1.3.3 爬升式起重机

爬升式起重机又称内爬式塔式起重机,通常装设在建筑物的电梯井或特设开间的结构上,

它依靠爬升机构,随着建筑物的建高而升高,一般是建筑物每施工 1～2 层,起重机就爬升一次。塔身自由高度只有 20m 左右,但起升高度随建筑物高度而定,实际上是以建筑物的井筒结构充当了塔身。爬升式塔式起重机的工作机构和金属结构与一般的塔式起重机没有太大的区别,只是增加了爬升机构。爬升式起重机的特点是:塔身短,起升高度大而且不占建筑物的外围空间;但司机作业时看不到起吊过程,全靠信号指挥,施工完成后拆塔工作属于高空作业等。图 7.11 所示为爬升式起重机的爬升示意图,其主要型号有 $QT_5 - 4/40$ 型、$QT_5 - 4/60$ 型、$QT_3 - 4$ 型等。

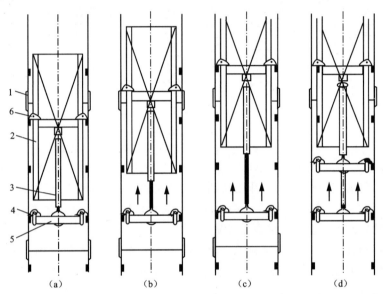

图 7.11   液压爬升机构的爬升过程

(a)、(b) 下支腿支承在踏步上,顶升塔身;(c)、(d) 上支腿支承在踏步上,缩回活塞杆,将活动横梁提起
1—爬梯;2—塔身;3—液压缸;4,6—支腿;5—活动横梁

7.1.4   索具设备及锚碇

结构安装工程施工中除了起重机外,还需使用许多辅助工具及设备,如卷扬机、钢丝绳、滑轮吊钩、卡环、吊索、横吊梁等。

7.1.4.1   卷扬机

在建筑施工中常用的卷扬机分快速和慢速两种。快速卷扬机主要用于垂直、水平运输和打桩作业;慢速卷扬机主要用于结构吊装、钢筋冷拉等作业。

卷扬机安装时,基座应平稳牢固、周围排水畅通、地锚设置可靠,以防滑移和倾翻;电气线路要经常检查,电磁抱闸要有效,全机接地无漏电现象,以确保安全;为保证钢丝绳在卷扬机的卷筒上正确缠绕,应根据钢丝绳的捻向将绳头固定在卷筒上(左边或右边),并从卷筒的下方引出,使出绳的方向接近水平;钢丝绳全部放出时卷筒上至少要保留 3～4 圈;卷筒中心应与前面的第一个导向轮中心线垂直;从卷筒中心线到第一个导向滑轮的距离,带槽卷筒应大于卷筒宽度的 15 倍,无槽卷筒应大于卷筒宽度的 20 倍;卷筒上的钢丝绳应排列整齐,当重叠或斜绕时,应停机重新排列,严禁在转动中用手拉或脚踩钢丝绳。

7.1.4.2   滑轮组及钢丝绳

滑轮组是由一定数量的定滑轮和动滑轮组成,具有省力和改变力的方向的功能,是起重机的重要组成部分。

钢丝绳是先由若干根钢丝绕成股,再由若干股绕绳芯捻成绳,其规格有 $6\times19+1$、6×37 $+1$、$6\times61+1$ 等。6 表示 6 股,19、37、61 表示每股的钢丝根数,1 表示 1 根绳芯。$6\times19+1$ 钢丝绳较粗较硬,不易弯曲,多用作缆风绳;当用作滑轮组、吊索的绳索时,采用 $6\times37+1$ 钢丝 绳比较柔软;当用作起重机械和吊索的绳索时,采用 $6\times61+1$ 钢丝绳更柔软、更易弯曲。

7.1.4.3 吊具及锚碇

吊具包括吊钩、钢丝夹头、卡环、吊索、横吊梁等,是吊装时的重要辅助工具。横吊梁又称 铁扁担,用于承受吊索对构件的轴向压力并能减小起吊高度,常用于柱子、屋架的吊装,如图 7.12 所示。

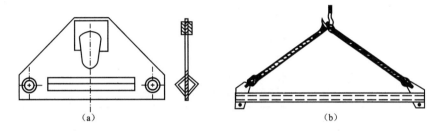

图 7.12 横吊梁

(a) 钢板横吊梁;(b) 钢管横吊梁

锚碇又称地锚,用来固定缆风绳、卷扬机、导向滑车、拔杆的平衡绳索等。常用的锚碇有桩 式锚碇和水平锚碇两种。

桩式锚碇常用来固定受力不大的缆风绳。它由一根木桩、两根木桩或三根木桩组成,木桩 的直径应大于缆风绳直径的 10 倍,承载力为 $10\sim50kN$。木桩埋入土内的深度一般不小于 1.2m,打桩时应使木桩与所拉缆风绳近似垂直。表 7.6 所示为木桩锚碇尺寸和承载力表。

表 7.6 木桩锚碇尺寸和承载力表

类 型	承 载 力 (kN)	10	15	20	30	40	50
	桩尖处施于土的压力(MPa)	0.15	0.2	0.23	0.31		
	a(cm)	30	30	30	30		
	b(cm)	120	120	120	120		
	c(cm)	40	40	40	40		
	d(cm)	18	20	22	26		
	桩尖处施于土的压力(MPa)				0.15	0.2	0.28
	a_1(cm)				30	30	30
	b_1(cm)				120	120	120
	c_1(cm)				90	90	90
	d_1(cm)				22	25	26
	a_2(cm)				30	30	30
	b_2(cm)				120	120	120
	c_2(cm)				40	40	40
	d_2(cm)				20	22	24

水平锚碇是用钢丝绳将一根或几根圆木(方木或型钢也可)捆绑在一起,横放在挖好的坑底上,用钢丝绳系住横木的一点或两点,成 30°～45° 斜度引出地面,然后用土石回填夯实,如图 7.13 所示。水平锚碇的承载力较大,常用规格尺寸及允许承载力见表 7.7。

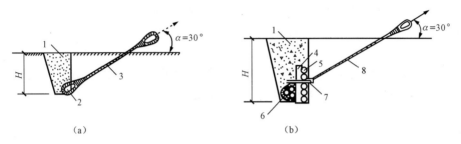

图 7.13 水平锚锭构造示意图

(a) 拉力在 30kN 以下;(b) 拉力为 100～400kN

1—回填土逐层夯实;2—地龙木 1 根;3—钢丝绳或钢筋;4—柱木;5—挡木;

6—地龙木 3 根;7—压板;8—钢丝绳圈或钢筋环

表 7.7 水平锚碇规格尺寸及允许承载力表

项　　目	规格尺寸				
承载力(kN)	28	50	75	100	150
埋深 H(m)	1.7	1.7	1.8	2.2	2.5
横木:根数×长度(cm)	1×250	3×250	3×320	3×320	3×270
横木上系绳点数(点)	1	1	1	1	2
木壁:根数×长度(cm)					4×270
立柱:根数×长度×直径(cm)					2×120×ϕ20
压板:长×宽(cm)					140×270

注:计算依据:横木直径为24cm,挡木直径为20cm,压板密排直径为10cm圆木,夯填土密度为1600kg/m³,缆风绳水平夹角为30°,土内摩擦角为45°,木材容许应力为11.0MPa。

7.2 单层工业厂房结构安装

7.2.1 准备工作

准备工作在结构安装工程中占有重要地位。准备工作主要有场地清理,道路修筑,基础准备,构件运输、排放,构件拼装加固、检查清理、弹线编号,以及机械、机具的准备工作等。

7.2.1.1 构件的检查与清理

为保证工程质量,对所有构件都要进行检查,检查的主要内容有:

(1) 检查构件的型号与数量。

(2) 检查构件截面尺寸。

(3) 检查构件外观质量(变形、缺陷、损伤等)。

(4) 检查构件的混凝土强度。

(5) 检查预埋件、预留孔的位置及质量等,并做相应清理工作。

7.2.1.2 构件的弹线与编号

对质量合格的构件即可在构件上弹出定位墨线和校正用的墨线,作为构件安装、对位、校正的依据。

（1）柱子　在柱身三面弹出中心线（可弹两小面、一个大面），对工字形柱除在矩形截面部分弹出中心线外，为便于观察及避免视差，还需要在翼缘部分弹一条与中心线平行的线。所弹的中心线应与柱基杯口面上的安装中心线相吻合，并在柱顶面及牛腿面上弹出屋架及吊车梁的定位线。

（2）屋架　屋架上弦顶面上应弹出几何中心线，并将中心线延至屋架两端下部，再从跨中向两端分别弹出天窗架、屋面板的安装定位线。

（3）吊车梁　在吊车梁的两端及顶面弹出安装中心线。

在对上述构件进行弹线的同时，应根据图纸对构件进行编号，以便安装时对号入座。

7.2.1.3 混凝土杯形基础的准备工作

先检查杯口的尺寸，再在基础顶面弹出十字交叉的安装中心线，用红油漆画上三角形标志。杯口基础施工时，杯底标高一般比设计标高低（一般低 30～50mm），以便柱子长度有误差时进行调整。为保证柱子安装之后牛腿面的标高符合设计要求，应调整杯底标高至设计值，调整方法是先测出杯底实际标高（小柱测中间一点，大柱测四个角点），并求出牛腿面标高与杯底实际标高的差值 A，再量出柱子牛腿面至柱脚的实际长度 B，两者相减便可得出杯底标高调整值 $C(C=A-B)$，然后根据得出的杯底标高调整值用水泥砂浆或细石混凝土抹平至所需标高。杯底标高调整后要加以保护。

7.2.1.4 构件运输

一些质量不大而数量较多的定型构件，如屋面板、连系梁、轻型吊车梁等，宜在预制厂预制，用汽车将构件运至施工现场。起吊运输时，必须保证构件的强度符合要求，吊点位置符合设计规定；构件支垫的位置要正确，数量要适当，每一构件的支垫数量一般不超过 2 个，且上下层支垫应在同一垂线上。运输过程中，要确保构件不倾倒、不损坏、不变形。构件的运输顺序、堆放位置应按施工组织设计的要求和规定进行，以免增加构件的二次搬运。

7.2.2 构件的吊装工艺

装配式单层工业厂房的结构安装构件有柱子、吊车梁、基础梁、连系梁、屋架、天窗架、屋面板及支撑等。构件的吊装工艺包括绑扎、吊升、对位、临时固定、校正、最后固定等工序。

7.2.2.1 柱子吊装

（1）绑扎

柱的绑扎方法、绑扎位置和绑扎点数，应根据柱的形状、长度、截面、配筋、起吊方法和起重机性能等确定。一般中小型柱（自重 13t 以下）可以绑扎一点；重型柱或配筋少而细长的柱（如抗风柱），为防止起吊过程中断裂，常需绑扎两点甚至三点。对于有牛腿的柱，绑扎点应选在牛腿以下 200mm 左右的位置；工字形柱和双肢柱，绑扎点应选在实心处（工字形柱的矩形断面处，双肢柱的平腹杆处），否则应在绑扎位置用方木加固翼缘，防止翼缘在起吊时损坏。常用的绑扎方法有：

① 一点绑扎斜吊法　当中小型柱平放起吊的抗弯强度满足要求时，可以采用一点绑扎斜吊法，如图 7.14(a)所示。柱吊起后呈倾斜状态，由于吊索歪在一边，起重钩可低于柱顶，因此起重臂可以短些。当柱身较长，起重臂长不够时，常采用此法，但因柱身倾斜，对位比较困难。

② 一点绑扎直吊法　当中小型柱平放起吊的抗弯强度不够时，需将柱由平放翻转为侧立状

态后起吊,采用一点绑扎直吊法起吊,如图7.14(b)所示。起吊后铁扁担(横吊梁)位于柱顶,柱身呈直立状态,便于垂直插入杯口和对位校正,但因铁扁担高于柱顶,需用较长的起重臂。

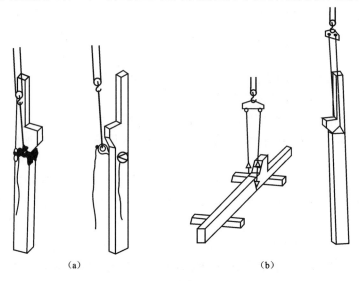

图 7.14　柱子一点绑扎法
(a) 一点绑扎斜吊法;(b) 一点绑扎直吊法

　　③ 两点绑扎斜吊法　当柱较长,一点绑扎抗弯强度不够时,可用两点绑扎法。两点绑扎斜吊法适于在柱子两点绑扎平放起吊,并且柱的抗弯强度满足要求的情况下采用。绑扎点的位置应选在使下绑扎点距柱重心的距离小于上绑扎点距柱重心的距离处,这样,柱起吊以后便可以自行回转直立,如图7.15(a)所示。

　　④ 两点绑扎直吊法　当柱较长,用两点绑扎斜吊法的抗弯强度不够时,可先将柱翻身,然后用两点绑扎直吊法起吊,如图7.15(b)所示。

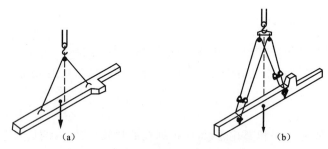

图 7.15　柱子两点绑扎法
(a) 两点绑扎斜吊法;(b) 两点绑扎直吊法

　　(2) 柱的吊升

　　① 旋转法　采用旋转法吊装柱子时,柱的平面布置宜使柱脚靠近基础,柱的绑扎点、柱脚中心与基础中心三点宜位于起重机的同一起重半径的圆弧上,如图7.16所示。起吊过程为:起重臂边升钩、边回转,柱顶随起重钩的运动也边起升、边回转,使柱子绕柱脚旋转而呈直立状态,然后将柱子吊离地面,插入杯口。这种方法要求起重机有一定的工作幅度和机动性,一般适于自行式起重机吊装。采用旋转法吊装,柱子所受震动小,吊装效率高。

　　② 滑行法　柱吊升时,起重机只升钩,起重臂不转动,使柱顶随起重钩的上升而上升,柱

脚随柱顶的上升而滑行,直至柱子直立后,吊离地面,并旋转至基础杯口上方,插入杯口。采用滑行法吊装,柱子的平面布置宜使绑扎点置于杯口基础附近,绑扎点、杯口中心位于起重机的同一起重半径的圆弧上,如图 7.17 所示。滑行法的特点是柱子布置比较灵活,可吊较重、较长的柱子,适于场地较窄、采用桅杆式起重机吊装的工程。

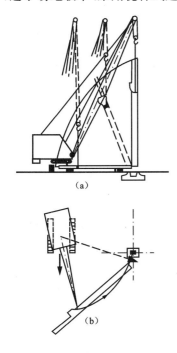

图 7.16 旋转法吊装过程
(a)旋转过程;(b)平面布置

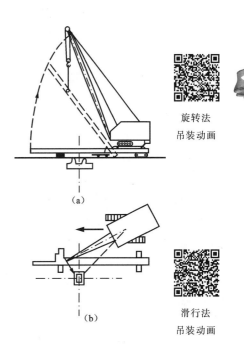

旋转法
吊装动画

滑行法
吊装动画

图 7.17 滑行法吊装过程
(a)旋转过程;(b)平面布置

(3)对位和临时固定

柱子对位是将柱子插入杯口并对准安装准线的一道工序。斜吊法与直吊法的对位方法有所不同。如采用斜吊法,需将柱脚基本送至杯底,然后在吊索一侧的杯口中插入两个楔子,回转起重臂使柱子基本垂直后进行对位;若采用直吊法,在柱脚插入杯口接近杯底(离杯底约 30~50mm)处进行对位,对位时,将八个楔子从柱子四周放入杯口(每个柱面放两个),用撬杠撬动柱脚,使柱子的吊装准线对准杯口上的吊装准线,并使柱子基本保持垂直。

临时固定是用楔子等将已对位的柱子做临时性固定的一道工序。柱子对位后,应先将楔子略作打紧,落钩,将柱子放至杯底,复查对位情况。若符合要求,则打紧四周楔子,将柱子临时固定,必要时还需增设缆风绳或加临时支撑以确保临时固定的稳定,如图 7.18 所示。

(4)柱的校正

柱子校正是对已临时固定的柱子进行全面检查及校正的一道工序。柱子校正包括平面位置、标高和垂直度的校正。标高的校正在杯形基础杯底抄平时进行;平面位置的校正在柱子对位时进行;垂直度校正则在柱子临时固定后进行。

柱子垂直度偏差的检查方法是从柱相邻的两边,架设经纬仪,使视线基本与柱面垂直,检查柱子安装准线的垂直度。对中小型柱或偏斜值较小的柱,可用打紧或放松楔块或敲打钢钎的方法来校正;对重型柱或偏斜值较大的柱,则用千斤顶、缆风绳、钢管支撑等方法校正,如图 7.19所示。

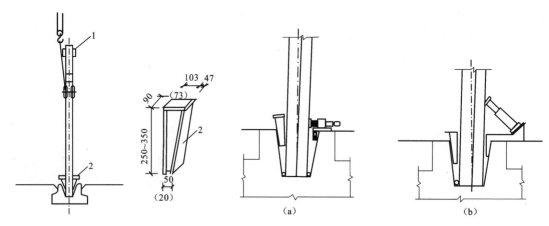

图 7.18 柱的对位与临时固定

1—安装缆风绳或挂操作台的夹箍；2—钢楔

（括号内的数字表示另一种规格钢楔的尺寸）

图 7.19 柱垂直度校正方法

（a）螺旋千斤顶平顶法；（b）千斤顶斜顶法

（5）柱子最后固定

柱子校正后，应立即进行最后固定。其方法是在柱脚与杯口之间浇筑细石混凝土，其强度等级应比原构件的混凝土强度等级提高一级。细石混凝土浇筑分两次进行，如图 7.20 所示。

第一次：浇至楔块底部。

第二次：待已浇筑的细石混凝土强度达到设计强度的 25% 后，即可拔去楔块，将杯口浇满细石混凝土。

7.2.2.2 吊车梁的吊装

吊车梁的吊装，待柱子杯口第二次浇筑的细石混凝土达到设计强度的 75% 以上方可进行，以确保柱子稳定。

（1）绑扎、吊升、对位和临时固定

吊车梁绑扎时，两根吊索要等长，绑扎点对称设置，吊钩对准梁的重心，以使吊车梁起吊后能基本保持水平，如图 7.21 所示。吊车梁的两端应绑扎溜绳，以控制梁的转动。吊车梁对位时，应缓慢降钩，使吊车梁端部的吊装准线与牛腿面的吊装准线对准，避免在对位过程中用撬杠顺纵轴线方向撬动吊车梁，因为柱子顺纵轴线方向的刚度较差，撬动后会使柱子产生偏移。

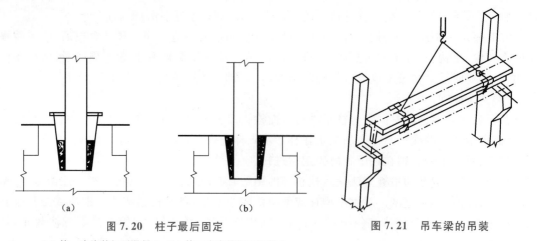

图 7.20 柱子最后固定

（a）第一次浇筑细石混凝土；（b）第二次浇筑细石混凝土

图 7.21 吊车梁的吊装

吊车梁对位时需用垫铁垫平,一般不需采取临时固定措施,当梁高与底宽之比大于4时,可用8#铁丝将梁捆于柱上,以防倾倒。

(2)校正及最后固定

吊车梁的校正主要包括标高校正、垂直度校正和平面位置校正等。吊车梁的标高主要取决于柱子牛腿的标高,因为牛腿标高的校正已完成,所以吊车梁的标高误差不会太大,一般不需校正。平面位置的校正主要包括直线度(同一纵轴线各吊车梁的中心线应在一条直线上)和两吊车梁之间的跨距的校正。在校正吊车梁平面位置的同时,检查并校正吊车梁的垂直度。吊车梁直线度的检查校正方法有通线法、平移轴线法、边吊边校法等。

① 通线法 根据柱的定位轴线,用经纬仪、垂球和钢尺,准确地校正车间两端的四根吊车梁的中心线、垂直度和跨距,再在四根已校正好的吊车梁端部设支架(高约200mm),在支架上拉一根16#～18#钢丝通线,钢丝中部用圆钢支垫,然后根据此通线将吊车梁逐根校正,如图7.22所示。

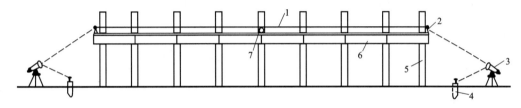

图7.22 通线法校正吊车梁示意图
1—通线;2—支架;3—经纬仪;4—木桩;5—柱;6—吊车梁;7—圆钢

② 平移轴线法 在柱列边设置经纬仪,逐根将杯口上柱的吊装准线投射到吊车梁顶面处的柱身上,并做标志。若柱的安装准线与柱的定位轴线的距离为a,则标志与吊车梁顶面中心线的距离为$\lambda-a$(λ为柱子定位轴线与吊车梁中心线的距离),然后根据$\lambda-a$的值检查并逐根校正吊车梁,同时检查两列吊车梁之间的跨距L_K是否符合要求,如图7.23所示。

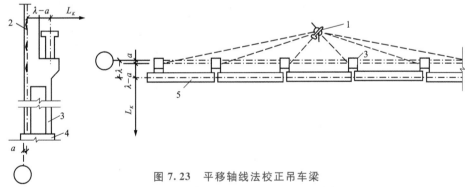

图7.23 平移轴线法校正吊车梁
1—经纬仪;2—标志;3—柱;4—柱基础;5—吊车梁

③ 边吊边校法 重型吊车梁校正时撬动困难,可在吊装吊车梁时借助于起重机,采用边吊装边校正的方法。12m长及5t以上的吊车梁常用边吊边校法。

吊车梁的最后固定是在吊车梁校正完毕后,用连接钢板等将柱侧面与吊车梁顶端的预埋铁件焊接起来,并在接头处支模、浇筑细石混凝土。

7.2.2.3 屋架的吊装

(1)屋架绑扎

屋架的绑扎点应选在上弦节点处,左右对称,绑扎中心(即各支吊索的合力

屋架吊装视频

作用点)必须高于屋架重心,使屋架起吊后基本保持水平,不晃动、不倾翻。吊索与水平线的夹角不宜小于 45°,以免屋架承受过大的横向压力,必要时可采用横吊梁。

屋架跨度小于或等于 18m 时,采用两点绑扎;屋架跨度大于 18m 时,采用四点绑扎;屋架跨度大于 30m 时,采用横吊梁,四点绑扎;侧向刚度较差的屋架,必要时应进行临时加固;组合钢屋架,因刚度较差,下弦不能承受压力,绑扎时也应用横吊梁。如图 7.24 所示。

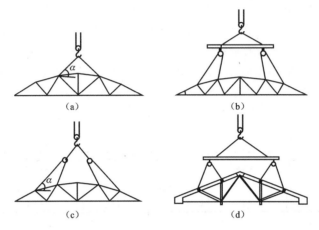

图 7.24   屋架的绑扎

(a) 屋架跨度小于或等于 18m 时;(b) 屋架跨度大于 18m 时;(c) 屋架跨度大于 30m 时;(d) 三角形组合屋架

(2) 屋架的扶直与排放

钢筋混凝土屋架的长度和自重都较大,不便于运输,一般在施工现场平卧叠浇。吊装前需将平卧的屋架扶直并吊往规定的位置排放。

钢筋混凝土屋架的侧向刚度较差,翻身扶直时,由于自重的影响,杆件的受力性质发生改变,特别是上弦杆极易受扭曲造成屋架损伤。因此,屋架扶直时应采取必要的保护措施,必要时要进行验算。扶直时应注意以下问题:

① 起重机的吊钩应对准屋架中心,吊索用滑轮连接,左右对称,以使吊索受力均匀。在屋架接近扶直时,吊钩应对准下弦中点,防止屋架摆动太大。

② 屋架 3～4 榀一起叠浇时,为防屋架在扶直过程中突然下滑造成损伤,应在屋架两端搭设枕木垛,枕木垛的高度与下一榀屋架的上表面平齐。

③ 屋架之间粘结严重时,应用撬棍、凿子或其他工具消除粘结后再进行扶直。

④ 屋架高度超过 1.7m 时,宜在屋架表面用铁丝绑扎木(或钢管)横杆,以增强屋架的平面刚度。

屋架扶直有正向扶直和反向扶直两种方法。

① 正向扶直   起重机位于屋架下弦一边,先将起重机吊钩基本对准屋架中心,然后略收紧吊钩,使屋架与下一榀屋架的粘结解除,接着起重机升钩并升臂,使屋架以下弦为轴转为直立状态,如图 7.25(a)所示。

② 反向扶直   起重机位于屋架上弦一边,先将起重机吊钩基本对准屋架中心,然后略收紧吊钩,使屋架与下一榀屋架的粘结解除,接着起重机升钩并降臂,使屋架以下弦为轴转为直立状态,如图 7.25(b)所示。

正向扶直与反向扶直的最大区别在于起重机位于屋架的方位不同,正向扶直,起重机位于

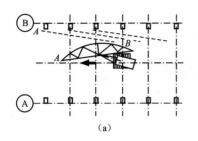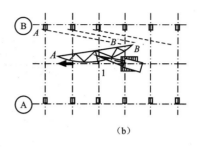

图 7.25 屋架的扶直

(a) 正向扶直；(b) 反向扶直

(虚线表示屋架排放的位置)

下弦一边，反向扶直则位于上弦一边；扶直过程中，正向扶直，升钩时升臂，反向扶直，升钩时降臂。升臂比降臂易于操作且较安全，故一般应采用正向扶直。

屋架扶直之后，立即排放就位，一般靠柱边斜向排放，或以 3～5 榀为一组平行于柱边纵向排放。屋架排放后，应用 8# 铁丝、支撑等与柱或与已就位的屋架相互拉牢，以保持稳定。

(3) 屋架的吊升、对位与临时固定

在屋架吊升前，需先将定位轴线投射到柱顶上并画上墨线，若柱顶中心线与定位轴线偏差较大，可逐步调整纠正。屋架的吊升是将屋架吊离地面约 300mm 处，然后将屋架转至安装位置下方，再将屋架吊升至柱顶上方约 300mm 后，缓缓放至柱顶进行对位。屋架对位应以建筑物的定位轴线为准。

屋架对位后立即进行临时固定。临时固定完成后，起重机才可脱钩。

第一榀屋架的临时固定是用四根缆风绳从屋架两边拉牢，或将屋架与抗风柱连接，必须确保十分稳定可靠。第二榀及以后的屋架用工具式支撑与前一榀屋架连接，每榀屋架的临时固定至少用两根工具式支撑与前一榀屋架撑牢。屋架经校正，最后固定，并安装了若干块大型屋面板以后，才能将工具式支撑取下。工具式支撑的构造如图 7.26 所示。

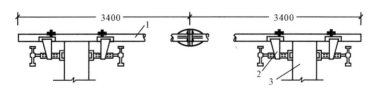

图 7.26 工具式支撑的构造

1—钢管；2—撑脚；3—屋架上弦

(4) 屋架的校正及最后固定

屋架临时固定后，要检查其垂直度，若垂直偏差不符合要求，则需进行校正。屋架垂直度的检查与校正方法是在屋架上弦安装三个卡尺，一个安装在屋架上弦中点附近，另两个安装在屋架两端，自屋架上弦几何中心线向外量取一定距离（一般为 500mm），并在三个卡尺上做标志；在与屋架下弦中心线的铅垂面相隔同样距离（500mm）的地面处弹线，并安装经纬仪；用经纬仪检查三个卡尺上的标志是否在同一垂面上。也可用垂球检查屋架的垂直度，其原理和方法与上述基本相同，但标志与屋架上弦中心线的距离宜短些，一般为 300mm。屋架垂直度的校正可通过转动工具式支撑的螺栓进行，并垫入斜垫铁。屋架的临时固定与校正如图 7.27 所示。

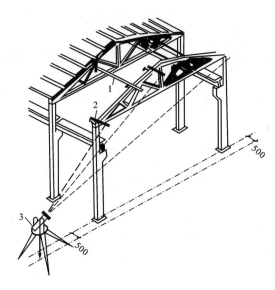

图 7.27　屋架的临时固定与校正

1—工具式支撑；2—卡尺；3—经纬仪

屋架校正后应立即电焊固定。电焊时，应在屋架两端同时对角施焊，避免两端同侧施焊，以防焊缝收缩而使屋架倾斜。

7.2.2.4　天窗架及屋面板的吊装

屋面板

吊装视频

天窗架常单独吊装，也可与屋架拼装成整体同时吊装，以减少高空作业，但这种吊装方式对起重机的起重量和起重高度要求较高。天窗架单独吊装时，应待两侧屋面板安装后进行，最后固定的方法是用电焊将天窗架底脚焊牢于屋架上弦的预埋件上。

屋面板的吊装一般采用一钩多块叠吊法或平吊法，以发挥起重机的效能，提高生产率。吊装顺序应由两边檐口向屋脊对称进行，避免屋架单边承受荷载。屋面板对位后，应立即电焊固定，每块屋面板应保证有三个角点焊接，最后一块可焊两个角点。

7.2.3　结构安装方案

在拟定单层工业厂房结构安装方案时，应着重解决起重机的选择、结构安装方法、起重机的开行路线和构件的平面布置与运输堆放等问题。

7.2.3.1　起重机的选择

（1）起重机类型的选择

起重机的选择主要包括选择起重机的类型和型号。一般中小型厂房多选择履带式等自行式起重机；当厂房的高度和跨度较大时，可选择塔式起重机吊装屋盖结构；在缺乏自行式起重机或受到地形的限制，自行式起重机难以到达施工地点的情况下，可选择桅杆式起重机。有时还需要多种类型的起重机配合使用。

（2）起重机型号及起重臂长度的选择

起重机的类型确定之后，需要根据厂房主要构件的吊装参数，选择起重机的型号和确定起重臂的长度。

① 起重量　起重机的起重量 Q 应满足下式要求：

$$Q \geqslant Q_1 + Q_2 \tag{7.4}$$

式中　Q_1——构件重量,t;

　　　Q_2——索具重量,t。

② 起升高度　起重机的起升高度必须满足所吊构件的吊装高度要求(图 7.28),即:

$$H \geqslant h_1 + h_2 + h_3 + h_4 \tag{7.5}$$

式中　H——起重机的起升高度,从停机面至吊钩中
　　　　　　心的垂直距离,m;

　　　h_1——从停机面至安装支座表面的高度,m;

　　　h_2——安装间隙,视具体情况而定,应不小于
　　　　　　0.3mm;

　　　h_3——构件吊起后,绑扎点至底面的距离,m;

　　　h_4——索具高度,自绑扎点至吊钩中心的距离,
　　　　　　m。

③ 起重半径(也称工作幅度)　当起重机可以不
受限制地行驶到构件吊装位置附近吊装构件时,对起
重半径没有什么要求,则可根据计算的起重量及起升

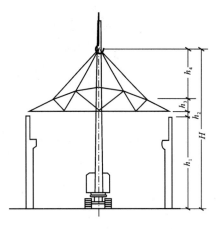

图 7.28　起升高度的计算简图

高度,通过查阅起重机的性能表或性能曲线来选择起重机的型号及起重臂的长度,并可查得与
此起重量和起升高度相应的起重半径,作为确定起重机的开行路线及停机位置时的参考。

当起重机不能直接行驶到构件吊装位置附近去吊装构件时,就需要根据起重量、起重高
度、起重半径三个参数,查阅起重机的性能表或性能曲线来选择起重机的型号及起重臂的长
度。

当起重机的起重臂需要跨过已安装好的结构构件去吊装构件时(如跨过屋架或天窗架吊
装屋面板),为了避免起重臂与已安装的结构构件相碰,则需求出起重机的最小臂长及相应的
起重半径。此时,可用数解法或图解法求解(图 7.29)。

A. 数解法求所需最小起重臂长[图 7.29(a)]

$$L \geqslant l_1 + l_2 = \frac{h}{\sin\alpha} + \frac{f+g}{\cos\alpha} \tag{7.6}$$

式中　L——起重臂的长度,m;

　　　h——起重臂底铰至构件(如屋面板)吊装支座的高度,m;

$$h = h_1 - E$$

　　　h_1——停机面至构件(如屋面板)吊装支座的高度,m;

　　　f——起重钩需跨过已安装结构构件的距离,m;

　　　g——起重臂轴线与已安装构件(如屋架)间的水平距离(不小于 1m);

　　　E——起重臂底铰至停机面的距离,m;

　　　α——起重臂的仰角。

$$\alpha = \arctan\sqrt[3]{\frac{h}{f+g}} \tag{7.7}$$

以求得的 α 角代入式(7.6),即可求出起重臂的最小长度,据此,可选择适当长度的起重
臂,然后根据实际采用的起重臂长度及仰角 α 计算起重半径 R:

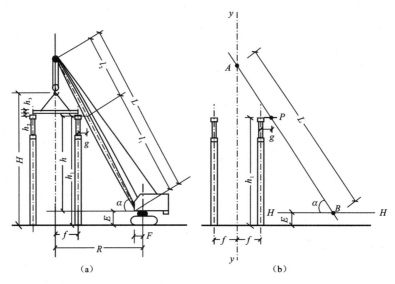

图 7.29　吊装屋面板时起重机起重臂最小长度计算简图

(a) 数解法；(b) 图解法

$$R = F + L\cos\alpha \tag{7.8}$$

根据计算出的起重半径 R 及已选定的起重臂长度 L，查起重机的性能表或性能曲线，复核起重量 Q 及起重高度 H，如能满足吊装要求，即可根据 R 值确定起重机吊装屋面板时的停机位置。

B. 图解法求起重机的最小起重臂长度[图 7.29(b)]

用图解法求起重机最小起重臂长度的步骤如下：

第一步　选定合适的比例，绘制厂房一个节间的纵剖面图；绘制起重机吊装屋面板时吊钩位置处的垂线 $y—y$；根据初步选定的起重机的 E 值绘出水平线 $H—H$。

第二步　在所绘的纵剖面图上，自屋架顶面中心向起重机方向水平量出一距离 g，g 至少取 1m，定出点 P。

第三步　根据式(7.7)求出起重臂的仰角 α，过 P 点作一直线，使该直线与 $H—H$ 的夹角等于 α，分别交 $y—y$、$H—H$ 于 A、B 两点。

第四步　AB 的实际长度即为所需起重臂的最小长度。

一般按上述方法确定起重机跨中开行时，应先计算吊装跨中屋面板所需起重臂长度及起重臂的仰角，然后再复核起重机能否满足吊装最边缘屋面板的要求。若不能满足要求，则需改选较长起重臂或适当减小起重臂的仰角以增加起重半径，也可在起重臂顶端安装一个鸟嘴来解决。

7.2.3.2　结构安装方法及起重机开行路线

(1) 结构安装方法

单层工业厂房的结构安装方法有分件安装法和综合安装法两种。

① 分件安装法

起重机在车间内每开行一次仅安装一种或两种构件。通常分三次开行安装完所有构件：第一次开行，安装全部柱子，并对柱子进行校正和最后固定；第二次开行，安装吊车梁、连系梁及柱间支撑等；第三次开行，分节间安装屋架、屋面板、天窗架及屋面支撑等。如图 7.30 所示。

采用分件安装法吊装的构件便于校正；索具不需经常更换，操作程序基本相同，吊装速度快；施工现场的构件布置不至于拥挤；可根据不同的构件选用不同的起重机，能充分发挥起重机的效能。目前，装配式钢筋混凝土单层工业厂房的结构安装多采用分件安装法。

② 综合安装法

综合安装法是指起重机在车间内的一次开行中，分节间安装完所有的各种类型的构件。即开始吊装 4～6 根柱子，加以校正和最后固定后随即安装吊车梁、连系梁、屋架、屋面板等构件，待安装完一个节间的所

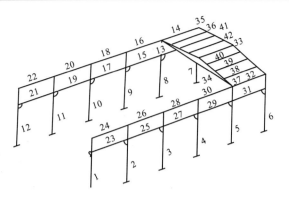

图 7.30　分件安装时的构件吊装顺序
图中数字表示构件吊装顺序，其中
1～12—柱；13～32—单数是吊车梁，双数是连系梁；
33，34—屋架；35～42—屋面板

有构件后，起重机再移至下一个节间进行安装。总之，起重机在每一停机位置吊装尽可能多的构件。采用综合安装法，起重机的开行路线短，停机位置少，有利于组织立体交叉作业，以加快工程进度。但要同时吊装各种类型的构件，起重机的效能不能充分发挥；且构件的平面布置复杂，校正工作困难，容易造成施工混乱，因此较少采用。

分件安装法和综合安装法各有优缺点，在组织吊装时，可采用分件安装法吊装柱子，而采用综合安装法吊装吊车梁、连系梁、屋架、屋面板等构件，起重机分两次开行吊装完所有构件。

（2）起重机的开行路线及停机位置

起重机的开行路线及停机位置与起重机的性能以及构件尺寸、重量、平面布置、安装方法等有关。

吊装屋架、屋面板等屋面构件时，起重机宜跨中开行；吊装柱子时，则视跨度大小、构件尺寸与质量及起重机性能，可沿跨中或跨边开行，如图 7.31 所示。

当 $R \geqslant L/2$ 时，起重机可沿跨中开行，每个停机位置可吊装两根柱，如图 7.31(a) 所示；

当 $R \geqslant \sqrt{\left(\dfrac{L}{2}\right)^2 + \left(\dfrac{b}{2}\right)^2}$，则可吊装四根柱，如图 7.31(b) 所示；

当 $R < L/2$ 时，起重机需沿跨边开行，每个停机位置吊装 1～2 根柱，如图 7.31(c)、(d) 所示（若 $R \geqslant \sqrt{a^2 + \left(\dfrac{b}{2}\right)^2}$，则可吊装两根柱）。

其中　R——起重机的起重半径，m；

　　　　L——厂房跨度，m；

　　　　b——柱的间距，m；

　　　　a——起重机的开行路线到跨边的距离，m。

当柱布置在跨外时，起重机沿跨外开行，每一停机点可吊装 1～2 根柱子。

图 7.32 所示是一个单跨车间采用分件安装法时，起重机的开行路线及停机位置图。起重机自Ⓐ轴进场，沿跨外开行吊装Ⓐ轴线的柱；转至Ⓑ轴线跨内开行，吊装Ⓑ轴线的柱；再转到Ⓐ轴扶直及排放屋架；转到Ⓑ轴吊装Ⓑ轴线的吊车梁、连系梁等；再转到Ⓐ轴吊装Ⓐ轴线的吊车梁、连系梁等；最后转到跨中吊装屋盖系统。

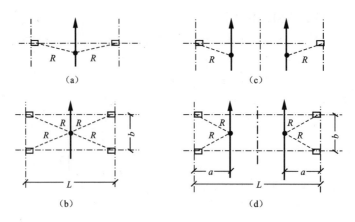

图 7.31　起重机吊装柱时的开行路线及停机位置

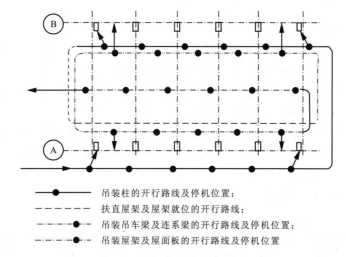

　　　　　　————●———　　　吊装柱的开行路线及停机位置；

　　　　　　— — — — —　　　扶直屋架及屋架就位的开行路线；

　　　　　　——○——○——　　吊装吊车梁及连系梁的开行路线及停机位置；

　　　　　　——●——●——　　吊装屋架及屋面板的开行路线及停机位置

开行路线动画

图 7.32　起重机开行路线及停机点位置

　　当单层工业厂房面积较大或具有多跨结构时，为加快工程进度，可将建筑物划分为若干个施工段，选用多台起重机同时进行施工。每台起重机可以独立作业，负责完成一个区段的全部吊装工作，也可选用不同性能的起重机协同作业，有的专门吊柱子，有的专门吊屋盖结构，组织大流水施工。

　　当厂房有多跨并列和纵横跨时，可先吊装各纵向跨，然后吊装横向跨，以确保在吊装各纵向跨时起重机械、运输车辆畅通。如各纵向跨内有高低跨则应先吊装高跨，然后逐步向两边吊装。

　　在拟定起重机的开行方案时，各类构件的安装要相互衔接，不跑空车，尽可能使起重机的开行路线最短，同时使开行路线能多次重复使用，以减少钢板、枕木等设施的铺设。

7.2.3.3　构件的平面布置与运输堆放

　　单层工业厂房构件的平面布置是吊装工程中一项很重要的工作。构件布置得合理可以减少构件的二次搬运，给施工带来方便，提高工作效率；相反，构件布置得不合理，会给吊装等工作带来许多不必要的麻烦。

　　构件的平面布置与起重机的性能、安装方法及构件的制作方法等有关。构件的平面布置应在确定安装方法、选定起重机械之后，根据现场实际情况研究确定。

（1）构件的平面布置原则

① 每跨构件尽可能布置在本跨内，如确有困难也可布置在跨外便于吊装的地方；

② 构件布置方式应满足吊装工艺要求，尽可能布置在起重机的起重半径内，尽量减少起重机在吊装时的跑车、回转及起重臂的起伏次数；

③ 按"重近轻远"的原则，首先考虑重型构件的布置；

④ 构件的布置应便于支模、扎筋及混凝土的浇筑，若为预应力构件，要考虑有足够的抽管、穿筋和张拉的操作场地等；

⑤ 所有构件均应布置在坚实的地基上，以免构件变形；

⑥ 构件的布置应考虑起重机的开行与回转，保证路线畅通以及起重机回转时不与构件相碰；

⑦ 构件的平面布置分预制阶段构件的平面布置和安装阶段构件的平面布置，布置时两种情况要综合加以考虑，做到相互协调，有利于吊装。

（2）预制阶段构件的平面布置

① 柱子的布置

柱子和屋架一般在施工现场预制，吊车梁有时也在现场预制，其他构件一般在构件厂或场外制作后运至施工现场。柱的布置有斜向布置和纵向布置。

A. 柱子斜向布置 柱子采用旋转法起吊，可按三点共弧斜向布置，如图 7.33 所示。

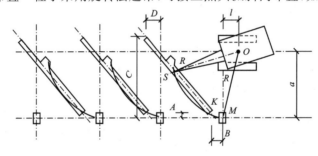

图 7.33 柱子斜向布置方法之一

作图步骤如下：

第一步，确定起重机开行路线到柱基中线的距离。起重机开行路线到柱基中线的距离 a 不得大于起重半径 R，也不宜太小而使起重机靠近基坑边，导致起重机失稳。此外，还应注意起重机回转时其尾部不与周围构件等相碰。综合考虑上述条件后定出开行路线。

第二步，确定起重机的停机点。吊装柱子时，起重机一般位于所吊柱子的横轴线稍后的范围内比较合适，这样司机可看到柱子的吊装情况，便于安装对位。以柱基中心 M 为圆心，以吊装该柱的起重半径 R 为半径画弧，交开行路线于 O 点，O 点即为吊装该柱子的停机点。

第三步，确定柱子的预制位置。以停机点 O 为圆心，OM 为半径画弧，在靠近柱基的弧上选点 K 作为预制时的柱脚中心。K 点选定后，以 K 为圆心，以柱脚到吊点的距离为半径画弧，两弧相交于 S 点，连接 KS，得出柱的中心线。以柱子中心线 KS 及柱子的几何尺寸画出柱的模板图，即为柱子的预制位置图。量出柱脚、柱顶中心点到柱列纵横轴线的距离 A、B、C、D，作为支模时的依据。

布置柱时，要注意牛腿的朝向，避免吊装时在空中调头。当柱子布置在跨内时，牛腿应面向起重机；当柱子布置在跨外时，牛腿应背向起重机。

　　布置柱子时,由于场地限制或柱身过长,无法做到三点共弧时,可根据不同情况布置成两点共弧。两点共弧的方法有两种:一种是杯口中心与柱脚中心两点共弧,吊点放在起重半径 R 之外,如图 7.34 所示。吊装时,先用较大的起重半径 R' 吊起柱子,并升起重臂,当起重半径变成 R 后,停止升臂,随之用旋转法安装柱子。另一种方法是吊点与杯口中心两点共弧,柱脚放在起重半径 R 之外,安装时可采用滑行法,如图 7.35 所示。

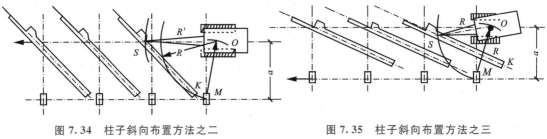

图 7.34 柱子斜向布置方法之二   图 7.35 柱子斜向布置方法之三
（柱脚与柱基两点共弧）   （吊点与柱基两点共弧）

　　B. 柱子纵向布置 对于一些较轻的柱子,起重机能力有富余,考虑到节约场地,方便构件制作,可顺柱列纵向布置,如图 7.36 所示。柱子纵向布置,绑扎点与杯口中心两点共弧。若柱子长度大于 12m,柱子纵向布置宜排成两行,如图 7.36(a)所示;若柱子长度小于 12m,则可叠浇排成一行,如图 7.36(b)所示。安装时应采用滑行法,停机位置在两柱基中间,使 $OM_1 = OM_2$,这样每一停机位置可吊装两根柱子。

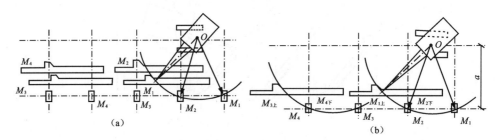

图 7.36 柱子纵向布置

　　② 屋架的布置

　　屋架宜安排在厂房跨内平卧叠浇预制,每叠 3～4 榀,布置方式有三种:斜向布置、正反斜向布置和正反纵向布置等,如图 7.37 所示。

　　在上述三种布置中,应优先考虑斜向布置,因为它便于屋架的扶直排放。只有当场地受到限制,才采用其他两种布置形式。

　　屋架斜向布置时,下弦与厂房纵轴线的夹角 $\alpha = 10°～20°$。预应力混凝土屋架采用钢管预留孔洞时,屋架两端应留出 $(l/2+3)$m 的距离(l 为屋架的跨度),作为抽管及穿筋的操作场地;在一端抽管时,则应留出 $(l+3)$m 的距离;采用其他方法成孔时,应根据具体情况留出操作场地。

　　屋架之间的间隙可取 1m 左右,以便支模及浇筑混凝土。屋架之间的搭接长度,应根据场地大小及需要确定。

　　在布置屋架时,还应考虑屋架扶直排放的要求、起重机扶直屋架的开行路线及屋架扶直的先后次序等,先扶直者放在上层;屋架两端头的朝向要符合屋架吊装时对朝向的要求。

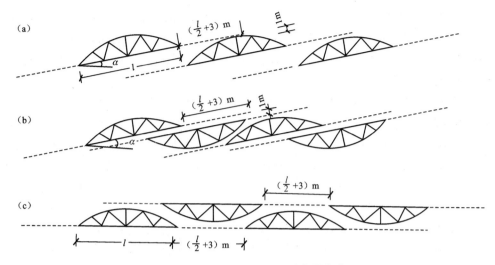

图 7.37 屋架预制时的几种布置方式

(a) 斜向布置；(b) 正反斜向布置；(c) 正反纵向布置

③ 吊车梁的布置

当吊车梁安排在现场预制时,可靠近柱基顺纵轴线或略倾斜布置,也可插在柱子的空当中预制,或在场外集中预制等。

(3) 安装阶段构件的平面布置及运输堆放

安装阶段的排放布置,一般是指柱子安装完毕后,其他构件的排放布置,包括屋架的扶直及排放布置,吊车梁、屋面板的排放布置等。

① 屋架的扶直排放

屋架可靠柱边斜向排放或成组纵向排放。

A. 屋架的斜向排放 确定屋架斜向排放位置的方法可按下列步骤作图:

第一步,确定起重机安装屋架时的开行路线及停机点。安装屋架时,起重机一般沿跨中开行,也可根据安装需要稍偏于跨度的某一边开行。先画出平行于纵轴的开行路线,再以欲安装的某轴线(例如②轴线)的屋架中心点 M_2 为圆心,以选择好的起重半径 R 为半径画弧,交开行路线于 O_2 点,O_2 点即为安装②轴线屋架的停机点,如图 7.38 所示。

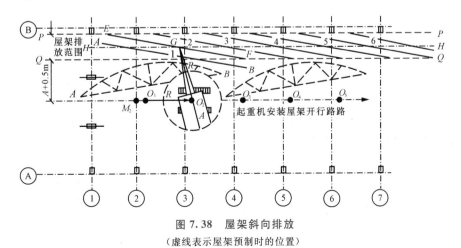

图 7.38 屋架斜向排放

(虚线表示屋架预制时的位置)

第二步,确定屋架的排放范围。屋架一般靠柱边排放,但应离开柱边不小于 200mm,并可利用柱子作为屋架的临时支撑。当受场地限制时,屋架的端头也可稍许伸出跨外。根据以上原则,确定排放范围的外边界线 PP。起重机安装屋架及屋面板时,机身需要回转,设起重机尾部至机身回转中心的距离为 A,则在距开行路线为 $(A+0.5)$m 的范围内,不宜布置屋架和其他较高的构件。以此为界,画出排放范围的内边界线 QQ。两条边界线 PP 与 QQ 之间,即为屋架的排放范围。当厂房跨度较大时,这一范围的宽度过大,可根据实际情况加以缩小。

第三步,确定屋架的排放位置。确定好排放范围后,在图上画出 PP、QQ 两边界线的中线 HH;屋架排放后,屋架的中点均在 HH 线上。以②轴线屋架为例,排放位置可按下列方法确定:以停机点 O_2 为圆心,以安装屋架时的起重半径 R 为半径画弧交 HH 于 G 点,G 点即为②轴线屋架排放后的中点。再以 G 点为圆心,以屋架跨度的一半为半径画弧分别交 PP、QQ 于 E、F 点,连接 EF 即为②轴线屋架的排放位置。其他屋架的排放位置,均平行于此屋架,端点相距 6m。①轴线屋架,由于已安装抗风柱的阻挡,需向后退至②轴线屋架排放位置的附近排放,如图 7.38 所示。

B. 屋架的成组纵向排放　屋架纵向排放时,一般以 4～5 榀为一组靠柱边顺轴线纵向排放。屋架与柱、屋架与屋架之间的净距不小于 200mm,相互之间用铁丝及支撑拉紧拉牢。每组屋架之间,应留 3m 左右的间距作为横向通道。为避免在已安装好的屋架下面绑扎、吊装屋架,每组屋架的排放中心线可安排在该组屋架倒数第二榀的安装轴线之后约 2m 处,如图 7.39 所示。

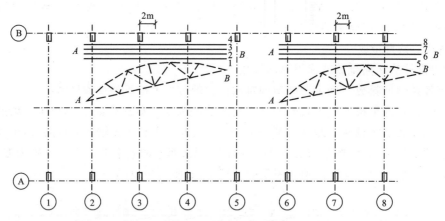

图 7.39　屋架的成组纵向排放
(虚线表示屋架预制时的位置)

② 吊车梁、连系梁及屋面板的运输、堆放与排放

单层工业厂房除了柱和屋架一般在施工现场制作外,其他构件(如吊车梁、连系梁、屋面板等)均可在预制厂或附近的露天预制场制作,然后运至施工现场进行安装。构件运输至现场后,应根据施工组织设计所规定的位置,按编号及构件安装顺序进行排放或集中堆放。

吊车梁、连系梁的排放位置,一般在其吊装位置的柱列附近,跨内、跨外均可。有时也可不需排放,从运输车辆上直接吊至安装的位置进行安装。

屋面板可布置在跨内或跨外。根据起重机吊装屋面板时所需的起重半径,当屋面板在跨内排放时,应向后退 3～4 个节间开始排放;若在跨外排放,应向后退 1～2 个节间开始排放。

【例 7.1】 单层工业厂房结构吊装示例。

某车间为单层、单跨 18m 的工业厂房,柱距 6m,共 13 个节间,厂房平面图、剖面图如图 7.40 所示,主要构件尺寸如图 7.41 所示,车间主要构件一览表见表 7.8。

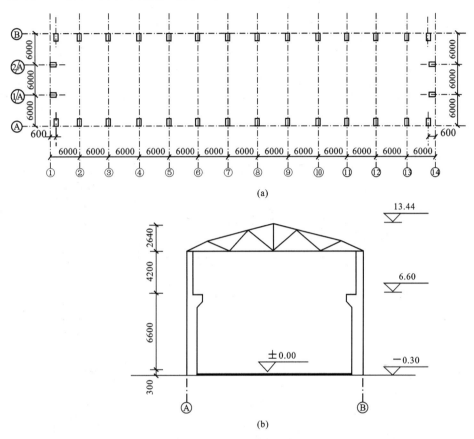

图 7.40　某厂房结构的平面图和剖面图

(a)平面图;(b)剖面图

表 7.8　车间主要构件一览表

厂房轴线	构件名称及编号	构件数量(个)	构件质量(t)	构件长度(m)	安装标高(m)
Ⓐ、Ⓑ、①、⑭	基础梁 JL	32	1.51	5.95	
Ⓐ、Ⓑ	连系梁 LL	26	1.75	5.95	+6.60
Ⓐ、Ⓑ	柱 Z_1	4	7.03	12.20	-1.40
Ⓐ、Ⓑ	柱 Z_2	24	7.03	12.20	-1.40
⑭A、②A	柱 Z_3	4	5.8	13.89	-1.20
①~⑭	屋架 YWJ18-1	14	4.95	17.70	+10.80
Ⓐ、Ⓑ	吊车梁 DL-8Z	22	3.95	5.95	+6.60
Ⓐ、Ⓑ	吊车梁 DL-8B	4	3.95	5.95	+6.60
	屋面板 YWB	156	1.30	5.97	+13.44
Ⓐ、Ⓑ	天沟板 TGB	26	1.07	5.97	+11.40

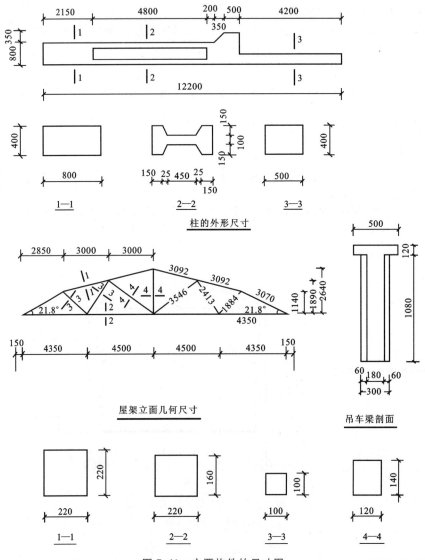

图 7.41　主要构件的尺寸图

(1)起重机的选择及工作参数计算

根据厂房基本概况及现有起重设备条件,初步选用 W_1-100 型履带式起重机进行结构吊装。主要构件吊装的参数计算如下:

① 柱

柱子采用一点绑扎斜吊法吊装。

柱 Z_1、Z_2 要求起重量:$Q=Q_1+Q_2=7.03+0.2=7.23(t)$

柱 Z_1、Z_2 要求起升高度(计算简图如图 7.42 所示):

$$H=h_1+h_2+h_3+h_4=0+0.3+7.05+2.0=9.35(m)$$

柱 Z_3 要求起重量:$Q=Q_1+Q_2=5.8+0.2=6.0(t)$

柱 Z_3 要求起升高度:$H=h_1+h_2+h_3+h_4=0+0.30+11.5+2.0=13.8(m)$

② 屋架

屋架要求起重量:$Q=Q_1+Q_2=4.95+0.2=5.15(t)$

屋架要求起升高度(计算简图如图 7.43 所示):

$$H=h_1+h_2+h_3+h_4=10.8+0.3+1.14+6.0=18.24(\text{m})$$

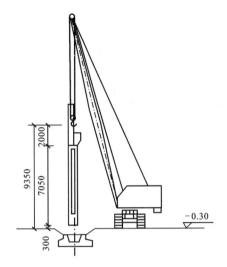

图 7.42　柱 Z_1、Z_2 起升高度计算简图

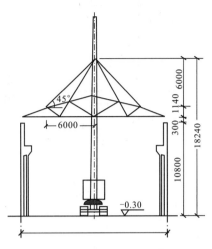

图 7.43　屋架起升高度计算简图

③ 屋面板

吊装跨中屋面板时,起重量:

$$Q=Q_1+Q_2=1.3+0.2=1.5(\text{t})$$

起升高度(如图 7.44 所示):

$$H=h_1+h_2+h_3+h_4=(10.8+2.64)+0.3+0.24+2.5=16.48(\text{m})$$

起重机吊装跨中屋面板时,起重钩需伸过已吊装好的屋架上弦中线 $f=3\text{m}$,且起重臂中心线与已安装好的屋架中心线应至少保持 1m 的水平距离,因此,起重机所需起重仰角 α 及最小起重臂长度分别为:

$$\alpha=\arctan\sqrt[3]{\frac{h}{f+g}}=\arctan\sqrt[3]{\frac{10.8+2.64-1.7}{3+1}}=55.07°$$

$$L=\frac{h}{\sin\alpha}+\frac{f+g}{\cos\alpha}=\frac{11.74}{\sin55.07°}+\frac{4}{\cos55.07°}=21.34(\text{m})$$

根据上述计算,选 W_1-100 型履带式起重机吊装屋面板,起重臂长 L 取 23m,起重仰角 $\alpha=55°$,则实际起重半径为:

$$R=F+L\cos\alpha=1.3+23\times\cos55°=14.5(\text{m})$$

查 W_1-100 型 23m 起重臂的性能曲线或性能表知,$R=14.5\text{m}$ 时,$Q=2.3\text{t}>1.5\text{t}$,$H=17.3\text{m}>16.48\text{m}$,所以选择 W_1-100 型 23m 起重臂符合吊装跨中屋面板的要求。

以选取的 $L=23\text{m}$,$\alpha=55°$ 复核能否满足吊装跨边屋面板的要求。

起重臂吊装 Ⓐ 轴线最边缘一块屋面板时,起重臂与 Ⓐ 轴线的夹角 β,$\beta=\arcsin\dfrac{9.0-0.75}{14.5}=34.7°$,则屋架在 Ⓐ 轴线处的端部 A 点与起重杆同屋架在平面图上的交点 B 之间的距离为 $0.75+3\tan\beta=0.75+3\times\tan34.7°=2.83\text{m}$。可得 $f=3/\cos\beta=3/\cos34.7°=3.65\text{m}$;由屋架的几何尺寸计算出 2—2 剖面屋架被截得的高度 $h_{\text{屋}}=2.83\times\tan21.8°=1.13\text{m}$。根据 $L=\dfrac{h}{\sin\alpha}+\dfrac{f+g}{\cos\alpha}$,即 $23=\dfrac{10.8+1.13-1.7}{\sin55°}+\dfrac{3.65+g}{\cos55°}$,得 $g=2.4\text{m}$。因为 $g=2.4\text{m}>1\text{m}$,所以满足吊装最边缘一块屋面板的要求。也可以用作图法复核选择 W_1-100 型履带式起重机,取 $L=23\text{m}$,$\alpha=55°$ 能否满足吊装最边缘一块屋面板的要求。

根据以上各种吊装工作参数的计算,从 W_1-100 型 $L=23\text{m}$ 履带式起重机性能曲线表(表 7.9)可以看出,所选起重机可以满足所有构件的吊装要求。

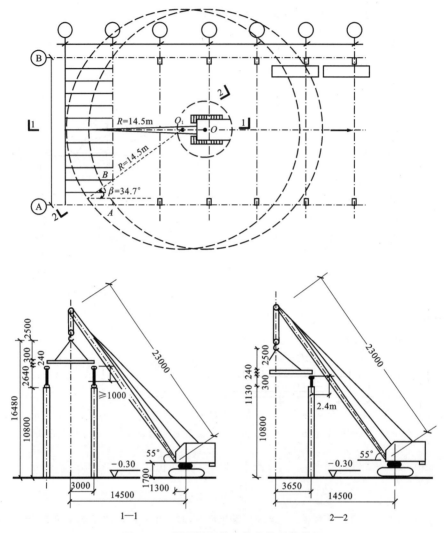

图 7.44　屋面板吊装工作参数计算简图

表 7.9　车间主要构件吊装参数

构件名称	柱 Z_1、Z_2			柱 Z_3			屋　架			屋面板		
吊装工作参数	Q (t)	H (m)	R (m)	Q (t)	H (m)	R (m)	Q (t)	H (m)	R (m)	Q (t)	H (m)	R (m)
计算所需工作参数	7.23	9.35		6.0	13.8		5.15	18.24		1.5	16.48	
23m 起重臂工作参数	8	20.5	6.5	6.9	20.3	7.26	6.9	20.3	7.26	2.3	17.5	14.5

(2)现场预制构件的平面布置与起重机的开行路线

构件吊装采用分件吊装的方法。柱子、屋架现场预制，其他构件(如吊车梁、连系梁、屋面板)均在附近预制构件厂预制，吊装前运到现场排放吊装。

①Ⓐ列柱预制

在场地平整及杯形基础浇筑后即可进行柱子预制。根据现场情况及起重半径 R，先确定起重机开行路线，吊装Ⓐ列柱时，跨内、跨边开行，且起重机开行路线距Ⓐ轴线的距离为 4.8m；然后以各杯口中心为圆心，以

$R=6.5$m为半径画弧与开行线路相交,其交点即为吊装各柱的停机点,再以各停机点为圆心,以$R=6.5$m为半径画弧,该弧均通过各杯口中心,并在杯口附近的圆弧上定出一点做为柱脚中心,然后以柱脚中心为圆心,以柱脚至绑扎点的距离7.05m为半径作弧,与以停机点为圆心、$R=6.5$m为半径的圆弧相交,此交点即柱的绑扎点。根据圆弧上的两点(柱脚中心及绑扎点)作出柱子的中心线,并根据柱子尺寸确定出柱的预制位置,如图7.45(a)所示。

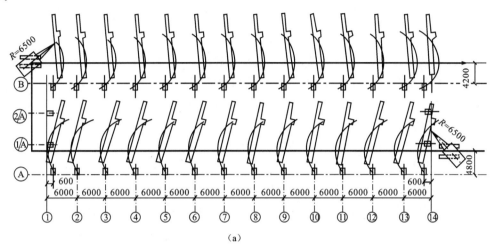

(a)

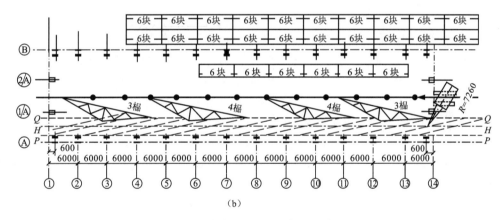

(b)

图7.45 预制构件的平面布置与起重机的开行线路

(a) 柱子预制阶段的平面布置及吊装时起重机的开行路线;
(b) 屋架预制阶段的平面布置及扶直、排放屋架的开行路线

② Ⓑ列柱预制

根据施工现场情况确定Ⓑ列柱跨外预制,由Ⓑ轴线与起重机的开行路线的距离为4.2m,定出起重机吊装Ⓑ列柱的开行路线,然后按上述同样的方法确定停机点及柱子的布置位置,如图7.45(a)所示。

③ 抗风柱的预制

抗风柱在①轴及⑭轴外跨外布置,其预制位置不能影响起重机的开行。

④ 屋架的预制

屋架的预制安排在柱子吊装完后进行;屋架以3～4榀为一叠安排在跨内叠浇。在确定屋架的预制位置之前,先定出各屋架排放的位置,据此安排屋架的预制位置。屋架的预制位置及排放布置如图7.45(b)所示。

按图7.45的布置方案,起重机的开行路线及构件的安装顺序如下:

起重机首先自Ⓐ轴跨内进场,按⑭→①的顺序吊装Ⓐ列柱;其次,转至Ⓑ轴线跨外,按①→⑭的顺序吊装

Ⓑ列柱;第三,转至Ⓐ轴线跨内,按⑭→①的顺序吊装Ⓐ列柱的吊车梁、连系梁、柱间支撑;第四,转至Ⓑ轴线跨内,按①→⑭的顺序吊装Ⓑ列柱的吊车梁、连系梁、柱间支撑;第五,转至跨中,按⑭→①的顺序扶直屋架,使屋架、屋面板排放就位后,吊装①轴线的两根抗风柱;第六,按①→⑭的顺序吊装屋架、屋面支撑、大型屋面板、天沟板等;最后,吊装⑭轴线的两根抗风柱后退场。

7.3 多层装配式框架结构安装

在工业与民用建筑中,多层装配式框架结构应用较多,可分为全装配式框架结构和装配整体式框架结构。全装配式框架结构是指柱、梁、板等均由装配式构件组成的结构,按其主要传力方向的特点可分为横向承重框架结构和纵向承重框架结构两种。装配整体式框架结构又称半装配框架体系,其主要特点是柱子现浇,梁、板等预制。装配整体式框架结构的施工有以下三种方案:

(1)先现浇每层柱,拆模后再安装预制梁、板,逐层施工。

(2)先支柱模和安装预制梁,浇筑柱子混凝土及梁柱节点处的混凝土,然后安装预制楼板。

(3)先支柱模,安装预制梁和预制板后浇筑柱子混凝土及梁柱节点和梁板节点处的混凝土。

多层工业厂房结构安装工程的施工,其主导工程为构件的吊装工程。吊装之前,应拟定合理的吊装方案,以达到保证工程质量、缩短工期、降低工程成本的目的。

7.3.1 起重机械的选择

装配式框架结构吊装时,起重机械的选择要根据建筑物的结构形式、建筑物的高度(构件最大安装高度)、构件质量及吊装工程量等条件决定。多层装配式框架结构吊装机械常采用塔式起重机、履带式起重机、汽车式起重机、轮胎式起重机等。五层以下的房屋结构可采用W_1-100型履带式起重机或Q_2-32型汽车式起重机吊装,通常跨内开行;一些重型厂房(如电厂)宜采用15~40t的塔式起重机吊装;高层装配式框架结构宜采用附着式、爬升式塔吊吊装。

塔式起重机的型号主要根据建筑物的高度及平面尺寸、构件的质量以及现有设备条件来确定。塔式起重机的工作参数为:起重量 $Q(t)$、起重半径 $R(m)$ 和起重高度 $H(m)$。其起重能力通常也用起重力矩 $M=Q_iR_i$(单位:t·m 或 kN·m)来表示。

选择起重机型号时,需根据建筑物结构的情况绘出剖面图,注明最高一层各主要构件重量 Q_i 及需要的起重半径 R_i,根据所需的最大起重力矩 M 及最大起重高度 H 来选择起重机的类型。所选起重机的性能必须满足构件的吊装要求。目前,10层以下的民用建筑结构安装通常采用 QT_1-6型轨道式塔式起重机。

7.3.2 起重机的平面布置及构件吊装方法

起重机的平面布置方案主要根据房屋形状及平面尺寸、现场环境条件、选用的塔式起重机性能及构件质量等因素来确定。

一般情况下,起重机布置在建筑物外侧,有单侧布置及双侧(或环形)布置两种方案,如图7.46所示。

(1)单侧布置

当房屋宽度较小,构件也较轻时,塔式起重机可单侧布置。此时,起重半径应满足:

$$R \geqslant b+a \tag{7.9}$$

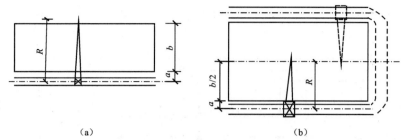

图 7.46 塔式起重机在建筑物外侧布置

(a) 单侧布置；(b) 双侧(或环形)布置

式中 R——塔式起重机起吊最远构件时的起重半径，m；

b——房屋宽度，m；

a——房屋外侧至塔式起重机轨道中心线的距离，一般约为3m。

(2) 双侧布置(或环形布置)

当房屋宽度较大或构件较重时，单侧布置起重力矩不能满足最远构件的吊装要求，起重机可双侧布置。双侧布置时起重半径应满足：

$$R \geqslant \frac{b}{2} + a \tag{7.10}$$

当由于房屋周围场地狭窄，起重机不能布置在房屋外侧，或由于构件较重而房屋宽度又较大，塔式起重机布置在外侧不能满足吊装要求时，可将起重机布置在跨内。其布置方式有跨内单行布置及跨内环形布置两种，如图 7.47 所示。

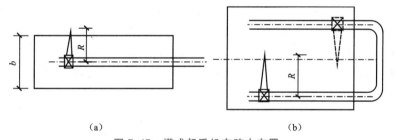

图 7.47 塔式起重机在跨内布置

(a) 跨内单行布置；(b) 跨内环形布置

(3) 结构吊装方法

多层装配式框架结构的吊装方法有分件吊装法和综合吊装法两种。

分件吊装法是起重机每开行一次吊装一种构件，如先吊装柱，再吊装梁，最后吊装板。为了保证已吊装结构的稳定性，应尽早使其形成框架。分件吊装法又分为分层分段流水作业及分层大流水两种。分件吊装法适用于塔式起重机在建筑物外侧布置时的结构安装工程。

图 7.48 所示为采用 QT_1-6 型塔式起重机吊装的示例。起重机布置在建筑物的外侧时，若构件数量不多，可用一台起重机在建筑物外侧环行(跨外环形布置)吊装。每一楼层分四个吊装施工段，每一施工段吊装时，先吊装柱，然后吊装该段的梁，并形成框架，最后吊装楼板(注意校正、焊接、灌浆等工序之间的配合)。也可将一两个施工段的柱、梁吊装完毕后，统一吊装这两个施工段的楼板。

采用综合吊装法吊装构件时，一般以一个节间或几个节间为一个施工段，以房屋的全高为一个施工层来组织各工序的施工，起重机把一个施工段的所有构件按设计要求安装至房屋的全高后,再转入下一施工段施工。综合吊装时起重机开行路线短,但在吊装过程中吊具更换频繁,构件校正工作时间短,组织施工较麻烦。综合吊装法一般在起重机布置在跨内时采用。

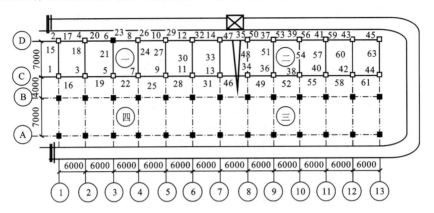

图 7.48 分层分段流水吊装示意图

7.3.3 构件吊装工艺

多层装配式框架结构的结构形式有梁板式结构和无梁楼盖结构两类。梁板式结构是由柱、主梁、次梁、楼板组成。主梁(框架梁)沿房屋横向布置,与柱形成框架;次梁(纵梁)沿房屋纵向布置,在施工时起纵向稳定作用。楼板有 T 形板、小型空心板及以节间为单位的整间大型楼板等。

多层装配式框架结构柱一般为方形或矩形截面。为便于制作和安装,上下各层柱的截面一般保持不变,可采取改变柱的配筋或混凝土强度等级的方法来适应上下层柱承载能力的变化。柱的长度可做成一层一节或 2～3 层一节,也可做成梁柱整体式结构(H 形或 T 形构件)。加大吊装柱的长度或做成 H 形、T 形构件,可以减少接头数目和构件数量,有利于提高吊装效率。吊装时是否采取几层一节或是否制成 H 形、T 形构件,主要取决于现场的起重设备条件。

7.3.3.1 柱的吊装

(1) 绑扎

普通单根柱(长 10m 以内)采用一点绑扎直吊法。"十"字形柱绑扎时,要使柱起吊后保持垂直,如图 7.49(a)所示。这种柱两边悬臂是对称的,绑扎时要用等长的吊索分别绑扎在距柱中心相等距离的悬臂上,且绑扎点距中心的距离不大于悬臂长的一半。T 形柱的绑扎方法与"十"字形柱基本相同。H 形构件绑扎方法如图 7.49(b)所示,用两根吊索兜住框架横梁,上面各用通过单门滑轮的长吊索相连。起吊后,由于长吊索能在滑轮上串动,故可保持框架竖直后与地面垂直。H 形构件也可用铁扁担和钢销进行绑扎起吊,如图 7.49(c)所示。

(2) 起吊

柱的起吊方法与单层工业厂房柱吊装相同,一般采用旋转法。若上节柱的底部有外伸钢筋,吊装时必须采取保护措施,防止钢筋被碰弯。外伸钢筋的保护方法有:用钢管保护柱脚外伸钢筋、用垫木保护外伸钢筋及用滑轮组保护外伸钢筋等。

用钢管保护柱脚外伸钢筋见图 7.50(a)。柱起吊前,将两根钢管用两根短吊索套在柱子两侧,起吊时钢管始终着地,柱将要竖直时,钢管和短吊索即自动落下。

用垫木保护柱脚外伸钢筋见图 7.50(b)。柱起吊前,用垫木将榫式接头垫实,柱起吊时将绕榫头的底边转为竖直,外伸钢筋不着地。

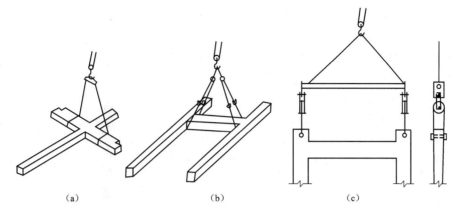

图 7.49 框架柱起吊时绑扎方法

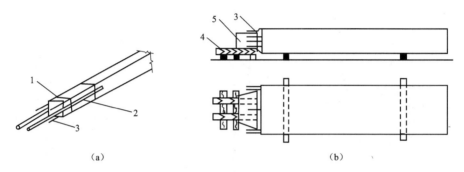

图 7.50 柱脚外伸钢筋保护方法

1—短吊索;2—钢管;3—外伸钢筋;4—垫木;5—柱子榫头

（3）柱的临时固定及校正

底层柱一般插入基础杯口,其临时固定和校正方法与单层工业厂房柱的相同。

上节柱吊装在下节柱的柱头上时,视柱的质量不同,采用不同的临时固定和校正方法。

柱的质量较轻时,采用方木和钢管支撑进行临时固定和校正。框架结构的内柱,四面均用方木临时固定和校正,如图 7.51(a)所示;框架结构的边柱两面用方木,另一面用方木加钢管支撑做临时固定和校正,如图 7.51(b)所示;框架结构的角柱两面均用方木加钢管支撑临时固定和校正,如图 7.51(c)所示。钢管支撑的上端与套在柱上的夹箍相连,下端与楼板上的预埋件相连。

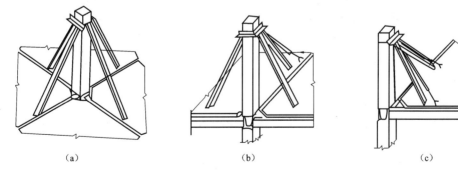

图 7.51 柱临时固定及校正

较重或较长的柱,以及 H 形构件,一般用缆风绳进行临时固定和校正,用倒链或手扳葫芦拉紧,每根柱拉四根缆风绳。柱子校正后,每根缆风绳都要拉紧。

　　柱子垂直度的检查可用经纬仪或铅锤进行。上节柱垂直度的校正,应以下节柱的根部中心线为准,这样可避免误差积累。用经纬仪校正垂直度时,边柱和角柱可直接用经纬仪观测;框架结构的内柱在楼板安装之后,用经纬仪不能同时观测到上、下两个测点(如经纬仪设置在地面时,只能看到下测点而不能看到上测点)。此时,首先将下测点(下柱柱底中心线)引测到上面去,经纬仪可架设到楼面上观测上节柱的垂直度。若柱接头位于楼板之上,可在安装部分楼板后,将下测点引测到下节柱顶上;若柱接头位于楼面标高处,可先确定几条控制轴线,待楼板安装后,用经纬仪通过控制桩将控制轴线引测到楼板上,再根据控制轴线引测出全部柱的设计轴线,作为上节柱安装定位及校正垂直度的依据。在柱接头电焊完毕,梁板吊装及梁柱间电焊完毕后,多层一节的柱在每层梁板吊装前后,均须再次观测其垂直度及轴线水平偏移值,若不符合要求则须进行校正。

　　(4) 柱接头施工

　　柱接头的形式如图 7.52 所示,有榫式接头、插入式接头和浆锚式接头三种。

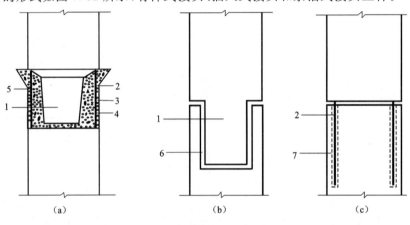

图 7.52　柱接头形式

(a) 榫式接头;(b) 插入式接头;(c) 浆锚式接头

1—榫头;2—上柱外伸钢筋;3—剖口焊;4—下柱外伸钢筋;5—后浇接头混凝土;6—下柱杯口;7—下柱预留孔

　　① 榫式接头

　　榫式接头的上柱下部有一榫头承受施工荷载。上柱和下柱外露的受力钢筋用剖口焊焊接,配置一定数量的箍筋,最后浇灌接头混凝土以形成整体。这种接头耗钢少,整体性好,安装校正方便。为使剖口焊焊接时上下柱外露钢筋对准,柱在预制时可采取通长预制,接头处用钢板分开,吊装前将钢筋截断成剖口。灌筑榫式接头处的混凝土宜用微膨胀水泥拌制,其强度应比预制柱的混凝土强度提高 10MPa。凸出部分的混凝土待其强度达到 75% 设计强度后方可凿去。

　　② 插入式接头

　　插入式接头是将上柱做成榫头,下柱顶部做成杯口,上柱插入杯口后用水泥砂浆灌筑填实。采用这种接头方式,上下柱连接不需焊接,无焊接应力影响,吊装固定方便。接头处的灌浆方法有压力灌浆和自重挤浆两种。若受拉边有构造上的受拉裂缝,此种接头不宜用于大偏心受压柱中。灌浆的压力一般保持在 0.2～0.5MPa,杯顶接缝四周应用衬垫的夹具夹紧以防跑浆,每面应留一出气孔。自重挤浆是先在杯口内放进砂浆,然后落下上柱,靠自重挤出砂浆;装进杯口的砂浆体积为接缝空隙体积的 1.5 倍。插入式柱接头的构造要按设计图纸的要求施工。

③ 浆锚式接头

浆锚式接头是将上柱伸出的钢筋插入下柱的预留孔中,然后用浇筑柱子混凝土所用水泥配制 1:1 水泥砂浆,或用 52.5MPa 水泥配制不低于 M30 的水泥砂浆灌缝锚固上柱钢筋以形成整体。这种接头的柱截面一般不小于 400mm×400mm,纵向钢筋不多于 4 根,锚孔直径不小于 4d,而且不小于 80mm(d 为柱子纵筋的直径)。

7.3.3.2 梁与柱接头

梁柱接头的做法很多,常用的有明牛腿式刚性接头、齿槽式梁柱接头、浇筑整体式梁柱接头、钢筋混凝土暗牛腿梁柱接头、型钢暗牛腿梁柱接头等。

图 7.53 所示为明牛腿式刚性接头。采用这种梁柱接头,在梁吊装时只要将梁端预埋钢板和牛腿上预埋钢板焊接后起重机即可脱钩,然后进行梁与柱的钢筋焊接。这种接头安装方便,节点刚度大,受力可靠;但明牛腿占据了一部分空间,一般只用于多层工业厂房。

图 7.54 所示为齿槽式梁柱接头。它是利用梁柱接头处设置的齿槽来传递梁端剪力,齿型以三角形和梯形较好,这种接头可以用在中等荷载的框架结构中。梁吊装时搁置在临时钢牛腿上,由于搁置面积较小,为保证安全,需将梁一端的上部接头钢筋焊好两根后才能脱钩。

图 7.55 所示为上柱带榫头的浇筑整体式梁柱接头。柱为每层一节,梁搁置在柱上,梁底钢筋按锚固长度要求弯上或焊接。将节点核心区加上箍筋后即可浇筑混凝土,先浇灌至楼板面高度,当混凝土强度大于 10N/mm^2 时即可吊上柱;上柱与用榫式柱接头时相似,榫头承受施工荷载,上下柱钢筋不用焊接而是搭接,搭接长度按规范要求施工;第二次灌注混凝土到上柱的榫头上部,留 35mm 左右的空隙,用水泥:石子:砂子为 1:1:1 的细石混凝土捻缝而形成刚性接头。

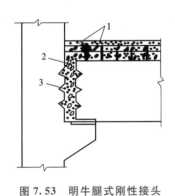

图 7.53 明牛腿式刚性接头

1—剖口焊;

2—后浇细石混凝土;3—齿槽

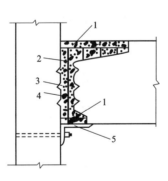

图 7.54 齿槽式梁柱接头

1—剖口焊;2—后浇细石混凝土;

3—齿槽;4—附加钢筋;5—临时牛腿

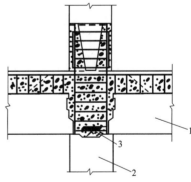

图 7.55 浇筑整体式梁柱接头

1—梁;2—柱;3—钢筋焊接

7.3.4 预制构件的平面布置

多层装配式框架结构的柱子较重,一般在施工现场预制。相对于塔式起重机的轨道,柱子预制阶段的平面布置有平行布置、垂直布置、斜向布置等几种方式。其布置原则与单层工业厂房构件的布置原则基本相同。

7.4　结构安装工程的质量要求及安全措施

7.4.1　结构安装工程的质量要求

7.4.1.1　预制构件

(1) 预制构件的质量应符合《混凝土结构工程施工质量验收规范》(GB 50204—2015)、国家现行相关标准的规定和设计的要求。检查数量:全数检查。检验方法:检查质量证明文件或质量验收记录。

(2) 混凝土预制构件专业企业生产的预制构件进场时,预制构件结构性能检验应符合下列规定:

① 梁板类简支受弯预制构件进场时应进行结构性能检验,并应符合下列规定:

A. 结构性能检验应符合国家现行相关标准的有关规定及设计的要求,检验要求和试验方法应符合《混凝土结构工程施工质量验收规范》(GB 50204—2015)附录 B 的规定。

B. 钢筋混凝土构件和允许出现裂缝的预应力混凝土构件应进行承载力、挠度和裂缝宽度检验;不允许出现裂缝的预应力混凝土构件应进行承载力、挠度和抗裂检验。

C. 对大型构件及有可靠应用经验的构件,可只进行裂缝宽度、抗裂和挠度检验。

D. 对使用数量较少的构件,当能提供可靠依据时,可不进行结构性能检验。

② 对其他预制构件,除设计有专门要求外,进场时可不做结构性能检验。

③ 对进场时不做结构性能检验的预制构件,应采取下列措施:

A. 施工单位或监理单位代表应驻厂监督制作过程:

B. 当无驻厂监督时,预制构件进场时应对预制构件主要受力钢筋数量、规格、间距及混凝土强度等进行实体检验。

检验数量:每批进场不超过 1000 个同类型预制构件为一批,在每批中应随机抽取一个构件进行检验。检验方法:检查结构性能检验报告或实体检验报告。

(3) 预制构件的外观质量不应有严重缺陷,且不应有影响结构性能和安装、使用功能的尺寸偏差。检查数量:全数检查。检验方法:观察、尺量;检查处理记录。

(4) 预制构件上的预埋件、预留插筋、预埋管线等的材料质量、规格和数量以及预留孔、预留洞的数量应符合设计要求。检查数量:全数检查。检验方法:观察。

(5) 预制构件应有标识。检查数量:全数检查。检验方法:观察。

(6) 预制构件的外观质量不应有一般缺陷。检查数量:全数检查。检验方法:观察,检查处理记录。

(7) 预制构件的尺寸偏差及检验方法应符合表 7.10 的规定;设计有专门规定时,尚应符合设计要求。施工过程中临时使用的预埋件,其中心线位置允许偏差可取表 7.10 中规定数值的 2 倍。检查数量:按同一类型的构件,不超过 100 件为一批,每批应抽查构件数量的 5%,且不应少于 3 件。

(8) 预制构件的粗糙面的质量及键槽的数量应符合设计要求。检查数量:全数检查。检验方法:观察。

表 7.10 预制构件尺寸的允许偏差及检验方法

项　目			允许偏差（mm）	检验方法
长度	楼板、梁、柱、桁架	＜12m	±5	尺量
		≥12m 且＜18m	±10	
		≥18m	±20	
	墙板		±4	
宽度、高(厚)度	楼板、梁、柱、桁架		±5	尺量一端及中部,取其中偏差绝对值较大处
	墙板		±4	
表面平整度	楼板、梁、柱、墙板内表面		5	2m 靠尺和塞尺量测
	墙板外表面		3	
侧向弯曲	楼板、梁、柱		$l/750$ 且≤20	拉线、直尺量测最大侧向弯曲处
	墙板、桁架		$l/1000$ 且≤20	
翘曲	楼板		$l/750$	调平尺在两端量测
	墙板		$l/1000$	
对角线	楼板		10	尺量两个对角线
	墙板		5	
预留孔	中心线位置		5	尺量
	孔尺寸		±5	
预留洞	中心线位置		10	尺量
	洞口尺寸、深度		±10	
预埋件	预埋板中心线位置		5	尺量
	预埋板与混凝土面平面高差		0,−5	
	预埋螺栓		2	
	预埋螺栓外露长度		+10,−5	
	预埋套筒、螺母中心线位置		2	
	预埋套筒、螺母与混凝土面平面高差		±5	
预留插筋	中心线位置		5	尺量
	外露长度		+10,−5	
键槽	中心线位置		5	尺量
	长度、宽度		±5	
	深度		±10	

注:① l 为构件长度(mm);

　② 检查中心线、螺栓和孔道位置偏差时,沿纵、横两个方向量测,并取其中偏差较大值。

7.4.1.2 安装与连接

（1）预制构件临时固定措施的安装质量应符合施工方案的要求。检查数量：全数检查。检验方法：观察。

（2）钢筋采用套筒灌浆连接或浆锚搭接连接时，灌浆应饱满、密实。检查数量：全数检查。检验方法：检查灌浆记录。

（3）钢筋采用套筒灌浆连接或浆锚搭接连接时，其连接接头质量应符合国家现行相关标准的规定。检查数量：按国家现行相关标准的有关规定确定。检验方法：检查质量证明文件及平行加工试件的检验报告。

（4）钢筋采用焊接连接时，其接头质量应符合现行行业标准《钢筋焊接及验收规程》（JGJ 18—2012）的规定。检查数量：按现行行业标准《钢筋焊接及验收规程》（JGJ 18—2012）的有关规定确定。检验方法：检查质量证明文件及平行加工试件的检验报告。

（5）钢筋采用机械连接时，其接头质量应符合现行行业标准《钢筋机械连接技术规程》（JGJ 107—2016）的规定。检查数量：按现行行业标准《钢筋机械连接技术规程》（JGJ 107—2016）的规定确定。检验方法：检查质量证明文件、施工记录及平行加工试件的检验报告。

（6）预制构件采用焊接、螺栓连接等连接方式时，其材料性能及施工质量应符合国家现行标准《钢结构工程施工质量验收规范》（GB 50205—2001）和《钢筋焊接及验收规程》（JGJ 18—2012）的相关规定。检查数量：按国家现行标准《钢结构工程施工质量验收规范》（GB 50205—2001）和《钢筋焊接及验收规程》（JGJ 18—2012）的规定确定。检验方法：检查施工记录及平行加工试件的检验报告。

（7）装配式结构采用现浇混凝土连接构件时，构件连接处后浇混凝土的强度应符合设计要求。检查数量：按《混凝土结构工程施工质量验收规范》（GB 50204—2015）第 7.4.1 条的规定确定。检验方法：检查混凝土强度试验报告。

（8）装配式结构施工后，其外观质量不应有严重缺陷，且不应有影响结构性能和安装、使用功能的尺寸偏差。检查数量：全数检查。检验方法：观察，量测；检查处理记录。

（9）装配式结构施工后，其外观质量不应有一般缺陷。检查数量：全数检查。检验方法：观察，检查处理记录。

（10）装配式结构施工后，预制构件位置、尺寸偏差及检验方法应符合设计要求；当设计无具体要求时，应符合表 7.11 的规定。预制构件与现浇结构连接部位的表面平整度应符合表 7.11 的规定。检查数量：按楼层、结构缝或施工段划分检验批。在同一检验批内，对梁、柱和独立基础，应抽查构件数量的 10%，且不少于 3 件；对墙和板，应按有代表性的自然间抽查 10%，且不少于 3 间；对大空间结构，墙可按相邻轴线间高度 5m 左右划分检查面，板可按纵、横轴线划分检查面，抽查 10%，且均不少于 3 面。

表 7.11 装配式结构构件位置和尺寸的允许偏差及检验方法

项　　目		允许偏差（mm）	检验方法
机件轴线位置	竖向构件（柱、墙板、桁架）	8	经纬仪及尺量
	水平构件（梁、楼板）	5	
标高	梁、柱、墙板、楼板底面或顶面	±5	水准仪或拉线、尺量

项　目			允许偏差 （mm）	检验方法
构件垂直度	柱、墙板安 装后的高度	≤6m	5	经纬仪或吊线、尺量
		>6m	10	
构件倾斜度	梁、桁架		5	经纬仪或吊线、尺量
相邻构件平整度	梁、楼板底面	外露	5	2m 靠尺和塞尺测量
		不外露	3	
	柱、墙板	外露	5	
		不外露	8	
构件搁置长度	梁、板		±10	尺量
支座、支垫中心位置	板、梁、柱、墙板、桁架		10	尺量
墙板接缝宽度			±5	尺量

7.4.2 结构安装工程的安全措施

安全隐患是指可导致事故发生的"人的不安全行为,物的不安全状态,作业环境的不安全因素和管理缺陷"等。根据"人—机—环境"系统工程学的观点分析,造成事故隐患的原因分为三类:即"人"的隐患,"机"的隐患,"环境"的隐患。只要"人—机—环境"其中之一出了问题,就会形成安全隐患。

在结构安装工程的施工中,控制"人的不安全行为,物的不安全状态,作业环境的不安全因素和管理缺陷"是保证安全的重要措施。

7.4.2.1 人的不安全行为的控制

人的不安全行为是人的生理和心理特点的反映,主要表现在身体缺陷、错误行为和违纪违章三方面。

(1)有身体缺陷的人不能进行结构安装的作业。

(2)严禁粗心大意、不懂装懂、侥幸心理、错视、错听、误判断、误动作等错误行为。

(3)严禁喝酒、吸烟,不正确使用安全带、安全帽及其他防护用品等违章违纪行为。

(4)加强安全教育、安全培训、安全检查、安全监督。

(5)起重吊装的指挥人员必须持证上岗,作业时应与操作人员密切配合,执行规定的指挥信号。操作人员应按指挥人员的信号进行作业,当信号不清或错误时,操作人员可拒绝执行。

7.4.2.2 起重吊装机械的控制

(1)各类起重机应装有音响清晰的喇叭、电铃或汽笛等信号装置。在起重臂、吊钩、平衡重等转动体上应标以鲜明的色彩标志。

(2)起重机的变幅指示器、力矩限制器、起重量限制器以及各种行程限位开关等安全保护装置,应完好齐全、灵敏可靠,不得随意调整或拆除。严禁利用限制器和限位装置代替操纵机构。

(3)操作人员应按规定的起重性能作业,不得超载。在特殊情况下需要超载使用时,必须经过验算,有保证安全的技术措施,并写出专题报告,经企业技术负责人批准,有专人在现场监护下,方可作业。

(4)严禁使用起重机进行斜拉、斜吊和起吊地下埋设或凝固在地面上的重物以及其他不明重量的物体。

(5)重物起升和下降的速度应平稳、均匀,不得突然制动。左右回转应平稳,当回转未停稳前,不得做反向动作。

(6)严禁起吊重物长时间悬挂在空中,作业中遇突发故障,应采取措施将重物降落到安全地方,并关闭发动机或切断电源后进行检修。突然停电时,应立即把所有控制器拨到零位,断开电源总开关,并采取措施使重物降落到地面。

(7)起重机不得靠近架空输电线路作业。起重机的任何部位与架空输电导线的安全距离不得小于规范规定。

(8)起重机使用的钢丝绳,应有钢丝绳制造厂签发的产品技术性能和质量证明文件。当无证明文件时,在经过试验证明合格后方可使用。每班作业前,应检查钢丝绳及钢丝绳连接部位。达到报废标准时,应予以报废。

(9)履带式起重机如需带载行驶时,载荷不得超过允许起重量的70%,行走道路应坚实平整,重物应在起重机的正前方向,重物离地面不得大于500mm,并应拴好拉绳,缓慢行驶。严禁长距离带载行驶。

(10)履带式起重机上下坡道时应无载行驶,上坡时应将起重臂仰角适当缩小,下坡时应将起重臂仰角适当放大。严禁下坡空挡滑行。

7.4.2.3 施工环境的控制

(1)操作人员在作业前必须对工作现场环境、行驶道路、架空电线、建筑物以及构件重量和分布情况进行全面了解。

(2)现场施工负责人应为起重机作业提供足够的工作场地,清除或避开起重臂起落或回转半径范围内的障碍物。

(3)在露天有六级及以上大风、大雨、大雪或大雾等恶劣天气时,应停止起重吊装作业。雨雪过后,作业前应先试吊,确认制动器灵敏可靠后方可进行作业。

思 考 题

7.1 结构吊装工程常用的起重机械有哪些类型?履带式起重机、塔式起重机有哪些常用型号?

7.2 如何验算履带式起重机的稳定性?起重臂接长时又如何验算?

7.3 试述附着式塔式起重机的顶升过程。

7.4 起重机械的吊具有哪些类型?常用的锚碇有哪些?

7.5 单层工业厂房吊装前要做哪些准备工作?

7.6 构件吊装前要做哪些方面的检查?

7.7 如何对牛腿柱子、吊车梁及屋架进行弹线和编号?

7.8 吊装前,对杯口基础要做哪些准备工作?如何调整杯底标高?

7.9 柱子的绑扎方法有哪些?绘制一点绑扎斜吊法和一点绑扎直吊法示意图。

7.10 柱子的吊升方法有哪些?试述采用旋转法和滑行法吊柱时的吊升过程,并绘制其吊升过程示意图。

7.11 如何对柱子进行对位和临时固定?

7.12 如何对柱子进行校正和最后固定?

7.13　试述吊车梁的绑扎、吊升、对位与临时固定方法。

7.14　如何用通线法和平移轴线法校正吊车梁？

7.15　如何绑扎屋架？

7.16　屋架的扶直方法有哪些？什么叫正向扶直和反向扶直？

7.17　如何对屋架进行临时固定、校正和最后固定？

7.18　如何对屋面板进行绑扎、吊装及最后固定？

7.19　在拟定施工方案时,如何选用起重机的类型？

7.20　起重量、起升高度如何计算？

7.21　如何用数解法计算起重臂的最小长度？

7.22　如何用作图法求起重臂的最小长度？

7.23　什么叫分件吊装法？试述分件吊装法的吊装顺序。

7.24　什么叫综合吊装法？综合吊装法有何优缺点？

7.25　如何确定履带式起重机吊装柱子的开行路线及采用旋转法吊柱时的停机点位置？

7.26　如何确定屋架的排放范围及屋架的排放位置？

7.27　多层装配式框架结构柱子接头的形式有哪些？梁与柱接头的形式有哪些？

7.28　简述结构安装工程的质量要求和安全措施。

模块 8　屋面工程与地下防水工程

知识目标

(1)平屋顶卷材屋面的构造层次及施工质量要求,防水材料的要求;
(2)涂膜防水屋面构造及施工要点;
(3)地下室防水结构混凝土的配合比设计原理及材料要求;
(4)地下防水卷材施工方法;
(5)屋面、地下防水的施工质量要求。

技能目标

编制卷材防水屋面和刚性防水屋面施工方案及应采取的技术措施。

8.1　卷材防水屋面

8.1.1　卷材屋面构造

卷材屋面的防水层是用胶结剂或热熔法逐层粘贴卷材而成的。其一般构造层次如图 8.1 所示,施工时以设计为依据。

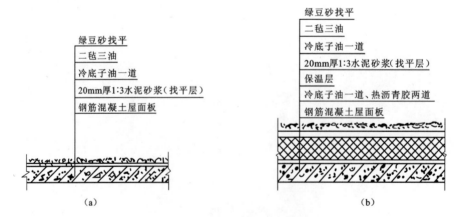

图 8.1　油毡屋面构造层次图

(a)无保温层屋面;(b)含有保温层屋面

8.1.2 材料要求

（1）基层处理剂

基层处理剂的选择应与所用卷材的材性相容。常用的基层处理剂有用于高聚物改性沥青防水卷材屋面的氯丁胶沥青乳胶、橡胶改性沥青溶液、沥青溶液（即冷底子油）和用于合成高分子防水卷材屋面的聚氨酯煤焦油系的二甲苯溶液、氯丁胶乳溶液、氯丁胶沥青乳胶等。施工前应查明产品的使用要求，合理选用。

（2）胶黏剂

高聚物改性沥青卷材可选用橡胶或再生橡胶改性沥青的汽油溶液或水乳液作胶黏剂，其黏结剪切强度应大于 0.05MPa，黏结剥离强度应大于 8N/10mm；合成高分子防水卷材可选用以氯丁橡胶和丁基酚醛树脂为主要成分的胶黏剂（如 404 胶等）或以氯丁橡胶乳液制成的胶黏剂，其黏结剥离强度不应小于 15N/10mm，用量为 0.4～0.5kg/m²，还可使用胶黏带。施工前亦应查明产品的使用要求，与相应的卷材配套使用。

（3）卷材

主要防水卷材的分类参见表 8.1，每道卷材防水层的最小厚度应符合表 8.2 的规定。

表 8.1　防水卷材的分类

材料分类		品种	特点
合成高分子卷材	硫化橡胶型	三元乙丙橡胶卷材（EPDM）；氯化聚乙烯橡胶共混卷材（CPE）；再生胶类卷材	强度高，延伸大，耐低温好，耐老化
	树脂型	聚氯乙烯卷材（PVC）；氯化聚乙烯橡塑卷材（CPE）；聚乙烯卷材（HDPE·LDPE）	强度高，延伸大，耐低温好，耐老化
	橡塑共混型	乙丙橡胶-聚丙烯共聚卷材（TPO）	延伸大，低温好，施工简便
		自粘卷材（无胎）	延伸大，施工方便
		自粘卷材（有胎）	强度高，施工方便
高聚物改性沥青卷材		SBS 改性沥青卷材	耐低温好，耐老化好
		APP（APAO）改性沥青卷材	适合高温地区使用
		自粘改性沥青卷材	延伸大，耐低温好，施工简便

表 8.2　每道卷材防水层最小厚度（mm）

防水等级	合成高分子防水卷材	高聚物改性沥青防水卷材		
		聚酯胎、玻纤胎、聚乙烯胎	自粘聚酯胎	自粘无胎
Ⅰ级	1.2	3.0	2.0	1.5
Ⅱ级	1.5	4.0	3.0	2.0

防水卷材及配套材料的质量，应符合设计要求，应有产品合格证、质量检验报告和进场检验报告，严禁使用不合格产品。

8.1.3　屋面找平层施工

找平层是防水层依附的一个层次,为了保证防水层受基层变形影响小,基层应有足够的刚度和承载力,使它变形小、坚固,当然还要有足够的排水坡度,使雨水迅速排走。混凝土结构层宜采用结构找坡,坡度不小于3%。当采用材料找坡时,宜采用质量轻、吸水率低且有一定强度的轻骨料混凝土材料,坡度宜为2%。找平层有水泥砂浆或细石混凝土等做法,它们的技术要求见表8.3。

表8.3　找平层厚度和技术要求

类别	基层种类	厚度(mm)	技术要求
水泥砂浆找平层	整体现浇混凝土板	15～20	1:2.5水泥砂浆
	整体材料保温层	20～25	
细石混凝土找平层	装配式混凝土板	30～35	C20混凝土,宜加钢筋网片
	板状材料保温层		C20混凝土

为了避免或减少找平层开裂,找平层宜留设分格缝,缝宽5～20mm,纵横缝的间距不大于6m。找平层的施工工艺为:

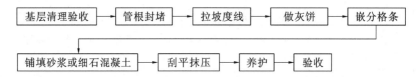

找平层施工前应对基层洒水湿润,并在铺浆前1h刷素水泥浆一层。找平层铺设按"由远到近,由高到低"的顺序进行。找平层应抹平、压光,抹平工序应在初凝前完成,压光工序应在终凝前完成,终凝后应进行养护。卷材防水层的基层与突出屋面结构的交接处,以及基层的转角处,找平层应做成圆弧形,且应整齐平顺。找平层表面平整度的允许偏差为5mm。

8.1.4　保温层施工

保温层设在防水层上面时应做保护层,设在防水层下面时应做找平层。纤维材料做保温层时,应采取防止压缩的措施,屋面坡度较大时,保温层应采取防滑措施。铺设保温层的基层应平整、干燥和干净。

在铺设保温层时,应根据标准铺筑,准确控制保温层的设计厚度。

干铺的板状保温层应铺平垫稳,分层铺设的板块上下层接缝应相互错开,板间缝隙应采用同类材料嵌填密实;采用与防水层材性相容的胶黏剂粘贴时,板状保温材料应贴严、粘牢。板状材料保温层的平面接缝应挤紧拼严,不得在板块侧面涂抹胶黏剂,超过2mm的缝隙应采用相同材料板条或片填塞严密。采用机械固定法施工时,应选择专用螺钉和垫片,固定件与结构层之间应连接牢固。

纤维材料保温层施工时,材料应紧靠基层表面上,平面接缝应挤紧拼严,上下层接缝应相互错开。屋面坡度较大时,宜采用金属或塑料专用固定件将纤维保温材料与基层固定。纤维材料填充后,不得上人踏踩。

整体喷涂硬泡聚氨酯保温层施工时,基层应平整,配合比应准确计量,发泡厚度应一致。喷涂时喷嘴与施工基面的间距应由试验确定。一个作业面应分遍喷涂完成,每遍厚度不宜大于15mm,当日的作业面应当日连续地喷涂施工完毕。喷涂后20min内严禁上人,保温层完成后,应及时做保护层。喷涂硬泡聚氨酯宜在温度15~35℃、空气相对湿度小于85%和风速不大于三级的环境中施工。现浇泡沫混凝土施工时,应将基层上的杂物和油污清理干净,基层应浇水湿润,不得有积水。泡沫混凝土的配合比应准确计量,制备好的泡沫加入水泥砂浆中应搅拌均匀,分层浇筑,一次浇筑厚度不宜超过200mm,应随时检查泡沫混凝土的湿密度,养护时间不得少于7d。现浇泡沫混凝土施工温度宜为5~35℃。整体材料保温层粘结应牢固,表面应平整,找坡应正确。

保温层设在防水层上面时称倒置式保温屋面(图8.2)。其基层应采用结构找坡,保温层应采用吸水率低,且长期浸水不变质的保温材料。板状保温材料的下部纵向边缘应设排水凹缝,保温层可干铺,也可粘贴。

保温层与防水层所用材料应相容匹配。保温层上面应采用块体材料或细石混凝土做保护层,檐沟、水落口部位应采用现浇混凝土堵头或砖砌堵头,并应做好保温层排水处理。

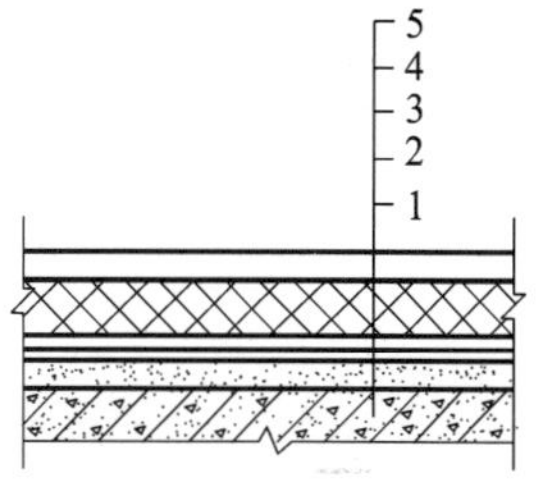

图 8.2 倒置式保温屋面构造
1—结构层;2—找平层;3—防水层;
4—保温层;5—保护层

8.1.5 卷材防水层施工

基层应做好嵌缝(预制板)、找平及转角等基层处理工作,屋面基层与女儿墙、立墙、天窗壁、烟囱、变形缝等突出屋面结构的连接处,以及基层的转角处(各水落口、檐口、天沟、檐沟、屋脊等),均应做成圆弧。防水层施工前,基层应坚实、平整、干净、干燥。

基层处理剂可采用喷涂或刷涂施工工艺。喷、涂应均匀一致,待第一遍干燥后再进行第二遍喷、涂,待最后一遍干燥后,方可铺设卷材。

卷材铺贴在整个工程中应采取"先高后低、先远后近"的施工顺序,即高低跨屋面,先铺高跨后铺低跨;等高的大面积屋面,先铺离上料地点较远的部位,后铺较近部位。卷材大面积铺贴前,应先做好节点密封、附加层和屋面排水较集中部位(屋面与水落口连接处、檐口、天沟等)等细部构造处理,然后由屋面最低标高处向上施工。施工段的划分宜设在屋脊、檐口、天沟、变形缝等处。

屋面坡度大于25%时,卷材应采取满粘合钉压固定措施。卷材铺贴应符合下列规定:卷材宜平行屋脊铺贴,上下层卷材不得相互垂直铺贴;檐沟、天沟卷材施工时,宜顺檐沟、天沟方向铺贴,搭接缝应顺流水方向。

卷材搭接缝应符合以下规定:平行屋脊的卷材搭接缝应顺流水方向,卷材搭接宽度应符合表8.4的规定;相邻两幅卷材短边搭接缝应错开,且不得小于500mm;上下层卷材长边搭接缝应错开,且不得小于幅宽的1/3(图8.3);叠层铺贴的各层卷材,在天沟与屋面的交接处,应采用叉接法搭接,搭接缝应错开,搭接缝宜留在屋面与天沟的侧面,不宜留在沟底。

防水卷材可以采用冷粘法、热粘法、热熔法、自粘法、焊接法和机械固定法进行铺贴,按照粘贴面铺贴方式不同又分为满粘法、空铺法、点粘法和条粘法等,具体方式根据材料和设计要求确定。卷材铺贴应平整顺直,搭接尺寸应准确,不得扭曲、皱折。

表 8.4　卷材搭接宽度

卷材类别		搭接宽度(mm)
合成高分子防水卷材	胶黏剂	80
	胶黏带	50
	单缝焊	60,有效焊接宽度不小于 25
	双缝焊	80,有效焊接宽度为 10×2+空腔宽
高聚物改性沥青防水卷材	胶黏剂	100
	自粘	80

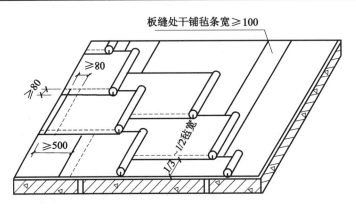

图 8.3　卷材水平铺贴搭接示意

　　冷粘法铺贴卷材时,胶黏剂涂刷应均匀,不应露底,不应堆积;应控制胶黏剂涂刷与卷材铺贴的间隔时间;卷材下面的空气应排尽,并应辊压粘贴牢固;接缝口应用密封材料封严,宽度不应小于 10mm。

　　热粘法铺贴卷材时,熔化热熔型改性沥青胶结料时,宜采用专用导热油炉加热,加热温度不应高于 200℃,使用温度不宜低于 80℃;粘贴卷材的热熔型改性沥青胶结料厚度宜为 1.0～1.5mm;采用热熔型改性沥青胶结料粘贴卷材时,应随刮随铺,并应展平压实。

　　热熔法铺贴卷材时,火焰加热器加热卷材应均匀,不得加热不足或烧穿卷材;卷材表面热熔后应立即滚铺,卷材下面的空气应排尽,并应辊压粘贴牢固;卷材接缝部位应溢出热熔的改性沥青胶,溢出的改性沥青胶宽度宜为 8mm;厚度小于 3mm 的高聚物改性沥青防水卷材,严禁采用热熔法施工。

　　自粘法铺贴卷材时,应将自粘胶底面的隔离纸全部撕净;卷材下面的空气应排尽,并应辊压粘贴牢固;接缝口应用密封材料封严,宽度不应小于 10mm;低温施工时,接缝部位宜采用热风加热,并应随即粘贴牢固。

　　焊接法铺贴卷材时,卷材焊接缝的结合面应干净、干燥,不得有水滴、油污及附着物;焊接时应先焊长边搭接缝,后焊短边搭接缝;控制加热温度和时间,焊接缝不得有漏焊、跳焊、焊焦或焊接不牢现象;焊接时不得损害非焊接部位的卷材。

　　机械固定法铺贴卷材时,卷材应采用专用固定件进行机械固定;固定件应设置在卷材搭接缝内,外露固定件应用卷材封严;固定件应垂直钉入结构层有效固定,固定件数量和位置应符合设计要求;卷材搭接缝应粘贴或焊接牢固,密封应严密;卷材周边 800mm 范围内应满粘。

卷材防水层施工环境温度,对热熔法和焊接法一般不低于－10℃,对冷粘法和热粘法不低于 5℃,对自粘法不低于 10℃。

8.1.6 保护层、隔热层施工

卷材防水层施工完毕后,为防止沥青胶和油毡直接受到阳光、空气、水分等的长期作用,应立即进行保护层、隔热层施工。

(1)绿豆砂保护层的施工

绿豆砂粒径 3～5mm,是呈圆形的均匀颗粒,色浅,耐风化,且经过筛洗。绿豆砂在铺撒前应在锅内或钢板上加热至 100℃。在油毡面上涂 2～3mm 厚的热沥青胶,立即趁热将预热过的绿豆砂均匀地撒在沥青胶上,边撒边推铺绿豆砂,使绿豆砂一半左右粒径嵌入沥青胶中,扫除多余绿豆砂,不应露底。

(2)架空隔热层的施工

强制性条文:"架空隔热制品的质量必须符合设计要求,严禁有断裂和露筋等缺陷。"

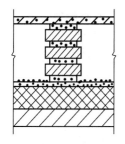

图 8.4 架空隔热层

架空隔热层的高度应按照屋面宽度或坡度大小的变化确定,一般为 100～300mm。架空隔热制品支座底面的卷材、涂膜防水层上应采取加强措施,操作时不得损坏已经完工的防水层。

施工时,在卷材防水层上应采取加强措施,即涂 2～3mm 胶结材料,砌三皮小砖高的砖墩,砖的强度对于非上人屋面不应低于 MU7.5,对于上人屋面不应低于 MU10,砖墩用 M5 水泥砂浆砌筑;在砖墩上铺钢筋混凝土预制架空板,混凝土的强度等级不应低于 C20,尺寸为 500mm×500mm×35mm;铺板时应坐浆平稳,然后用水泥砂浆灌缝,如图 8.4 所示。

如果是经常上人屋面,还应在架空隔热层上粉刷 20mm 厚的水泥砂浆。

8.2 其他防水屋面

8.2.1 涂膜防水屋面

涂膜防水屋面是在屋面基层上涂刷防水涂料,经固化后形成一层有一定厚度和弹性的整体涂膜从而达到防水目的的一种防水屋面形式。涂膜防水层的基层应坚实、平整、干净,应无孔隙、起砂和裂缝,基层处理剂的施工要求同卷材防水层施工。

每道涂膜防水层最小厚度应符合表 8.5 的规定。

表 8.5 每道涂膜防水层最小厚度(mm)

防水等级	合成高分子防水涂膜	聚合物水泥防水涂膜	高聚物改性沥青防水涂膜
Ⅰ级	1.5	1.5	2.0
Ⅱ级	2.0	2.0	3.0

涂膜防水层施工工艺为:

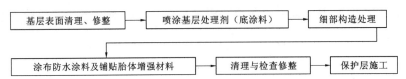

涂膜防水层施工时,防水涂料应多遍均匀涂布,并应待前一遍涂布的涂料干燥成膜后,再涂布下一遍涂料,且前后两遍涂料的涂布方向应相互垂直,涂膜总厚度应符合设计要求,最小厚度不得小于设计厚度的 80%。涂膜间夹铺胎体增强材料时,宜边涂布边铺胎体,胎体应铺贴平整,应排除气泡,并应与涂料粘结牢固。胎体增强材料长边搭接宽度不应小于 50mm,短边搭接宽度不应小于 70mm,上下层胎体增强材料不得相互垂直铺设,长边搭接缝应错开,且不得小于幅宽的 1/3。在胎体上涂布涂料时,应使涂料浸透胎体,并应覆盖完全,不得有胎体外露现象。最上面的涂膜厚度不应小于 1.0mm。

涂膜施工应先做好细部处理,再进行大面积涂布,屋面转角及立面的涂膜应薄涂多遍,不得流淌和堆积。

涂膜防水层施工工艺,水乳型及溶剂型防水涂料宜选用滚涂或喷涂施工,反应固化型防水涂料宜选用刮涂或喷涂施工,热熔型防水涂料宜选用刮涂施工,聚合物水泥防水涂料宜选用刮涂施工。所有防水涂料用于细部构造时,宜选用刷涂或喷涂施工。

涂膜防水层的施工环境温度,对水乳型、反应型涂料和聚合物水泥防水涂料宜为 5～35℃,对溶剂型防水涂料宜为 -5～35℃,对热熔型防水涂料不宜低于 -10℃。

8.2.2　复合防水屋面

复合防水层是由彼此相容的卷材和涂料组合而成的防水层。复合防水层最小厚度应符合表 8.6 的规定。

表 8.6　复合防水层最小厚度(mm)

防水等级	合成高分子防水卷材＋合成高分子防水涂膜	自粘聚合物改性沥青防水卷材(无胎)＋合成高分子防水涂膜	高聚物改性沥青防水卷材＋高聚物改性沥青防水涂膜	聚乙烯丙纶卷材＋聚合物水泥防水胶结材料
Ⅰ级	1.2＋1.5	1.5＋1.5	3.0＋2.0	(0.7＋1.3)×2
Ⅱ级	1.0＋1.0	1.2＋1.0	3.0＋1.2	0.7＋1.3

卷材与涂料复合使用时,涂膜防水层宜设置在卷材防水层的下面,防水卷材的粘结质量应符合表 8.7 的规定。复合防水层施工要求同卷材及涂膜防水施工。

表 8.7　防水卷材的粘结质量

项目	自粘聚合物改性沥青防水卷材和带自粘层防水卷材	高聚物改性沥青防水卷材胶黏剂	合成高分子防水卷材胶黏剂
粘结剥离强度(N/10mm)	≥10 或卷材断裂	≥8 或卷材断裂	≥15 或卷材断裂
剪切状态下的粘合强度(N/10mm)	≥20 或卷材断裂	≥20 或卷材断裂	≥20 或卷材断裂
浸水 168h 后粘结剥离强度保持率(%)	—	—	≥70

8.3 地下结构防水工程

8.3.1 地下结构的防水方案

地下工程的防水等级分为四级,分级标准见表8.8。

表 8.8 地下工程防水等级标准

防水等级	防 水 标 准
一级	不允许渗水,结构表面无湿渍
二级	不允许漏水,结构表面可有少量湿渍; 房屋建筑地下工程:总湿渍面积不大于总防水面积(包括顶板、墙面、地面)的1‰;任意100m² 防水面积上的湿渍不超过2处,单个湿渍的最大面积不大于0.1m²; 其他地下工程:总湿渍面积不应大于总防水面积的2‰,任意100m² 防水面积上的湿渍不超过3处,单个湿渍的最大面积不大于0.2m²,其中,隧道工程平均渗水量不大于0.05 L/(m²·d),任意100m² 防水面积上的渗水量不大于0.15L/(m²·d)
三级	有少量漏水点,不得有线流和漏泥砂; 任意100m² 防水面积上的漏水或湿渍点数不超过7处,单个漏水点的最大漏水量不大于2.5L/d,单个湿渍的最大面积不大于0.3m²
四级	有漏水点,不得有线流和漏泥砂; 整个工程平均漏水量不大于2L/(m²·d),任意100m² 防水面积上的平均漏水量不大于4L/(m²·d)

地下工程防水的设计和施工应遵循"防、排、截、堵相结合,刚柔相济,因地制宜,综合治理"的原则。地下工程防水方案应根据工程规划、结构设计、材料选择、结构耐久性和施工工艺等确定,应采取有效措施以确保地下结构的正常使用。目前常用的有以下几种方案:

(1)混凝土结构自防水。它是以地下结构本身的密实性(即防水混凝土)实现防水功能,使结构承重和防水合为一体。

(2)防水层防水。它是在地下结构外表面加设防水层防水,常用的有砂浆防水层、卷材防水层、涂膜防水层等。

(3)"防排结合"防水。即采用防水加排水措施,排水方案可采用盲沟排水、渗排水、内排法排水等。

地下防水工程施工期间,应保持基坑内土体干燥,严禁带水或带泥浆进行防水施工,因此,地下水位应降至防水工程底部最低标高以下至少300mm,并防止地表水流入基坑内。基坑内的地面水应及时排出,不得破坏基底受力范围内的土层构造,防止基土流失。

8.3.2 防水混凝土结构施工

(1)防水混凝土的特点及应用

防水混凝土是以调整混凝土配合比或掺加外加剂、掺合料等方法,来提高混凝土本身的密实性和抗渗性,使其具有一定防水能力的特殊混凝土,其抗渗等级一般不小于P6。防水混凝土具有取材容易、施工简便、工期较短、耐久性好、工程造价低等优点,因此,在地下工程中防水混凝土应用极为广泛。

目前,常用的防水混凝土主要有普通防水混凝土、外加剂防水混凝土等。

①普通防水混凝土

普通防水混凝土即是在普通混凝土骨料级配的基础上,通过调整和控制配合比的方法,提高自身密实度和抗渗性的一种混凝土。它不仅要满足结构所需要的强度要求,而且还应满足结构所需的抗渗要求。在实验室试配时,考虑实验室条件与实际施工条件的差别,应将设计的抗渗等级提高 0.2MPa 来选定配合比。实验室固然可以配制出满足各种抗渗等级的防水混凝土,但在实际工程中由于各种条件的限制往往难以做到,更多地采用掺外加剂的方法来满足防水要求。

②外加剂防水混凝土

外加剂防水混凝土是在混凝土中加入一定量的有机或无机物,以改善混凝土性能和结构的组成,提高其密实性和抗渗性,达到防水要求。外加剂防水混凝土的种类很多,常用的有加气剂防水混凝土、减水剂防水混凝土和三乙醇胺防水混凝土。

(2)防水混凝土工程施工

防水混凝土工程质量的优劣,除了取决于设计、材料及配合成分等因素外,还取决于施工质量。因此,施工中的各主要环节,如混凝土的搅拌、运输、浇捣、养护等,均应严格遵循施工及验收规范和操作规程的规定,以保证防水混凝土工程的质量。

①施工要点

防水混凝土工程的模板应平整且拼缝严密,不漏浆,模板构造应牢固稳定;通常固定模板的螺栓或铁丝不直接穿过防水混凝土结构,以免水沿缝隙渗入。当墙较高,需要对拉螺栓固定模板时,可采用工具式螺栓或螺栓加堵头,螺栓上应加焊方形止水环。拆模后应将留下的凹槽用密封材料封堵密实,并应用聚合物水泥砂浆抹平(图 8.5)。

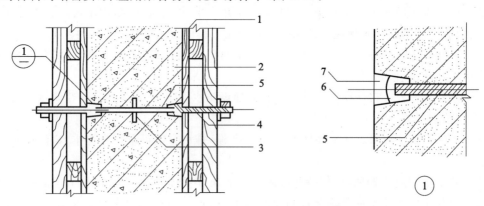

图 8.5　固定模板用螺栓的防水构造

1—模板;2—结构混凝土;3—止水环;4—工具式螺栓;5—固定模板用螺栓;6—密封材料;7—聚合物水泥砂浆

绑扎钢筋时,应按设计要求留好保护层,一般主体结构迎水面钢筋保护层厚度不应小于50mm,允许偏差±5mm。留设保护层应以与混凝土相同配合比的水泥砂浆制成的垫块或钢筋间隔件定位,严禁用钢筋垫块或将钢筋用铁钉、铅丝直接固定在模板上,以防止水沿钢筋浸入。

防水混凝土应采用机械搅拌,搅拌时间不应少于2min。对掺外加剂的混凝土,应根据外加剂的技术要求确定搅拌时间,如加气剂防水混凝土搅拌时间为2~3min。防水混凝土采用预拌混凝土时,入泵坍落度宜控制在120~160mm,初凝时间宜为6~8h。

防水混凝土应分层浇筑,每层厚度不得大于500mm。浇筑混凝土的自由下落高度应控制,否则应使用串筒、溜槽等工具进行浇筑。防水混凝土应采用机械振捣,严格控制振捣时间,并不得漏振、欠振和超振。当掺有加气剂或减水剂时,应采用高频插入式振捣器振捣,以保证混凝土的抗渗性。

防水混凝土的养护对其抗渗性能影响极大,因此必须加强养护,混凝土终凝后应立即进行养护,养护时间不少于14d。

防水混凝土不能过早拆模,一般在混凝土浇筑3d后,将侧模板松开,在其上口浇水养护14d后方可拆除。拆模时混凝土必须达到75%的设计强度,应控制混凝土表面温度与环境温度之差小于15℃。

②施工缝

施工缝是防水薄弱部位之一,防水混凝土应连续浇筑,应尽量不留或少留施工缝。底板的混凝土应连续浇筑,墙体不应留垂直施工缝。墙体水平施工缝不应留在剪力最大处或底板与墙体交接处,最低水平施工缝距底板面不少于300mm,距穿墙孔洞边缘不少于300mm。拱(板)墙结合的水平施工缝,宜留在拱(板)墙接缝线以下150~300mm处。如必须留设垂直缝时,垂直施工缝应避开地下水和裂隙水较多的地段,并宜与变形缝相结合。

施工缝常用防水构造形式如图8.6所示,当采用两种以上构造措施时可进行有效组合。水平施工缝上浇筑混凝土前,应清除浮浆和杂物,用水冲洗干净,然后铺设净浆或涂刷混凝土界面处理剂、水泥基渗透结晶型防水涂料等材料,再铺30~50mm厚的1:1水泥砂浆,并及时浇筑混凝土。垂直施工缝浇筑混凝土前,应将表面清理干净,再涂刷混凝土界面处理剂、水泥基渗透结晶型防水涂料等材料,并及时浇筑混凝土。

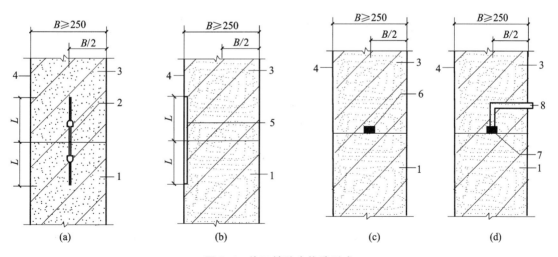

图8.6 施工缝防水构造形式

(a)预埋止水带;(b)外贴止水带;(c)设置遇水膨胀止水条;(d)预埋注浆管

1—先浇混凝土;2—预埋止水带;3—后浇混凝土;4—结构迎水面;
5—外贴止水带;6—遇水膨胀止水条;7—预埋注浆管;8—注浆导管

8.3.3　水泥砂浆防水层施工

水泥砂浆防水层是一种刚性防水层。它是在构筑物的迎水面或背水面分层涂抹一定厚度的水泥砂浆，利用砂浆本身的憎水性和密实性来达到抗渗防水效果。因这种防水层抵抗变形能力差，故不适用于受震动、沉陷或温度、湿度变化易产生裂缝的结构，亦不适用于温度高于80℃的地下防水工程。

防水砂浆包括聚合物水泥防水砂浆、掺外加剂或掺合料的防水砂浆，宜采用多层抹压法施工。聚合物水泥防水砂浆厚度，单层施工时宜为 6～8mm，双层施工时宜为 10～12mm；掺外加剂或掺合料的水泥防水砂浆厚度宜为 18～20mm。

水泥砂浆防水层应分层铺抹或喷射。铺抹时应压实、抹平，最后一层表面应提浆压光。聚合物水泥防水砂浆拌和后应在规定时间内用完，施工中不得任意加水。水泥砂浆防水层各层应紧密粘合，每层宜连续施工；必须留设施工缝时，应采用阶梯坡形槎，但离阴阳角处的距离不得小于200mm。

水泥砂浆防水层不得在雨天、五级及以上大风中施工。冬期施工时，气温不应低于5℃。夏季不宜在30℃以上或烈日照射下施工。

水泥砂浆防水层终凝后，应及时进行养护，养护温度不宜低于5℃，并应保持砂浆表面湿润，养护时间不得少于14d。聚合物水泥防水砂浆未达到硬化状态时，不得浇水养护或直接受雨水冲刷，硬化后应采用干湿交替的养护方法。潮湿环境中，可在自然条件下养护。

8.3.4　卷材防水层施工

卷材防水层属柔性防水层，具有较好的韧性和延伸性，防水效果较好。卷材防水层宜用于经常处在地下水环境，且受侵蚀性介质作用或受震动作用的地下工程。

卷材防水层应铺设在混凝土结构的迎水面（外防水）。卷材防水层用于建筑物地下室时，应铺设在结构底板垫层至墙体防水设防高度的结构基面上；用于单建式的地下工程时，应从结构底板垫层铺设至顶板基面，并应在外围形成封闭的防水层。外防水卷材防水层的铺贴方法，按其与地下结构施工的先后顺序分为外防外贴法（外贴法）和外防内贴法（内贴法）两种。

防水卷材的品种规格和层数，应根据地下工程防水等级、地下水位高低及水压力作用状况、结构构造形式和施工工艺等因素确定。

铺贴防水卷材前，基面应干净、干燥，并应涂刷基层处理剂，当基面潮湿时，应涂刷固化型胶黏剂或潮湿界面隔离剂。基层阴阳角应做成圆弧或45°坡角，在转角处、变形缝、施工缝、穿墙管等部位应铺设卷材加强层，加强层宽度不小于500mm。

结构底板垫层混凝土部位的卷材可采用空铺法或点粘法施工，其粘贴位置、点粘面积应按设计要求确定；侧墙采用外贴法的卷材及顶板部位的卷材应采用满粘法施工。卷材与基面、卷材与卷材间的粘贴应紧密、牢固，铺贴完成的卷材应平整顺直，搭接尺寸应准确，不得产生扭曲和皱折。卷材搭接处和接头部位应粘贴牢固，接缝口应封严或采用材性相容的密封材料封缝。铺贴立面卷材防水层时，应采取防止卷材下滑的措施。铺贴双层卷材时，上下两层和相邻两幅卷材的接缝应错开1/3～1/2幅宽，且两层卷材不得相互垂直铺贴。

卷材防水层经检查合格后，应及时做保护层。顶板卷材防水层上的细石混凝土保护层厚度,采用机械碾压回填土时不小于 70mm,人工回填土时不小于 50mm;底板卷材防水层上的细石混凝土保护层厚度不小于 50mm;侧墙卷材防水层宜采用软质保护材料或铺抹 20mm 厚1:2.5 水泥砂浆层。

(1)外贴法

外贴法是在地下构筑物墙体做好以后,把卷材防水层直接铺贴在墙面上,然后砌筑保护墙(图 8.7)。其施工顺序如下:

待底板垫层上的水泥砂浆找平层干燥后,铺贴底板卷材防水层并伸出与立面卷材搭接的接头。在此之前,为避免伸出的卷材接头受损,先在垫层周围砌保护墙,其下部为永久性的[高度$\geqslant B+(200\sim500)$mm,B 为底板厚],上部为临时性的(高度为 360mm),在墙上抹石灰砂浆或细石混凝土,在立面卷材上抹 M5 砂浆保护层。然后进行底板和墙身施工,在做墙身防水层前,拆临时保护墙,在墙面上抹找平层、刷基层处理剂,将接头清理干净后逐层铺贴墙面防水层,最后砌永久性保护墙。

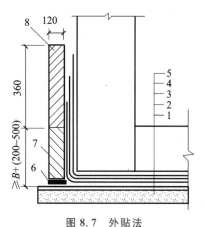

图 8.7 外贴法

1—垫层;2—找平层;3—卷材防水层;
4—保护层;5—构筑物;6—卷材;
7—永久性保护墙;8—临时性保护墙

混凝土结构完成铺贴立面卷材时,应先将接槎部位的各层卷材揭开,并应将其表面清理干净,如卷材有局部损伤,应及时进行修补。卷材接槎的搭接长度,对高聚物改性沥青类卷材应为 150mm,对合成高分子类卷材应为 100mm,当使用两层卷材时,卷材应错槎接缝,上层卷材应盖过下层卷材。

外贴法的优点是构筑物与保护墙有不均匀沉陷时,对防水层影响较小;防水层做好后即可进行漏水试验,修补亦方便。缺点是工期较长,占地面积大;底板与墙身接头处卷材易受损。在施工现场条件允许时,多采用此法施工。

(2)内贴法

内贴法是在墙体未做前,先砌筑保护墙,然后将卷材防水层铺贴在保护墙上,再进行墙体施工(图8.8)。施工顺序如下:

先做底板垫层,砌永久性保护墙,然后在垫层和保护墙上抹 20mm 厚1:3 水泥砂浆找平层,干燥后涂刷基层处理剂,再铺贴卷材防水层。先贴立面,后贴水平面,先贴转角,后贴大面,铺贴完毕后做保护层,最后进行构筑物底板和墙体施工。

内贴法的优点是防水层的施工比较方便,不必留接头;施工占地面积小。缺点是构筑物与保护墙发生不均匀沉降时,对防水层影响较大;保护墙稳定性差;竣工后如发现漏水较难修补。这种方法只有当施工场地受限制,无法采用外贴法时才不得不使用。

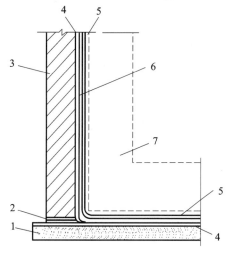

图 8.8 内贴法

1—垫层;2—卷材;3—永久性保护墙;
4—找平层;5—保护层;
6—卷材防水层;7—需防水的构筑物

8.3.5 地下防水工程渗漏处理

地下防水工程,常常由于设计考虑不周、选材不当或施工质量差而出现渗漏,直接影响生产和使用。渗漏水易发生的部位主要在施工缝、蜂窝麻面、裂缝、变形缝及穿墙管道等处。渗漏水的形式主要有孔洞漏水、裂缝漏水、防水面渗水或是上述几种渗漏水的综合。因此,堵漏前必须先查明其原因,确定其位置,弄清水压大小,然后根据不同情况采取不同的防治措施。

(1)渗漏部位及原因

①防水混凝土结构渗漏部位及原因

模板表面粗糙或清理不干净,模板浇水湿润不够,脱模剂涂刷不均匀,接缝不严,振捣混凝土不密实等,致使混凝土出现蜂窝、孔洞、麻面而引起渗漏。墙板与底板及墙板与墙板间的施工缝处理不当而造成地下水沿施工缝渗入。由于混凝土中砂石含泥量大,养护不及时等,混凝土产生收缩和温度裂缝而造成渗漏。混凝土内的预埋件及管道穿墙处未认真处理而致使地下水渗入。

②附加卷材防水层渗漏部位及原因

保护墙和地下工程主体结构沉降不同,致使粘在保护墙上的防水卷材被撕裂而造成漏水。卷材的压力和搭接接头宽度不够,搭接不严,结构转角处卷材铺贴不严实,后浇或后砌结构时卷材被破坏,或由于卷材韧性较差,结构不均匀沉降而造成卷材被破坏,也会产生渗漏。另外还有管道处的卷材与管道粘贴不严,出现张口翘边现象而引起渗漏。

③变形缝渗漏原因

止水带固定方法不当,埋设位置不准确或在浇筑混凝土时被挤动,止水带两翼的混凝土包裹不严,特别是底板止水带下面的混凝土振捣不实;钢筋过密,浇筑混凝土时下料和振捣不当,造成止水带周围骨料集中、混凝土离析,产生蜂窝、麻面;混凝土分层浇筑前,止水带周围的木屑杂物等未清理干净,混凝土中形成薄弱的夹层,均会造成渗漏。

(2)堵漏技术

堵漏技术就是根据地下防水工程特点,针对不同程度的渗漏水情况,选择相应的防水材料和堵漏方法,进行防水结构渗漏水处理。在拟定处理渗漏水的措施时,应本着将大漏变小漏、片漏变孔漏、线漏变点漏,使漏水部位汇集于一点或数点,最后堵塞的原则进行。

对防水混凝土工程的修补堵漏,通常采用的方法是用促凝剂和水泥拌制而成的快凝水泥胶浆,进行快速堵漏或大面积修补。近年来,采用膨胀水泥(或掺膨胀剂)作为防水修补材料,其抗渗堵漏效果更好。对混凝土的微小裂缝,则采用化学灌浆堵漏技术。

8.4 屋面及地下防水工程的质量要求

8.4.1 屋面工程质量要求

(1)屋面工程质量应符合下列要求:

① 防水层不得有渗漏或积水现象。

② 使用的材料应符合设计要求和质量标准。

③ 找平层表面应平整,不得有酥松、起砂、起皮现象。

④ 保温层的厚度、含水量和表观密度应符合设计要求。

⑤ 天沟、檐沟、泛水和变形缝等构造,应符合设计要求。

⑥ 卷材铺贴方法和搭接顺序应符合设计要求,搭接宽度正确,接缝严密,不得有皱折、鼓泡和翘边现象。

⑦ 涂膜防水层的厚度应符合设计要求,涂层无裂纹、皱折、流淌、鼓泡和露胎体现象。

⑧ 嵌缝密封材料应与两侧基层粘牢,密封部位光滑、平直,不得有开裂、鼓泡、下塌现象。

(2)检查屋面有无渗漏、积水和排水系统是否畅通,应在雨后或持续淋水 2h 后进行。有可能做蓄水检验的屋面,其蓄水时间不应少于 24h。

(3)屋面验收后,应填写分部工程质量验收记录,交建设单位和施工单位存档。

其他质量要求,均应按照《屋面工程质量验收规范》(GB 50207—2012)的有关规定执行。

8.4.2 地下建筑防水工程质量要求

(1)防水混凝土的抗压强度和抗渗压力必须符合设计要求。

(2)防水混凝土应密实,表面应平整,不得有露筋、蜂窝等缺陷;裂缝宽度应符合设计要求。

(3)水泥砂浆防水层应密实、平整、粘结牢固,不得有空鼓、裂纹、起砂、麻面等缺陷;防水层厚度应符合设计要求。

(4)卷材接缝应粘结牢固、封闭严密,防水层不得有损伤、空鼓、皱折等缺陷。

(5)涂层应粘结牢固,不得有脱皮、流淌、鼓泡、露胎、皱折等缺陷;涂层厚度应符合设计要求。

(6)塑料板防水层应铺设牢固、平整,搭接焊缝应严密,不得有焊穿、下垂、绷紧现象。

(7)金属板防水层焊缝不得有裂纹、未熔合、夹渣、焊瘤、咬边、弧穿、针状气孔等缺陷;保护涂层应符合设计要求。

(8)变形缝、施工缝、后浇带、穿墙管道等防水构造应符合设计要求。

其他质量要求,均应按照《地下工程防水技术规范》(GB 50108—2008)和《地下防水工程质量验收规范》(GB 50208—2011)的有关规定执行。

思 考 题

8.1 简述卷材屋面防水层的构造。

8.2 试述倒置式保温屋面的构造及其施工要求。

8.3 常用基层处理剂有哪几种?一般采用什么方法施工?

8.4 防水卷材的种类有哪些?当用于屋面防水层时,卷材铺设有哪些要求?

8.5 简述涂膜防水屋面的适用范围及各类防水涂膜的施工要点。

8.6 简述地下工程防水施工方案。

8.7 常用的防水混凝土有哪些?防水混凝土施工有哪些要求?防水混凝土施工缝有哪几种构造?

8.8 简述地下结构水泥砂浆防水层的种类、构造及施工要点。

8.9 何谓卷材防水层的内贴法和外贴法?各自的施工工艺与特点是什么?

8.10 地下防水工程渗漏原因有哪几种?常用的处理方法有哪些?

模块 9　装饰工程

知识目标

(1)门窗安装固定的方法及施工工序;

(2)吊顶的组成及轻钢龙骨吊顶的施工工艺及方法;

(3)装饰抹灰和一般抹灰的构造作用及施工工序;

(4)楼地面组成和分类;

(5)整体地面、块材地面的各层次施工要求及质量;

(6)涂料、裱糊工程施工要点及质量措施。

技能目标

　　对一般建筑工程装饰的材料、构造、施工程序、方法、施工要点有基本认识,能组织常规施工和质量检查。

9.1　门窗工程

窗彩图

　　强制性条文:"建筑外门窗的安装必须牢固。在砌体上安装门窗严禁用射钉固定。"

9.1.1　木门窗

　　木门窗的木材品种、材质等级、规格、尺寸,框扇的线型及人造板的甲醛含量等应符合设计要求。胶合板门、纤维板门不得脱胶,横楞和上下冒头应各钻两个以上的透气孔,透气孔应畅通。木门窗必须安装牢固,并应开关灵活,关闭严密。

　　木门窗宜在木材加工厂定型制作,不宜在施工现场加工制作。门窗生产操作程序:配料→截料→刨料→画线→凿眼→开榫→裁口→整理线角→堆放→拼装。成批生产时,应先制作一樘实样。

　　(1)木门窗的制作和拼装

　　安装前,检查门窗扇的型号、规格、质量是否符合要求,如发现问题应事先更换。量好门窗框的尺寸,在相应的扇边上画出尺寸线,双扇门要打叠(自由门除外),先在中间缝处画出中线,再画出边线,上下冒头也要画线刨直。画好高低、宽窄线后,用粗刨刨去线外部分,再用细刨刨至光滑平直。将扇放入框中试装合格后,按扇高的 1/8~1/10 在框上按铰链大小画线,并剔出铰链槽,槽深与铰链厚度相同。木门窗制作的允许偏差和检验方法应符合表 9.1 的规定。

表9.1 木门窗制作的允许偏差和检验方法

项次	项　目	构件名称	允许偏差(mm) 普通	允许偏差(mm) 高级	检验方法
1	翘曲	框	3	2	将框、扇平放在检查平台上,用塞尺检查
		扇	2	2	用钢尺检查,框量裁口里角,扇量外角
2	对角线长度差	框、扇	3	2	
3	表面平整度	扇	2	2	用1m靠尺和塞尺检查
4	高度、宽度	框	0,-2	0,-1	用钢尺检查,框量裁口里角,扇量外角
		扇	+2,0	+1,0	
5	裁口、线条结合处高低差	框、扇	1	0.5	用钢直尺和塞尺检查
6	相邻棵子两端间距	扇	2	1	用钢直尺检查

(2)木门窗的安装

木门窗框安装有先立门窗框(立口)和后塞门窗框两种。随着高层建筑结构的变化,为避免工序交叉,施工现场一般采用后塞门窗框法,即在砌墙时预留出门窗洞口,以后再把门窗框装进去。门窗洞口尺寸按图纸尺寸预留,并按高度方向每隔500～700mm预留防腐处理木砖,每边不少于两处,木砖尺寸为115mm×115mm×53mm。木砖应横纹朝向框边放置,门窗框在洞内要立正放直,门窗框依靠木楔临时固定后,再用长钉钉固在预埋木砖上。

木门窗安装的留缝限值、允许偏差和检验方法见表9.2。

表9.2 木门窗安装的留缝限值、允许偏差和检验方法

项次	项　目		留缝限值(mm) 普通	留缝限值(mm) 高级	允许偏差(mm) 普通	允许偏差(mm) 高级	检查方法
1	门窗槽对角线长度差		—	—	3	2	用钢直尺检查
2	门窗框正、侧面垂直度		—	—	2	1	用1m靠尺和塞尺检查
3	框与扇、扇与扇接缝高低差		—	—	2	1	用钢直尺和塞尺检查
4	门窗扇对口缝		1～2.5	1.5～2	—	—	用塞尺检查
5	工业厂房双扇大门对口缝		2～5	—	—	—	
6	门窗扇与上框间留缝		1～2	1～1.5	—	—	
7	门窗扇与侧框间留缝		1～2.5	1～1.5	—	—	用塞尺检查
8	窗扇与下框间留缝		2～3	2～2.5	—	—	
9	门扇与下框间留缝		3～5	3～4	—	—	
10	双层门窗内外框间距		—	—	4	3	用钢直尺检查
11	无下框时门扇与地面间留缝	外　门	4～7	5～6	—	—	用塞尺检查
		内　门	5～8	6～7	—	—	
		卫生间门	8～12	8～10	—	—	
		厂房大门	10～20	—	—	—	

门窗小五金安装要齐全,位置适宜,固定可靠。小五金全部用木螺丝固定,先用锤将木螺

丝打入长度的 1/3,然后改用螺丝刀将木螺丝拧紧,不得歪斜、倾倒;严禁全部打入,也不能用钉子代替。采用硬木时,应先钻 2/3 深度的孔,孔径为木螺丝的 0.9 倍,然后再将木螺丝由孔中拧入。

门窗拉手应位于门窗高度中点以下,窗拉手距地面以 1.5～1.6m 高为宜,门拉手距地面以 0.9～1.05m 高为宜,门拉手里外一致。门锁不宜安装在中冒头与立梃的结合处,以防伤榫。门锁位置宜高出地面 900～950mm。上下插销要安装在梃宽的中间。

9.1.2　钢门窗

钢门窗安装工序:弹控制线→立钢门窗→校正→门窗框固定→安装五金零件→安装纱门窗。

(1)弹控制线

门窗安装前应弹出离楼地面 500mm 高的水平控制线,按门窗安装标高、尺寸和开启方向,在墙体预留洞口四周弹出门窗就位线。

(2)立钢门窗、校正

钢门窗采用后塞框法施工,安装时先用木楔块临时固定,木楔块应塞在四角和中梃处;然后用水平尺、对角线尺、线锤校正其垂直度与水平度。框扇配合间隙在合页面应紧密,安装后要检查开关是否灵活、无阻滞和回弹现象。

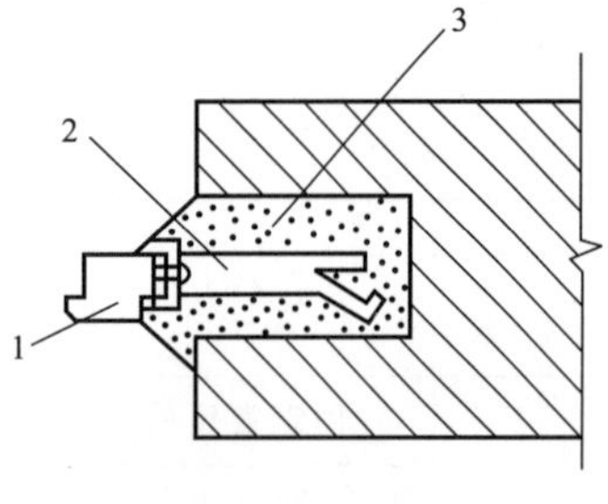

(3)门窗框固定

门窗位置确定后,将铁脚与预埋件焊接或埋入预留墙洞内,用 1∶2 水泥砂浆或细石混凝土将洞口缝隙填实,养护 3d 后取出木楔;门窗框与墙之间的缝隙应填嵌饱满,并采用密封胶密封。钢窗铁脚的形状如图 9.1 所示,每隔 500～700mm 设置一个,且每边不少于 2 个。

钢窗组合应按向左或向右的顺序逐框进行,用螺栓紧密拼合,拼合处应嵌满油灰。两个组合构件的交接处必须用电焊焊牢。

图 9.1　钢窗预埋铁脚
1—窗框;2—铁脚;
3—预留洞 60mm×60mm×100mm

(4)安装五金零件

① 安装零附件宜在内外墙装饰结束后进行;

② 安装零附件前,应检查门窗在洞口内是否牢固,开启应灵活,关闭要严密;

③ 五金零件按生产厂家提供的装配图试装合格后,方可进行全面安装;

④ 密封条应在钢门窗涂料干燥后按型号安装压实;

⑤ 各类五金零件的转动和滑动配合处应灵活,无卡阻现象;

⑥ 装配螺钉拧紧后不得松动,埋头螺钉不得高于零件表面;

⑦ 钢门窗上的渣土应及时清除干净。

(5)安装纱门窗

高度或宽度大于 1400mm 的纱窗,装纱前应在纱扇中部用木条临时支撑。检查压纱条和扇配套后,将纱裁成比实际尺寸宽 50mm 的纱布,绷纱时先用螺丝拧入上下压纱条再装两侧压纱条,切除多余纱头。金属纱装完后集中刷油漆,交工前再将门窗扇安在钢门窗框上。

钢门窗安装的留缝限值、允许偏差和检查方法见表 9.3。

表 9.3 钢门窗安装的留缝限值、允许偏差和检查方法

项次	项　目		留缝限值（mm）	允许偏差（mm）	检查方法
1	门窗槽口宽度、高度	≤1500mm	—	2.5	用钢直尺检查
		>1500mm	—	3.5	
2	门窗槽口对角线长度差	≤2000mm	—	5	用钢直尺检查
		>2000mm	—	6	
3	门窗框的正、侧面垂直度		—	3	用 1m 垂直检测尺检查
4	门窗横框的水平度		—	3	用 1m 水平尺和塞尺检查
5	门窗横框标高		—	5	用钢直尺检查
6	门窗竖向偏离中心		—	4	用钢直尺检查
7	双层门窗内外框间距		—	5	用钢直尺检查
8	门窗框、扇配合间隙		≤2	—	用塞尺检查
9	无下框时门窗扇与地面间留缝		4～8	—	用塞尺检查

9.1.3　铝合金门窗

安装前,应检查铝合金门窗成品及构配件各部位;检查洞口标高线、几何形状及预埋件位置、间距是否符合要求,预埋件是否牢固。

铝合金门窗一般是先安装门窗框,后安装门窗扇。安装时,将门窗框安装到设计标高洞口正确位置,先用木楔临时定位后进行调整,使上下左右的门窗分别在同一竖直线、水平线上;框边四周间隙与框表面距墙体外表尺寸一致;仔细校正其正侧面垂直度、水平度,位置合格后,楔紧木楔;再校正;然后按设计规定将门窗框与墙体或预埋件连接固定,常用固定方法如图 9.2 所示。

门窗框固定。当门窗洞口留设预埋铁件时,铝框上的镀锌铁脚可直接用电焊焊牢于预埋件上;当洞口墙体上已预留槽口时,可将铝合金门窗框上的连接铁脚埋入槽口内,用 C25 细石混凝土或 1:2 水泥砂浆浇灌密实;当洞口为混凝土墙体但未留预埋铁件或槽口时,可用射钉枪射入 $\phi4\sim\phi5$mm 射钉紧固,连接铁件应事先用镀锌螺钉铆固在铝合金门窗框上;当洞口为砖砌体结构时,应用冲击电钻钻入不小于 $\phi10$mm 的深孔,用膨胀螺栓紧固连接。

铝合金门框埋入地面以下 20～50mm。门窗框连接件采用射钉、膨胀螺栓、钢钉等紧固时,其紧固件离墙边缘不得小于 50mm,且应错开墙体缝隙,以防紧固失效。

门窗框与洞口应弹性连接。框四周缝隙宽度宜在 20mm 以上;缝隙内应分层填入矿棉或玻璃棉毡条等软质填料。框边须留 5～8mm 深的槽口,待粉刷干燥后,清除浮灰、渣土,嵌填防水密封胶,如图 9.3 所示。

铝合金门窗框上如沾上水泥浆或其他污染物时,应立即用软布清洗干净。

铝合金门窗安装的允许偏差和检查方法见表 9.4。

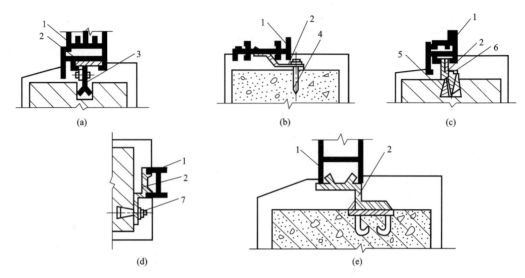

图 9.2 铝合金门窗框与墙体连接方式

（a）预留洞燕尾铁脚连接；（b）射钉连接；（c）预埋木砖连接；（d）膨胀螺栓连接；（e）预埋铁件焊接连接

1—门窗框；2—连接铁件；3—燕尾铁脚；4—射（钢）钉；5—木砖；6—木螺钉；7—膨胀螺栓

表 9.4 铝合金门窗安装的允许偏差和检查方法

项次	项　　目		允许偏差（mm）	检查方法
1	门窗槽口宽度、高度	≤1500mm	1.5	用钢直尺检查
		>1500mm	2	
2	门窗槽口对角线长度差	≤2000mm	3	用钢直尺检查
		>2000mm	4	
3	门窗框的正、侧面垂直度		2.5	用垂直检测尺检查
4	门窗横框的水平度		2	用 1m 水平尺和塞尺检查
5	门窗横框标高		5	用钢直尺检查
6	门窗竖向偏离中心		5	用钢直尺检查
7	双层门窗内外框间距		4	用钢直尺检查
8	推拉门窗扇与框搭接量		1.5	用钢直尺检查

9.1.4 塑料门窗

塑料门窗及其附件应符合国家标准的有关规定，不得有开焊、断裂等损坏现象，应远离热源。塑料门窗框子连接时，先把连接件与框子成 45°放入框子背面的燕尾槽口内，然后顺时针方向把连接件扳成直角，最后旋进 $\phi4\times15$ 自攻螺钉固定，如图 9.4 所示，严禁锤击框子。

把门窗框放进洞口的安装线上，用木楔临时固定；校正正、侧面垂直度和对角线长度差及水平度，合格后用木楔固定牢靠。木楔应塞在边框、中竖框、中横框等能受力的部位，及时开启窗扇，检查开关灵活度。

门窗框和墙体连接采用膨胀螺栓固定连接件，一个连接件不少于 2 颗螺钉。若洞口已预埋

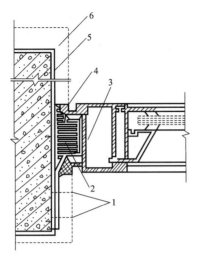

图 9.3 铝合金门窗框填缝
1—膨胀螺栓;2—软质填充料;3—自攻螺钉;4—密封膏;
5—第一遍粉刷;6—最后一遍装饰面层

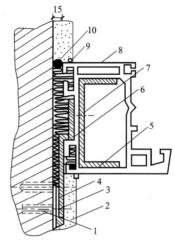

图 9.4 塑料门窗框装连接件
1—膨胀螺栓;2—抹灰层;3—密丝钉;4—密封胶;
5—加强筋;6—连接件;7—自攻螺钉;
8—硬 PVC 窗框;9—密封膏;10—保温气密材料

木砖,则用 2 颗木螺钉将连接件紧固在木砖上。

门窗洞口粉刷前,应除去木楔,在门窗周围缝隙内塞入轻质材料,形成柔性连接,以适应热胀冷缩;并从框底清除浮灰,嵌注密封膏,做到密实均匀。连接件与墙面之间的空隙内,也应注满密封膏,使胶液冒出连接件 1~2mm。不得用水泥或麻刀灰填塞,以免框架变形。

塑料门窗安装五金件时,必须在杆件上钻孔,然后用自攻螺丝拧入,严禁在杆件上直接锤击钉入。

塑料门窗安装的允许偏差和检查方法见表 9.5。

表 9.5 塑料门窗安装的允许偏差和检查方法

项次	项 目		允许偏差(mm)	检查方法
1	门窗槽口宽度、高度	≤1500mm	2	用钢直尺检查
		>1500mm	3	
2	门窗槽口对角线长度差	≤2000mm	3	用钢直尺检查
		>2000mm	5	
3	门窗框的正、侧面垂直度		3	用 1m 垂直检测尺检查
4	门窗横框的水平度		3	用 1m 水平尺和塞尺检查
5	门窗横框标高		5	用钢直尺检查
6	门窗竖向偏离中心		5	用钢直尺检查
7	双层门窗内外框间距		4	用钢直尺检查
8	同樘平开门窗相邻扇高度差		2	用钢直尺检查
9	平开门窗铰链部位配合间隙		+2,−1	用塞尺检查
10	推拉门窗扇与框搭接量		+1.5,−2.5	用钢直尺检查
11	推拉门窗扇与竖框平行度		2	用 1m 水平尺和塞尺检查

<h1 style="text-align:center">9.2 吊顶、隔墙工程</h1>

9.2.1 吊顶工程

吊顶是一种室内装饰构造层,具有保温、隔热、隔音和吸声作用,可以提高室内亮度和美感,是现代室内装饰的重要组成部分。

吊顶由吊筋、龙骨、面层三部分组成。

9.2.1.1 吊筋

吊筋主要承受吊顶棚的重力,并将这一重力直接传递给结构层;同时,还能用来调节吊顶的空间高度。

现浇钢筋混凝土楼板吊筋做法如图 9.5 所示。在预制板缝中设吊筋的做法如图 9.6 所示。

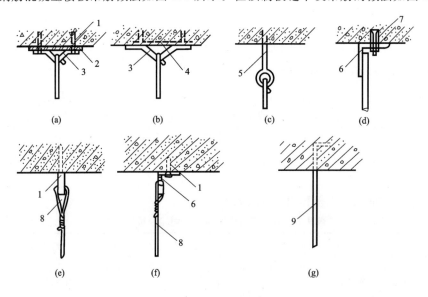

图 9.5 吊筋固定方法

(a) 射钉固定;(b)预埋铁件固定;(c) 预埋 φ6 钢筋吊环;(d) 金属膨胀螺丝固定;
(e) 射钉直接连接钢丝(或 8 号铁丝);(f) 射钉角铁连接法;(g) 预埋 8 号镀锌铁丝
1—射钉;2—焊板;3—φ10 钢筋吊环;4—预埋钢板;5—φ6 钢筋;6—角钢;
7—金属膨胀螺丝;8—铝合金丝(8 号、12 号、14 号);9—8 号镀锌铁丝

9.2.1.2 龙骨安装

吊顶龙骨有木质龙骨、轻钢龙骨和铝合金龙骨。

强制性条文:"重型灯具、电扇及其他重型设备严禁安装在吊顶工程的龙骨上。"

(1)木龙骨

木龙骨多用于板条抹灰和钢板网抹灰吊顶顶棚。主龙骨中距为 1200～1500mm,矩形断面为 50mm×(60～80)mm;次龙骨中距为 400～600mm,断面为 40mm×40mm 或 50mm×50mm。主次龙骨间用 30mm×30mm 木方、铁钉连接。

主龙骨沿房间短向布置,用事先预埋的钢筋圆钩穿上 8 号镀锌铁丝将龙骨拧紧,或用 M6

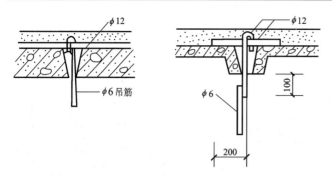

图 9.6 在预制板上设吊筋的方法

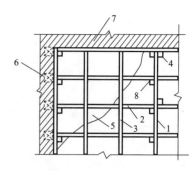

图 9.7 木质龙骨吊顶

1—大龙骨;2—小龙骨;3—横撑龙骨;

4—吊筋;5—罩面板;6—木砖;

7—砖墙;8—吊木

或 M8 螺栓与预埋钢筋焊牢,穿透主龙骨,上紧螺母。吊顶的起拱一般为房间短向的 1/200。次龙骨安装时,按照墙上弹出的水平线,先钉四周小龙骨,然后按设计要求分档画线钉次龙骨,最后钉横撑龙骨,如图 9.7 所示。

(2)轻钢龙骨和铝合金龙骨

其断面形状有 U 形、T 形等,每根龙骨长 2～3m,在现场拼装。

U45 型系列吊顶轻钢龙骨的主件及配件见表 9.6。U 形龙骨吊顶安装如图 9.8 所示。T 形铝合金龙骨安装如图 9.9 所示。

表 9.6 U45 型系列(不上人)

名称	主件	配件		
	龙骨	吊挂件	接插件	挂插件
BD 大龙骨		BD₁	BD₂	
UZ 中龙骨		UZ₁	UZ₂	UZ₃
UX 小龙骨		UX₁	UX₂	UX₃

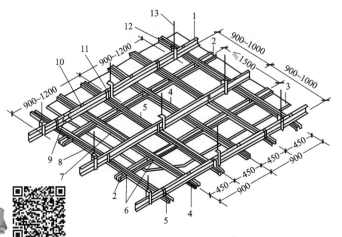

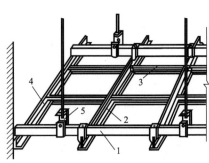

图 9.8　U 形龙骨吊顶安装示意图
1—BD 大龙骨；2—UZ 横撑龙骨；3—吊顶板；
4—UZ 龙骨；5—UX 龙骨；6—UZ₃ 支托连接；
7—UZ₂ 连接件；8—UX₁ 连接件；9—BD₂ 连接件；
10—UZ₁ 吊挂；11—UX₁ 吊挂；12—BD₁ 吊件；13—吊杆 ϕ8～ϕ10

图 9.9　T 形铝合金吊顶安装示意图
1—大龙骨；2—大 T；3—小 T；
4—角条；5—大吊挂件

吊顶工艺
3D 动画

（3）施工程序

吊顶有暗龙骨吊顶和明龙骨吊顶之分。

龙骨的安装顺序是：弹线定位→固定吊杆→安装主龙骨→安装次龙骨→固定横撑龙骨。

① 弹线定位　根据楼层标高水平线，用尺竖向量至顶棚设计标高，沿墙四周弹出顶棚标高水平线，并沿顶棚标高水平线在墙上画好龙骨分档位置线。

② 固定吊杆　按照墙上弹出的标高线和龙骨位置线，找出吊点中心，将吊杆焊接在预埋件上。未设预埋件时，可在吊点中心用射钉固定吊杆或铁丝，计算吊杆的长度，确定吊杆下端的杆高。与吊挂件一端连接的套丝长度应留好余地，并配好螺母。同时，按设计要求是否上人，查标准图集选用。

③ 安装主龙骨　吊杆安装在主龙骨上，根据龙骨的安装程序，因主龙骨在上，故吊件同主龙骨相连，再将次龙骨用连接件与主龙骨固定。在主、次龙骨安装程序上，可先将主龙骨与吊杆安装完毕后，再安次龙骨；也可主、次龙骨一齐安装。然后调平主龙骨，拧动吊杆螺栓，升降调平。

④ 固定次龙骨　次龙骨垂直于主龙骨布置，在交叉点处，用次龙骨吊挂件将其固定在主龙骨上。吊挂件上端挂在主龙骨上，挂件 U 形腿用钳子扣入主龙骨内，次龙骨的间距因饰面板是密缝安装还是离缝安装而异。次龙骨中距应计算准确，并要翻样而定。次龙骨的安装程序是预先弹好位置线，从一端依次安装到另一端。

⑤ 固定横撑龙骨　横撑龙骨应用次龙骨截取。安装时，将截取的次龙骨的端头插入支托，扣在次龙骨上，并用钳子将挂搭弯入次龙骨内。组装好后的次龙骨和横撑龙骨底面要求平齐。

9.2.1.3　饰面板安装

吊顶的饰面板材包括：纸面石膏装饰吸声板、石膏装饰吸声板、矿棉装饰吸声板、珍珠岩装饰吸声板、聚氯乙烯塑料天花板、聚苯乙烯泡沫塑料装饰吸声板、钙塑泡沫装饰吸声板、金属微穿孔吸声板、穿孔吸声石棉水泥板、轻质硅酸钙吊顶板、硬质纤维装饰吸声板、玻璃棉装饰吸声板等。选材时要考虑材料的密度、保温、隔热、防火、吸音、施工装卸等性能，同时应考虑饰面的装饰效果。这里只介绍饰面板与龙骨连接的方法和板面的接缝处理。

(1)饰面板与龙骨的连接

① 粘结法 用各种胶粘剂将板材粘贴于龙骨上或其他基板上。

② 钉接法 用铁钉或螺钉将饰面板固定于龙骨上。木龙骨以铁钉钉接,型钢龙骨以螺钉连接,钉距视材料而异。适用于钉接的饰面板有胶合板、纤维板、木板、铝合金板、石膏板、矿棉吸声板和石棉水泥板等。

③ 挂牢法 指利用金属挂钩将板材挂于龙骨下的方法。

④ 搁置法 指将饰面板直接搁于龙骨翼缘上的做法。

⑤ 卡牢法 利用龙骨本身或另用卡具将饰面板卡在龙骨上的做法,常用于以轻钢、型钢龙骨配金属板材的情况。

(2)板面的接缝处理

① 密缝法 指板与板在龙骨处对接,也叫对缝法。板与龙骨的连接多为粘结和钉接,接缝处易产生不平现象,需在板上不超过200mm范围内用钉或用胶粘剂连接,并对不平处进行修整。

② 离缝法

凹缝 两板接缝处根据板面的形状和长短做出凹缝,有V形缝和矩形缝两种,缝的宽度不小于10mm。由板的形状形成的凹缝可不必另加处理;利用板厚形成的凹缝中,可涂颜色,以强调吊顶线条的立体感。

盖缝 板缝不直接暴露在外,而用次龙骨或压条盖住,这样可避免缝隙宽窄不均,使饰面的线型更为强烈。

饰面板的边角处理,根据龙骨的具体形状和安装方法有直角、斜角、企口角等多种形式。

9.2.1.4 吊顶工程质量要求及检验方法

暗龙骨吊顶和明龙骨吊顶工程安装的允许偏差和检验方法分别见表9.7、表9.8。

表9.7 暗龙骨吊顶工程安装的允许偏差和检验方法

项次	项 目	允许偏差(mm)				检验方法
		纸面石膏板	金属板	矿棉板	木板、塑料板、搁栅	
1	表面平整度	3	2	2	2	用2m靠尺和塞尺检查
2	接缝直线度	3	1.5	3	3	拉5m线,不足5m拉通线,用钢直尺检查
3	接缝高低差	1	1	1.5	1	用钢直尺和塞尺检查

表9.8 明龙骨吊顶工程安装的允许偏差和检验方法

项次	项 目	允许偏差(mm)				检验方法
		纸面石膏板	金属板	矿棉板	木板、塑料板、搁栅	
1	表面平整度	3	2	3	2	用2m靠尺和塞尺检查
2	接缝直线度	3	2	3	3	拉5m线,不足5m拉通线,用钢直尺检查
3	接缝高低差	1	1	2	1	用钢直尺和塞尺检查

9.2.2 轻质隔墙工程

将室内完全分隔开的墙叫隔墙。将室内局部分隔,而其上部或侧面仍然连通的叫隔断。隔墙按用材可分为砖隔墙、骨架轻质隔墙、玻璃隔墙、混凝土预制板隔墙、木板隔墙等。

9.2.2.1 砌筑隔墙

砌筑隔墙一般采用半砖顺砌。砌筑底层时,应先做一个小基础;楼层砌筑时,必须砌在梁上,梁的配筋要经过计算确定。不得将隔墙砌在空心板上。隔墙用 M2.5 以上的砂浆砌筑,隔墙的接槎如图 9.10 所示。

半砖隔墙两面都要抹灰,但为了不使抹灰后墙身太厚,砌筑隔墙两面应较平整。隔墙长度超过 6m 时,中间要设砖柱;高度超过 4m 时,要设钢筋混凝土拉结带。隔墙到顶时,不可将最上面一皮砖紧顶楼板,应预留 30mm 的空隙,抹灰时将两面封住即可。

9.2.2.2 骨架板材隔墙

(1)双面钉贴板材隔墙

指在方木骨架或金属骨架上双面镶贴胶合板、纤维板、石膏板、矿棉板、刨花板或木丝板等轻质材料的隔墙。其骨架的做法和板条墙相近,但间距要按照面层板材的大小确定。横撑必须水平,间距根据板材大小确定,如图 9.11 所示。板材应选择较好的面向外,露纹清漆的胶合板还应注意木纹的统一和美观,钉子间距一般为 150～200mm。

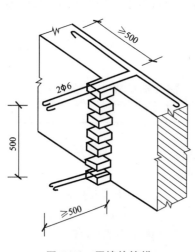

图 9.10 隔墙的接槎

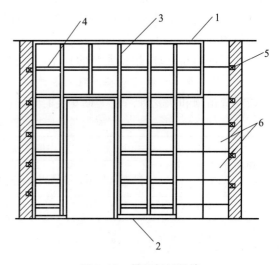

图 9.11 骨架板材隔墙

1—上槛;2—下槛;3—立筋;4—横撑;5—木砖;6—板材

板材拼缝要留 3～5mm 间隙,并用压条压住。压条可为木条、铝合金条或硬塑料条。木压条上应没有裂纹、节疤、刨丝、歪扭等缺陷。压条接头用人字槎,不得用齐头槎。板材的周边较整齐时,也可不用压条,但缝隙要均匀。板材隔墙的表面一般刷油漆或涂料,也可贴墙纸。板材也可用粘结剂粘贴在骨架上,可不要压条,但不得翘边、开裂,且不适宜于在潮湿的地方。

(2)单层镶嵌板材隔墙

同上述方法相比,板材用量减半,但事先要在立筋和横撑上开口槽,然后将裁好的板材镶嵌进去,由下而上逐块安装,最上面一块用小木条压边。这种方法只适用于略能弯曲的胶合板、纤维板等,如用石膏板材,则需在四周加贴木条来压边固定。

(3)允许偏差和检验方法

骨架板材隔墙安装的允许偏差和检验方法见表9.9。

表9.9 骨架板材隔墙安装的允许偏差和检验方法

项次	项　目	允许偏差(mm)		检验方法
		纸面石膏板	人造木板、水泥纤维板	
1	立面垂直度	3	4	用2m靠尺和塞尺检查
2	表面平整度	3	3	用2m靠尺和塞尺检查
3	阴阳角方正	3	3	用直角检测尺检查
4	接缝直线度	—	3	拉5m线,不足5m拉通线,用钢直尺检查
5	压条直线度	—	3	拉5m线,不足5m拉通线,用钢直尺检查
6	接缝高低差	1	1	用钢直尺和塞尺检查

9.3　抹灰工程

9.3.1　抹灰工程的分类和组成

强制性条文:"外墙和顶棚的抹灰层与基层之间及各抹灰层之间必须粘结牢固。"

9.3.1.1　抹灰工程的分类

抹灰工程按材料分为一般抹灰和装饰抹灰。

(1)一般抹灰

一般抹灰面层材料有石灰砂浆、水泥砂浆、水泥混合砂浆、聚合物水泥砂浆和麻刀灰、纸筋石灰、石膏灰等。

一般抹灰按建筑标准可分为普通抹灰和高级抹灰,当无设计要求时,按普通抹灰验收。

普通抹灰表面应光滑、洁净,接槎平整,分格线和灰线应清晰美观。

高级抹灰表面应光滑、洁净,颜色均匀、无抹纹,分格线和灰线应清晰美观。

抹灰工程应分层进行。当抹灰总厚度大于或等于35mm时应采取加强措施。抹灰层与基层之间及各抹灰层之间必须粘结牢固,抹灰层应无脱层、空鼓,面层应无爆灰和裂缝。抹灰由底灰、中层和面层组成。

(2)装饰抹灰

装饰抹灰面层材料有水刷石、斩假石、干粘石、假面砖、拉毛灰、喷涂、弹涂、滚涂等。

9.3.1.2　抹灰工程的组成

抹灰工程应分层进行,以便于粘结牢固,确保施工质量。每层的厚度不宜太大,每层厚度和总厚度都有一定的控制。各层厚度与所使用的砂浆品种有关。底层主要起与基层粘结的作用,兼初步找平作用;中层主要起找平作用;面层主要起装饰和保护墙体的作用。

9.3.2　一般抹灰施工

抹灰工程的施工顺序:先室外后室内,先上面后下面,先地面后顶棚。完成室外抹灰,拆除脚手架,堵上脚手眼后再进行室内抹灰;屋面工程完工后,内外抹灰最好从上往下进行,保护已完成墙面的抹灰;室内一般先完成地面抹灰后,再开始顶棚和墙面抹灰。

9.3.2.1 基层处理

① 砖石、混凝土基层表面凹凸的部位,用 1∶3 水泥砂浆补平,表面太光的要剔毛。表面的砂浆污垢及其他杂质应清除干净,并洒水湿润。

② 门窗口与立墙交接处应用水泥砂浆或水泥混合砂浆嵌填密实。

③ 墙面的脚手孔洞应堵塞严密。

④ 不同基层材料相接处应铺设金属网,自搭接缝起宽度每边不得小于 100mm。

⑤ 预制混凝土楼板顶棚抹灰前,需用水泥石灰砂浆勾板缝。

9.3.2.2 抹灰施工要求

(1)准备工作

抹灰前必须找好规矩,即四角规方、横线找平、立线吊直、弹出准线和墙裙、踢脚线。

(2)设标筋

设置标筋,控制中层灰的厚度。抹灰前,弹出水平线及竖直线,设置标筋,作为抹灰找平的标准。高级抹灰、装饰抹灰及饰面工程,应在弹线时找方。

① 弹准线 将房间用弯尺规方,小房间可用一面墙做基线;大房间或有柱网时,应在地面弹出十字线。在距墙阴角 100mm 处用线坠吊直,弹出竖线后,再按规方线及抹面平整向里定尺寸,弹出墙角抹灰准线,并在准线上下两端钉上铁钉,挂上细线,作为抹灰饼、冲筋的标准。

② 抹灰饼、冲筋 首先,距顶棚约 200mm 处做两个上灰饼,以上灰饼为基准吊线做下灰饼;下灰饼的位置一般在踢脚线上方 200～250mm 处;再根据上下左右拉通线做中间灰饼,灰饼间距 1.2～1.5m,灰饼大小为 40mm×40mm,应用与抹灰层相同的砂浆。待灰饼收水后,在竖向灰饼之间填充灰浆做成冲筋。冲筋时,以垂直方向的上下两个灰饼之间的厚度为准,用与灰饼相同的砂浆冲筋,抹好冲筋砂浆后,用木杠刮平,厚度与灰饼相平,冲筋的面宽约 50mm。墙面不大时,可做两条冲筋,待稍干后可进行底层抹灰。

(3)抹底层灰

抹灰前,应对基层认真处理,前一天浇水湿润基层表面。基体为黏土砖时,在预先湿润的基体上用力涂抹砂浆,并随手带毛,底灰应牢固粘结在基层上。基层为混凝土时,抹灰前先刮素水泥浆一道;在加气混凝土基层上抹石灰砂浆时,在湿润墙上刷 107 胶水泥浆一遍,随刷随抹水泥砂浆或水泥混合砂浆。

底层灰宜用粗砂,中层灰和面层灰宜用中砂。

(4)抹中层灰

待底层灰凝结后抹中层灰,中层灰每层厚度一般为 5～7mm。抹中层灰时,以灰筋为准满铺砂浆,然后用大木杠紧贴灰筋,将中层灰刮平,最后用木抹子搓平。搓平后,用 2m 长的靠尺检查,检查的点数应充足,且应全部符合标准。

(5)抹面层灰

当中层灰干后,普通抹灰可用麻刀灰罩面,高级抹灰应用纸筋灰罩面,用铁抹子抹平,并分两遍连续适时压实收光,如中层灰已干透发白,应先适度洒水湿润后,再抹罩面灰。不刷浆的中级抹灰面层,宜用漂白细麻刀石灰膏或纸筋石灰膏涂抹,并压实收光,以使表面光滑、色泽一致、不显接槎。

室内墙面、柱面阳角和门洞口阳角,设计无规定时,一般可用1:2水泥砂浆抹出护角,护角高度不应低于2m,每侧宽度不小于50mm。

墙面阳角抹灰,先用靠尺在墙角的一面用线锤找直,然后在墙角的另一面顺靠尺抹上砂浆。

外墙窗台、窗楣、雨篷、阳台、压顶及凸出的腰线上面应做流水坡度,下面应做滴水线或滴水槽。滴水槽的深度和宽度均不小于10mm,并整齐一致。

钢筋混凝土楼板顶棚抹灰前,应用清水湿润并刷素水泥浆一道;抹灰前应在四周墙上弹出水平线(以墙上水平线为依据),先抹顶棚四周,周边找平。抹灰时,抹子与板应垂直。

一般抹灰工程质量的允许偏差和检验方法见表9.10。

表9.10 一般抹灰工程质量的允许偏差和检验方法

项次	项 目	允许偏差(mm)		检验方法
		普通抹灰	高级抹灰	
1	立面垂直度	4	3	用2m垂直检测尺检查
2	表面平整度	4	3	用2m靠尺和塞尺检查
3	阴阳角方正	4	3	用直角检测尺检查
4	分格条(缝)直线度	4	3	拉5m线,不足5m拉通线,用钢直尺检查
5	墙裙、勒脚上口直线度	4	3	拉5m线,不足5m拉通线,用钢直尺检查

9.3.3 装饰抹灰施工

装饰抹灰一般均采用水泥做底层,面层厚度和施工方法依据材料要求而定。抹灰工程应分层进行。当抹灰总厚度大于或等于35mm时应采取加强措施。抹灰层与基层之间及各抹灰层之间必须粘结牢固,抹灰层应无脱层、空鼓,面层应无爆灰和裂缝。

9.3.3.1 水刷石

水刷石表面应石粒清晰、分布均匀、紧密平整、色泽一致,且应无掉粒和接槎痕迹。

水刷石墙面施工工序:清理基层→湿润墙面→设置标筋→抹底层砂浆→抹中层砂浆→弹线和粘贴分格条→抹水泥石子浆→洗刷→养护。

水刷石抹灰分三层。底层砂浆同一般抹灰。抹中层砂浆时,表面应压实搓平后划毛,然后进行面层施工。中层砂浆凝结后,按设计要求弹分格线,按分格线用水泥浆粘贴湿润过的分格条,贴条必须位置准确,横平竖直。

面层施工前必须在中层砂浆面上刷水泥浆一道,使面层与中层结合牢固,随后抹1:1.2~1:2水泥石子浆,厚10~12mm,抹平后用铁压板压实。当面层达到用手指按无明显指印时,用刷子刷去面层的水泥浆,使石子均匀外露,然后用喷雾器自上而下喷清水,将石子表面的水泥浆冲洗干净,使石子清晰均匀,无脱落和接缝痕迹。线角处最好用小八厘水泥石子浆。

面层和中层也可根据设计要求掺入一定量的大白粉和石灰膏,以增加面层颜色白度和加强与中层的粘结力。

9.3.3.2 斩假石

斩假石表面剁纹应均匀顺直、深浅一致,且应无漏剁处;阳角处应为横剁并留出宽窄一致的不剁边条,棱角应无损坏。

斩假石施工工序:清理基层→湿润墙面→设置标筋→抹底层砂浆→抹中层砂浆→弹线和粘贴分格条→抹水泥石子浆面层→养护→斩剁→清理。

斩假石是一种仿石材的施工方法,面层用水泥、米粒石、石渣拌合物石子浆。打底砂浆抹灰表面刮毛,养护24h后刷水泥浆,固定分格条,然后抹 1∶1～1∶2 的水泥石子浆面层,赶平压实,洒水养护 2～3d,待面层达一定强度,斩前试剁,若石子不脱落,即可用斧将面层斩毛,斩时自上而下达到设计纹理;剁纹持斧应端正,用力均匀,深浅一致,不得漏剁。斩好后应及时取出分格条,修整格缝,清理残屑,将斩假石墙面清扫干净。

9.3.3.3 干粘石

干粘石表面应色泽一致,不露浆,不漏粘,石粒应粘结牢固、分布均匀,阳角处应无明显黑边。

干粘石施工工序:清理基层→湿润墙面→设置标筋→抹底层砂浆→抹中层砂浆→弹线和粘贴分格条→抹面层砂浆→撒石子→修整拍平。

底层做法同水刷石。中层表面刮毛,待中层干燥时先用水湿润,并刷水泥浆,随即涂抹水泥砂浆粘结层,紧接着用人工甩或喷枪喷的方法,将石子均匀地喷甩至粘结层上,用抹子拍平压实。石子粒径为 4～6mm,粘结层为 4～6mm,石子嵌入粘结层深度不小于石子粒径的 1/2。待水泥砂浆有一定强度后洒水养护。石子应粘结牢固,分布均匀,颜色一致,不露浆,不漏粘,阳角处不得有明显黑边。干粘石表面石子的粘结强度不如水刷石表面石子的粘结强度,房屋底层不宜用干粘石的方法施工。

9.3.3.4 假面砖

假面砖表面应色泽平整、沟纹清晰、留缝整齐、色泽一致,且应无掉角、脱皮、起砂等缺陷。

底层做法同水刷石,接着抹饰面灰,抹好后做假面砖。

9.3.3.5 喷涂、弹涂、滚涂

喷涂、弹涂、滚涂是聚合物砂浆装饰外墙面的施工方法,是在水泥砂浆中加入一定的聚乙烯醇缩甲醛胶(或 107 胶)、颜料、石膏等材料形成的。不同的施工方法会产生不同的效果。

(1)喷涂外墙饰面

喷涂外墙饰面是用空气压缩机将聚合物水泥砂浆喷涂在墙面底子灰上形成饰面层。施工操作:用 1∶3 水泥砂浆打底,分两遍成活,控制平整度,然后用空气压缩机、喷枪将面层砂浆均匀地喷至墙面上。连续喷三遍成活,第一遍喷至底层变色,第二遍喷至出浆不流为止,第三遍喷至全部出浆,颜色均匀一致。面层收水后,在分格处用铁皮沿靠尺刮去面层,露出底子灰,做分格缝,缝宽 20mm 为宜。面层干燥后,再在表面喷甲基硅醇钠憎水剂,使之形成防水薄膜。

(2)弹涂外墙饰面

弹涂外墙饰面是在墙体表面刷一道聚合物水泥色浆后,用弹涂器分几遍将不同色彩的聚合物水泥色浆弹在已涂刷的涂层上,形成 3～5mm 大小的扁圆形花点,再喷甲基硅醇钠憎水剂,共三道工序组成的饰面层。施工操作:用 1∶3 的水泥砂浆打底,木抹子搓平,喷色浆一遍;将拌和好的表面弹点色浆放在筒形弹力器内,用手或电带动弹力棒将色浆甩出,甩出的色浆点直径 1～3mm,弹涂于底色浆上;表面色浆由 2～3 种颜色组成,第一遍色浆弹涂面积为 70%,弹涂后不流淌,第二遍为 20%～30%,第三遍为 10%。颜色应均匀,相互衬托一致,干燥后表面喷甲基硅醇钠憎水剂。

(3)滚涂外墙饰面

滚涂外墙饰面是在水泥砂浆中掺入聚乙烯醇缩甲醛形成一种新的聚合物砂浆,并将它抹于墙面上,再用辊子滚出花纹。施工操作:用1:3水泥砂浆打底,木抹子搓平搓细,浇水湿润,用稀释的107胶粘贴分格条。再抹饰面灰,用平面或刻有花纹的橡胶、泡沫塑料滚子在墙面上滚出花纹。面层施工时,一人在前面涂抹砂浆,用抹子压抹刮平,另一人紧接着用滚子上下左右均匀滚压,最后一遍必须自上而下滚压,使色彩均匀一致,不显接槎;面层干燥后,表面喷甲基硅醇钠憎水剂。

装饰抹灰工程质量的允许偏差和检验方法见表9.11。

表 9.11 装饰抹灰工程质量的允许偏差和检验方法

项次	项　目	允许偏差(mm)				检验方法
		水刷石	斩假石	干粘石	假面砖	
1	立面垂直度	5	4	5	5	用2m垂直检测尺检查
2	表面平整度	3	3	5	4	用2m靠尺和塞尺检查
3	阴阳角方正	3	3	4	4	用直角检测尺检查
4	分格条(缝)直线度	3	3	3	3	拉5m线,不足5m拉通线,用钢直尺检查
5	墙裙、勒脚上口直线度	3	3	—	—	拉5m线,不足5m拉通线,用钢直尺检查

9.4　饰面板(砖)工程

饰面工程是将块材镶贴(安装)在基层上,以形成饰面层的施工。

常用的块料面层按材料品种分,有预制大理石、花岗石、水磨石、瓷砖、陶瓷锦砖、面砖、缸砖等。块料面层施工包括饰面板的安装、饰面砖的镶贴,小块料用手工贴的方法施工,大块料(边长大于400mm)采用安装的方法施工。

9.4.1　大理石、花岗石、水磨石饰面板的安装

根据设计要求,事先挑选好块材,使规格尺寸一致,并先进行试拼,校正尺寸,统一编号。

9.4.1.1　镶贴饰面砖

(1)基层处理　清理基层的灰尘、杂质,并浇水湿润;表面光滑的平整基层应凿毛处理。

(2)抹底灰　检查基层平整度、垂直度,设标筋;用1:3水泥砂浆打底,刮平、找规矩,分两次完成并将表面刮平划毛;按中级抹灰标准检查合格后,在墙的底部弹水平线,作为铺贴饰面板的基准起点线。

(3)镶贴饰面板　铺贴前,饰面板应湿润后阴干。将已湿润阴干的饰面板背面均匀抹上水泥砂浆进行粘贴,并随时用靠尺找平找直;在饰面板缝内挤出的水泥浆凝结前将其及时擦净。

饰面板一般用同色水泥浆勾缝。饰面板镶贴完工后,表面应及时清洗干净,光面和镜面的饰面板,经清洗晾干后,方可打蜡擦亮。

9.4.1.2　安装饰面板

当板边长大于400mm或镶贴高度超过1m时,可用安装方法施工。

基层处理:表面清扫干净并浇水湿润,对凹凸过大的应找平,对表面光滑平整的应凿毛。按设计要求,在基层表面绑扎好钢筋网,采用 $\phi 6$ 双向钢筋网,饰面板固定于钢筋网上。依弹好的控制线和预埋件焊牢,钢筋网固定于纵向钢筋(间距不大于 500mm)上,横向钢筋和块材连孔网位置一致。

饰面板安装前,大饰面板须进行打眼。板宽 500mm 以内,每块板的上、下两边打眼数量均不少于 2 个。打眼的位置应与钢筋网的横向钢筋的位置对齐。饰面板钻孔位置,一般在板的背面算起 2/3 处,相应的背面也钻孔,使横孔、竖孔相连通,钻孔大小能满足穿丝要求即可,如图 9.12 所示。

饰面板安装时,要按事先找好的水平线和垂直线进行预排,然后在最下一行两端用块板找平找直,拉上横线,再从中间或一端开始安装。用铜丝或镀锌铅丝把块材与结构表面的钢筋骨架绑扎固定,随时用托线板靠直找平,使板与板交接处四角平整,如图 9.13 所示。

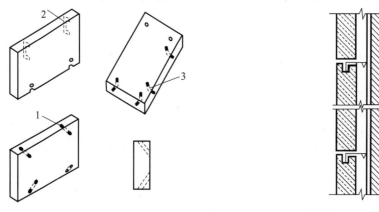

图 9.12 饰面板打眼示意图   图 9.13 花岗石直角挂钩
1—板面打斜眼;2—板面打二面牛鼻子眼;3—打三面牛鼻子眼

块材和基层间的缝隙一般为 20～50mm,即为灌浆厚度。留缝隙时,应考虑与其他工种的配合,灌浆厚度要有保证。

饰面块材安装后,用石膏将底面及两侧缝隙堵严,上下口用石膏临时固定,然后用 1∶2.5 水泥砂浆分层灌注,每层灌注高度为 200～300mm。待初凝后再继续灌浆,直到距上口 50～100mm。剔除上口临时固定的石膏,清理干净缝隙,再安装第二行块材,依次由下向上安装固定、灌浆。

每日安装加固后,需将饰面清理干净,光泽不够时,需打蜡处理。

9.4.2 金属饰面板的安装

(1)金属板材

常用的金属饰面板有不锈钢板、铝合金板、铜板、薄钢板等。

不锈钢材料耐腐蚀、防火、耐磨性均良好,具有较高的强度,抗拉能力强,并且具有质软、韧性强、便于加工的特点,是建筑物室内、室外墙体和柱面常用的装饰材料。

铝合金材料耐腐蚀、防火,具有可进行轧花、涂不同色彩,压制成不同波纹、花纹和平板冲孔的加工特性,适用于中、高级室内装修。

铜板具有不锈钢板的特点,其装饰效果金碧辉煌,多用于高级装修的柱、门厅入口、大堂等建筑局部。

(2)不锈钢板、铜板施工工艺

不锈钢板、铜板比较薄,不能直接固定于柱、墙面上,为了保证安装后表面平整、光洁无钉孔,需用木方、胶合板做好胎模,组合固定于墙、柱面上。

① 柱面不锈钢板、铜板饰面安装

将柱面清理干净,按设计弹好胎模位置边框线。胎模尺度:竖向按板材长度确定,宽度根据柱型决定,方柱每个柱面为一个胎模,圆柱一般以半圆柱面或 1/3 圆柱面为一个胎模;以柱外表尺寸为饰面胎模内径尺寸,胎模之间留出 10mm 左右的构造缝,用中密度板按柱外形裁出胎模,中密度板间距 300~400mm;中密度板的外缘开槽,固定木方尺寸为 40mm×40mm 或 40mm×30mm,木方与中密度板形成胎模骨架,骨架的外表面要满足平整度、弧度和垂直度的要求;然后外侧铺钉一层三夹板,三夹板的钉距为 80~150mm,固定木条的钉帽应事先打扁,铺钉时钉帽钉入板条内 0.5~1mm,钉眼用油漆底色腻子抹平;最后在三夹板表面包铜板或不锈钢板,将预先压好的板边钉在木胎侧方上,如图 9.14 所示。

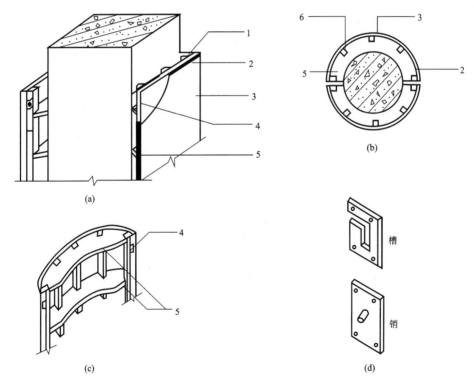

图 9.14 柱面不锈钢板安装

(a)方柱;(b)圆柱;(c)圆柱胎模;(d)销件

1—木骨架;2—胶合板;3—不锈钢板;4—销件;5—中密度板;6—木质竖筋

② 墙面不锈钢板、铜板饰面安装

清理好基层,按设计弹好骨架位置纵横线;在墙面钉骨架时,其大小以饰面板而定,用膨胀螺栓将木骨架固定于墙面上,接缝处设双排立筋、横筋,间距不大于 50mm。骨架符合质量要求后,在表面钉一层夹板作为贴面板衬材,夹板边不超出骨架。不锈钢板、铜板预先按设计压好四边,尺寸准确;沿骨架缝隙四边罩于外表面,板边与骨架边缘卡紧;最后用胶密封纵横缝。板缝外侧用木条临时固定,待胶干后,撤除木条,如图 9.15 所示。

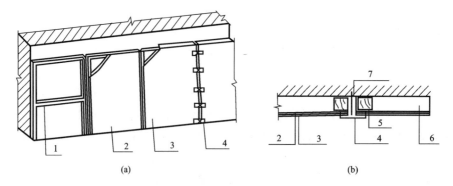

图 9.15　不锈钢墙面施工示意图

（a）不锈钢板、铜板饰面;（b）板缝构造

1—骨架;2—胶合板;3—饰面金属板;4—临时固定木条;5—竖筋;6—横筋;7—玻璃胶

9.4.3　木质饰面板的施工

常用的木质饰面板是硬木板条,要求硬木板条纹理清晰,常用于室内墙面或墙裙。

（1）骨架安装

在墙上弹好位置线,先固定饰面四边骨架龙骨,再固定中间龙骨。骨架与墙体采用钢钉连接。骨架固定后应平整,以保证饰面平整。饰面板接缝应在横筋上。

（2）硬木板条饰面铺钉

硬木板条按规定下料,刨出凹凸线槽,每根尺寸都要精确,以免铺钉后墙面不平整。硬木条的铺钉分为密铺和隔一定间距铺钉,密铺的骨架可不设竖筋,横筋与墙面牢固连接。骨架固定以后,铺五夹板;五夹板接缝应在骨架上,且应留出伸缩缝隙,钉距为 $80\sim150\text{mm}$;根据设计要求,按一定间距装钉硬木条,最后刷油漆,如图 9.16 所示。

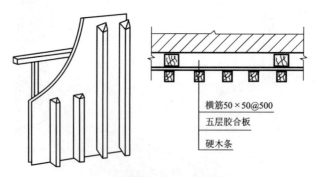

横筋50×50@500

五层胶合板

硬木条

图 9.16　硬木条隔一定间距铺设饰面

9.4.4　釉面砖、陶瓷锦砖、玻璃马赛克镶贴施工

9.4.4.1　釉面砖镶贴施工

釉面砖一般用于室内墙面装饰。施工时,墙面底层用 1∶3 水泥砂浆打底,表面划毛;在基层表面弹出水平和竖直方向的控制线,自上而下、从左向右横竖预排瓷砖,以使接缝均匀整齐;

如有一行以上的非整砖,应排在阴角和接地部位。

按设计要求挑选规格、颜色一致的釉面瓷砖,使用前应在清水中浸泡 2~3h,阴干备用。

镶贴饰面砖时,弹线做标志,控制贴砖的水平高度,靠地先贴一皮砖,并镶好主角、吊正、拉好水平、厚度控制线,按自下而上、先左后右的顺序逐块镶贴。

砖随贴随用铲子、橡皮榔头轻轻敲击,使其粘结牢固,同时检查横平竖直、表面平整。在装有镜箱的墙面,应自镜箱中间往两边排砖。饰面砖接缝无设计规定时,其宽度控制为 1~1.5mm。室内釉面瓷砖施工时,用与瓷砖颜色相同的水泥浆均匀擦缝,用布、棉丝清洗干净瓷砖表面,全部工程完后应彻底清理表面污垢。

如墙面留有洞口,应对准孔洞画好位置,然后用刀、钳子将瓷砖切割成所需的形状。

9.4.4.2 陶瓷锦砖镶贴施工

陶瓷锦砖可用于内、外墙面装饰。

施工前,按设计要求、墙面的实际尺寸及排砖模数和分格要求,加工分格条,有图案要求时,应选好材料,统一编号;镶贴时,对号施工,有利于加快施工速度。用 12~15mm 厚 1:3 水泥砂浆分层打底找平,做法同一般抹灰要求。底子灰要绝对平整,阴阳角要垂直方正,抹完后划毛并浇水养护。在底子灰面上,自上而下弹出若干水平线,作为排列陶瓷锦砖的依据;窗间墙、砖垛要测好中心线、水平线和阴阳垂直线,贴好灰饼,避免出现分格缝不均匀或阴阳角处不够整砖的情况。

镶贴陶瓷锦砖时,根据已弹好的水平线稳定好平尺板,如图 9.17 所示;然后在已湿润的底子灰上刷素水泥浆一层,再抹 2~3mm 厚 1:3 水泥纸筋灰粘结层,并用靠尺刮平。陶瓷锦砖背面向上,将 1:0.2:1 的水泥石灰砂浆抹在背面,约 2~3mm 厚,随即进行粘贴;然后用拍板依次拍实,直至拍到水泥石灰砂浆填满缝隙为止。紧接着浇水湿润纸版,约半小时后轻轻揭掉,用小刀调整缝隙,用湿布擦净砖面。48h 后用 1:1 水泥砂浆勾大缝,其他小缝用素水泥浆擦缝,颜色按设计要求选用。

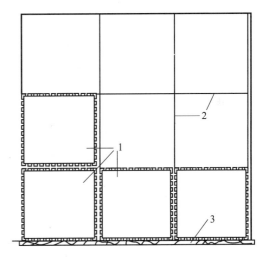

图 9.17 陶瓷锦砖镶贴示意图
1—陶瓷锦砖贴纸;2—陶瓷锦砖按纸版尺寸
弹线分格(留出缝隙);3—平尺板

9.4.4.3 玻璃马赛克镶贴施工

玻璃马赛克多用于外墙饰面。

基层打底灰(同一般抹灰)完毕后,在墙上做 2mm 厚的普通硅酸盐水泥净浆层,把玻璃马赛克背面向上平放,并在其上薄薄抹一层水泥浆,刮浆闭缝。然后将玻璃马赛克逐张沿已经标记的横、竖、厚度控制线铺贴,随即用木抹子轻轻拍击压实,使玻璃马赛克与基层牢固粘结。待水泥初凝后湿润纸面,由上向下轻轻揭掉纸面,用毛刷刷净杂物,用相同水泥浆擦缝。

9.4.5 饰面板(砖)工程质量要求

9.4.5.1 饰面板安装工程

(1)饰面板的品种、规格、颜色和性能应符合设计要求,木龙骨面板和塑料面板的燃烧性能等级应符合设计要求。

（2）饰面板孔、槽的数量、位置和尺寸应符合设计要求。

（3）饰面板安装工程的预埋件（或后置埋件）、连接件的数量、规格、位置、连接方法和防腐处理必须符合设计要求。后置埋件的现场拉拔强度必须符合设计要求。饰面板安装必须牢固。

（4）饰面板表面应平整、洁净、颜色一致，无裂痕和缺损。石材表面应无泛碱等污染。

（5）饰面板嵌缝应密实、平直，宽度和深度应符合设计要求，嵌填材料色泽应一致。

（6）采用湿作业法施工的饰面工程，石材应进行防碱背处理。饰面板与基体之间的灌注材料应饱满、密实。

（7）饰面板上的孔洞应套割吻合，边缘应整齐。

饰面板安装的允许偏差和检验方法见表 9.12。

表 9.12　饰面板安装的允许偏差和检验方法

项次	项　目	允许偏差（mm）							检验方法
		石　材			瓷板	木材	塑料	金属	
		光面	剁斧石	蘑菇石					
1	立面垂直度	2	3	3	2	1.5	2	2	用 2m 靠尺和塞尺检查
2	表面平整度	2	3	—	1.5	1	3	3	用 2m 靠尺和塞尺检查
3	阴阳角方正	2	4	4	2	1.5	3	3	用直角检测尺检查
4	接缝直线度	2	4	4	2	1	1	1	拉 5m 线，不足 5m 拉通线，用钢直尺检查
5	墙裙、勒脚上口直线度	2	3	3	2	2	2	2	拉 5m 线，不足 5m 拉通线，用钢直尺检查
6	接缝高低差	0.5	3	—	0.5	0.5	1	1	用钢直尺和塞尺检查
7	接缝宽度	1	2	2	1	1	1	1	用钢直尺检查

9.4.5.2　饰面砖镶贴工程

（1）饰面砖的品种、规格、颜色和性能应符合设计要求。

（2）饰面砖镶贴工程的找平、防水、粘结和勾缝材料及施工方法应符合设计要求及国家现行产品标准和工程技术标准。

（3）饰面砖粘贴必须牢固。

（4）满粘法施工的饰面砖工程应无空鼓、裂缝。

（5）饰面板表面应平整、洁净、颜色一致，无裂痕和缺损。

（6）阴阳角处搭接方式、非整砖使用部位应符合设计要求。

（7）墙面凸出物周围的饰面砖应套割吻合，边缘应整齐。

（8）饰面砖接缝应平直、光滑，填嵌应连续、密实；宽度和深度应符合设计要求。

（9）有排水要求的部位应做滴水线（槽）。

饰面砖粘贴的允许偏差和检验方法见表 9.13。

表 9.13 饰面砖粘贴的允许偏差和检验方法

项次	项 目	允许偏差（mm）		检验方法
		外墙面砖	内墙面砖	
1	立面垂直度	3	2	用 2m 靠尺和塞尺检查
2	表面平整度	4	3	用 2m 靠尺和塞尺检查
3	阴阳角方正	3	3	用直角检测尺检查
4	接缝直线度	3	2	拉 5m 线，不足 5m 拉通线，用钢直尺检查
5	接缝高低差	1	0.5	用钢直尺和塞尺检查
6	接缝宽度	1	1	用钢直尺检查

9.5 楼地面工程

9.5.1 楼地面的组成和分类

（1）楼地面的组成

楼地面是底层地面和楼板面的总称。楼地面由面层、结合层、找平层、防潮层、保温层、垫层、基层等组成。根据不同的设计，其组成也不尽相同。

（2）楼地面分类

按面层施工方法不同可将楼地面分为三大类：一是整体楼地面，又分为水泥砂浆地面、水泥混凝土地面、水磨石地面、水泥钢（铁）屑地面、防油渗地面等；二是块材地面，又分为预制板材、大理石和花岗石、水磨石地面；三是木竹地面等。另外，还有塑料地面等。

9.5.2 基层施工

（1）抄平弹线统一标高。检查墙、地、楼板的标高，并在各房间内弹比楼地面高 500mm 的水平控制线，房间内一切装饰都以此为基准。

（2）楼面的基层是楼板，对于预制板楼板，应做好板缝灌浆、堵塞和板面清理工作。

（3）地面基层为土质时，应是原土和夯实回填土。回填土夯实要求同基坑回填土夯实要求。

9.5.3 垫层施工

（1）碎砖垫层

碎砖料不得采用风化、酥松的砖，并不得夹有瓦片及有机杂质；碎砖粒径不大于 60mm，不得在已铺好的垫层上用锤击方法进行碎砖加工。

碎砖料应分层铺均匀，每层虚铺厚度不大于 200mm，适当洒水后进行夯实。碎砖料可用人工或机械方法夯实，夯至表面平整。

（2）三合土垫层

三合土垫层是用石灰、砾石和砂的拌合料铺设而成，其厚度一般不小于 100mm。

石灰应用消石灰；拌合物中不得含有有机杂质；三合土的配合比（体积比）一般采用

1∶2∶4或1∶3∶6(消石灰∶砂∶砾石)。

拌和均匀后,每层虚铺厚度不大于150mm,铺平后夯实,夯实厚度一般为虚铺厚度的3/4。三合土可用人工或机械夯实,夯打应密实,表面平整。最后一遍夯打时,宜浇浓石灰浆,待表面灰浆晾干后再进行下一道工序施工。

(3)混凝土垫层

混凝土垫层用厚度不小于60mm、强度等级不低于C15的混凝土铺设而成。混凝土的配合比由计算确定,坍落度宜为10～30mm,要拌和均匀。混凝土采用表面振动器捣实,浇筑完后,应在12h内覆盖浇水养护不少于7d。混凝土强度达到1.2MPa以后,才能进行下道工序施工。

9.5.4　面层施工

9.5.4.1　整体面层施工

(1)水泥砂浆地面

水泥砂浆地面面层的厚度为20mm,用强度等级不低于32.5MPa的水泥和中粗砂拌和配制,配合比为1∶2或1∶2.5。

施工时,应清理基层,同时将垫层湿润,刷一道素水泥浆,用刮尺将满铺的水泥砂浆按控制标高刮平,用木抹子拍实,待砂浆终凝前,用铁抹子原浆收光,不允许撒干灰赶时抹压。终凝后覆盖浇水养护,这是水泥砂浆面层不起砂的重要保证措施。

(2)水磨石地面

水磨石面层做法是:1∶3水泥砂浆找平层,厚10～15mm;1∶1.5～1∶2水泥白石子浆,厚10～15mm。面层分格条按设计要求的图案施工。

水磨石地面的材料要求:

① 水泥　强度等级不低于32.5。美术工艺水磨石采用白色水泥。

② 石粒　采用坚硬可磨的岩石,如白云石、大理石等。石粒应洁净无杂质,粒径为6～15mm。

水磨石地面施工:

① 固定分格条

在清理完毕2～3d后,可做面层。按设计要求将分格线的位置弹到找平层上,宜从中间向两边分格,将非整块赶到边角部位,同时应考虑门、走道及吊顶分格,应统一协调。

固定分格条用素水泥浆。一个分格内,先用素水泥浆局部固定,然后通线检查,合格后全部抹成八字形的水泥浆。水泥浆的高度比分格条低3mm(图9.18),使水泥石磴均匀分布在分格条两侧。在分格条纵横交叉处各留出40～50mm不抹水泥浆,避免该处出现水泥石子较少的现象。分格条固定后,注意保护,3d左右便可进行下道工序施工。

② 抹水泥石子浆面层

清理找平层,浇水湿润,刷一遍与面层颜色相同的水胶比为0.4～0.6的水泥浆结合层,随刷随铺水泥石子浆,将其抹平后用靠尺在分格条

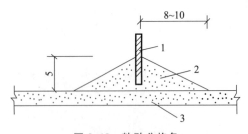

图9.18　粘贴分格条
1—分格条;2—素水泥浆;3—垫层

上检查平整度与高度。面层抹灰宜比分格条高出 1～2mm。要铺平整,用滚筒压密实,待表面出浆后,再用抹子抹平,次日开始养护。

③ 磨光

磨光的目的是将面层的水泥浆磨掉,使表面石子磨平并显露出来,增加美感并满足设计要求。

开磨前,应先试磨,当表面石粒不松动时方可开磨。一般开磨时间见表 9.14。

表 9.14 水磨石面层开磨时间

序号	平均温度(℃)	开磨时间(d)	
		机 磨	人工磨
1	20～30	2～3	1～2
2	10～20	3～4	1.5～2.5
3	5～10	5～6	2～3

水磨石面层分三次磨光:第一遍用 60～90 号粗金刚石边磨边加水,粗磨至全部分格条外露和石子显露,表面平整;用水冲洗干净,有细小孔隙、凹痕时,用同色水泥浆涂抹,适当养护后再磨。第二遍用 90～120 号金刚石磨,要磨到表面光滑为止。第三遍用 200 号金刚石磨,磨至表面石子粒粒显露、平整光滑、无砂眼孔,用水冲洗。涂抹草酸溶液(热水∶草酸=1∶0.35,质量比)一遍。高级水磨石地面还应进行第四遍打磨,用 240～300 号油石磨。

④ 水磨石面打蜡

待磨光干燥后进行打蜡,打蜡工作在其他工序全部完成后进行。将川蜡 500g、煤油 2000g 放入桶里熬到 130℃,用松香水 300g、鱼油 50g 调制;将蜡包在薄布内,在面层上薄薄涂一层,用力擦,稍干后再用布擦至表面光滑整洁,颜色一致。

9.5.4.2 板块面层施工

(1)地砖、马赛克施工

马赛克(陶瓷锦砖)常用于游泳池、浴室、厕所、餐厅等面层,具有耐酸碱、耐磨、不渗水、易清洗、色泽多样等优点。

铺设马赛克所用水泥强度等级不宜低于 32.5 级;采用硅酸盐水泥、普通硅酸盐水泥或矿渣硅酸盐水泥;砂采用中粗砂;水泥砂浆铺设时配合比为 1∶2。

铺设前,将结合层按一般抹灰要求施工,清理找平层。铺设顺序是:单门、两连通房间从门口中间拉线,先铺一张后再往两边铺;有图案的从图案开始铺贴。

铺设时,在找平层上均匀刷水泥浆,马赛克背面抹水泥砂浆,直接铺在地面后,用木锤仔细拍打密实,使表面平整,用靠尺靠平找正;完成部分铺贴时,淋水湿润半小时后揭开护面纸,用刀均匀拨缝,边拨边拍实,用直尺复平,最后用 1∶1 水泥砂浆或素水泥浆扫缝嵌实打平,用棉纱擦洗干净。

地砖地面的施工同马赛克地面施工要求。铺贴时,应清理基层,浇水湿润,抄平放线;然后扫素水泥浆,用 1∶3 水泥砂浆打底找平;地砖应浸水 2～3h,取出阴干后使用。地砖铺贴从门口开始,出现非整块砖时进行切割。铺砌后用素水泥浆擦缝,并将砂浆清洗干净。养护时间 3～4d,养护期间不得上人。

（2）木板面层施工

木板面层多用于室内高级装修地面。该地面具有弹性好,耐磨性好,不易老化等特点。木板面层有单层和双层两种。单层是在木搁栅上直接钉企口板;双层是在木搁栅上先钉一层毛地板,再钉一层企口板。木搁栅有空铺和实铺两种形式。

实铺式地面是将木搁栅铺于钢筋混凝土楼板上,木搁栅之间填以炉渣隔音材料。木地板拼缝用得较多的是企口缝、截口缝、平头接缝等,其中以企口缝最为普遍,如图 9.19 所示。

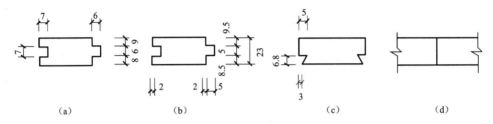

图 9.19　木板拼缝处理

(a) 加工前形状;(b) 企口缝加工后形状;(c) 截口缝;(d) 平头接缝

① 长条板地面施工

将木搁栅直接固定在基底上,然后用圆钉将面层钉在木搁栅上。条形木地板的铺设方向应考虑铺钉方便,固定牢固和使用美观。走廊、过道等部位,宜顺着行走的方向铺设;房间内应顺着光线铺设,这样可以掩饰接缝处不平的缺陷。

用钉固定木板的方法有明钉和暗钉两种钉法。明钉是将钉帽砸扁,垂直钉入板面与搁栅,一般钉两颗钉,钉的位置应在同一直线上,并将钉帽冲入板内 3～5mm。暗钉是将钉帽砸扁,从板边的凹角处斜向钉入,但最后一块地板用明钉。

② 拼花板地面施工

拼花板地面一般采用粘结固定的方法施工。

弹线　按设计图案及板的规格,结合房间的具体尺寸弹出垂直交叉的方格线。放线时,先弹房间纵横中心线,再从中心向四边画出方格;房间四周边框留 15～20mm 宽。方格是否方正直接影响到地板的施工质量。

粘结　一般用玻璃胶粘贴。粘贴前,对硬木拼板进行挑选,将色彩好的粘贴于房间明显或经常出入部位,稍差一点的木板粘贴在边框及门背后隐蔽处。粘贴时,从中心开始,然后依次排列;用胶时,基层和木板背面同时抹胶,阴干片刻便可将木板按在基底上。木条之间的缝隙应严,紧靠木板条用榔头或垫木块敲打,用力要均匀,溢出板面的粘结剂要及时清理干净。

刨平、打磨　刨平时应注意木纹方向,一次不要刨得太深,每次刨削厚度不大于 0.5mm,并应无刨痕。刨平后用砂纸打磨,做清漆涂刷时应透出木纹,以提高装饰效果。

③ 木踢脚板

踢脚板规格为 150mm×(20～25)mm,背面开槽以防止翘曲。踢脚板背面应做防腐处理。踢脚板用钉子钉牢于墙内防腐木砖上,钉帽砸扁冲入板内。踢脚板接缝处应做企口或错口相接。踢脚板与木板面层转角处装钉木压条。要求踢脚板与墙紧贴,装钉牢固,上口平直。

9.5.5　楼地面工程质量要求

9.5.5.1　整体面层

(1)设整体面层时,其水泥类基层的抗压强度不得小于 1.2MPa;表面应粗糙、洁净、湿润,不得有积水。铺设前宜涂刷界面处理剂。

(2)整体面层施工后,养护时间不应少于7d;抗压强度达到5MPa后,方可上人行走;抗压强度达到设计要求后,方可正常使用。

(3)当采用掺有水泥的拌合料做踢脚线时,不得用石灰砂浆打底。

(4)整体面层的允许偏差见表9.15。

表9.15 整体面层的允许偏差

项次	项目	允许偏差(mm)						检查方法
		水泥混凝土面层	水泥砂浆面层	普通水磨石面层	高级水磨石面层	水泥钢(铁)屑面层	防油渗混凝土和不发火(防爆)面层	
1	表面平整度	5	4	3	2	4	5	用2m靠尺和楔形塞尺检查
2	踢脚线上口平直	4	4	3	3	4	4	拉5m线和用钢尺检查
3	缝格平直	3	3	3	2	3	3	

9.5.5.2 板块面层

(1)铺设板块面层时,其水泥类基层的抗压强度不得小于1.2MPa。

(2)铺设板块面层的结合层和板块间的填缝应采用水泥砂浆。

(3)板块的铺砌应符合设计要求,当设计无要求时,宜避免出现小于1/4边长的角料。

(4)板块类踢脚线施工时,不得用混合砂浆打底。

(5)板块面层的允许偏差见表9.16。

表9.16 板块面层的允许偏差

项次	项目	允许偏差(mm)											检查方法
		陶瓷锦砖面层、高级水磨石和陶瓷地砖	缸砖面层	水泥花砖面层	水磨石板块面层	大理石和花岗石面层	塑料板面层	水泥混凝土板块面层	碎拼大理石、花岗石面层	活动地板面层	条石面层	块石面层	
1	表面平整度	2.0	4.0	3.0	3.0	1.0	2.0	4.0	3.0	2.0	10.0	10.0	用2m靠尺和楔形塞尺检查
2	缝格平直	3.0	3.0	3.0	3.0	2.0	3.0	3.0	—	2.5	8.0	8.0	拉5m线和用钢尺检查
3	接缝高低差	0.5	1.5	0.5	1.0	0.5	0.5	1.5	—	0.4	2.0	—	用钢尺和楔形塞尺检查
4	踢脚线上口平直	3.0	4.0	—	4.0	1.0	2.0	4.0	1.0	—	—	—	拉5m线和用钢尺检查
5	板块间隙宽度	2.0	2.0	2.0	2.0	1.0	—	6.0	—	0.3	5.0	—	用钢尺检查

9.6 涂料、刷浆、裱糊工程

9.6.1 涂料工程

9.6.1.1 涂料

涂料由胶结剂、颜料、溶剂和辅助材料等组成。

（1）外墙涂料

由主要成膜物质、次要成膜物质、辅助成膜物质和其他外加剂、分散剂等组成。常用的有硅酸盐类无机涂料、乳液涂料等。

（2）内墙涂料

内墙涂料较多，主要有乳液涂料和水溶型涂料两类。

（3）地面涂料

主要成膜物质是合成树脂或高分子乳液加掺合料，如过氯乙烯地面涂料、聚乙烯醇缩甲醛厚质地面涂料、聚醋酸乙烯乳液厚质地面涂料等。

（4）顶棚涂料

除了采取传统的刷浆工艺和选用内墙涂料外，为了提高室内的吸音效果，可采用凹凸起伏较大、质感明显的装饰涂料。

（5）防火涂料

高聚物粘结剂一般具有可燃性，而乳胶涂料因混入大量的无机填料及颜料而比较难燃，可选择适当的粘结剂、增塑剂及添加剂等来进一步提高涂膜的难燃性及防火性。

9.6.1.2 基层处理

新建建筑物的混凝土或抹灰基层涂饰涂料前应涂刷抗碱封闭底漆；旧墙面涂饰涂料前应清除疏松的旧装修层并涂刷界面剂；混凝土或抹灰基层涂刷溶剂型涂料时，含水率不得大于8%，涂刷乳液型溶剂时含水率不得大于10%，木材基层的含水率不得大于12%；基层腻子应平整、坚实、牢固，无粉化、起皮和裂缝；厨房、卫生间墙面必须使用耐水腻子。

木材表面上的灰尘、污垢等施涂前应清理干净，木材表面的缝隙、毛刺、掀岔和脂囊修整后应用腻子填补，并用砂纸磨光。

金属表面施涂前应将灰尘、油渍、鳞皮、锈斑、焊渣、毛刺等清除干净。潮湿的表面不得施涂涂料。

9.6.1.3 涂料施工工艺

（1）涂料工程的基本工序

涂料工程的基本工序见表 9.17、表 9.18、表 9.19、表 9.20 的规定。

表 9.17 混凝土及抹灰外墙表面薄涂料工程的主要工序

项次	工序名称	乳胶薄涂料	溶剂型薄涂料	无机薄涂料
1	修补	＋	＋	＋
2	清扫	＋	＋	＋
3	填补缝隙、局部刮腻子	＋	＋	＋

续表 9.17

项次	工序名称	乳胶薄涂料	溶剂型薄涂料	无机薄涂料
4	磨平	＋	＋	＋
5	第一遍涂料	＋	＋	＋
6	第二遍涂料	＋	＋	＋

注：① 表中"＋"号表示应进行的工序；
② 机械喷涂可不受表中涂料遍数的限制，以达到质量要求为准；
③ 如施涂两遍涂料后装饰效果不理想时，可增加1～2遍涂料。

表 9.18 混凝土及抹灰内墙、顶棚表面薄涂料工程的主要工序

项次	工序名称	水性涂料涂饰						溶剂型涂料涂饰	
		水溶性涂料		无机涂料		乳液型涂料			
		普通	高级	普通	高级	普通	高级	普通	高级
1	清扫	＋	＋	＋	＋	＋	＋	＋	＋
2	填补缝隙、局部刮腻子	＋	＋	＋	＋	＋	＋	＋	＋
3	磨平	＋	＋	＋	＋	＋	＋	＋	＋
4	第一遍满刮腻子	＋	＋	＋	＋	＋	＋	＋	＋
5	磨平	＋	＋	＋	＋	＋	＋	＋	＋
6	第二遍满刮腻子		＋		＋		＋	＋	＋
7	磨平		＋		＋		＋	＋	＋
8	干性油打底							＋	＋
9	第一遍涂料	＋	＋	＋	＋	＋	＋	＋	＋
10	复补腻子		＋		＋		＋	＋	＋
11	磨平		＋		＋		＋	＋	＋
12	第二遍涂料	＋	＋	＋	＋	＋	＋	＋	＋
13	磨平						＋	＋	＋
14	第三遍涂料						＋	＋	＋
15	磨平								＋
16	第四遍涂料								＋

注：① 表中"＋"号表示应进行的工序；
② 机械喷涂可不受表中施涂遍数的限制，以达到质量要求为准；
③ 高级内墙、顶棚薄涂料工程，必要时可增加刮腻子的遍数及1～2遍涂料；
④ 石膏板内墙、顶棚表面薄涂料工程的主要工序除板缝处理外，其他工序同表9.18；
⑤ 湿度较高或局部遇明水的房间，应用耐水性的腻子和涂料。

表 9.19 混凝土及抹灰外墙表面复层涂料工程的主要工序

项次	工序名称	合成树脂乳液复层涂料	硅溶胶类复层涂料	水泥系复层涂料	反应固化型复层涂料
1	修补	＋	＋	＋	＋
2	清扫	＋	＋	＋	＋
3	填补缝隙、局部刮腻子	＋	＋	＋	＋

续表 9.19

项次	工序名称	合成树脂乳液复层涂料	硅溶胶类复层涂料	水泥系复层涂料	反应固化型复层涂料
4	磨　平	+	+	+	+
5	施涂封底涂料	+	+	+	+
6	施涂主层涂料	+	+	+	+
7	滚　压	+	+	+	+
8	第一遍罩面涂料	+	+	+	+
9	第二遍罩面涂料	+	+	+	+

表 9.20　木料表面施涂溶剂型混色涂料的主要工序

项次	工序名称	普通涂饰	高级涂饰
1	清扫、起钉子、除油污等	+	+
2	铲去脂囊、修补平整	+	+
3	磨砂纸	+	+
4	节疤处点漆片	+	+
5	干性油或带色干性油打底	+	+
6	局部刮腻子、磨光	+	+
7	第一遍满刮腻子	+	+
8	磨光	+	+
9	第二遍满刮腻子		+
10	磨光		+
11	刷涂底涂料	+	+
12	第一遍涂料	+	+
13	复补腻子	+	+
14	磨光	+	+
15	湿布擦净	+	+
16	第二遍涂料	+	+
17	磨光(高级涂料用水砂纸)	+	+
18	湿布擦净	+	+
19	第三遍涂料	+	+

注:① 表中"+"号表示应进行的工序;

　　② 高级涂料做磨退时,宜用醇酸树脂涂料刷涂,并根据涂膜厚度增加 1~2 遍涂料和磨退、打砂蜡、打油蜡、擦亮的工序;

　　③ 木料及胶合板内墙、顶棚表面施涂溶剂型混色涂料的主要工序同上表。

(2)常用施涂涂料方法

① 刷涂法

人工涂刷时,用刷子蘸上涂料直接涂于物件表面上,其涂刷方向和行程长短均应一致;应勤沾短刷,接槎应在分格缝处;如所用涂料干燥较快,应缩短刷距;应反复刷,刷涂顺序一般为从里向外,从上向下,从左向右。

② 滚涂法

用辊子蘸上少量涂料后再在被滚墙面上轻缓平稳地来回滚动,直上直下,避免扭蛇行,以保证厚度、色泽、质感一致。常用的辊子直径为 40～50mm,长 180～240mm。边角等滚不到部位,用刷子补刷。

③ 喷涂法

喷涂的机具有:手持喷枪、装有自动压力控制器的空气压缩机和高压胶管。

喷涂时,对涂料稠度、空气压力、喷射距离、喷枪运行中的角度和速度等方面均有一定的要求。涂料稠度必须适中,太稠不便施工,太稀影响涂层厚度,且易流淌。空气压力在 0.4～0.8N/mm² 之间选择。喷射距离一般为 400～600mm。喷枪运行中心线必须与墙面垂直,喷枪应与被涂墙面平行移动,运行速度要保持一致,运行过快,涂层较薄,色泽不均;运行过慢,涂料粘附太多,易流淌。喷涂施工应连续作业,争取到分格缝处再停歇。涂层的接槎应留在分格缝处、门窗以及不喷涂料的部位。室内一般先喷涂顶棚后喷涂墙面,两遍成活,间隔时间约为2h;室外喷涂一般为两遍,较好的饰面为三遍,作业分段线应设在水落管、接缝、雨罩处。

④ 弹涂法

弹涂用工具:电动彩弹机及其相应的配套和辅助器具、料桶、料勺等。

彩弹饰面施工必须根据事先设计的样板上的色泽和涂层表面形状的要求进行。在基层上先刷涂 1～2 道底涂层,待干燥后再进行弹涂。弹涂时,弹涂器的喷出口应垂直于墙面,距离一般为 300～500mm,按一定的速度自上而下、由左向右弹涂。

⑤ 抹涂法

在底层刷涂或滚涂 1～2 道底层涂料,待其干燥后(常温 2h 以上),用不锈钢抹子将涂料抹到已刷的底层涂料上,一般抹 1～2 遍(总厚度 2～3mm),间隔 1h 后再用不锈钢抹子压平。

9.6.1.4 质量要求

(1)水性涂料涂饰

水性涂料涂饰工程所用涂料的品种、型号和性能应符合设计要求;应涂饰均匀、粘结牢固,不得有漏涂、透底、起皮和掉粉现象;涂料工程待涂层完全干燥后,方能进行验收。检查时所用材料品种、颜色等应符合设计和选定的样品要求。

薄涂料的涂饰质量和检验方法见表 9.21。厚涂料的涂饰质量和检验方法见表 9.22。复合涂料的涂饰质量和检验方法见表 9.23。

表 9.21 薄涂料的涂饰质量和检验方法

项次	项目	普通涂饰	高级涂饰	检验方法
1	颜色	均匀一致	均匀一致	观察
2	泛碱、咬色	允许有少量轻微	不允许	
3	流坠、疙瘩	允许有少量轻微	不允许	
4	砂眼、刷纹	允许有少量轻微砂眼,刷纹通顺	无砂眼,无刷纹	
5	装饰线、分色线直线度允许偏差(mm)	2	1	拉 5m 线,不足 5m 拉通线,用钢尺检查

表 9.22 厚涂料的涂饰质量和检验方法

项次	项目	普通涂饰	高级涂饰	检验方法
1	颜色	均匀一致	均匀一致	观察
2	泛碱、咬色	允许有少量轻微	不允许	
3	点状分布	—	疏密均匀	

表 9.23 复合涂料的涂饰质量和检验方法

项次	项目	质量要求	检验方法
1	颜色	均匀一致	观察
2	泛碱、咬色	不允许	
3	喷点疏密程度	均匀,不允许连片	

(2)溶剂型涂料涂饰

溶剂型涂料涂饰工程所用涂料的品种、型号和性能应符合设计要求;颜色、光泽、图案应符合设计要求;应涂饰均匀、粘结牢固,不得有漏涂、透底、起皮和反锈现象。

色漆的涂饰质量和检验方法见表 9.24。清漆的涂饰质量和检验方法见表 9.25。

表 9.24 色漆的涂饰质量和检验方法

项次	项目	普通涂饰	高级涂饰	检验方法
1	颜色	均匀一致	均匀一致	观察(手摸)
2	光泽、光滑	光泽基本均匀,光滑无挡手感	光泽均匀一致,光滑	
3	刷纹	刷纹通顺	无刷纹	
4	裹棱、流坠、皱皮	明显处不允许	不允许	
5	装饰线、分色线直线度允许偏差(mm)	2	1	拉 5m 线,不足 5m 拉通线,用钢尺检查

表 9.25 清漆的涂饰质量和检验方法

项次	项目	普通涂饰	高级涂饰	检验方法
1	颜色	基本一致	均匀一致	观察(手摸)
2	木纹	棕眼刮平、木纹清楚	棕眼刮平、木纹清楚	
3	光泽、光滑	光泽基本均匀,光滑无挡手感	光泽均匀一致,光滑	
4	刷纹	无刷纹	无刷纹	
5	裹棱、流坠、皱皮	明显处不允许	不允许	

9.6.1.5 涂料的安全技术

涂料材料和所用设备必须有专人保管,各类储油原料的桶必须有封盖。涂料库房内必须有消防设备,要隔绝火源,与其他建筑物相距应有 25～40m。使用喷灯时,油不得加满。操作者要做好自身保护工作,坚持穿戴安全防护用具。使用溶剂时,应防护好眼睛、皮肤。熬胶、烧油应离开建筑物 10m 以外。

9.6.2 刷浆工程

9.6.2.1 刷浆材料

刷浆所用的材料主要是指石灰浆、水泥浆、大白浆和可赛银浆等。石灰浆和水泥浆可用于室内外墙面,大白浆和可赛银浆只用于室内墙面。

（1）石灰浆

用石灰膏加水调制而成。为了提高附着力,往往掺加石灰浆用量 0.3%～0.5% 的食盐或明矾,也可掺加 20%～30% 的 107 胶,其效果更好。

（2）水泥浆

用素水泥浆作刷浆材料时,由于涂层薄,水分蒸发快,水泥不能充分水化,往往易粉化、脱落,而用聚合物水泥浆可弥补这些缺陷。聚合物水泥浆的主要成分是:白水泥、高分子材料、颜料、分散剂和憎水剂。

（3）大白浆

由大白粉加水制成。调制时,必须掺入胶结料 107 胶或聚醋酸乙烯乳液。107 胶的掺入量为大白粉量的 15%～20%,聚醋酸乙烯乳液的掺入量为 8%～10%。

（4）可赛银浆

由可赛银粉加水调制而成。可赛银粉是由碳酸钙、滑石粉和颜料研磨,再加入干酪素胶粉等混合均匀配制而成。

9.6.2.2 基层要求

（1）刷浆工程的基层应干燥。刷石灰浆、聚合物水泥浆涂料的基层,干燥程度可适当放宽。

（2）刷浆前,应将基层表面上的灰尘、污垢、砂浆流痕清除干净,表面的缝隙应用腻子填补平齐。常用腻子配合比（质量比）如下:

① 室外刷浆工程的乳胶腻子

乳胶：水泥：水＝1：5：1

② 室内刷浆工程的腻子

乳胶：滑石粉或大白粉：2% 羧甲基纤维素溶液＝1：5：3.5

（3）刷无机涂料前,基层表面应用清水冲洗干净,待明水挥发后方可涂刷。

9.6.2.3 施工工艺

（1）室内外刷浆工程的工序见表 9.26、表 9.27。

表 9.26 室外刷浆工程的主要工序

项次	工序名称	石灰浆	聚合物水泥浆
1	清扫	＋	＋
2	填补缝隙、局部刮腻子	＋	＋
3	磨平	＋	＋
4	用乳胶水溶液或聚乙烯醇缩甲醛水溶液湿润		＋
5	第一遍刷浆	＋	＋
6	第二遍刷浆	＋	＋

注：① 表中"＋"号表示应进行的工序;

② 机械喷浆可不受表中遍数的限制,以达到质量要求为准。

表 9.27　室内刷浆工程的主要工序

项次	工序名称	石灰浆	聚合物水泥浆	大白浆	可赛银粉
1	清扫	+	+	+	+
2	用乳胶水溶液或聚乙烯醇缩甲醛水溶液湿润		+		
3	填补缝隙、局部刮腻子	+	+	+	+
4	磨平	+	+	+	+
5	第一遍满刮腻子			+	+
6	磨平			+	+
7	第二遍满刮腻子			+	+
8	磨平			+	+
9	第一遍刷浆	+	+	+	+
10	复补腻子	+	+	+	+
11	磨平	+	+	+	+
12	第二遍刷浆	+	+	+	+
13	磨浮粉			+	+
14	第三遍刷浆	+		+	+

注：① 表中"+"号表示应进行的工序；

② 高级刷浆工程，必要时可增刷一道；

③ 机械喷浆可不受表中遍数的限制，以达到质量要求为准；

④ 湿度较大的房间刷浆，应用具有防潮性能的腻子和浆料。

（2）刷浆：刷浆一般用刷涂法、滚涂法和喷涂法施工。

刷涂法是最简易的人工施工方法，用排笔、扁刷进行刷涂。滚涂法是利用辊子蘸少量涂料后，在被滚墙面上轻缓平稳地来回滚动，避免歪扭蛇行，以保证涂层厚度一致、色泽、质感一致。喷涂法采用手压式喷浆机或电动喷浆机进行喷涂。

9.6.3　裱糊工程

裱糊工程是以普通壁纸、塑料墙纸、玻璃纤维墙布、无纺贴墙布等为材料的室内裱糊施工。

9.6.3.1　材料

（1）墙纸和贴墙布

塑料墙纸是在厚纸上涂布塑料色浆，并用印花色浆印出各种花纹而成的。塑料墙纸的品种很多，从外表看有仿锦缎、静电植绒、印花、压花、仿木、仿石等；从材料看有塑料、纸、布、石棉纤维等。施工时，经剪裁后粘贴到墙面上而达到装饰的效果。

（2）胶粘剂

根据塑料墙纸和玻璃纤维墙布材料的特点和要求，可在市场上选购相应的胶黏剂，也可自行配制（质量比）：

① 塑料墙纸胶粘剂

聚乙烯醇缩甲醛（107 胶）　　　　100

羧甲基纤维素（2.5%水溶液）　　　30

水   50(可变)

② 玻璃纤维墙布胶粘剂

聚醋酸乙烯乳液(含量 50%)   60

羧甲基纤维素(2.5%水溶液)   40

③ 普通墙纸粘结剂

面粉糨糊,在面粉中加面粉用量 10% 的明矾或 0.2% 的甲醛即可。

市面上销售的粘结剂品种很多,应根据实际情况正确选用。

9.6.3.2 基层处理

新建建筑物的混凝土或抹灰基层墙面刮腻子前应涂刷抗碱封闭底漆。旧墙面裱糊前应清除疏松的旧装修层,并涂刷界面剂。混凝土或抹灰基层含水率不得大于 8%;木材基层的含水率不得大于 12%。基层腻子应平整、坚实、牢固,无粉化、起皮和裂缝;腻子的粘结强度应符合《建筑室内用腻子》(JG/T 298—2010)N 型的规定。基层表面平整度、立面垂直度及阴阳角方正应达到高级抹灰的要求,基层表面颜色应一致。裱糊前应用封闭底胶涂刷基层。

9.6.3.3 裱糊技术

(1)裱糊的主要工序

裱糊的主要工序见表 9.28。

表 9.28　裱糊的主要工序

项次	工序名称	抹灰面混凝土				石膏板面				木料面			
		复合壁纸	PVC布	墙布	带背胶壁纸	复合壁纸	PVC布	墙布	带背胶壁纸	复合壁纸	PVC布	墙布	带背胶壁纸
1	清扫基层、填补缝隙、磨砂纸	+	+	+	+	+	+	+	+	+	+	+	+
2	接缝处糊条					+	+	+	+	+	+	+	+
3	找补腻子、磨砂纸					+	+	+	+	+	+	+	+
4	满刮腻子、磨平	+	+	+	+								
5	涂刷涂料一遍									+	+	+	+
6	涂刷底胶一遍	+	+	+	+	+	+	+	+	+	+	+	+
7	墙面画准线	+	+	+	+	+	+	+	+	+	+	+	+
8	壁纸浸水湿润		+		+		+		+		+		+
9	壁纸涂刷胶粘剂	+				+				+			
10	基层涂刷胶粘剂	+	+	+		+	+	+		+	+	+	
11	纸上墙、裱糊	+	+	+	+	+	+	+	+	+	+	+	+
12	拼缝、搭接、对花	+	+	+	+	+	+	+	+	+	+	+	+
13	赶压胶粘剂、气泡	+	+	+	+	+	+	+	+	+	+	+	+
14	裁边		+				+				+		
15	擦净挤出的胶液	+	+	+	+	+	+	+	+	+	+	+	+
16	清理修整	+	+	+	+	+	+	+	+	+	+	+	+

注:① 表中"+"号表示应进行的工序;

　② 不同材料的基层相接处应糊条;

　③ 混凝土表面和抹灰表面必要时可增加满刮腻子遍数;

　④ "裁边"工序,在使用宽为 320mm、1000mm、1100mm 等需重叠对花的 PVC 压延壁纸时进行。

(2)裱糊施工要点

①　刷底层涂料　被贴墙面要刷一遍底层涂料,要求薄而均匀,不得有漏刷、流淌等缺陷。其目的是防止基层吸水太快引起胶粘剂过早脱水而影响墙纸粘贴效果。

②　墙面弹线　目的是使墙纸粘贴后的花纹、图案、线条纵横贯通,必须在底层涂料干后弹水平线、垂直线,作为操作时的标准。墙纸水平式裱贴时,弹水平线;墙纸竖向裱贴时,弹垂直线。如果由墙角开始裱糊,第一条垂线离墙角的距离应该定在比墙纸宽度小 10～20mm 的部位,使纸边转过阴角搭接收口;遇到门窗等大洞口时,一般以立边分划为宜,便于摺角贴立边。

③　裁纸　根据墙纸规格及墙面尺寸统筹规划裁纸,纸幅应编号,按顺序粘贴。墙面上下要预留裁剪尺寸,一般两端应多留 50mm。当墙纸有花纹、图案时,要预先考虑完工后的花纹、图案效果、光泽效果,且应对接无误,不要随便裁割。同时,还应根据墙纸花纹、纸边情况采用对口或搭口裁割拼缝。

④　浸水　塑料墙纸遇水或胶水开始自由膨胀,5～10min 后胀定,干后则自行收缩。自由胀缩的墙纸,其幅度方向的膨胀率为 0.5%～1.2%,收缩率为 0.2%～0.8%。合理利用这个特性是保证裱糊质量的关键。如在干纸上刷胶后立即上墙裱糊,纸虽被胶固定,但继续吸湿膨胀,墙面上的纸必然出现大量气泡、皱折;因此,必须先将墙纸在水中浸泡几分钟或刷胶后叠起静置 10min,然后再裱糊;这时纸已充分胀开,被胶固定在墙上以后,还要随着水分的蒸发而收缩、绷紧,所以即使裱糊时有少量气泡存在,干后也会自行平服。

⑤　墙纸的粘贴　墙面和墙纸各刷胶粘剂一遍,阴阳角处应增涂胶粘剂 1～2 遍,刷胶要求薄而均匀,不得漏刷。墙面涂刷胶粘剂的宽度应比墙纸宽 20～30mm。

先贴长度较大的墙面,后贴短墙面。每面墙从明显的墙角以整幅纸开始粘贴,将窄条纸的现场边留在不明显处的阴角。每个墙面的第一条纸都要挂垂线;每条纸均应先对花纹和拼缝,由上而下进行,上端不留余地;先在一侧对缝,保证墙纸粘贴垂直,后对花纹拼缝,到底压实后再抹平整张墙纸。

阳角转角处不留拼缝,包角要压实,并注意花纹、图案与阳角直线的关系。若遇阴角不垂直的现象,一般不做对接缝,改为搭接缝,墙纸由受侧光的墙面向阴角的另一面转过去 5～10mm 并压实,不得起鼓,搭接在前一条墙纸的外面。搭缝应密实、拼严,花纹图案应对齐。

采用搭口拼缝时,要待胶粘剂平到一定程度后,再用刀具裁割墙纸,小心地撕去割去部分,再刮压密实。用刀时,一次直落,力度要适当、均匀,不能停顿,以免出现刀痕搭口,同时也不要重复切割,以免搭口起丝。

粘贴的墙纸应与挂镜线、门窗贴脸板和踢脚板紧接,不得有缝隙。

墙纸粘贴后,若发现空鼓、气泡等缺陷,可用针刺破放气,并用注射器挤压胶黏剂后再用刮板刮平压密实。

⑥　成品保护　在交叉流水作业中,人为的损坏、污染、施工期间与完工后的空气湿度与温度变化等因素,都会严重影响墙纸饰面的质量。所以,应做好成品保护工作,严禁通行或设置保护覆盖物。一般应注意以下几点:裱糊墙纸应尽量放在最后一道工序;裱糊时空气相对湿度应低于 85%;裱贴墙纸的工程完工后,应尽量保持房间通风;裱糊基层为混合砂浆和纸筋灰罩的基层较好,若用石膏罩面效果更佳。

9.6.3.4　质量要求

裱糊工程的质量应符合下列规定:

（1）壁纸、墙布的种类、规格、图案、颜色和燃烧性能等级必须符合设计要求及国家现行的有关标准；

（2）裱糊后各幅拼接应横平竖直，拼接处花纹、图案应吻合，不离缝，不搭接，不显拼缝；

（3）壁纸、墙布应粘贴牢固，不得有漏贴、补贴、脱层、空鼓和翘边。

思 考 题

9.1 试述木门窗、钢门窗安装程序。

9.2 铝合金门窗框与洞口如何连接处理？

9.3 试述吊顶的组成及各部分的作用。

9.4 试述吊顶的施工程序与要点。

9.5 试述砌筑隔墙的施工要点。

9.6 一般抹灰分为哪几级？各级的质量标准如何？

9.7 试述水磨石施工要点。

9.8 试述抹灰工程质量要求。

9.9 天然饰面板如何安装？

9.10 试述柱面不锈钢饰面施工要点。

9.11 马赛克地面适用于何处？如何施工？

9.12 试述陶瓷锦砖墙面铺贴施工要求。

9.13 饰面工程质量有哪些要求？

9.14 试述木板面层地面的施工要点。

9.15 内墙涂料施工应注意哪些问题？

模块 10 冬期与雨期施工

 知识目标

(1)冬期施工的特点及原则,混凝土结构工程施工原理及工艺要求;

(2)土方工程冬期施工中的开挖和回填施工要点;

(3)砌体工程冬期施工的一般规定及要求;

(4)土方、砌体、混凝土工程雨期施工准备,各分项工程施工要点及雨期施工现场防雷措施。

 技能目标

(1)依据施工地区气候条件和施工结构构件部位,能确定冬期施工方法和实施中应注意的事项;

(2)编制当地冬期或雨期的混凝土结构工程施工方案。

10.1 概　　述

我国疆域辽阔,很多地区受内陆和海上高低压及季节风交替的影响,气候变化较大,特别是冬期和雨期给工程施工带来很大的困难。为了保证建筑工程在全年不间断地施工,在冬期和雨期时,须从具体条件出发,选择合理的施工方法,制订具体的技术措施,确保冬期和雨期施工的顺利进行,提高工程质量,降低工程费用。

10.1.1 冬期施工的特点和原则

冬期施工所采取的技术措施,是以气温为依据的。国家及各地区对分项工程冬期施工的起讫日期均作了明确的规定。

(1)冬期施工的特点

① 冬期施工期是质量事故的多发期。在冬期施工中,长时间的持续低温、较大的温差、强风、降雪和反复的冻融,经常造成质量事故。

② 冬期施工中发生的质量事故呈滞后性。冬期发生质量事故往往不易觉察,到春天解冻时,一系列的质量问题才暴露出来。事故的滞后性给质量事故的处理带来了很大的困难。

③ 冬期施工技术要求高,能源消耗多,导致施工费用增加。

(2)冬期施工的原则

冬期施工的原则是:保证质量,节约能源,降低费用,确保工期。

冬期施工必须做好组织、技术、材料等方面的准备工作。第一,做好施工组织设计的编制,将不适宜冬期施工的分项工程安排在冬期之前或在冬期过后施工;决定在冬期施工的分项工程要依据工程质量,安排开、完工日期,降低施工费用。第二,依据当地气温情况、工程特点编制冬期施工技术措施和施工方法的文件,确保工程质量。第三,因地制宜做好冬期施工的工具、材料及劳保用品等的准备工作。

10.1.2 雨期施工的特点和要求

(1)雨期施工的特点

① 雨期施工的开始具有突然性。这就要求提前做好雨期施工的准备工作和事故防范措施。

② 雨期施工带有突击性。因为雨水对建筑结构和地基基础的冲刷或浸泡,有严重的破坏性,必须迅速及时地进行防护,以免发生质量事故。

③ 雨期往往持续时间较长,从而影响工期。对这一点要有充分的估计并做好合理安排。

(2)雨期施工的要求

① 在编制施工组织设计时,要根据雨期施工的特点,将不宜在雨期施工的分项工程避开在雨期施工,对于必须在雨期施工的分项工程,做好充分的准备工作和防范措施。

② 合理进行施工安排。做到晴天抓室外工作,雨天做室内工作。尽量减少雨天室外作业的时间和工作量。

③ 做好材料的防雨防潮和施工现场的排水等准备工作。

10.2　混凝土结构工程的冬期施工

10.2.1 冬期施工期限的划分原则

根据《建筑工程冬期施工规程》(JGJ/T 104—2011)的规定,冬期施工期限的划分原则是:根据当地多年气温资料统计,当室外日平均气温连续5d稳定低于5℃即进入冬期施工;当室外日平均气温连续5d高于5℃时解除冬期施工。

10.2.2 混凝土冬期施工的原理

冬期施工时,新浇混凝土在养护初期遭受冻结,当气温恢复到正温后,即使正温养护至一定龄期,也不能达到其设计强度,这就是混凝土的早期冻害。

混凝土能凝结硬化并获得强度,是水泥水化反应的结果。水和温度是水泥水化反应能够进行的必要条件。当温度降到5℃时,水化反应速度缓慢,当温度降到0℃时,水化反应基本停止;当温度降到$-4\sim-2$℃时,混凝土内部的游离水开始结冰,游离水结冰后体积增大约9%,在混凝土内部产生冰胀应力,使强度尚低的混凝土内部产生微裂缝和孔隙,同时损害混凝土和钢筋的粘结力,导致结构强度降低。

混凝土的早期冻害是由于混凝土内部的水结冰所致。试验表明,若混凝土浇筑后立即受冻,抗压强度损失50%,抗拉强度损失40%。受冻前混凝土养护时间越长,所达到的强度越高,水化物生成越多,能结冰的游离水就越少,强度损失就越低。试验还表明,混凝土遭受冻结所受到的危害与遭受冻结时间的早晚、水胶比、水泥强度等级、养护温度等有关。

混凝土允许受冻而不致使其各项性能遭到损害的最低强度称为混凝土受冻临界强度。冬期施工的混凝土,其受冻临界强度应符合下列规定:普通混凝土采用硅酸盐水泥或普通硅酸盐水泥配制时,应为设计的混凝土强度标准值的 30%;采用矿渣硅酸盐水泥配制的混凝土,应为设计的混凝土强度标准值的 40%;但混凝土强度等级为 C15 及以下时,不得小于 $5N/mm^2$。掺加防冻剂的混凝土,当室外最低气温不低于 $-15℃$ 时,不得小于 $4.0N/mm^2$;当室外最低气温不低于 $-30℃$ 时,不得小于 $5.0N/mm^2$。

10.2.3　混凝土冬期施工的工艺要求

一般情况下,混凝土冬期施工要求正温浇筑、正温养护,对原材料的加热及混凝土的搅拌、运输、浇筑和养护应进行热工计算,并据此进行施工。

(1)对材料和材料加热的要求

① 冬期施工,混凝土用的水泥应优先使用活性高、水化速度快的硅酸盐水泥和普通硅酸盐水泥,不宜用火山灰质硅酸盐水泥和粉煤灰硅酸盐水泥。蒸汽养护时用的水泥品种应经试验确定,宜选用矿渣硅酸盐水泥。水泥的强度等级不应低于 42.5MPa,最小水泥用量不宜少于 $280kg/m^3$;水胶比不应大于 0.55;水泥不得直接加热,使用前 1～2d 运往暖棚存放,注意保暖和防潮。

② 骨料要在冬期施工前进行清洗和贮备,并覆盖防雨雪材料,适当采取保温措施,防止骨料内夹有冰碴和雪团。

③ 水的比热大,是砂石骨料的 5 倍左右,所以冬期施工拌制混凝土应优先采用加热水的方法。当加热水不能满足要求时,才考虑加热砂和石子。砂石加热可采用蒸汽直接通入骨料中的方法。加热水时,应考虑加热的最高温度,以免水泥直接接触过热的水而产生"假凝"现象。水泥假凝是指水泥颗粒遇到温度较高的热水时,颗粒表面很快形成薄而硬的壳,阻止水泥与水的水化作用的进行,使水泥水化不充分,从而使新拌混凝土拌合物的和易性下降,导致混凝土强度下降。

混凝土拌合物及组成材料的加热最高允许温度按表 10.1 采用。

表 10.1　拌合水及骨料的最高温度

项目	水泥强度等级	拌合水(℃)	骨料(℃)
1	42.5 以下	80	60
2	42.5、42.5R 及以上	60	40

④ 钢筋焊接和冷拉施工,气温不宜低于 $-20℃$。预应力钢筋张拉温度不宜低于 $-15℃$。钢筋焊接应在室内进行,若必须在室外进行时,应有防雨雪和挡风措施。焊接后冷却的接头应避免与冰雪接触。

(2)混凝土的搅拌、运输、浇筑

冬期施工中外界气温低,由于空气和容器的热传导作用,混凝土在搅拌、运输和浇筑过程中应加强保温,防止热量损失过大。

① 混凝土的搅拌

混凝土的搅拌应在搭设的暖棚内进行,应优先采用大容量的搅拌机,以减少混凝土的热量损失。搅拌前,用热水或蒸汽冲洗加热搅拌筒;在搅拌过程中,为使新拌混凝土混合均匀,水泥水化作用完全充分,搅拌时间比常温规定的时间延长 50%,并严格控制搅拌用水量。为了避免水泥与过热的拌合水发生"假凝"现象,材料的投料顺序为:先将水和砂石投入拌和,然后再加水泥。混凝土拌合物的温度应控制在 35℃ 以下。

② 混凝土的运输

混凝土的运输时间和距离应保证混凝土不离析,不丧失塑性,尽量减少混凝土在运输过程中的热量损失,缩短运输路线,减少装卸和转运次数;使用大容积的运输工具,并经常清理,保持干净;运输的容器四周必须加保温套和保温盖,尽量缩短装卸操作时间。

③ 混凝土的浇筑

混凝土浇筑前,要对各项保温措施进行一次全面检查;应清除模板和钢筋上的冰雪和污垢,尽量加快混凝土的浇筑速度,以防止热量散失过多。混凝土拌合物的出机温度不宜低于 10℃,入模温度不得低于 5℃,混凝土养护前的温度不得低于 2℃。

制订浇筑方案时,应考虑集中浇筑,避免分散浇筑;浇筑过程中工作面尽量缩小,减少散热面;采用机械振捣的振捣时间比常温时间有所延长,尽可能提高混凝土的密实度;保温材料随浇随盖,保证有足够的厚度,互相搭接之处应当特别严密,防止出现孔洞或空隙缝,以免空气进入造成质量事故。

冬期不得在强冻胀性地基上浇筑混凝土,这种土冻胀变形大,如果地基土遭冻必然会引起混凝土的变形并影响其强度。在弱冻胀性地基上浇筑时,应采取保温措施,以免基土遭冻。

开始浇筑混凝土时,要做好测温工作,从原材料加热直至拆除保温材料为止,对混凝土出机温度、运输过程的温度、入模时的温度以及保温过程的温度都要经常测量,每天至少测量 4 次,并做好记录。在施工过程中,要经常与气象部门联系,掌握每天气温情况,如有气温变化,要采取加强保温措施。

10.2.4 混凝土冬期施工方法的选择

混凝土冬期施工方法是保证混凝土在硬化过程中不发生早期受冻,在正温养护条件下达到临界强度的各种措施。混凝土冬期施工方法的选择,应根据当地历年气象资料和近期的气象预报、结构物特点、原材料及能源情况,以及进度要求、现场施工条件等情况,综合分析、研究比较后决定。混凝土冬期施工常用的方法有:蓄热保温法、外加剂和早强水泥法、外部加热法和综合蓄热法等。

10.2.4.1 蓄热保温法

蓄热保温法是将混凝土的原材料(水、砂、石)预先加热,经过搅拌、运输、浇筑成型后的混凝土仍能保持一定的正温度,以适当材料覆盖保温,防止热量散失过快,充分利用水泥的水化热,使混凝土在正温条件下增长强度。在混凝土冷却到 0℃ 以前,达到允许受冻临界强度。常采用的保温材料是保温效果好、价格低廉、来源广的地方材料,如草帘、草袋、锯末、炉渣等。保温材料施工贮存中应防雨防潮,保持干燥,以免降低保温性能。

蓄热保温法养护具有施工工艺简单、节约设备、冬期施工费用低及适应性强的优点,在冬期施工中普遍采用,但需要的养护期较长。当室外温度不低于 −15℃ 时,地面以下工程或结构表面系数小于 $5m^{-1}$ 的地上结构,以及冻结期不太长的地区,都可以优先采用蓄热保温法施工。

10.2.4.2 综合蓄热法

综合蓄热法是在蓄热保温法的基础上,在配制混凝土时采用快硬早强水泥,或掺用早强外加剂;在养护混凝土时采用早期短时加热,或采用棚罩加强围护保温,以延长正温养护期,加快混凝土强度的增长。

综合蓄热法可分为低蓄热养护和高蓄热养护两种方式。低蓄热养护主要以使用早强水泥或掺低温早强剂、防冻剂为主，使混凝土在缓慢冷却至冰点前达到允许的受冻临界强度。当日平均气温不低于 $-15℃$，表面系数为 $6\sim12\text{m}^{-1}$，选用高效保温材料时，宜采用低蓄热养护。高蓄热养护除掺用外加剂外，还以采用短时加热为主，使混凝土在养护期内达到要求的受荷强度。当日平均气温低于 $-15℃$，表面系数大于 13m^{-1} 时，宜采用短时加热的高蓄热养护，也常用于抢险工程。

采用综合蓄热法应进行热工计算，原材料应进行加热，以提高混凝土入模温度，一般控制温度为 $20℃$ 左右；外加剂要慎重选择，并经试验确定其掺入量；合理地选择干燥高效的保温材料。

10.2.4.3　掺外加剂的混凝土冬期施工方法

在混凝土制备过程中，掺入适量的单一或复合型的外加剂（如防冻剂、早强剂、减水剂、阻锈剂），使混凝土短期内在正温或负温下，养护硬化达到混凝土受冻临界强度或设计要求的强度。外加剂的作用是使混凝土产生早强、减水防冻的效果；在负温下，加速混凝土的凝结硬化。掺外加剂法可使混凝土冬期施工工艺简化，节约能源，降低冬期施工费用，是冬期施工中有发展前途的一种施工方法。

（1）掺氯盐混凝土

用氯盐（氯化钠、氯化钾）溶液配制的混凝土，具有加速混凝土凝结硬化，提高早期强度，增加混凝土抗冻能力的性能，有利于在负温下硬化，但氯盐对混凝土及钢筋有腐蚀作用。为了确保钢筋混凝土结构中钢筋不会产生由氯盐引起的锈蚀，钢筋混凝土中氯盐掺量不得超过水泥用量的 1%（按无水状态计算）；在无筋混凝土中，用热拌材料拌制时，氯盐掺量不得大于拌合水质量的 15%。为了防止钢筋锈蚀，可加入水泥质量 2% 的亚硝酸钠阻锈剂。

在下列情况下，不得在钢筋混凝土中掺用氯盐：

① 在高湿度空气环境中使用的结构，如排出大量蒸汽的车间、澡堂、洗衣房和经常处于空气相对湿度大于 80% 的房间以及有顶盖的钢筋混凝土蓄水池；

② 处于水位升降部位的结构；

③ 露天结构或经常受水淋的结构；

④ 有镀锌钢材或铝铁相接触部位的结构，以及有外露钢筋、预埋件但无防护措施的结构；

⑤ 与含有酸、碱和硫酸盐等侵蚀性介质相接触的结构；

⑥ 使用过程中经常处于环境温度为 $60℃$ 以上的结构；

⑦ 使用冷拉钢筋或冷拔低碳钢丝的结构；

⑧ 薄壁结构，中级或重级工作制吊车梁、屋架、落锤及锻锤基础等结构；

⑨ 电解车间和直接靠近直流电源的结构；

⑩ 直接靠近高压电源（发电站、变电所）的结构；

⑪预应力混凝土结构。

掺氯盐混凝土施工时的注意事项：

① 应选用强度等级大于 42.5MPa 的普通硅酸盐水泥，水泥用量不得少于 280kg/m^3，水胶比不应大于 0.55；

② 氯盐应配制成一定浓度的水溶液，严格计量加入，搅拌要均匀，搅拌时间应比普通混凝土搅拌时间增加 50%；

③ 混凝土浇筑必须在搅拌出机后40min浇筑完毕,以防凝结,混凝土振捣要密实;

④ 掺氯盐混凝土不宜采用蒸汽养护;

⑤ 由于氯盐对钢筋有锈蚀作用,应用时应加入水泥质量2%的亚硝酸钠阻锈剂,钢筋保护层厚度不小于30mm。

(2)负温混凝土

负温混凝土指采用复合型外加剂配制的混凝土。在施工过程中,按实际情况选择对原材料加热、保温或蓄热养护等措施,可以起到减水、增强及阻止钢筋锈蚀等作用,使混凝土在负温条件下短期养护后达到允许受冻临界强度。

① 负温防冻复合外加剂

一般由防冻剂、早强剂、减水剂、引气剂和阻锈剂等复合而成,其成分组合有以下三种情况:

A. 防冻组分＋早强组分＋减水组分

B. 防冻组分＋早强组分＋引气组分＋减水组分

C. 防冻组分＋早强组分＋减水组分＋引气组分＋阻锈组分

选择负温防冻剂方案的具体要求是:外加剂对钢筋无锈蚀作用;对混凝土腐蚀无影响;早期强度高,后期强度无损失。

目前,外加剂与水泥的有些作用机理还不十分清楚,外加剂的质量标准尚无统一规定,使用外加剂前必须经过试验,符合要求后,方可使用。

混凝土冬季施工常用的外加剂有:

早强剂——能加速水泥硬化速度,提高早期强度,且对后期强度无显著影响。如氯化钙、氯化钠、硫酸钠、硫酸钾、三乙醇胺、甲醇、乙醇等。

防冻剂——在一定负温条件下,能显著降低混凝土中液相的冰点,使其游离态的水不冻结,保证混凝土不遭受冻害;且在一定时间内,使混凝土获得预期强度的外加剂称为防冻剂。常用效果较好的防冻剂有氯化钠、亚硝酸钠。

减水剂——在不影响混凝土和易性的条件下,具有减水增强特性的外加剂。可以降低用水量,减小水胶比。常用的减水剂有:木质素磺酸盐类、多环芳香族磺酸盐类。

引气剂——经搅拌能引入大量分布均匀的微小气泡,改善混凝土的和易性;在混凝土硬化后,仍能保持微小气泡,改善混凝土的和易性、抗冻性和耐久性。常用的有松香树脂类。

阻锈剂——可以减缓或阻止混凝土中钢筋及金属预埋件锈蚀作用的外加剂。常用的有:亚硝酸钠、亚硝酸钙、铬酸钾等。亚硝酸钠与氯盐同时使用,阻锈效果最佳。

② 负温混凝土施工

A. 宜优选水泥强度等级不低于42.5MPa的硅酸盐水泥或普通硅酸盐水泥,不宜采用火山灰水泥,禁止使用高铝水泥。

B. 防冻复合剂的掺量应根据混凝土的使用温度而定(指掺防冻剂混凝土施工现场5～7d内的最低温度),其掺量应符合表10.2中的规定。

C. 防冻剂应配制成规定浓度的溶液使用,配制时应注意:氯化钙、硝酸钙、亚硝酸钙等溶液不可与硫酸溶液混合;减水剂和引气剂不可与氯化钙混合。钙盐与硫酸钠复合使用时,先加入钙盐溶液搅拌一定时间,再投入硫酸钠溶液,并延长搅拌时间拌和均匀;对于氯化钙与引气剂、减水剂复合配方,投料时应先加入氯化钙溶液搅拌,出料前再加入引气剂和减水剂。

表 10.2　防冻剂的常用掺量

规定温度(℃)	常用掺量(%)	备　注
−5 −10 −15 −20	4 7 10 15	1. 复合防冻剂掺量包括各组分掺量之和； 2. $CaCl_2$、NaCl 单独使用时，可用在 −5℃ 以上； 3. $NaNO_2$ 可用在 −10℃ 以上； 4. 硝酸盐可用在 −10℃ 以上； 5. 早强剂、减水剂、引气剂均计算在防冻剂中

注：规定温度是指掺防冻剂混凝土内部的最低温度。

D. 在钢筋混凝土和预应力混凝土工程中，应掺用无氯盐的防冻复合外加剂。

E. 必须设专人配制、保管防冻复合剂，严格执行规定掺量，搅拌时间比正常时间延长 50%，混凝土出机的温度不应低于 7℃。

F. 混凝土入模温度应控制在 5℃ 以上，浇筑与振捣要衔接紧密，连续作业。初期养护要严防受冻，温度不得低于防冻剂的规定温度。在负温条件下养护时，必须覆盖严密，不允许浇水。

10.2.4.4　混凝土人工加热养护

若在一定龄期内采用蓄热保温法达不到要求时，可采用蒸汽、暖棚、电热等人工加热养护，为混凝土硬化创造条件。人工加热需要相应设备且费用较高，采用人工加热与保温蓄热或掺外加剂结合，常能获得较好效果。

(1)蒸汽加热养护法

蒸汽加热养护是利用低压(小于 0.07MPa)饱和蒸汽对混凝土结构构件均匀加热，在适当温度和湿度条件下，以促进水化作用，使混凝土加快凝结硬化，可以在较短养护时间内，获得较高强度或达到设计要求的强度。蒸汽加热养护法适用于平均气温低、构件表面系数较大、养护时间要求短的混凝土工程，多用于预制构件厂的养护，对于现浇框架及其构件也可用蒸汽加热养护。

① 内热法　在构件内部预留孔道，让蒸汽通入孔道加热养护混凝土；加热时，混凝土温度宜控制在 30~60℃ 范围内。待混凝土强度达到要求强度后，用砂浆或细石混凝土利用压力灌入气孔中并加以封闭。常用于厚度较大的构件和框架结构。

② 蒸汽室法　利用坑槽或砌筑的蒸汽室通入蒸汽加热混凝土。蒸汽室法温度易于控制，施工简便，养护时间短，但耗汽量大，要注意冷却水的排除，适用于基础、设备基础混凝土的养护。

③ 蒸汽套法　构件模板外再加一层密封套模，在模板与套模之间留有 150mm 的孔隙，从下部通入蒸汽养护混凝土，套内温度可达 30~40℃。采用分段送汽时温度易控制，加热均匀，养护时间短，但设备复杂，费用高。只有在特殊要求条件下才使用。

采用蒸汽加热养护法应注意的问题：

① 采用蒸汽养护时，普通硅酸盐水泥混凝土养护的最高温度不得超过 80℃，矿渣硅酸盐水泥混凝土养护温度可达到 80~85℃。

② 制订合理的蒸汽制度，包括预养、升温、恒温、降温等几个阶段。

预养是指混凝土从浇筑完毕到升温前的一段养护时间，使混凝土达到一定的强度，能承受因升温热膨胀而对混凝土结构产生的破坏作用。

升温阶段是指混凝土由养护初始温度升到恒温养护温度的一段时间；降温阶段是指停止

蒸汽养护到降至常温的一段时间。在降温阶段,混凝土失水干缩,内外温差会使混凝土表面产生裂缝。

混凝土的升温、降温速度不得超过表10.3规定。

表 10.3　加热养护混凝土的升降温速度

项　次	表面系数(m⁻¹)	升温速度(℃/h)	降温速度(℃/h)
1	≥6	15	10
2	<6	10	5

③ 蒸汽应采用低压(不大于 0.07MPa)饱和蒸汽,加热时应使混凝土构件受热均匀,并注意排除冷却水和防止结冰。

④ 拆模必须待混凝土冷却到+5℃以后进行。如果混凝土与外界温度相差大于20℃时,拆模后的混凝土表面应用保温材料覆盖,使混凝土表面缓慢冷却。

(2)电热法

电热法是在混凝土结构的内部或外表设置电极,通以低电压电流,由于混凝土的电阻作用,电能变为热能加热养护混凝土。电热法设备简单,施工方便,热量损失小,易于控制,但耗电量大,目前多用于局部混凝土养护。

① 电热方法可分为内部加热和表面加热两种形式。

内部电极加热是在混凝土构件中,按 200~400mm 间距埋设 $\phi6$~$\phi12$ 钢筋作为电极,通以 50~110V 的低压电流,利用新浇筑混凝土的良好导电性,使电能转换成热能,对混凝土进行加热养护;埋设电极时,应注意防止电极与构件内钢筋接触而引起短路。

表面电极加热是将薄钢板间隔一定距离固定在模板内侧作为电极,对新浇混凝土通电加热养护,适用于梁、柱等较薄构件的混凝土养护。电极板固定在模板上,可以重复使用,安装时要避免与构件的钢筋接触。表面电极加热法一般宜采用的工作电压为 50~110V;无筋结构和含钢量小于 50kg/m³ 的结构中,工作电压可采用 120~220V。

② 表面电热器加热法是利用板形电热器贴在模板内侧,通电后加热混凝土表面达到养护的目的。由于是直接加热,施工过程中要防止表面过热而发生脱水现象。

③ 电磁感应加热法是以交流电通过缠绕在结构模板表面上的连续感应线圈,在钢模板和钢筋中产生涡流电流,由于钢模板及钢筋的电阻而使之发热,并传至混凝土中,这对配筋较密的整体式钢筋混凝土结构的加热养护十分有利。电磁感应加热温度均匀,热效率高,但要使用专用模板。

电热法施工应注意以下几个方面:

A. 电热法施工宜选用强度等级不大于 42.5MPa 的普通硅酸盐水泥、矿渣硅酸盐水泥及火山灰硅酸盐水泥。

B. 电极加热法应采用交流电,不允许采用直流电,因为直流电会引起电解和锈蚀。

C. 电极加热到混凝土强度达设计强度的 50% 时,电阻增加许多倍,耗电量增加,但养护效果并不显著。为节省电能,混凝土加热至设计强度的 50% 时,应停止加热养护。

D. 电热养护应在混凝土浇筑完毕,覆盖好外露混凝土表面后立即进行。混凝土升温与降温速度应符合表 10.3 的规定,电热养护温度应符合表 10.4 的规定。

表 10.4   电热养护混凝土的温度

水泥强度等级	结构表面系数（m^{-1}）		
	<10	10～15	>15
42.5MPa	40℃	40℃	35℃

　　E. 电热养护属于干热养护，要防止出现养护温度过高而使混凝土发生脱水的现象。养护过程中，要观测混凝土外表温度，当表面干燥发白时，应立即断电，浇温水湿润养护。

　　10.2.4.5 混凝土冬期施工温度测定和质量检查

　　(1)温度测定

　　为了使混凝土满足热工计算所规定的成型温度，保证混凝土在规定的时间内达到受冻临界强度，必须对骨料、水装入搅拌机时的温度，和混凝土搅拌、运输、浇筑成型时的温度进行临时测定和控制，每工作班至少要测定 4 次；室外及施工周围环境温度，在每天 2、8、14、20 时定时定点测 4 次，并与热工计算温度相对照，如果不符合，应采取相应措施。

　　采用蓄热保温法养护的混凝土每昼夜测定温度 4 次，测温点应在易冷却的部位；蒸汽加热养护的混凝土，升温期间每 1h 测量一次，恒温期间每 2h 测量一次，测温点设置在距离热源不同的部位；掺外加剂的混凝土，在强度未达到 3.5N/mm^2 以前，每 2h 测定一次，达到以后每 6h 测定一次。

　　测温人员同时巡视检查覆盖保温情况，测温结果应填在"冬期施工混凝土日报"上。测温时，应将仪表插入测温孔(管)中，留置时间不少于 3min，并应覆盖保温，读测应准确。

　　(2)混凝土质量检查

　　冬期混凝土工程施工除按《混凝土结构工程施工质量验收规范》(GB 50204—2015)的规定进行质量检查外，还应符合冬期施工的有关规定。

　　① 外加剂应经检查试验合格后选用，应有产品合格证或试验报告单；

　　② 外加剂应溶解成一定浓度的水溶液，按要求准确计量加入；

　　③ 检查水、砂骨料及混凝土出机的温度和搅拌时间；

　　④ 混凝土浇筑时，应留置两组以上与结构同条件养护的试块，一组用于检验混凝土受冻前的强度，另一组用于检验转入常温养护 28d 的强度。

10.3   土方工程的冬期施工

　　土遭受冻结后，机械强度增加，开挖困难，工效低；同时体积增大，会对浅基础建筑造成危害，所以要采用冬期施工防护措施。土方工程一般尽量安排在入冬前施工完毕，若必须在冬期施工，应根据本地区气温、土壤性质、冻结情况和施工条件，因地制宜采用经济和技术合理的施工方案。

10.3.1   地基土的保温防冻

　　对于季节性冻土，土层未达到冻结前，采取在土层表面覆盖保温材料或将表层土翻松等措施，使地基土免遭冻结或少遭冻结，这是土方冬期施工中最经济的保温防冻方法之一。

　　(1)翻松耙平土防冻法

　　入冬期，在挖土的地表层先翻松 25～40cm 厚表层土并耙平，其宽度应不小于土受冻后深度的两倍与基底宽之和(图10.1)。在翻松的土壤颗粒间存在许多封闭的孔隙,且充满了空气,因而降低了土层的导热性,有效防止或减缓了下部土层的冻结。翻松耙平土防冻法适用于-10℃以内、冻结期短、地下水位较低、地势平坦的地区。

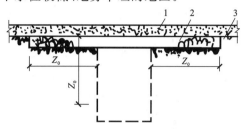

图 10.1 翻松耙平土防冻法

1—雪层厚度;2—耕深厚度;3—地表面;Z_0—最大冻结深度

(2)覆盖防冻法

在降雨量较大的地区,可利用较厚的雪层覆盖作保温层,防止地基土冻结,适用于大面积的土方工程。具体做法是,在地面上与主导方向垂直的方向设置篱笆、栅栏或雪堤(高度为0.5~1.0m,其间距为10~15m),人工积雪防冻(图10.2)。面积较小的沟槽(坑)土方工程,可以在地面上挖积雪沟(深300~500mm),并随即用雪将沟填满,以防止未挖土层冻结(图10.3)。

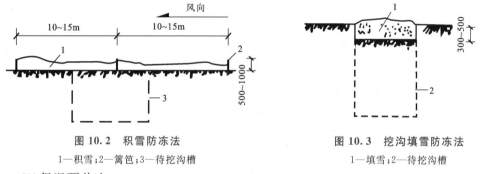

图 10.2 积雪防冻法

1—积雪;2—篱笆;3—待挖沟槽

图 10.3 挖沟填雪防冻法

1—填雪;2—待挖沟槽

(3)保温覆盖法

面积较小的基槽(坑)的地基土防冻,可在土层表面直接覆盖炉渣、锯末、草垫等保温材料,其宽度为土层冻结深度的两倍与基槽宽度之和(图10.4)。

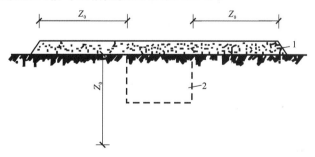

图 10.4 保温覆盖法

1—保温材料;2—未开挖的基坑;Z_0—最大冻结深度

10.3.2 冻土的融化

冻结土的开挖比较困难,可用外加热能融化后挖掘。这种方式只有在面积不大的工程上采用,费用较高。

(1) 烘烤法

常用锯末、谷壳等作燃料,在冻土层表面引燃木柴后,铺撒 250mm 厚的锯末,上面铺压 30～40mm 厚土层,作用是使锯末不起火苗地燃烧,其热量经一昼夜可融化土层 300mm。如此分段分层施工,直至挖到未冻土为止。

(2) 循环针法

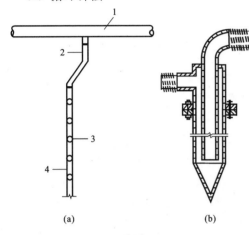

图 10.5   循环针法

(a) 蒸汽循环针;(b) 热水循环针

1—主管;2—连接胶管;3—蒸汽孔;4—支管

循环针法分蒸汽循环针法和热水循环针法两种(图 10.5)。

蒸汽循环针法是用机械钻孔,孔径 50～100mm,孔深视土冻结深度而定,间距不大于 1m,将管壁上钻有孔眼的蒸汽管循环针埋入孔中,通入低压蒸汽,一般 2h 就能融化直径 500mm 范围的冻土。其优点是融化速度快,缺点是热能消耗大,土融化后过湿。

热水循环针是用 $\phi60$～$\phi150$mm 的双层循环水管制作,呈梅花形布置埋入冻土中,通过 40～50℃的热水循环来融化冻土,适用于大面积融化冻土。

融化冻土应按开挖顺序分段进行,每段大小应与每天挖土的工程量相适应,挖土应昼夜连续进行,以免因间歇而使地基重新遭受冻结。

开挖基槽(坑)施工中,应防止基槽(坑)基础下的基土遭受冻结,可在基土标高以上预留适当厚度的松土层或覆盖一定厚度的保温材料。冬期开挖土方时,邻近建筑物地基或地下设施应采取防冻措施,以免冻结破坏。

10.3.3   冻土的开挖

冻结土的机械强度高,直接开挖宜采用剪切法,先破碎表面冻土,然后进行挖掘。开挖方法有人工法、机械开挖冻土法、爆破冻土法三种。

(1) 人工法

人工开挖是用铁锤将铁楔块打入,将冻土劈开。人工开挖时,工人劳动强度大,工效低,仅适用于小面积基槽(坑)的开挖。

(2) 机械开挖冻土法

依据冻土层的厚度和工程量大小,选择适宜的破土机械施工。

① 冻土层厚度小于 0.25m 时,可直接用铲运机、推土机、挖土机挖掘。

② 冻土层厚度为 0.6～1.0m 时,用打桩机将楔形劈块按一定顺序打入冻土层,劈裂破碎冻土;或用起重设备将重 3～4t 的尖底锤吊至 5～6m 高时,脱钩自由落下,可击碎 1～2m 厚的冻土层,然后用斗容量大的挖土机进行挖掘。适用于大面积的冻土开挖(图 10.6)。

③ 小面积冻土施工,用风镐将冻土打碎后,人工或机械挖除。

(3) 爆破冻土法

冻土深度达 2m 左右时,采用打炮眼、填药的爆破方法将冻土破碎后,用机械挖掘施工。爆破冻土法适用于面积较大、冻土层较厚的坚土层施工。

冻土爆破必须在专业技术人员指导下进行,要认真执行爆破安全的有关规定,严格对爆破器材的运输、贮存、领取及使用的管理。施工前应做好准备工作,计算安全距离,设置警戒哨等,做到安全施工。

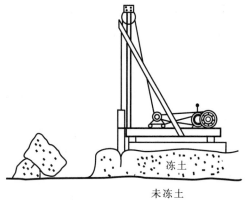

图 10.6 松冻土的打桩机

10.3.4 冬期回填土施工

由于冻结土块坚硬且不易破碎,回填过程中又不易被压实,待温度回升、土层解冻后会造成较大的沉降。为保证工程质量,冬期回填土施工应注意以下事项:

① 冬期填方前,要清除基底的冰雪和保温材料,排除积水,挖除冻块或淤泥。

② 对于基础和地面工程范围内的回填土,冻土块的含量不得超过回填总体积的 15%,且冻土块的粒径应小于 15cm。

③ 填方宜连续进行,且应采取有效的保温防冻措施,以免地基土或已填土受冻。

④ 填方时,每层的虚铺厚度应比常温施工时减少 20%~25%。

⑤ 填方的上层应用未冻的、不冻胀或透水性好的土料填筑。

10.4 砌体工程冬期施工

《砌体结构工程施工质量验收规范》(GB 50203—2011)规定:当室外日平均气温连续 5d 稳定低于 5℃时,砌体工程应采取冬期施工措施。冬期施工期限以外,当日最低气温低于 0℃时,也应采取冬期施工措施。气温根据当地气象资料确定。

10.4.1 砌体工程冬期施工的一般规定和要求

(1)砖石砌体冬期施工所用材料应符合下列规定:

① 在砌筑前,砖和石材应清除冰霜;

② 砂浆宜采用普通硅酸盐水泥拌制;

③ 石灰膏应防止受冻,如遭受冻结,待融化后,方可使用;

④ 拌制砂浆所用的砂,不得含有冰块和直径大于 10mm 的冻渣块;

⑤ 拌和砂浆时,水的温度不得超过 80℃,砂的温度不得超过 40℃。

(2)冬期施工的一般要求:

① 冬期施工不得使用无水泥拌制的砂浆;砂浆拌制应在暖棚内进行,拌制砂浆温度不低于 5℃,搅拌时间适当延长。

② 在负温条件下砌筑砖石工程时,可不浇水湿润,但必须适当增加砂浆的黏度。

③ 抗震设计烈度为 9 度的建筑物,普通砖和空心砖无法浇水湿润时,无特殊措施,不得砌筑。

④ 应按"三一砌砖法"操作,组砌方式优先采用一顺一丁法。

⑤ 砖石工程冬期施工应以掺盐砂浆法为主,对绝缘、装饰等方面有特殊要求的工程,应采用冻结法或其他施工方法。

⑥ 当地基为不冻胀土时,可在冻结的地基上砌筑基础;当地基为冻胀性土时,必须在未冻的地基上砌筑;在施工时和回填土前,均应防止地基遭受冻结。

⑦ 冬期施工中,每日砌筑后,应在砌体表面覆盖草袋等保温材料。

10.4.2　砖石砌体工程冬期施工方法

(1)掺盐砂浆法

在砌筑砂浆内掺加一定数量的抗冻化学剂,降低水溶液冰点,使砂浆在负温下不冻结,且强度能够继续增长,或在砌筑后慢慢受冻;在冻结前应达到一定的强度(20%以上),解冻后砂浆强度与粘结力仍与在常温下一样继续增长,强度损失很小。

掺盐砂浆中的抗冻化学剂有氯化钠、氯化钙、亚硝酸钠、硫酸钠等,其中以氯化钠应用最广。但氯盐会使砌体析盐、吸湿而降低其保温性能,并对钢铁有腐蚀作用,所以常限制其用量和使用范围。下列工程严禁采用掺盐砂浆法施工:

① 对装饰材料有特殊要求的建筑物;

② 使用时,相对湿度大于80%的建筑物;

③ 接近高压电路的建筑物(如变电站);

④ 热工要求高的建筑物;

⑤ 配筋砌体(指配有受力钢筋);

⑥ 处于地下水位变化范围以内,以及在水下未设防水保护层的结构。

砂浆中的掺盐量应按表10.5的规定选用。

表 10.5　砂浆掺盐量(占用水量的%)

日最低气温(℃)			≥−10	−11~−15	−16~−20
单 盐	食 盐	砌 砖	3	5	7
		砌 石	4	7	10
双 盐	食 盐	砌 砖			5
	氯化钙				2

注:掺量以无水盐计。

对于配筋砌体,为了防止钢筋锈蚀,应采用亚硝酸钠或硫酸钠等复合外加剂;钢筋也可以涂防锈漆2~3遍,以防止锈蚀。

掺盐砂浆施工中,当日最低气温低于或等于−15℃时,砌筑承重砌体的砂浆强度等级应比常温施工提高一级;当日最低气温低于−20℃时,砌筑工程不宜施工。拌和砂浆时,对原材料进行加热,优先加热水,当水加热不能满足温度要求时,再进行砂子加热。拌和时,其投料顺序是:水和砂先拌和后,再投入水泥,以免较高温度的水与水泥直接接触而产生"假凝"现象。

(2)冻结法

冻结法是将拌合水预先加热,其他材料在拌和前应保持正温,不掺用任何抗冻化学试剂;拌成的砂浆,允许在砌筑砌体后遭受冻结。受冻砂浆可获得较大的冻结强度,并随气温的降低其冻结强度增加;气温升高,砌体融化,砂浆强度接近于零;气温转入正温后,水泥水化作用又重新进行,砂浆强度继续增长。

冻结法施工适用于对保温、绝缘、装饰等有特殊要求的工程。

冻结法施工注意事项:

① 冻结法的砂浆使用温度不应低于 10℃,当日最低气温高于或等于－25℃时,对砌筑承重砌体的砂浆强度等级应比常温施工时提高一级;当日最低气温低于－25℃时,则应提高两级。

② 砌体解冻时,增加了砌体的变形和沉降,对空斗墙、毛石墙、承受侧后力的砌体,以及在解冻期间可能承受振动或动力荷载的砌体结构不宜采用冻结法施工。

③ 采用冻结法施工,应会同设计单位制订在施工过程中和解冻期内必要的加固措施。

④ 为了保证砌体在解冻时正常沉降、稳定和安全,应遵守下列规定:

A. 冻结法宜采用水平分段施工,每日砌筑高度及临时间断处高度均不得大于 1.2m;

B. 砌体水平灰缝不宜大于 10mm;

C. 跨度大于 0.7m 的过梁,应采用预制过梁;

D. 门窗框上部应留 3～5mm 的空隙,作为化冻后的预留沉降量。

⑤ 在解冻期间,应经常对砌体进行观测和检查,如发现裂缝、不均匀下沉等现象时,应分析原因并立即采取加固措施。

(3)其他冬期施工方法

暖棚法是利用廉价的保温材料搭设简易结构的保温棚,将砌筑的现场封闭起来,使砌体在正温条件下砌筑和养护。在棚内装热风设备或生炉火,温度不得低于 5℃,养护时间不少于 6d。主要应用于地下室墙、挡土墙、局部性事故修复的砌体工程。

蓄热保温法用于气温在－10～－5℃不太寒冷的地区,或初春季节的砌体工程。利用对水、砂材料的加热,使拌合砂浆在正温条件下砌筑,并立即覆盖保温材料,使砌体在正温条件下达到设计强度的 20%。

10.5 雨期施工

连绵不断的小雨会给建筑工程施工带来许多困难和不便,影响工程质量和进度。如果施工中的土方、基础、钢筋混凝土、砌体、装饰工程遭到暴风雨的袭击,会造成土壁护坡滑移塌方、地基土受浸泡而承载能力降低,已施工的地下室、池罐上浮移位,模板支撑系统沉降及砌体倒塌等事故,带来重大的经济损失。因此,建筑工程的雨期施工以预防为主,应根据施工地区雨期的特点及降雨量,现场的地形条件,建筑工程的规模和在雨期施工的分项工程的具体情况,通过研究分析制订切实有效的雨期预防措施和施工技术措施。雨期前,充分做好思想准备和物质准备,把雨期造成的损失减至最小,同时保证要求的施工进度。

10.5.1 雨期施工准备

(1)降水量大的地区在雨期到来之际,施工现场、道路及设施必须做好有组织的排水措施;临时排水设施尽量与永久性排水设施结合使用;修筑的临时排水沟网要依据自然地势确定排水方向,排水坡度一般不应小于 3%,横截面尺寸依据当地气象资料、历年最大降水量、施工期内的最大流量确定,做到排水通畅,雨停水干。要防止地面水流入基础和地下室内。

(2) 施工现场的临时设施、库房要做好防雨排水的准备;水泥、保温材料、铝合金构件、玻璃及装饰材料要做好保管堆放,要注意防潮、防雨和防止水的浸泡。

(3) 现场的临时道路必要时要加固、加高路基,路面在雨期要加铺炉渣、砂砾或其他防滑材料。

(4) 准备足够的防水、防汛材料(如草袋、油毡雨布等)和器材工具等,组织防水、防汛抢险队伍,统一指挥,以防发生紧急事件。

10.5.2   土方基础工程的雨期施工

(1) 雨期不得在滑坡地段进行施工;要遵循先整治、后开挖的施工程序。重要的和特殊的土方工程尽可能安排在雨期前施工。

(2) 地槽、地坑开挖的雨期施工面不宜过大,应逐段逐片分期完成,基底挖到标高后,应及时验收并浇筑混凝土垫层;若可能遇雨天,应预留基底标高以上 150～300mm 厚的土层不挖,待雨后排出积水后再施工。

(3) 开挖土方应从上至下分层分段依次施工,底部随时做成一定的坡度,以利于泄水。填方工程每层及时压实平整,并做成一定的坡度,以利于场地雨水的排出。

(4) 雨期施工中,应经常检查边坡的稳定情况,遇有可能发生塌方的情况,须进行加固处理后再继续施工,必要时适当放缓边坡或设置支撑加固。

(5) 防止大型基坑开挖土方工程的边坡被雨水冲刷造成塌方,要依据基础工程的工期、雨期降雨量和土质情况,采取在边坡上覆盖草袋、塑料雨布等保护措施;施工期长、降雨量大时,可在边坡钉挂钢丝网,捣制 50mm 厚的细石混凝土保护层。

(6) 地下的池、罐构筑物或地下室结构,完工后应抓紧基坑四周回填土施工和上部结构继续施工,使荷载达到满足抗浮稳定系数,以防基坑积满水造成池、罐及地下室上浮倾斜事故。施工过程中遇上大雨时,要用水泵抽水,及时有效地降低坑内积水高差;如仍不能满足要求,应迅速将积水灌回箱型结构之内,以提高抗浮能力。

10.5.3   混凝土工程的雨期施工

(1) 加强对水泥材料防雨防潮工作的检查,对砂石骨料进行含水量的测定,及时调整施工配合比。

(2) 加强对模板有无松动变形及隔离剂的情况的检查,特别是对其支撑系统的检查,如支撑下陷、松动,应及时加固处理。

(3) 重要结构和大面积的混凝土浇筑应尽量避开在雨天施工,施工前,应了解 2～3d 的天气情况。

(4) 小雨时,混凝土运输和浇筑均要采取防雨措施,随浇筑随振捣,随覆盖防水材料。遇大雨时,应提前停止浇筑,按要求留设好施工缝,并把已浇筑部位加以覆盖,以防雨水的进入。

10.5.4   砌体工程的雨期施工

(1) 雨期施工中,砌筑工程不准使用过湿的砖,以免砂浆流淌和砖块滑移造成墙体倒塌,每日砌筑的高度应控制在 1m 以内。

(2) 砌筑施工过程中,若遇雨应立即停止施工,并在砖墙顶面铺设一层干砖,以防雨水冲走灰缝中的砂浆;雨后,受冲刷的新砌墙体应翻砌上面的两皮砖。

(3)稳定性较差的窗间墙、山尖墙,砌筑到一定高度后应在砌体顶部加水平支撑,以防阵风袭击,维护墙体整体性。

(4)雨水浸泡会引起脚手架底座下陷而倾斜,雨后施工要经常检查,发现问题及时处理、加固。

10.5.5 施工现场防雷

为防止雷电袭击,雨期施工现场内的起重机、井字架、龙门架等机械设备,若在相邻建筑物、构筑物的防雷装置的保护范围以外,应安装防雷装置。

施工现场的防雷装置由避雷针、接地线和接地体组成。

避雷针安装在高出建筑物的起重机(塔吊)、人货电梯、钢脚手架的顶端上。

接地线可用截面积不小于 $16mm^2$ 的铝导线,或截面积不小于 $12mm^2$ 的铜线,也可用直径不小于 8mm 的圆钢。

接地体有棒形和带形两种。棒形接地体一般采用长度 1.5m,壁厚不小于 2.5mm 的钢管或 L 5×50 角钢等,将其一端打光并垂直打入地下,其顶端离地面不小于 50cm。带形接地体可采用截面积不小于 $50mm^2$,长度不小于 3m 的扁钢,平卧于地下 500mm 处。

防雷装置的避雷针、接地线和接地体必须双面焊接,焊接长度应为圆钢直径的 6 倍以上或扁钢宽度的 2 倍以上。施工现场内所有防雷装置的冲击接地电阻值不得大于 30Ω。

思 考 题

10.1 冬期施工有哪些特点?应遵守哪些原则?

10.2 解释混凝土冬期施工的临界强度。

10.3 雨期施工有什么特点?施工有哪些要求?

10.4 简述混凝土冬期施工原理。

10.5 混凝土冬期施工工艺有什么要求?

10.6 解释混凝土的蓄热保温法。

10.7 什么叫负温混凝土?混凝土冬期常用外加剂有哪些?各有什么作用?

10.8 混凝土冬期质量检查包括哪些内容?

10.9 试述地基土保温防冻的方法。

10.10 砌筑工程冬期施工掺盐砂浆法应注意哪些事项?

10.11 何谓冻结法施工?应注意哪些事项?

10.12 土方基础工程雨期施工应注意哪些问题?

模块 11　高层建筑施工

 知识目标

(1)高层施工特点、垂直运输设备和脚手架;
(2)高层基础基坑的支护结构及施工;
(3)高层建筑厚大体积混凝土浇筑及防止温度裂缝产生的措施;
(4)高层建筑的模板及支撑结构;
(5)泵送混凝土的特点及施工注意事项;
(6)高层建筑的施工安全及措施。

 技能目标

(1)编制基坑深度小于 6m 的施工方案;
(2)编制厚大体积混凝土的浇筑方案。

11.1　高层建筑及其施工特点

《建筑设计防火规范》(GB 50016—2014)规定:高层建筑是指建筑高度大于 27m 的住宅建筑和建筑高度大于 24m 的非单层厂房、仓库和其他民用建筑。高层建筑结构按使用材料划分,主要有钢筋混凝土结构、钢结构、钢-钢筋混凝土组合结构,其中以钢筋混凝土结构在高层建筑中的应用最为广泛。本章将介绍钢筋混凝土结构的高层建筑施工。钢筋混凝土的原材料来源广泛,用钢量低,结构刚度大,抗震及防火性能好,造价便宜。但也存在结构断面和自重大,施工工期长,施工现场用工多等问题。高层建筑按结构体系划分,有框架体系、剪力墙体系、框架-剪力墙体系和筒体体系(图 11.1)。在高层建筑中,水平荷载是主要控制因素,竖向承重结构必须同时满足强度和刚度的要求。

11.1.1　高层建筑的结构体系

(1)框架体系
框架体系是我国采用较早的一种梁、板、柱结构体系,其优点是建筑平面布置灵活,可以形成较大的空间,特别适用于各类公共建筑,建筑高度一般不超过 60m。但由于侧向刚度差,在高烈度地震区不宜采用。

(2)剪力墙体系
剪力墙体系是建筑物的内外纵横墙代替框架结构中的梁柱承受竖向荷载,及由水平荷载所引起的弯矩的结构体系。它承受水平荷载的能力较框架结构强,刚度大,水平位移小,现已

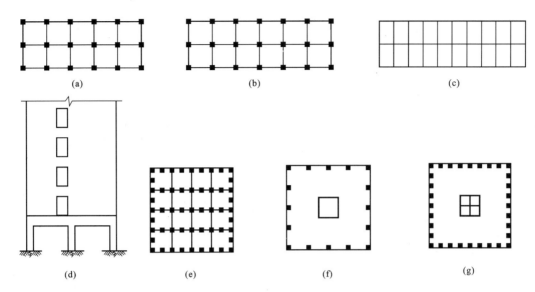

图 11.1　高层建筑结构体系

(a) 框架;(b) 框架-剪力墙;(c) 剪力墙;(d) 框肢;(e) 组合筒;(f) 框架-筒体;(g) 筒中筒

成为高层住宅建筑的主体,建筑高度可达 150m。但由于承重剪力墙过多,因此限制了建筑平面的灵活布置。

(3)框架-剪力墙体系

框架-剪力墙体系兼有框架和剪力墙体系的优点。它是在框架结构平面中的适当部位设置钢筋混凝土墙,常用楼梯间、电梯间墙体作为剪力墙而形成框架-剪力墙体系。它具有平面布置灵活,能较好地承受水平荷载,且抗震性能好的特点,适用于 15~30 层的高层建筑结构。

(4)筒体体系

筒体体系是由框架和剪力墙结构发展而成的空间体系,是由若干片纵横交错的框架或剪力墙与楼板连接围成的筒状结构。根据其平面布置、组成数量的不同,又可分为框架-筒体、筒中筒、组合筒三种体系。筒体结构在抵抗水平力方面具有良好的刚度,并能形成较大的空间,且建筑平面布置灵活。

11.1.2　高层建筑施工的特点

(1)基础埋置深度大

为了确保建筑物的稳定性,高层建筑的基础工程都有地下埋深嵌固要求。高度越高,基础就越深。在天然地基上,其埋置深度不宜小于建筑物高度的 1/12。这就给基坑的开挖和基础施工带来困难,一般都需采用挡土和加固等特殊的方法和工艺进行施工,因而工期较长,造价也较高。

(2)垂直运输量大

高层建筑垂直运输的特点是层数多,高度大;运送范围广,运量大且密集;运送材料品种繁多,同时施工工期紧。因而,高层建筑的施工速度,在很大程度上取决于垂直运输的能力。所以,合理选择和有效使用垂直运输设备,是保证施工进度的重要环节。

(3)浇筑钢筋混凝土工程是高层建筑施工的主导工程

高层建筑大量采用钢筋混凝土作结构材料,其工程量大,基础工程中的大体积混凝土的浇筑技术,以及墙体和楼盖的大模板、滑升模板、台模和隧道模工艺,在高层建筑施工中得到大量的采用和推广,因而在钢筋混凝土工程施工中采用浇筑混凝土新技术,合理地选择模板体系是提高工程质量、缩短工期、降低成本的主要途径之一。

11.2　高层建筑运输设备与脚手架

垂直运输设备是高层建筑机械化施工的主导机械,担负着大量的建筑材料、施工设备和施工人员垂直运输的任务。目前,我国高层建筑结构施工用垂直运输设备主要有塔式起重机、混凝土泵和施工电梯。

11.2.1　塔式起重机

塔式起重机具有塔身高度大,起重臂长(一般为 30~45m,可接长到 50~60m),可以覆盖广阔的空间,作业面大;能吊运各类建筑材料、建筑材料制品、构件及建筑设备,特别适合吊运长、大、重的构件;能同时进行起升、回转及行走,从而完成垂直运输和水平运输作业;具有多种工作速度、起重效率高,能满足高层建筑施工的要求。高层建筑施工用塔式起重机按功能分类有:附着式塔式起重机、爬升式起重机及行走式塔式起重机。

11.2.1.1　塔式起重机的选择

(1)塔式起重机的选择原则

① 塔吊参数应满足施工要求　对塔吊各主要参数应逐项检查,务必使所选用塔吊的幅度、起重量、起重力矩和起重吊钩高度等与施工要求相适应;

② 塔吊的生产效率应满足施工进度要求;

③ 充分利用现有机械设备,充分发挥塔吊效能,做到台班费用最省,经济效益好;

④ 选用塔吊要适应施工现场环境要求,便于进场安装、架设和拆除、退场。

(2)塔式起重机选择步骤

① 根据施工对象特点选定塔吊类型;

② 根据高层建筑的体型、平面尺寸及标准层面积,确定塔吊应具备的幅度及吊钩高度参数;

③ 根据建筑构件尺寸及质量,确定塔吊起重量和额定起重力矩参数;

④ 根据施工方法、施工工艺、现场条件及设计要求,确定塔吊单侧或双侧配置方案;

⑤ 根据计划进度、施工流水段划分及工程量和吊次的计算,确定塔吊配置台数、安装位置及轨道基础走向。

(3)注意事项

① 在确定塔吊形式及高度时,应考虑塔身的锚固点与建筑物的位置关系;塔臂的平衡臂是否影响臂架正常回转。

② 多台塔吊作业条件下,务必使彼此互不干扰,处理好相邻塔吊的高度差,防止两塔吊碰撞。一般先进场安装高度较低的塔式起重机,施工至一定高度后,再进场安装高度较高的塔式起重机。

③ 塔吊安装时,应保证顶升套架及锚固环的安装位置正确;同时考虑外脚架的搭设形式与挑出建筑物的距离,以免下回转塔吊回转时,其转台尾部与建筑物相撞。

11.2.1.2　附着式塔式起重机和爬升式塔式起重机

根据施工经验,下旋轨道塔式起重机用于 15 层以下的高层建筑;15 层以上的高层建筑常选用附着式塔式起重机;30 层以上的高层建筑优先考虑采用爬升式塔式起重机。

（1）附着式塔式起重机

附着式塔式起重机的塔身固定安装在建筑物外侧的钢筋混凝土基础上,随着塔身的升高,每隔 20m 左右用一套锚固装置与高层建筑结构相连接,以保证塔身的刚度和稳定。一般高度为 70～100m,特点是适合狭窄工地的施工。

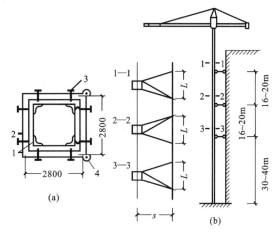

附着式塔式起重机的钢筋混凝土基础,必须根据所在位置的地质条件进行设计;设计时,依据塔式起重机在最大自由长度下的垂直力和弯矩来决定基础底面积,其基础有整体式和分块式两种做法。通过基础预埋的螺栓与塔身底座连接而固定在混凝土基础上。

图 11.2 锚固装置

(a) 锚固环;(b) 附着装置安装方式

1—塔身;2—锚固环;3—螺旋千斤顶;4—耳环

附着式塔吊的锚固装置由套在塔身上的锚固环、附着杆及固定在建筑结构上的锚固支座构成(图 11.2)。附着式塔吊锚固装置的安装与拆卸必须遵守有关安全操作规程的规定,在施工时应特别注意以下几点:

① 锚固环必须装设在塔身标准节对接处,或设置在水平腹杆断面处;锚固环必须牢固,紧紧地箍紧塔身结构,不得松脱。

② 建筑物上的锚固支座可安装在柱上或埋设在现浇混凝土墙板内,锚固点应紧靠楼板,其距离以不大于 20cm 为宜。

③ 安装和固定附着杆时,必须用经纬仪对塔身结构的垂直度进行检查。

④ 在塔式起重机使用过程中,应经常对锚固装置各个部位及连接件进行检查,如有松动或短缺,应立即加以紧固或补齐。

⑤ 降落塔身与拆除附着杆系应同步进行,严禁先期拆卸附着杆,再逐节拆卸塔身,以免大风造成塔身扭曲倒毁事故。

（2）爬升式塔式起重机

爬升式塔式起重机特别适宜于超高层建筑结构施工。它通过电梯或楼板预留开孔的空间进行爬升,一次可以爬升一层或两层楼;来自塔吊上部的荷载,通过支承系统和楔紧装置传给楼板结构。

爬升式塔吊塔身长度不变,底架通过伸缩支腿支承在建筑物上,借助一套液压式爬升机构,塔身随建筑物升高而向上爬升。爬升式起重机支承在建筑物的结构上,不仅产生垂直力,还有水平力偶;经计算,必要时需对结构进行加固,以承受起重机传来的荷载。

爬升式起重机进行爬升作业时,应注意以下事项:

① 根据爬升孔的尺寸和建筑结构的特点,确定楼板开孔尺寸,并准备合适的爬升框架。

② 通过变幅小车使塔吊起重臂与平衡臂方向平衡,以便塔身平稳爬升;爬升时,起重臂的指向应与液压爬升系统的横梁相垂直,禁止回转臂架。

③ 风速达 5 级以上时,不得进行爬升作业。

④ 爬升过程中如有异常响声或出现故障,必须立即停机检查,故障未经排除不得继续进

行爬升作业。

⑤ 爬升到要求的楼层后,应立即伸出塔身底座的支腿并锚固,并通过爬升框架承受塔吊传来的荷载。

⑥ 爬升作业完成后,必须经过周密检查,确认无异常后,方可投入正式使用。

爬升式起重机拆除比较困难,起重机在屋顶解体后,要逐一把构件和机械运到地面。因此,在起重机拆卸、解体和平稳地运到地面的过程中,既要注意安全操作,又要防止建筑结构受到损坏。

11.2.2　施工电梯

施工电梯是安装于高层建筑物外部,供运送施工人员和建筑器材的垂直提升机械。采用施工电梯运送施工人员,可减少工时损失,有利于劳动生产率的提高。因此,施工电梯在高层建筑施工中已被广泛采用。

施工电梯主要有两种,即单笼式和双笼式。一般载重量为 1t,可乘 12 人;重型可载重 2t,可乘 24 人。

高层建筑施工电梯的选择,应根据建筑物体型、面积、运输总量、工期要求以及施工电梯造价等确定。所选用的施工电梯必须效能好,可靠性高,其载重量、提升高度和提升速度等参数均要符合使用要求。

使用时应注意以下事项:

① 为使施工电梯充分发挥效能,其安装位置应满足:便于施工人员和物料的集散;便于安装和设置附墙装置;靠近电源,有良好的夜间照明。

② 严格对人货电梯运输的组织与管理。采取施工楼层相对集中,增加作业班次,白天以运送人员为主、晚上以运送材料为主等措施,缓解高峰时的运输矛盾。

11.2.3　高层建筑施工用脚手架

高层建筑的脚手架一般用于安全防护和外墙装饰工程。高层建筑施工中,脚手架使用量大,技术比较复杂,它对施工人员的安全、工程质量、施工进度、工程成本等有很大的影响。高层建筑的外脚手架,必须有单项的设计、计算和安全技术措施。

11.2.3.1　外墙脚手架

(1)钢管扣件脚手架

高层建筑钢管扣件脚手架的材料性能和搭拆方法与一般多层脚手架相同,但在搭设高度与立杆间距方面有限制要求:搭设高度在 20～30m,单根立杆纵距为 1.8m;搭设高度在 30～40m,单根立杆纵距为 1.5m;搭设高度在 40～50m,单根立杆纵距为 1.0m。

钢管扣件脚手架搭设高度在 30～50m 之间,立杆纵距要保持 1.8m,应自立杆顶步算起,往下 30m 用单根立杆,再往下到地面部分的里外立杆均采用双根钢管,顺纵墙并列组成,并用扣件紧固。例如,45m 的高层脚手架,从地面至 15m 高度用双立杆,从 15m 到 45m 高度用单立杆。

钢管扣件脚手架的搭设高度大于 30m 时,应采用钢制可调节连接杆,承受拉力要求不低于 6.8kN,并与高层建筑物连接,按下列要求施工:

① 按垂直方向每隔 3.6m,水平方向每隔 5.4m 设置一道连墙杆;

② 按上述位置,在施工中将预埋件埋置在混凝土柱、墙、圈梁内,且预埋件应保持上下垂

直一线；

③ 连墙杆应尽量靠近小横杆与立杆的连接处,但不应将小横杆作连墙杆。

(2) 悬挑式外脚手架

悬挑式外脚手架是利用建筑结构外边缘向外伸出的悬挑结构作支承的脚手架。其关键是悬挑结构必须有足够的强度、刚度和稳定性,并能将脚手架的荷载传递给建筑结构。

悬挑脚手架适用于下列三种情况：

① ±0.000 以下结构工程不能及时回填土,而主体结构必须进行的工程,否则影响工期；

② 高层建筑主体结构四周有裙房,脚手架不能支承在地面上的工程；

③ 超高建筑施工时,脚手架搭设高度超过了容许搭设高度,因此将整个脚手架按允许搭设高度分成若干段,每段脚手架支承在建筑结构向外悬挑的结构上。

11.2.3.2　吊篮脚手架

将脚手架吊篮的悬挂点固定在建筑物顶部的悬挑装置上,由卷扬机驱动,通过滑轮组和钢丝绳可使吊篮在建筑物外侧升降,除进行外墙装饰作业外,还能进行建筑设备的安装及外墙清洗等作业。

吊篮脚手架一般由吊篮、支承设施、吊索、滑轮组、升降设备和安全装置组成。吊篮宽度为 0.6~1.0m,长度可根据建筑物墙体形状组合成不同的长度。一般为单层,必要时可做成 2~3 层挂架式。

支承设施有两种,一种为由固定挑梁和平衡重组成的支承设施；另一种为可以纵向移动的支承设施。

升降设备为电动驱动机构。吊篮按照驱动机构布置方式不同,可分为卷扬式和爬升式两大类。将卷扬机构布置在建筑物屋顶的悬挂装置车架上即为卷扬式吊篮,其优点是形式简单,工作可靠；缺点是吊篮的最大工作高度受卷筒容绳量限制。爬升式吊篮是将两台驱动装置安装在吊篮的两侧,另一端与屋面支承悬臂梁固结,吊篮的工作高度随钢丝长度而定,不受限制。

吊篮脚手架应安装安全自动锁、漏电保护、限位限速、超载保护及断绳保护等安全装置。

11.3　高层建筑基础施工

高层建筑常用的基础结构可分为筏形基础、箱形基础、桩基础和复合基础。

高层建筑的基础因地基承载力、抗震稳定和功能要求,一般埋置深度较大,且有地下结构。当基础埋置深度不大,地基土质条件好,且周围有足够的空地时,可采用放坡方法开挖。放坡开挖基坑比较经济,但必须进行边坡稳定性验算。在场地狭窄地区,基础工程周围没有足够的空地,又不允许进行放坡时,则采用挡土支护措施,例如用挡土板、桩、墙等抵抗土的侧压力,以便于基坑的垂直开挖施工。

11.3.1　支护结构

挡土板、桩、墙等可以嵌入土层较深处,作为悬臂式护坡结构,也可在地面做拉结；可以在开挖基础土后,在桩墙之间支撑或用锚杆打入土层内拉结,以保证挖土时土壁的垂直稳定。

护坡桩的支撑主要有以下几种形式：

(1)悬臂式护坡桩(无锚板桩)

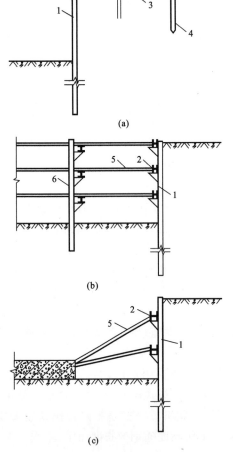

图 11.3 支撑(拉锚)护坡桩
(a)拉锚板桩;(b)水平支撑;(c)斜向支撑
1—护坡桩;2—围檩;3—拉锚杆;
4—锚碇桩;5—支撑;6—中间支撑桩

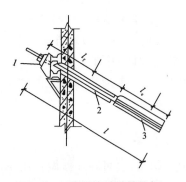

图 11.4 粗钢筋加螺帽锚杆
1—锚头;2—拉杆;3—锚固体;
l_f—非锚固段;l_e—锚固段

对于黏土、砂土及地下水位较低的地基,用桩锤将工字钢桩打入土中,嵌入土层足够的深度保持稳定,其顶端设有支撑或锚杆,开挖时在桩间加插横板以挡土。悬臂式护坡桩适用于基础深度 2~4m,坑壁土壁稳定性要求不高的工程;应用时除了强度计算外,还要预先估算变形,保证不影响基坑施工和周围环境。

(2)支撑(拉锚)护坡桩

① 水平拉锚护坡桩

较深基坑开挖施工时,在基坑附近的土体稳定区内先打设锚桩,然后开挖基坑 1m 左右装上横撑(围檩),在护坡桩背面挖沟槽拉上锚杆,其一端与挡土桩上的围檩(墙)连接,另一端与锚桩(锚梁)连接,用花篮螺栓连接并拉紧固定在锚桩上,基坑则可继续挖土至设计深度,如图 11.3(a)所示。

② 支护护坡桩

基坑附近无法拉锚时,或在地质较差、不宜采用锚杆支护的软土地区,可在基坑内进行支撑,支撑一般采用型钢或钢管制成。支撑主要支顶挡土结构,以抵抗水土所产生的侧压力。支撑形式可分为水平支撑和斜向支撑。

在基坑挖掘过程中,每挖一定深度设置一水平支撑。支撑时在护坡桩上安装一道围檩,并架设一个构架式型钢或钢管横撑支撑在围檩上。基坑宽度超过 15m 时,通常在中间适当位置增加垂直支撑点(一般打入临时钢桩),基坑挖土则在钢支撑的网格中进行,如图 11.3(b)所示。

斜向支撑适于开挖面积较大和深度较大的基坑,同时基坑内又不允许设置过多的支撑的工程。施工时,当护坡桩打设完毕后,在护坡桩内侧放坡开挖中央部分土方至坑底,先浇筑好中央部分基础,并预埋铁件作为斜向支撑的一个支撑点,向护坡桩上方支斜向支撑,如图 11.3(c)所示;然后,把放坡的土方逐层挖除直至设计深度,最后浇筑靠近护坡桩部位的地下结构。

(3)土层锚杆

土层锚杆是将受拉杆件的一端(锚固段)固定在边坡或地基的土层中,另一端与护壁桩(墙)连接,用以承受土压力,防止土壁坍塌或滑坡,如图 11.4 所示。

天然土层中,以钻孔灌浆锚固方法施工时,在深基础土壁未开挖的土层内钻孔,用钢筋、高强度钢丝或钢绞线作受拉杆件放入孔内,用专用灌浆机械灌入水泥浆或化学浆液,借助于钢材、水泥与土体之间的粘结力和摩阻力,通过预应力使挡土结构与土体结合成整体,以防止土壁坍塌。用土层锚杆代替钢水平支撑和斜向支撑,不但可以节省钢材,而且能加大作业空间,从而改善施工条件。

土层锚杆由锚头、拉杆和锚固体等组成;其施工过程包括成孔、安放拉杆和灌浆等工序。

11.3.2 常用护坡桩施工

(1)深层搅拌水泥土挡土桩施工

深层搅拌水泥土挡土桩,用专门的深层双轴或多轴搅拌机械,在桩位上旋转并利用其自重切土成孔。成孔达到设计深度后,将制备好的水泥浆用灰浆泵压入搅拌机,边喷浆边旋转,且搅拌机重复上下搅拌,使水泥浆与软土搅拌均匀,待深层搅拌机逐步提出地面后,停止搅拌,将搅拌机移位。深层搅拌水泥土挡土桩就是利用水泥作固化剂,将土与水泥强制拌和,使土硬结形成具有一定强度和遇水稳定的水泥土加固桩。深层搅拌水泥土挡土桩施工流程如图 11.5 所示。

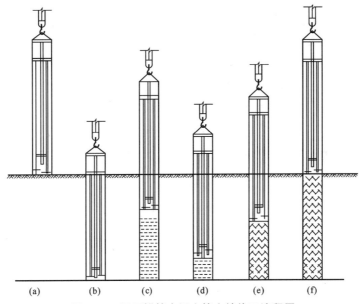

图 11.5 深层搅拌水泥土挡土桩施工流程图

(a) 定位;(b) 搅拌下沉;(c) 提升喷浆;(d) 重复向下搅拌;(e) 提升向上搅拌;(f) 移位

若将深层水泥土单桩相互搭接施工,即形成重力坝式挡土墙。常见的布置形式有格栅式挡土墙和连续壁状挡土墙(图 11.6)。

用深层搅拌水泥土挡土桩作基础支护结构具有较好的经济效益,适用于开挖 4～8m 深的基坑护坡结构。

(2)钢筋混凝土护坡桩

钢筋混凝土护坡桩分为预制钢筋混凝土板桩和现浇钢筋混凝土灌注桩。

预制钢筋混凝土护坡桩施工时,沿着基坑四周的位置上,逐块连续将板桩打入土中,然后在桩的上口浇筑钢筋混凝土

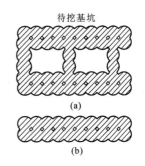

图 11.6 水泥土桩布置形式

(a) 格栅式挡土墙;(b) 连续壁状挡土墙

锁口梁,用以提高板桩的整体刚度。

现浇钢筋混凝土护坡桩,按平面布置的组合形式不同,有单桩疏排、单桩密排和双排桩,如图 11.7 所示。灌注桩一般用机械成孔,桩上口也需浇锁口梁,以提高整体刚度。现浇混凝土灌注桩作为深基坑开挖的支护结构,具有布置灵活、施工机具简单、成桩快、价格低的特点。

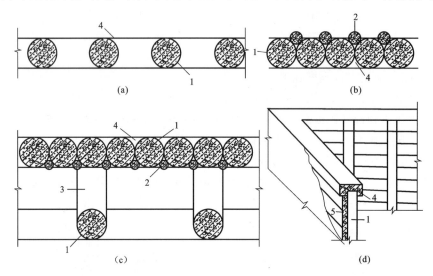

图 11.7　现浇钢筋混凝土护坡桩布置图

(a) 单桩疏排;(b) 单桩密排;(c) 双排桩;(d) 现浇锁口梁

1—现浇灌注桩;2—注浆桩;3—连系梁;4—锁口梁;5—挡土木板

11.3.3　地下连续墙施工

地下连续墙施工是在地面上采用专用挖槽机械设备,按一个单元槽段长度(一般 6～8m),沿着深基础或地下构筑物周边轴线,利用膨润土泥浆护壁开挖深槽。当一个单元槽段形成后,在槽内放入钢筋笼,用导管法水下浇筑混凝土,完成一个单元的墙段施工。这样逐单元槽段进行,且以一定的接头方式使墙段间相互连接,在地下筑成一道竖式地下连续墙,可作为基坑开挖时防渗、挡土及邻近建筑物基础的支护结构,以及直接成为承受垂直荷载基础结构的一部分。地下连续墙施工时振动小,无噪声,墙体刚度大,能承受较大的土压力,适用于各种地质条件,且防渗性能好。

地下连续墙施工过程主要划分为三个阶段,即准备工作阶段、成槽阶段和浇筑混凝土阶段。地下连续墙按单元槽段逐段施工,每段施工程序如图 11.8 所示。

11.3.3.1　准备工作

地下连续墙施工准备工作包括安装挖槽设备、浇筑导墙结构及制备泥浆等内容。

(1)地下连续墙挖槽机械设备的选择

挖槽机械设备主要是深槽挖掘机、泥浆制备搅拌机及处理机具。地下连续墙挖掘机械有多头钻挖掘机及抓斗式挖掘机,如图 11.9 所示。

① 多头钻挖掘机

多头钻挖掘机适用于黏性土层、砂砾土层及淤泥土层的成槽,可一次完成一定深度和宽度的深槽;利用泥浆护壁,施工槽壁平整,效率高,对周围建筑物影响较小。

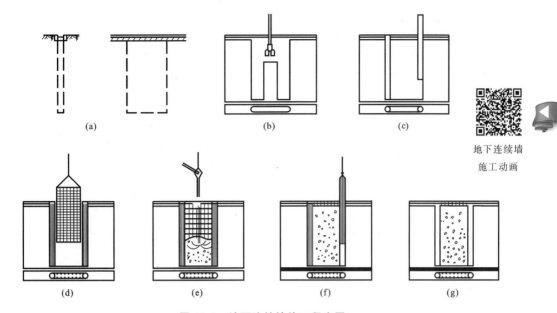

地下连续墙
施工动画

图 11.8 地下连续墙施工程序图

(a) 导墙施工; (b) 挖土; (c) 安放接头管; (d) 安放钢筋笼;
(e) 浇筑混凝土; (f) 拔出接头管; (g) 墙段施工完毕

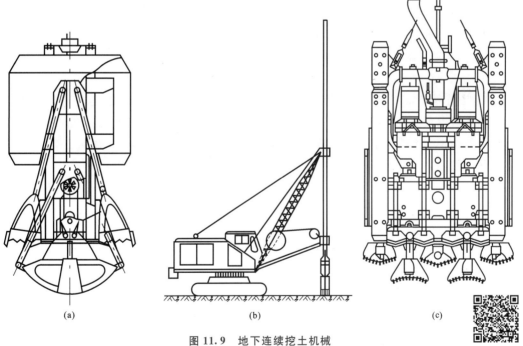

图 11.9 地下连续挖土机械

(a) 导板抓斗; (b) 导杆抓斗; (c) 多头钻挖掘机

挖土机械
施工视频

② 抓斗式挖掘机

抓斗式挖掘机的特点是既能对土层进行破碎,又能将土渣直接抓提至槽外。为了避免抓斗晃动,通常在斗体上设置导板,成为"导板抓斗";如果将抓斗固定在一刚性导杆上,抓斗连同导杆一起由起重机操纵,就成为"导杆抓斗"。导杆抓斗施工槽壁的垂直精度高,工效也较高。

（2）浇筑导墙结构

为了保证挖槽竖直并防止机械碰撞槽壁,成槽施工之前,应在地下连续墙设计的纵轴线位置上开挖导沟,在沟的两侧浇筑混凝土或钢筋混凝土导墙。两导墙间的净宽要比地下连续墙设计厚度大 2～5cm,导墙内侧每隔 2m 设置临时横撑,导墙深 1.2～2.0m,墙厚 0.1～0.2m,导墙断面形式如图 11.10 所示。导墙顶面高于施工场地 5～10cm,并高出地面地下水位 1.5m,以保证槽内泥浆液面高出地下水位以上的最小压差。

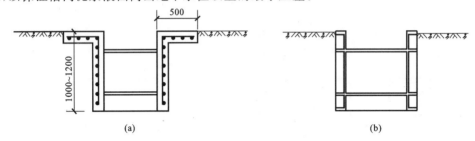

图 11.10 导墙断面图

(a) 混凝土导墙;(b) 钢板组合导墙

导墙的作用是为地下连续墙定轴线位置、定标高;支承挖槽机械,挖槽时定向;存储泥浆,维护上部土体的稳定和防止塌落等。

（3）制备护壁泥浆

地下连续墙施工是利用泥浆护壁成槽。泥浆的作用是维持直立槽壁面的稳定,利用泥浆循环携带出挖掘土渣,同时泥浆还能降低钻具温度,减少磨损。通常用机械将膨润土搅拌成泥浆;控制泥浆性能的指标有密度、黏度、失水量和泥皮性质。

11.3.3.2 成槽施工

（1）地下连续墙施工单元槽段的长度,既是进行一次挖掘槽段的长度,也是浇筑混凝土的长度。单元槽段宜长些,则接头少些,可提高墙体的整体性能和截水、抗渗功能,且可提高工效。槽段最小长度不得小于挖槽机械工装的长度,一般槽段长为 6～8m。在确定槽段长度时,应以槽壁的稳定为首要条件,当为软弱土层时,宜采用挖掘机的最小挖掘长度。

（2）划分单元槽段时,还应考虑槽段之间的接头位置,以保证地下连续墙的整体性。一般情况下,接头应避免处在转角处和地下连续墙与内部结构的连接处。

（3）开挖前,将导沟内施工垃圾清除干净,注入符合要求的泥浆。

机械挖掘成槽时应注意以下事项:

① 挖掘时,应严格控制槽壁的垂直度和倾斜度。

② 钻机钻进速度应与吸渣、供应泥浆的能力相适应。钻进速度宜小于排渣、供浆速度,避免发生埋钻事故或由于速度过快而引起的轴线偏移。

③ 钻进过程中,应使护壁泥浆的高度不低于规定要求的高度,特别是对渗透系数大的砂砾层、卵石层,要注意保持一定的浆位;对有承压力及渗漏水的地层,应加强泥浆性能指标的调整,以防止大量水进入槽内危及槽壁安全。

④ 成槽应连续进行。成槽后将槽底残渣清除干净,即可安放钢筋笼。

11.3.3.3 槽段接头与钢筋笼

地下连续墙槽段之间的垂直接头,作为基坑开挖的防渗挡土临时结构时,要求接头密合、不夹泥;作为主体结构侧墙或结构部分的地下墙时,除要求接头抗渗挡土外,还要求有抗剪能力。施工时,要求接头密合,而且要求用剪力钢板将相邻的墙段连接起来。

非抗剪接头常采用接头管的形式。接头管直径等于或略小于槽段的宽度;清槽除渣以后,在吊放钢筋笼前,把接头管插入,浇筑混凝土并硬化至一定强度后,将接头管拔出,使墙段的端部呈半圆形接合面,使相邻槽段墙紧密相接。

钢筋笼按单元槽段组成一个整体。主筋与箍筋交点应采用点焊连接。钢筋笼除设结构受力筋外,一般还要设纵向桁架与主筋点焊构成整体骨架,保证钢筋笼有足够的安装刚度。制作钢筋笼时,插入接头管的位置与浇筑混凝土导管的位置在空间上要上下贯通,且周围要增设箍筋及连接筋加固。为保证钢筋笼外侧有足够的混凝土保护层,钢筋笼的外侧要安装预制水泥砂浆滚轮。

11.3.3.4　水下浇筑混凝土

水下浇筑混凝土详见第 2 章有关内容。地下连续墙混凝土浇筑应连续进行,中途不得中断,每一槽段必须在 6h 内完成。导管埋入混凝土中 2～4m,不得大于 6m。浇筑时,要保持槽段内混凝土均匀上升,上升速度应不大于 2m/h。最后浇筑高度应高于设计墙顶标高 300～500mm,待混凝土硬化后,再凿至设计标高。

11.3.4　高层建筑基础施工

高层建筑中厚大的桩基础承台或基础底板,属于大体积钢筋混凝土结构。大体积混凝土施工整体性要求高,不允许留设施工缝,要求一次连续浇筑完毕。同时,由于结构体积大,混凝土浇筑后水泥的水化热量大,且聚集在大体积混凝土内部不易散发,其内部温度显著升高,更促进水泥水化速度加快,水化热更集中释放,而在混凝土表面散热快,这样就形成了大体积混凝土内外较大的温差,且产生了较大的温度应力,当达到一定数值时,混凝土便产生裂缝。因此,如何控制混凝土内外温差和温度变形,防止裂缝产生,提高混凝土结构的抗渗、抗裂和抗侵蚀性能是大体积混凝土施工中的关键问题。

11.3.4.1　防止大体积混凝土产生温度裂缝的措施

(1)选用中低热的水泥品种,可减少水化热,使混凝土减少升温。如强度等级为 32.5、42.5 的矿渣硅酸盐水泥。

(2)合理选择混凝土的配合比,在满足设计强度和施工要求条件下,尽量选用粒径为 5～40mm 的石子,增大骨料粒径,尽量减少水泥用量,以减少水泥的水化放热量。水泥用量控制在 450kg/m³ 以内为宜。

(3)掺用木质素磺酸钙减水剂,不仅能改善混凝土的和易性,还可节约水泥、降低水化热,明显减慢水化热释放的速度。

(4)掺加适量的活性掺和料(如粉煤灰),可替代部分水泥,能改善混凝土的黏聚性,降低水化热。

(5)做好测温工作,控制混凝土内部温度与表面温度、表面温度与环境温度之差,使其均不超过 20℃。

(6)采用分层分段浇筑混凝土的方法,尽量扩大混凝土浇筑面;控制浇筑速度或减小浇筑厚度,以保证混凝土在浇筑中有一定的散热时间和空间。

(7)浇筑混凝土时,掺加一定量的毛石可以减少水泥用量,同时毛石还可以吸收一定的水化热,但应严格控制砂、石的含泥量。

（8）根据施工季节采用不同的施工方法，以减小混凝土的内外温差。夏季采用降温法施工，即在搅拌混凝土时掺入冰水，一般温度可控制在 5～10℃，浇筑后采用冷水降温养护；冬季则可采用保温法施工，防止冷空气的侵入。

11.3.4.2　大体积混凝土施工

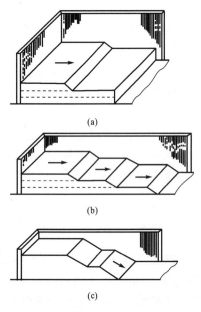

图 11.11　大体积混凝土基础浇筑方案
(a) 全面分层；(b) 分段分层；(c) 斜面分层

（1）大体积混凝土施工，一般在较低温度条件下进行，以最高气温不大于 30℃ 为宜。

（2）为保证结构的整体性，混凝土应连续浇筑，采用分层分段的方法施工。施工时，必须满足每一处浇筑混凝土在初凝以前被后浇筑的混凝土覆盖并捣实成整体。根据结构大小及特点的不同，有全面分层、分段分层和斜面分层等施工方法（图 11.11）。

① 全面分层法

当结构平面尺寸不大时，可将整个结构分为数层进行浇筑。即在底层浇筑完毕尚未初凝时，开始浇筑第二层，如此逐层连续进行，直至混凝土浇筑完毕。一般矩形底板宜从短边开始，沿长边浇筑推进；必要时，也可从中间向两端或从两端向中间同时进行浇筑。

② 分段分层法

当结构面积较大时，可将结构合理地分成几个施工段，每段又可分成数个浇筑层，先浇筑第一段各层，然后浇筑第二段各层，这样逐段逐层浇筑完毕。为保证结构的整体性，次段混凝土浇筑应在前段混凝土初凝之前进行，并要与之捣实成整体。

③ 斜面分层法

当结构的长度大大超过其厚度时，可将混凝土由底面一次浇筑到顶面，要求斜面坡度不大于 1:3。振捣应从浇筑层斜面下端开始逐层上移，且振捣器应与斜面垂直。这种方法适用于基础底板大体积混凝土浇筑施工。

11.4　高层建筑结构施工

我国高层建筑除少数采用钢结构外，大多仍采用造价较经济、防火性能好的钢筋混凝土作结构材料。其结构大多为结构整体性好、抗震能力强和造价较低的现浇结构和现浇与预制相结合的结构。本节主要介绍高层建筑现浇钢筋混凝土结构的台模和隧道模施工及泵送混凝土施工。

11.4.1　台模和隧道模施工

高层建筑现浇混凝土的模板工程一般可分为竖向模板和横向模板两类。竖向模板主要指剪力墙墙体、框架柱、筒体等模板。常用的工艺有大模板、液压滑升模板、爬升模板、筒子模板以及传统组合小模板工艺。横向模板主要指钢筋混凝土楼盖施工用模板，除采用传统组合模板散装散拆方法外,目前高层建筑多采用各种类型的台模和隧道模施工。

(1) 台模施工

台模由台架和面板组成,适用于高层建筑中的各种楼盖结构施工,其形状与桌相似,故称台模。面板按材料分为组合钢模板、胶合板、铝合金板等,在台架上现场拼装而成,面板一般一个房间一块或数块。台架为台模的支承系统,按其支承形式可分为立柱式、悬架式、整体式等,如图 11.12 所示。施工时要配备辅助运输设备,主要是用于台模翻层的升降运输和吊篮式活动钢平台的升降。

立柱式台模由面板、次梁和主梁及立柱等组成。

悬架式台模不设立柱,主要由桁架、次梁、面板、活动翻转翼、垂直与水平剪力撑及配套机具组成。

整体式台模由台模和柱模板两大部分组成。整个模具结构分为桁架与面板、承力柱模板、临时支撑、调节柱模伸缩装置、降模和出模机具等。

施工时,当台架就位并将台面板升至设计标高后,即可绑扎钢筋、浇筑混凝土;待混凝土达到脱模强度后,台架下降,面板与混凝土脱离,利用台架滚轮可将台模推至建筑物外临时搭设的活动钢平台上,再用起重机将台模整体吊至上层或其他施工段施工。台模一次性投资较高,但节约时间,有利于加快施工速度。

(2) 隧道模施工

隧道模是可同时浇筑墙体与楼板的大型工具式模板,能沿楼面在房屋开间方向水平移动,逐间浇筑钢筋混凝土。这样,房屋的整体性能好,抗震性好,施工速度快,但需大型起重设备起吊和转运隧道模。

图 11.13 所示隧道模由三面模板组成一节,形如隧道。隧道模可分为整体式和双拼式两种。整体式隧道模断面呈"Π"形,双拼式隧道模由两榀断面呈"Γ"形半隧道模组成,中间可加连接板。

双拼式隧道模由竖向横模板和水平向楼板模板与骨架连接而成,还有行走装置和承重装置。行走装置由三个装设在对称模板长度方向中心线上的轮子组成,以保证行走平稳。承重装置是在轮子附近位置装设的两个千斤顶,其作用是模板就位后,千斤顶将模板顶起,使轮子悬空,并承受全部施工荷载。

施工前,按墙体的轴线尺寸来确定隧道模的开间和进

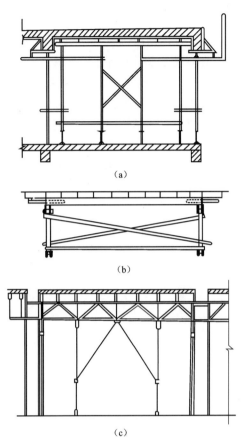

图 11.12 台模的形式

(a) 立柱式;(b) 悬架式;(c) 整体式

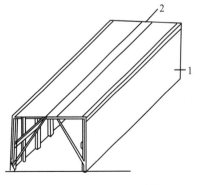

图 11.13 双拼式隧道模

1—半隧道模;2—连接板

深尺寸,平面上确定隧道模行走就位的导墙轴线位置,同时考虑起重机的起重量和设置的位置,以及隧道模进出口的挑平台的位置。在地面上浇筑导墙(楼层施工时一般与下层楼板同时浇筑),并在导墙上根据标高进行弹线。

施工时,隧道模沿导墙就位,绑扎墙体钢筋和安装门洞、管道;根据弹线调整模板高度,使行车轮悬空,并保证板面水平;随后绑扎楼板钢筋,安装堵头模板,浇筑混凝土。待墙体混凝土达到设计强度的 25% 以上,楼面混凝土达到设计强度的 60% 以上时即可拆模。隧道模拆除是通过松动承重装置的千斤顶,在模板的自重作用下自动脱模,直至行车轮全部落在导墙上。然后用牵引机将隧道模拉出,进入挑出墙面的平台上,用塔式起重机吊运至下一施工段,进行下一循环施工。

11.4.2 泵送混凝土施工

泵送混凝土施工是利用混凝土泵,通过管道将混凝土拌合物输送到浇筑地点,一次连续完成水平运输和垂直运输,配以布料杆或配料机还可方便地进行混凝土浇筑。高层建筑施工采用泵送混凝土工艺,能有效地解决混凝土用量大的基础工程施工和占总垂直运输量 50%～75% 的上部结构混凝土运输的问题。泵送混凝土工艺具有输送能力强、工效高、劳动强度低、施工文明等特点。

(1)泵送混凝土的管道布置及敷设

混凝土输送管是泵送混凝土作业中的主要配套部件,有直管、弯管、锥形管和浇筑软管。输送管线布置应尽可能短和直,转弯要缓,接头严密,少用锥形管,以减少压力损失。如果输送管道向下倾斜,要防止因自重而使混凝土流动中断,以及因混入空气而引起混凝土离析,产生阻塞。当建筑施工层高度超过泵的输送能力时,可采用接泵方法,即在地面和中间的楼面层各设置一台混凝土泵,地面泵将混凝土拌合物送至楼层受料斗内,再由楼面泵将混凝土送至施工层。

输送管道敷设应注意的事项:

① 泵机出口有一定长度的地面水平管(水平管长度不小于泵送高度的 1/3～1/4),然后接 90°弯头,转向垂直运输。在水平管道上距泵机 5m 处安装一个截止阀(逆流阀),90°弯头的曲率半径不宜小于 1m,并用螺栓固定在结构预留位置上。

② 地面水平管用支架支垫,垂直管道用紧固件间隔 3m 固定在混凝土结构上。

③ 竖向管道位置应使楼面水平输送距离最短,尽可能设置在设计的预留孔洞内,且不影响设备安装。

(2)泵送混凝土施工

泵送混凝土除应满足结构设计强度外,还必须具有可泵性,即在管内有一定的流动性和较好的黏聚性,不泌水,不离析,且摩阻力小。因此,要严格控制混凝土原材料的质量。

① 一般选用泌水性小,保水性好的普通硅酸盐水泥。为了保证混凝土的可泵性,混凝土水泥用量不宜少于 300kg/m³。一般选择水胶比为 0.5～0.55。

② 碎石最大粒径与输送管内径之比,宜小于或等于 1:4,卵石宜小于或等于 1:2.5。通过 0.315mm 筛孔的砂应不少于 15%,砂率宜控制在 40%～50%。

③ 泵送混凝土宜掺用木质磺酸钙减水剂等外加剂和适量粉煤灰,以提高混凝土的可泵性。

④ 泵送混凝土的坍落度宜为 80～180mm,泵送高度大时还可以适当增大。

泵送混凝土必须机械搅拌。混凝土供应必须保证混凝土泵连续工作。为了减小泵送阻力,使用前应先泵送水、水泥浆或水泥砂浆,以润滑输送管道内壁,然后进行正常泵送。在泵送过程中,受料斗内应充满混凝土,防止因吸入空气而形成阻塞。由于运输配合等出现问题而导致混凝土泵停车时,应间隔几分钟开泵一次;如果预计间歇时间超过 45min 或混凝土出现离析现象,应立即用压力或其他方法冲洗管道内壁残留的混凝土。泵送结束时,应及时将管道与 Y 形管拆开,放入海绵球及清洗活塞,用高压水洗干净。

泵送混凝土浇筑后,要加强养护,避免因水泥用量较多而引起龟裂。

11.5 高层建筑施工的安全技术

11.5.1 高层脚手架工程安全技术

高层建筑施工的脚手架工程量大,技术比较复杂,为了确保脚手架的使用安全,除搭设时要遵守普通脚手架构造的有关规定和要求外,高层建筑的脚手架(高度超过 30m)还必须进行单项设计和计算。

(1)高层脚手架地基要有足够的承载能力,避免脚手架整体和局部沉降。脚手架搭设范围的地基回填夯实后应坚实平整,排水通畅。地基上铺设 10~15cm 厚碎石道砟垫层,垫层上铺砌混凝土预制块面层,然后在砌体上铺 12~16 号槽钢,使立杆垂直稳定地固定在槽钢上。

(2)高层脚手架应设置足够数量的牢固连墙点,依靠建筑结构的整体刚度,加强整片脚手架的稳定性。脚手架与结构拉撑杆严禁设在阳台、窗框等薄弱部位。脚手架与结构必须采用刚性连接,连墙杆应与墙面垂直。当连墙杆与框架梁、柱中预埋件连接时,必须待梁、柱混凝土达到一定强度(一般不宜低于 $15N/mm^2$)时方可进行。

(3)搭设脚手架时要保证质量,并且采取可靠的安全防护。

(4)应将井架一侧中间立柱接高(高出顶端 2m)作为接闪器,在井架立杆下端设置接地器,同时将卷扬机的金属外壳可靠接地。

(5)建筑工地上的起重机最上端必须安装避雷针,并连接于接地装置上;起重机的避雷针应能保护整个起重机。

11.5.2 高层建筑施工其他安全措施

(1)高层建筑施工中,所有楼梯口、电梯口、门洞口、预留洞口和垃圾洞口,必须设围栏或盖板,避免施工人员误入而高空坠落伤亡。楼板上的预留洞口可在施工时预埋钢筋网,待设备安装时再剪掉预埋钢筋网。

(2)正在施工的建筑物的出入口和井架通道口,必须搭设牢固的顶板棚。顶板棚的宽度应大于出入口宽度,长度应根据建筑物的高度确定,一般为 5~10m。

(3)凡未安装栏杆的阳台周边,无脚手架的屋面周边,框架建筑的楼层周边及井架通道的两侧边等必须设置 1m 高的双层围栏或搭设安全网。

(4)施工人员进入现场必须戴安全帽,高空作业时必须正确使用安全带。

(5)起重机械设备的使用,要严格按照额定起重量起吊重物,不得超载及斜拉重物。

(6)起重机械必须按国家标准安装,经动力设备部门验收合格后,方能使用。使用中应健全保养制度,安全防护装置要保证齐全有效。

11.6　高层建筑施工技术的发展

我国高层建筑工程施工经过二十多年的实践,高层建筑施工技术得到了很大的发展,在深基础、混凝土和钢筋工程、模板和脚手架工程施工技术等方面都有了长足的进步和发展。

11.6.1　深基坑开挖、支护和桩基础技术

(1)深基坑逆作法开挖技术

基坑放坡开挖是目前常用的一种施工方法。为保证基坑土壁稳定,常采用土壁放坡、土钉挂网混凝土喷锚支护、混凝土桩支护等措施,由上而下分段、分层开挖,待基坑开挖完成后,地下室结构可自下而上进行顺作法施工。逆作法是将地下结构的外墙作为基坑支护的挡土墙(地下连续墙),将结构的梁板作为挡土墙的水平支撑,将结构框架柱作为挡土墙支撑立柱,自上而下作业的支护施工方法。逆作法开挖技术具有节地、节材、环保、施工效率高、施工总工期短等特点,适用于建筑群密集、相邻建筑物较近、地下水位较高、地下室埋深大的高(多)层地上、地下建筑。

(2)型钢水泥土复合搅拌桩支护结构技术

型钢水泥土复合搅拌桩支护结构是通过特制的多轴深层搅拌机自上而下将现场原位土体切碎,同时从搅拌头处将水泥浆等固化剂注入土体并与土体搅拌均匀,通过连续的重叠搭接施工,形成水泥土地下连续墙;在水泥土硬凝前,将型钢插入墙中,形成型钢与水泥土的复合墙体。与其他围护工艺相比,具有施工简便、造价低、无污染、抗渗性好等特点。适用范围:深基坑支护,可在黏性土、粉土、砂砾土中使用。目前国内主要在软土地区有成功应用。

(3)灌注桩后注浆技术

高层建筑为了减少基础沉降和不均匀沉降,对钻孔灌注桩施工技术提出了新的要求。如减少桩底沉渣、桩端受到扰动的土层对桩的承载力的影响,可通过桩端后注浆技术提高桩端土体的承载力。

桩端后注浆技术是在钻孔灌注桩钢筋笼安置时预埋注浆管和压浆单向阀,待桩身混凝土强度达到70%,通过注浆管,采用高压注浆泵注入水泥或水泥与其他材料的混合浆液,使桩底沉渣、桩端受到扰动的持力层得到有效加固和密实,提高了桩端土体承载力,减少了基础的沉降、不均匀沉降。

(4)长螺旋钻孔压灌桩技术

长螺旋钻孔压灌桩是用长螺旋钻机钻孔至设计标高,利用混凝土泵将混凝土从钻头底压出,边压灌混凝土边提升钻头直至成桩,然后利用专门的振动装置将钢筋笼一次插入混凝土桩体,形成钢筋混凝土灌注桩。后插入钢筋笼的工序,应在灌注混凝土工序后连续进行。与泥浆护壁成孔灌注桩施工工艺相比,不需要泥浆护壁,无泥皮、沉渣、泥浆污染,施工速度快,造价较低。适用范围:地下水位较高,易塌孔,且长螺旋钻机可以钻进的地层。

11.6.2　钢筋混凝土工程施工技术

(1)模板技术发展

高层建筑现浇混凝土模板从木模板、竹胶模板、组合钢模发展到钢框胶合板、塑料模板等,

并形成了大模板、爬升模板和滑升模板的成套工艺。随着模板提升技术的进步,发展了液压爬升模板技术、大吨位长行程油缸整体顶升技术。大模板工艺在剪力墙结构和筒体结构中已广泛应用,形成了"全现浇"、"内浇外挂"、"内浇外砌"的成套工艺。

(2)钢筋技术发展

① 机械连接技术日趋成熟,锥螺纹套管连接技术、钢筋套管冷挤压连接技术、大直径钢筋直螺纹连接技术已广泛应用于建筑工程,并取得了良好的效果。

② 高强度钢筋的推广和使用,如纵向受力钢筋从普遍使用的 HRB335 级钢筋向 HRB400、HRB500 级钢筋过渡。

③ 钢筋工业化技术的发展,如钢筋焊接网应用技术、建筑用成型钢筋制品加工与配送技术等已在工程中广泛应用。

(3)混凝土技术发展

① 主体结构混凝土强度和施工性能的提高,高强高性能混凝土、自密实混凝土等技术在高层建筑中的应用。C40～C60 级混凝土应用已较为普遍。

② 超高泵送混凝土技术、高流态混凝土技术,既能满足结构混凝土强度的要求,又能满足高层建筑的垂直及水平运输的要求。

③ 能满足高层建筑的深基础底板大体积混凝土施工技术的要求,即采用低水化热水泥,掺加活性掺合材料和外加剂工艺,有效控制混凝土裂缝的产生。

④ 高层建筑施工期间的垂直运输的特点是行程高、运输量大,目前高层建筑施工中垂直运输配备主要为塔式起重机＋施工电梯＋混凝土输送泵的模式。

高层/超高层建筑施工技术按照结构材料可分为钢筋混凝土施工技术、钢结构施工技术和组合结构施工技术。本节介绍了高层建筑现浇钢筋混凝土施工技术。

思 考 题

11.1 高层建筑施工的特点是什么?

11.2 试述护坡桩的分类及支撑形式。

11.3 试述高层建筑垂直运输机械的种类和特点。

11.4 高层建筑脚手架有哪几种形式? 各有哪些特点?

11.5 试述深层搅拌桩的施工工艺。

11.6 试述地下连续墙的施工工艺。

11.7 简述防止大体积混凝土产生温度裂缝的措施。

11.8 试述大体积混凝土施工方法。

11.9 试述台模施工工艺。

11.10 试述隧道模施工工艺。

11.11 试述泵送混凝土施工的特点。

11.12 试述高层脚手架工程的安全技术。

模块 12 大模板建筑施工

知识目标

(1)大模板建筑结构类型和特点;

(2)现浇内墙、预制外墙大模板工程施工程序、技术要点;

(3)大模板工程的外墙防水、保温构造原理、要求及施工要点。

技能目标

大模板是高层建筑施工的发展方向,结合本地区的实际情况对模板工程提出自己的看法。

12.1 大模板建筑的结构类型和特点

12.1.1 大模板建筑的结构类型

(1)全现浇的大模板建筑

建筑物的内墙和外墙全部采用大模板现浇钢筋混凝土结构,结构的整体性好,抗震能力强,但施工时须高空作业,外装修工程量大,工序多,工期长。

(2)现浇和预制相结合的大模板建筑

现浇大模板钢筋混凝土内墙与预制大型外墙板相结合的大模板建筑,结构整体性好,抗震能力强,减少了施工时高空作业及外墙板装饰的工程量,施工进度快,工期短。

(3)现浇与砌筑相结合的大模板建筑

建筑物的内墙为现浇大模板钢筋混凝土,外墙采用普通黏土砖砌体。这种建筑抗震性差,但较一般砖混结构抗震性略强,内墙装饰工程量小,施工速度很快,工期短。

12.1.2 大模板建筑的特点

(1)整体性好,抗震性强

大模板建筑的纵向和横向内墙体,既能承受垂直荷载又能承受水平荷载,墙体的接头均为现浇钢筋混凝土刚性接头,从而增强了结构的整体性和抗震性,适用于高层建筑。

(2)提高了建筑面积的平面系数

大模板建筑的墙体厚度比砖墙的厚度减少约 1/3,与混合结构的同类建筑相比可增加一定的使用面积,从而提高了建筑面积的平面系数。

(3)操作方便,机械化程度高

大模板建筑采用的是工具式模板,模板装拆方便,重复使用速度快,吊装与拆模均用机械来完成。

(4)降低了劳动强度,提高了劳动生产率

大模板建筑减少了现场砌筑工程的繁重体力劳动,节省了大量抹灰工作,减少了工程量,提高了劳动生产率。

大模板施工一次耗钢量大,投资较多;需要用大型的起重运输机械才能进行施工,机械存放占现场位置多。

12.2　大模板的构造

12.2.1　大模板的分类、组成和构造

12.2.1.1　大模板的分类
① 按板面材料分为木质模板、金属模板、化学合成材料模板。
② 按组拼方式分为整体式模板、模数组合式模板、拼装式模板。
③ 按构造外形分为平模、小角模、大角模、筒子模。

12.2.1.2　大模板的组成
大模板主要是由板面系统、支撑系统、操作平台和附件组成,如图 12.1 所示。

(1)板面系统

板面系统包括板面、加劲肋、竖楞。板面直接与混凝土接触,要求表面平整,拼接严密,具有足够的刚度、强度和稳定性。

板面应选用厚度不小于 5mm 的钢板制作,材质不应低于 Q235A 的性能要求。

加劲肋的作用是固定板面,阻止其变形并将混凝土的侧压力传到竖楞上。垂直肋间距为 400～500mm,水平肋间距为 300～500mm。

竖楞的作用是加强模板刚度,保证模板的几何形状,作为穿墙螺栓的固定支点,承受由模板传来的垂直力和水平力,间距一般为1000～1200mm。

(2)支撑系统

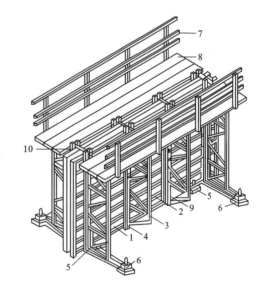

图 12.1　大模板组成构造示意图
1—板面;2—水平加劲肋;3—支撑桁架;4—竖楞;5—调整水平度的螺旋千斤顶;6—调整垂直度的螺旋千斤顶;7—栏杆;8—脚手板;9—穿墙螺栓;10—固定卡具

支撑系统的作用是承受水平荷载,防止模板倾覆,每块大模板用 2～4 榀桁架形成支撑机构,桁架用螺栓或焊接方法与竖楞连接起来。为了调节模板的垂直度,在支撑架和板面下各安装2 个地脚螺栓,可以用来调整模板的标高、水平。

(3)操作平台

操作平台是施工人员操作的场所和运行的通道。平台架插放在焊于竖肋上的平台套管内,脚手架铺在平台架上。防护栏可伸缩。为了便于运输和存放,支撑架和操作平台可以拆卸,使模板重叠平放,以防止变形。

(4)附件

附件主要是指穿墙螺栓。穿墙螺栓的作用是加强模板的刚度,控制模板的间距。使用时,为了避免混凝土与穿墙螺栓粘结,应在穿墙螺栓外部套一硬塑料管。

穿墙螺栓一般用 $\phi30$ 的 45 号钢制作,长度视墙厚而定,一般设置在大模板的上、中、下三个部位。上穿墙螺栓距模板顶部 250mm 左右,下穿墙螺栓距模板底部 200mm 左右。

穿墙螺栓的连接构造如图 12.2 所示。

12.2.1.3　大模板的构造

(1)平模

整体式平模板是以一面墙制作一块模板,其构造如图 12.3(a)所示。平模布置方案的主要特点是横墙与纵墙混凝土分两次浇筑。在一个流水段范围内,先支横墙模板,待拆模后再支纵墙模板。平模平面布置如图 12.4 所示。

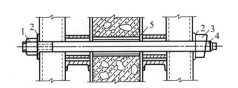

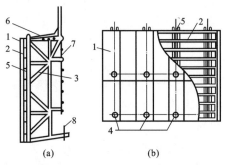

图 12.2　穿墙螺栓连接构造
1—螺母;2—垫板;3—板销;4—螺杆;5—套管

图 12.3　平模构造示意图
(a)整体式平模;(b)组合模数模
1—面板;2—横肋;3—支架;4—穿墙螺栓;
5—竖向主肋;6—操作平台;7—铁爬梯;8—地脚螺栓

平模方案能够较好地保证墙面的平整度,所有模板接缝均在纵横墙交接的阴角处,便于接缝处理,减少修理用工;模板加工量较少,周转次数多,适用性强;模板组装和拆卸方便,模板不落地或少落地。但由于纵横墙要分开浇筑,竖向施工缝多,影响房屋整体性,并且安排施工比较麻烦。

模板式组合大模板以建筑物常用的轴线尺寸作基数拼制模板,再辅以 300mm 或 600mm 宽的拼接模板,以适应建筑平面按 300mm 进位的变化。模板板面的两侧附有拼缝扁钢,可以适应现浇纵墙和横墙厚度的变化,用一种模板就可以满足 160~200mm 不同厚度的墙体[图 12.3(b)]。

组合模数模板方案能适应多种轴线尺寸的需要,它保留了整体式平模的优点,弥补了整体式平模纵横墙不能同时浇筑的缺点,减少了垂直施工缝,施工工序紧凑、通用灵活。

(2)小角模

小角模是为适应纵横墙相交而附加的一种模板,通常用 L100×10 的角钢制成。它设置在平模转角处,从而使得每个房间的内模形成封闭支撑体系(图 12.5)。小角模有带合页和不带合页两种(图 12.6)。小角模布置方案使纵横墙可以一起浇筑混凝土,模板整体性好,组拆方便,墙面平整。但墙面接缝多,修理工作量大,角模加工精度要求也比较高。

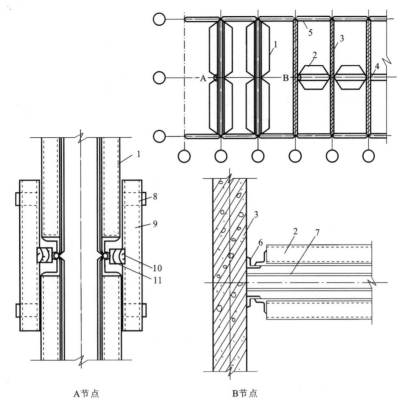

图 12.4 平模平面布置示意图

1—横墙平模；2—纵墙平模；3—横墙；4—纵墙；5—预制外墙板；6—补缝角模；
7—拉结钢筋；8—夹板支架；9—[8夹板；10—木楔；11—钢管

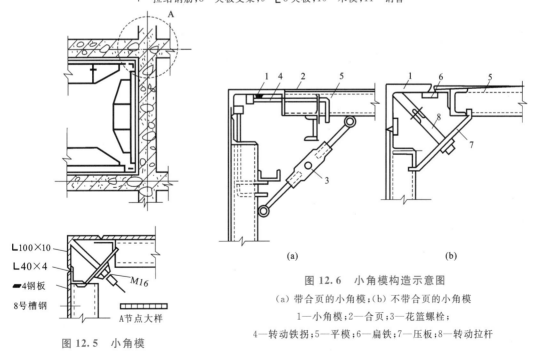

图 12.5 小角模

图 12.6 小角模构造示意图

（a）带合页的小角模；（b）不带合页的小角模

1—小角模；2—合页；3—花篮螺栓；
4—转动铁拐；5—平模；6—扁铁；7—压板；8—转动拉杆

（3）大角模

大角模系由上下四个大合页连接起来的两块平模、三道活动支撑和地脚螺栓等组成。其构造如图 12.7 所示。

采用大角模方案,房间的纵横墙体混凝土可以同时浇筑,故房屋整体性好。它还具有稳定,拆装方便,墙体阴角方正,施工质量好等特点。但是,大角模也存在加工要求精细,运转麻烦,墙面平整度较差,接缝在墙中部等缺点。

（4）筒子模

筒子模是将一个房间的三面现浇墙体模板通过挂轴悬挂在同一钢架上,墙角用小角模封闭而构成的一种筒形单元体,如图 12.8 所示。

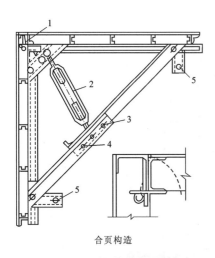

合页构造

图 12.7   大角模构造示意图

1—合页;2—花篮螺栓;3—固定销子;
4—活动销子;5—调整用螺旋千斤顶

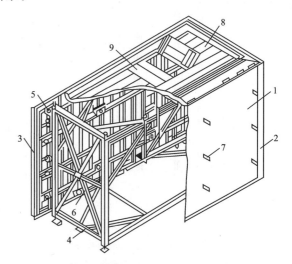

图 12.8   筒子模

1—模板;2—内角模;3—外角模;4—钢架;5—挂轴;
6—支杆;7—穿墙螺栓;8—操作平台;9—出入孔

采用筒子模方案,由于模板的稳定性好,纵横墙体混凝土同时浇筑,故结构整体性好,施工简单;减少了模板的吊装次数,操作安全,劳动条件好。缺点是模板每次都要落地,且模板自重大,需要大吨位起重设备;加工精度要求高,灵活性差,安装时必须按房间弹出的十字中线就位,比较麻烦。

12.2.2   大模板的结构设计

12.2.2.1   大模板板面系统设计

大模板的板面系统由板面、水平肋、垂直肋和竖楞组成。由于水平肋与垂直肋布置不同,其板面又可分为单向板和双向板。它的传力过程是混凝土的侧压力经板面传给垂直肋,垂直肋为支承在水平肋上的连续梁;水平肋承受垂直板面的反力,水平肋的反力作用于竖楞,竖楞是以穿墙螺栓为支点的连续梁。

（1）板面的设计

板面的设计由刚度控制,以保证混凝土墙体表面的平整。

① 大挠度板

加劲肋的间距与面板厚度的比值大于 100 时,面板按大挠度板设计。大挠度板节省材料,但刚度差,很难保证混凝土墙体表面的平整。

②小挠度连续板

加劲肋的间距与面板厚度的比值小于或等于 100 时,面板按小挠度连续板设计。小挠度连续板又分单向板和双向板。单向板加工容易,但刚度较小,钢材用量较大;双向板刚度大,结构合理,但加工复杂,由于焊缝多而容易变形。

(2)加劲肋的设计

大模板的加劲肋主要是为了提高面板的刚度,承受和传递新浇筑混凝土的侧压力。加劲肋的设计由强度和刚度控制,计算简图为连续梁。为了减少钢材消耗量,设计时要考虑加劲肋和面板共同工作,但需要进行加劲肋单独工作情况的验算。

(3)竖楞的设计

大模板的竖楞设计由强度和刚度控制,计算简图为两跨连续梁,穿墙螺栓即为支座。根据竖楞与加劲肋的焊缝长度能否满足焊缝计算长度要求,竖楞设计时可按面板、竖向小肋和竖楞共同工作进行强度和刚度的验算,或者按竖楞单独工作进行强度和刚度的验算。

12.2.2.2 支撑桁架的设计

支撑系统的支撑桁架应按钢桁架设计。承受的荷载有风荷载与施工操作荷载,计算时要考虑这两种荷载对支撑系统的影响;然后,用这两种荷载求出支撑桁架各杆件的内力,取其大者分别按压杆、拉杆、压弯杆进行验算。

12.2.2.3 大模板的抗倾覆验算

大模板在安装之前的放置至关重要,特别是在高层建筑施工中,大模板的倾覆危险性很大。大模板在风力作用下能否保持平稳,主要取决于大模板的自稳角 α,即大模板在风力作用下,依靠自重保持其稳定的板面与垂直面的最大夹角,如图 12.9 所示。

大模板设计时,应保证 $b \geqslant a$,使得在右向风作用下,大模板只要不从右向左倾覆,就能够同时保证在左风向作用下,大模板不从左向右倾覆。

大模板的抗倾覆验算,可根据大模板所在楼层和风力的大小及大模板的自重,按下列公式验算:

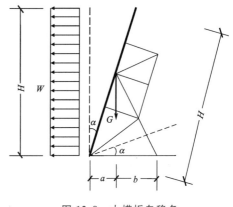

图 12.9 大模板自稳角

$$\alpha = \arcsin \frac{\sqrt{4W^2 + g^2} - g}{2W} \tag{12.1}$$

式中 α——大模板的自稳角;

g——大模板单位面积平均自重,$g = \dfrac{G}{H}$,kN/m^2;

W——风荷载,kN/m^2。

12.2.2.4 荷载

(1)垂直荷载

垂直荷载包括模板自重和施工荷载。施工荷载包括施工人员、材料和机具设备等荷载,由操作平台传递给支撑系统。

（2）水平荷载

水平荷载包括新浇混凝土对模板的侧压力和风荷载。

新浇混凝土对模板的侧压力是设计大模板的主要依据。在大模板施工中，混凝土的侧压力按经验计算，风荷载按《建筑结构荷载规范》(GB 50009—2012)取值。

12.3 大模板施工

大模板工程施工的机械化程度高，必须根据其工艺特点，合理进行施工组织设计，保证工程施工有条不紊地正常开展。

12.3.1 现浇内墙、预制外墙板大模板的施工

12.3.1.1 施工程序

（1）预制非承重外墙板及现浇内墙的施工程序如图 12.10 所示。

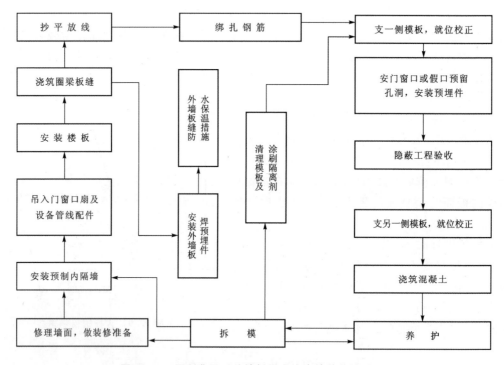

图 12.10 预制非承重外墙板及现浇内墙的施工程序

（2）预制承重外墙板及现浇内墙的施工程序如图 12.11 所示。

（3）预制承重外墙板和非承重内纵墙板及现浇内横墙施工程序如图 12.12 所示。

12.3.1.2 技术要求和操作要点

（1）抄平放线

抄平放线包括放出墙轴线、墙身线、模板就位线，以及弹出门口、隔墙、阳台位置安装线与抄水平线等工作。

大模板安装前，应将轴线从标准轴线桩引至外墙上口，再引至楼板面作为楼面轴线的依据；放出墙轴线，弹出墙身线、模板就位线，作为安装大模板的依据，同时弹出门口、隔墙、阳台等安装

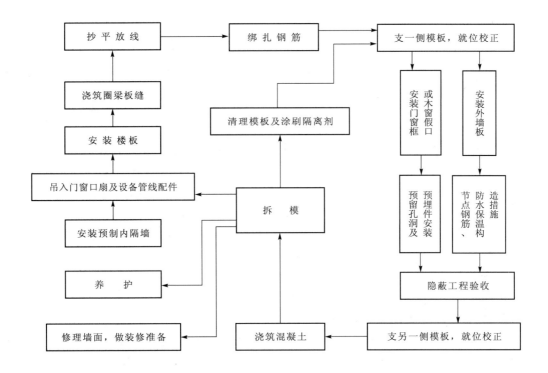

图 12.11 预制承重外墙板及现浇内墙的施工程序

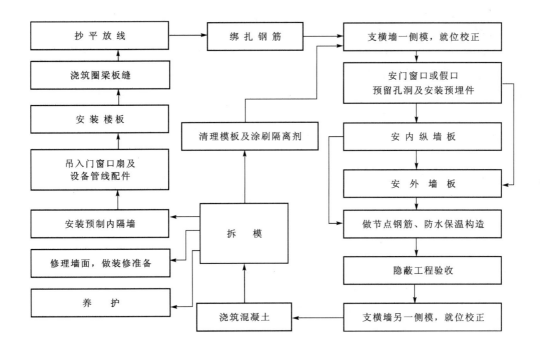

图 12.12 预制承重外墙板和非承重内纵墙及现浇内横墙施工程序

线。楼层弹出500mm水平线作为安装楼板找平的依据,在墙顶面弹出安装楼板分板线。

（2）绑扎钢筋

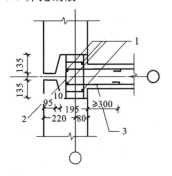

图 12.13　大模板工程绑扎钢筋示意图
1——1～6 层 4φ16;7～12 层 4φ14;
2——在墙板预留孔与两环间加 1φ16 箍□;
3——拉结筋间距、直径同网片

吊装钢筋网时要防止变形,位置要准确,确保钢筋的混凝土保护层厚度。墙体上的钢筋要防止位移,以免影响楼板安装。

外墙板两侧伸出的预埋套环,必须在墙板吊装前整理好,吊装时不准碰弯。相邻两墙板安装后,按设计要求放入小柱立筋,并与墙板套环绑扎在一起,如图 12.13 所示。

（3）大模板的处理、安装

大模板进场后要核对型号,清点数量,清除表面锈蚀,用醒目的字体在模板背面注明标号。模板就位前,还应认真涂刷脱模剂,将安装处楼面处理干净,检查墙体中心线及边线,确认准确无误后方可安装模板。

安装模板时,应按顺序吊装,按墙身线就位,并通过调整地脚螺栓,用"双十字"靠尺反复检查校正模板的垂直度。模板合模前,还要检查墙体钢筋、水暖电器管线、预埋件、门窗洞口模板和穿墙螺栓套管是否遗漏,位置是否正确,安装是否牢固,是否影响墙体强度等,并清除模板内的杂物。模板校正合格后,在模板顶部安放上口卡子,并紧固穿墙螺栓或销子。紧固时要松紧适度,过松会影响墙体厚度,过紧会将模板顶出凹孔。

为防止墙体出现漏浆烂根现象,在模板就位固定后,模板的周边缝隙要用小角钢、窄钢片、木片或水泥纸袋堵严。为防止模板下部漏浆,还可以采用预先在安放模板的部位抹水泥砂浆找平层,待砂浆凝固后再安装模板的方法,以及在模板底面放置充气垫或海绵胶垫的方法。

门口模板的安装方法有两种,一种是先立门洞模板,后安装门框;另一种是直接立门框。

采用先立门洞模板的方法时,若门洞的设计位置固定,则可在模板上打眼,用螺栓固定门洞模板;如果门洞设计位置不固定,则可在钢筋网片绑完后,按设计位置将门洞模板钉上钉子,与钢筋网片焊在一起固定。模板框中部均需加三道支撑(图 12.14),前后两面(或一面)各钉一木框(用 5cm×5cm 木方),使模板框侧边与墙厚相同。拆模时,拆掉木方和木框。这样立的模板框比较牢固,但要注意浇筑混凝土时,两侧混凝土的浇筑高度要大致相等,并不超过 50cm,振捣时要注意防止挤动模框。先立门洞模板的缺点是拆模困难,门洞周围后抹的灰砂易开裂空鼓。

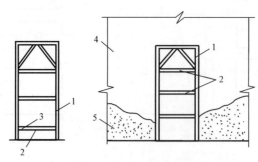

图 12.14　门口先立门洞
1——门框;2——木方;3——螺栓;4——大模板;5——混凝土

采用直接立门框的方法时,用木材或小角钢做成带有1~2mm坡度的工具式门框套模夹在门框两侧,使其总厚度比墙宽度大3~5mm。门框口内设临时的或工具式支撑加固。立好门框后,两边由大模板夹紧。在模板上对应门框的位置预留好孔眼,用钉子穿过孔时,将门框套模紧固于模板上。为防止门框移动,还可以在门框两侧钉若干钉子,并将钉子与墙体钢筋焊住。这种做法既省工又牢固,但要注意施工中的定位不准易造成门口歪斜和移动。

另外,采用先立门洞模板的工艺时,宜多准备一个流水段的门洞模板,采取隔天拆模,以保证洞口棱角整齐。

(4)墙体混凝土浇筑

为了便于振捣密实,使墙面平整光滑,混凝土的坍落度一般采用7~8cm。用 $\phi50$ 的软轴插入式振捣棒分层振捣,混凝土的每次浇筑高度不应超过1m。浇筑墙体混凝土应连续进行,每层的间隔时间不应超过2h,或根据水泥的初凝时间确定。为使新浇筑的混凝土与下层混凝土结合良好,在新浇筑混凝土前,宜浇筑一层厚度50~100mm、与原混凝土内砂浆成分相同的砂浆。

混凝土的下料点应分散布置。浇筑门窗洞位置的混凝土时,应注意从门窗洞口正上方下料,使两侧能同时均匀浇筑,以免发生偏移。

墙体的施工缝一般宜设在门窗洞口上,次梁跨中1/3区段。当采用组合平模时,可留在内纵墙与内横墙的交接处,接槎处混凝土应加强振捣,保证接槎严密。

墙体混凝土浇筑完毕,应按抄平标高找平,确保安装楼板底面平整。

(5)拆模与养护

在常温条件下,墙体混凝土强度超过 $1N/mm^2$ 时方可拆模。拆模的顺序是:首先拆除全部穿墙螺栓、拉杆及花篮卡具,再拆除补缝钢管或木方,卸掉预埋件的定位螺栓和其他附件;然后将每块模板的地脚螺栓缓慢升起,使模板在脱离墙面之前有少许的平行下滑量,随后再升起后面的两个地脚螺栓,使模板自动倾斜脱离墙面,然后将模板吊起。在任何情况下,不得在墙上口晃动、撬动或敲砸模板。模板拆除后,应及时清理干净。

拆模后,必须立即对混凝土墙体进行淋水养护,一般养护时间不得少于3d,淋水次数以能保证混凝土湿润状态为度。

为了尽量缩短拆模时间,可以使用早强剂。

(6)预制构配件安装

承重外墙板的安装,应在内墙模板安装就位、准确稳固后进行。外墙板与内墙模板及大角处相邻的两块外墙板应相互拉结固定(图12.15)。

为保证外墙板安装标高准确和荷载传递均匀,可在安装外墙板前,预先抹好找平层,就位时浇素水泥浆;也可预先抹找平层,安装外墙后及时嵌填干硬砂浆,做到嵌填密实。

安装外墙板应以墙的外边线为准,做到墙面平顺,墙身垂直,缝隙一致,企口缝不得错位,防止挤严平腔。墙板的标高必须准确,防止披水高于挡水台。上下外墙板键槽内的连接钢筋,当采用平模时,应随时安装随时焊接;当采用筒子模时,应在拆模后立即焊接(图12.16)。

非承重外墙板的吊装,在内墙模板拆除和上层楼板安装后进行。

安装楼板时,墙体混凝土强度必须达到 $4N/mm^2$ 以上。如提早安装,应采取硬架支模等相应的技术措施。安装前,墙顶应清理干净,楼板应处理好板端的锚固筋,按设计要求弯起。楼板应边坐浆边安装,安装时,两端在墙上的搁置长度应满足设计要求。板端缝隙的处理应单独作为一道工序,用不低于C20的细石混凝土灌实。

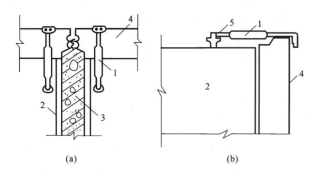

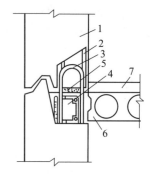

图 12.15　预制外墙板与内墙大模板的连接

（a）墙板与内模的连接平面图；（b）高低可调花篮螺栓卡具

1—花篮螺栓卡具；2—大模板；3—现浇混凝土墙；

4—预制墙板；5—高低调节器

图 12.16　上下层外墙连接节点

1—预制外墙板；2—墙板下部预留键槽及甩出的钢筋；

3—墙板上部吊环与甩出钢筋焊接；4—钢筋混凝土圈梁；

5—水泥砂浆；6—空心楼板；7—楼地面

楼板安装后，要及时安装楼梯、阳台、通风道等构件，并进行板缝加工。

（7）外墙板防水保温施工

外墙板防水保温工程应组成专业班组进行施工。

外墙板的防水构造必须完整，尺寸、形状必须符合设计要求；如有破坏，应在安装前修补；严重损坏者，不得作为构造防水墙板使用。

外墙板的立槽、腔壁应涂刷一道防水涂料。墙体防水构造如图 12.17 所示。

首层挡水台阶可采取现浇或预制构件，位置应准确。现浇挡水台阶在混凝土硬化后方可安装首层外墙板。

防水条的硬度、厚度要适当，其宽度宜超过立缝宽度 25mm，下端剪成圆弧形缺口，以便留排水孔。要保证其位置正确，上部与挡水台交接要严密，可用油膏密封，下部要插到排水斜坡上。油毡、聚苯乙烯泡沫塑料板要嵌插到底，周边严密，不得鼓出或崩裂。泄水管要保持畅通，可伸出墙面 15mm（图 12.18）。

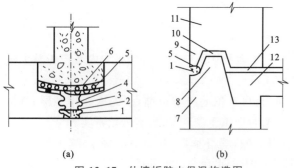

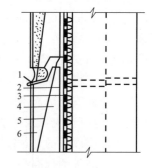

图 12.17　外墙板防水保温构造图

（a）垂直缝；（b）水平缝

1—防水砂浆；2—防水塑料条；3—垂直缝空腔壁涂刷防水涂料一道；

4—垂直缝空腔；5—油毡；6—聚苯乙烯泡沫塑料；

7—下部外墙板；8—挡水台阶；9—披水；10—水平缝空腔；

11—上部外墙；12—圈梁；13—找平层

图 12.18　防水十字缝

1—半圆塑料管；2—油毡；

3—聚苯乙烯泡沫塑料板；4—垂直缝空腔；

5—防水塑料条；6—防水砂浆

阳台板上平缝的全长，相邻的立缝和下部水平端部 30cm 长度范围内的缝隙，应全部用防水油膏嵌填,也可用干硬性的石棉灰水泥捻压密实。雨篷板平、立缝的防水要求同阳台板平、立缝的防水要求。女儿墙平缝和外立缝防水要求与外墙板平、立缝的相同。内立缝应嵌填防水油膏,并应注意与屋面油毡搭接。

为防止油膏嵌填不牢,在嵌填防水油膏前,必须将基层清理干净,并涂刷冷底子油一道,油膏要压接密实。

外墙板上下连接键槽处,在浇筑混凝土前应用油毡将外侧堵严,防止漏浆将平腔堵塞。

立缝勾砂浆时,不得将塑料条挤歪。排水坡处的立缝砂浆应勾成斜坡,并与排水坡相平。

12.3.2　内浇外砌的大模板施工

12.3.2.1　施工程序

内浇外砌的大模板施工程序如图 12.19 所示。

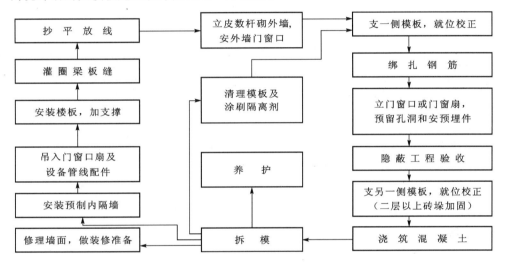

图 12.19　内浇外砌的大模板施工程序

12.3.2.2　技术要求

墙体砌筑技术要求同前面章节砖砌体工程,砖外墙与现浇混凝土内墙的节点构造如图 12.20 所示。墙体砌筑时,必须正确留出缺口,按规定设拉结筋。

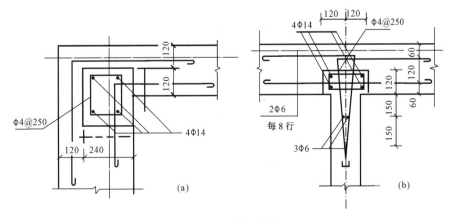

图 12.20　砖外墙节点
(a)外墙转角节点;(b)内外墙交接节点

12.3.3 内、外墙全现浇的大模板施工

12.3.3.1 施工程序

（1）采用悬挂式外模时的施工程序如图 12.21 所示。

（2）采用外承式外模时的施工程序如图 12.22 所示。

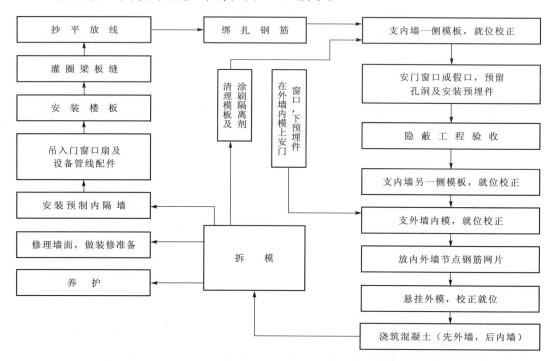

图 12.21 采用悬挂式外模时的施工程序

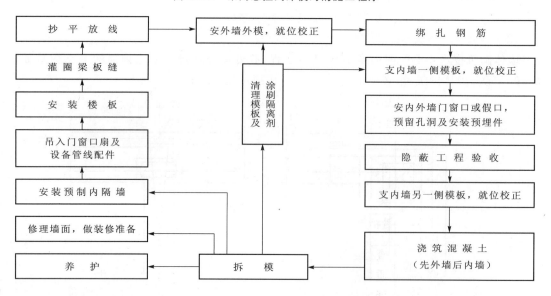

图 12.22 采用外承式外模时的施工程序

12.3.3.2 支模特点

（1）外墙支模

全现浇大模板施工，外墙支模是重点内容。外墙的内侧模板与内墙模板一样，支承在楼板上。

① 悬挑式外模板施工

当采用悬挑式外模板施工时，支模顺序为：先安装内墙模板，再安装外墙内模，然后将外模板通过内模上端的悬臂梁直接悬挂在内模板上。悬臂梁可采用一根 8 号槽钢焊在外侧模板的上口横筋上，内外墙模板之间用两道对销螺栓拉紧，下部靠在下层外墙混凝土壁上（图12.23）。

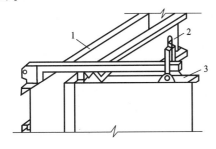

图 12.23 悬挑式外模

1—外墙外模；2—外墙内模；3—内墙模板

② 外承式外模板施工

当采用外承式外模板时，可将外墙外模板安装在下层混凝土外墙挑出的支承架上（图 12.24）。支承架可做成三角架，用 L 形螺栓通过下一层外墙预留孔挂在外墙上。为了保证安全，要设防护栏杆和安全网。外墙外模板安装好后，再安装内墙模板和外墙内模板。

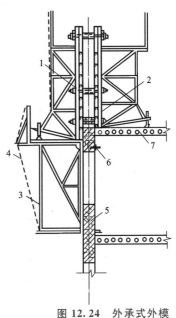

图 12.24 外承式外模

1—外墙外模；2—外墙内模；3—外承架；
4—安全网；5—现浇外墙；6—穿墙卡具；7—楼板

（2）门窗洞口支模

全现浇结构的外墙门窗洞口模板，宜采用固定在外墙内模板上的活动折叠模板。门窗洞口模板与外墙模板用合页连接。洞口支好后，用固定在模板上的钢支撑顶牢。

12.4 大模板工程质量标准与安全技术

12.4.1 大模板的质量标准

（1）大模板支模质量检查标准见表12.1。

（2）大模板混凝土墙体质量检查标准见表12.2。

（3）门窗洞口质量检查标准见表12.3。

表 12.1　大模板支模质量检查标准

项次	项目名称	允许偏差（mm）	检 查 方 法
1	模板竖向偏差	3	用 2m 靠尺检查
2	模板位置偏差	3	用尺检查
3	墙体上口宽度	±2	用尺检查
4	模板标高偏差	±5	用尺检查

表 12.2　大模板混凝土墙体质量检查标准

项次	项　　目	允许偏差（mm）	检 查 方 法
1	大角垂直	20	用经纬仪检查
2	楼层高度	±10	用钢尺检查
3	全楼高度	±20	用钢尺检查
4	内墙垂直	5	用 2m 靠尺检查
5	内墙表面平整	5	用 2m 靠尺检查
6	内墙厚度	+2,0	用尺在销孔处检查
7	内墙轴线位移	10	用尺检查
8	预制楼板搁置长度	±10	用尺检查

表 12.3　门窗洞口质量检查标准

项次	项目名称	允许偏差（mm）	检 查 方 法
1	单个门窗口水平	5	拉线检查
2	单个门窗口垂直	5	用靠尺检查
3	楼层洞口水平	±20	拉线检查
4	楼层洞口垂直	±15	吊线检查

（4）预制外墙板安装允许偏差及检查方法见表 12.4。

表 12.4　预制外墙板安装允许偏差及检查方法

项次	项目名称	允许偏差（mm）	检 查 方 法
1	轴线位移	10	用钢尺检查
2	楼层层高	±10	用钢尺检查
3	全楼高度	±20	用钢尺检查
4	墙面垂直	5	用 2m 靠尺检查
5	板缝垂直	5	用 2m 靠尺检查
6	墙板拼缝高差	±5	用靠尺和塞尺检查
7	洞口偏移	8	吊线检查

12.4.2　大模板施工安全技术

（1）大模板的存放

大模板存放的场地必须平整夯实，不得存放在松土和不平的地方。存放时，必须将地脚螺栓提上去，使自稳角为 20°～30°，用拉杆将板与板拉牢，不得将大模板存放在施工层的楼层上。

（2）大模板的安装

大模板安装应对号就位，一道墙使用两块模板时，必须同时调直，以防倾倒。

（3）大模板拆除

先将墙上穿墙螺栓等障碍拆除，将地脚螺栓提上去，使模板与墙面脱离后方可起吊，起吊时不得同时吊两块板，严禁斜吊拉出。

（4）大模板安全防护

安全网支搭可采用以下两种支搭方式：

① 安全网随墙逐层上升，在二层、六层、十层……每四层固定一道安全网；

② 从第二层开始，每两层支搭一道安全网，保证四层有一道安全网。

思　考　题

12.1　试述大模板的结构类型和特点。

12.2　试述大模板的构造及要求。

12.3　试述大模板的组合方案。

12.4　试述大模板计算步骤。

12.5　何谓"自稳角"？如何进行计算？

12.6　试述全现浇大模板施工工艺。

12.7　试述内浇外砌大模板施工工艺。

12.8　试述大模板施工中的安全技术。

模块 13 液压滑升模板施工

知识目标

(1)滑升模板的构造与组成；
(2)滑升模板施工工艺。

技能目标

参观学习本地区建筑工程有关滑升模板的施工工艺、方法，编写模板施工的认识与设想。

液压滑升模板施工，是现浇钢筋混凝土工程中机械化施工水平较高的一种施工方法。滑升模板施工的特点是：在建筑物的底部，按建筑物的平面图，沿墙、柱、梁等构件周边一次组装高 1.2m 左右的模板，随后在模板内不断分层绑扎钢筋和浇筑混凝土，利用液压提升设备不断向上滑升模板，连续完成建筑物混凝土的浇筑工作，直到结构完成。

在高层建筑滑模施工中，由于抗震和结构整体性的要求，水平结构（如楼板）大多数已采用了现浇结构的做法。我国在高层建筑中，采用滑模工艺的水平结构施工方法已积累了丰富经验，主要有逐层空滑，楼板并进施工法；先滑墙体，楼板跟随施工法；先滑墙体，楼板降模施工法等。

滑模施工具有节约模板和脚手架，机械化程度高，施工速度快，结构整体性强，抗震性能好等特点，其综合经济效益十分显著。

13.1 滑升模板的构造与组成

滑模装置主要包括模板系统、操作平台系统、提升机具系统三部分，如图 13.1 所示。

13.1.1 模板系统

模板系统主要包括模板、围圈、提升架等基本构件。

13.1.1.1 模板

模板按其材料不同有钢模板、木模板、钢木组合模板等，一般以钢模板为主。钢模板可采用 2.5～3mm 厚的钢板冷压成型，或用 2.5～3mm 厚的钢板与角钢肋条制成，角钢肋条的规格不小于 L40×4。模板高度主要取决于滑升速度及达到混凝土出模强度所需的时间，一般为 900～1200mm，烟囱等筒壁结构的模板高度可为 1200～1500mm。单块模板宽度宜为 300mm，也可根据实际情况适当加宽。个别小于 50mm 的空隙可用铁皮包木条后补严。

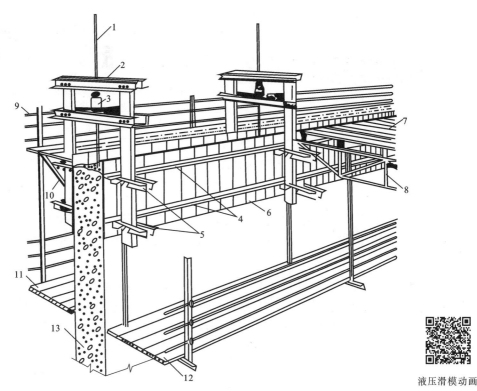

液压滑模动画

图 13.1　液压滑模板组成示意图

1—支承杆；2—提升架；3—液压千斤顶；4—围圈；5—围圈支托；6—模板；7—操作平台；
8—平台桁架；9—栏杆；10—外挑三角架；11—外吊脚手；12—内吊脚手；13—混凝土墙体

为方便施工，保证施工安全，外墙外模板的上端比内模板上端可高出 150～200mm。模板组装后，要求上口小下口大，形成一定的倾斜度，单面模板的倾斜度为 0.2%～0.5%，模板高 1/2 处的净间距应与结构截面等宽。

13.1.1.2　围圈

围圈的主要作用是使模板保持组装好后的形状，并将模板和提升架连成整体。围圈布置在模板外侧，按建筑物的结构形状组成闭合圈，上下各一道，分别支承在提升架的立柱上。围圈的上下间距一般为 450～750mm，上围圈距模板上口的距离不宜大于 250mm，下围圈距模板下口的距离为 300mm，以保证模板"上刚下柔"不致变形形成反倾斜，以便混凝土脱模。

围圈应有一定的强度和刚度，一般可采用 L70～L80，[8～[10 或 I10 制作。在使用荷载作用下，两提升架之间围圈的垂直和水平方向的变形不应大于跨度的 1/500；当提升架的间距大于 2.5m 或操作平台的承重骨架直接支承在围圈上时，围圈宜设计成桁架式；为了使围圈能重复使用，腹杆与围圈宜做成装配式，不宜焊接，围圈的连接宜采用等效刚度的型钢连接，连接螺栓每边不少于两个。围圈与连接件及围圈桁架构造如图 13.2 所示。

13.1.1.3　提升架

提升架的作用主要是控制模板和围圈由于混凝土侧压力和冲击力而产生的向外变形，承受作用在整个模板和操作平台上的全部荷载，并将荷载传递给千斤顶。同时，提升架又是安装千斤顶，连接模板、围圈以及操作平台形成整体的主要构件。提升架的构造形式，在满足以上

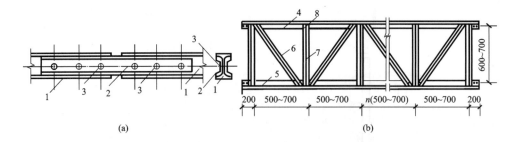

图 13.2　围圈与连接件及围圈桁架构造示意图

(a) 围圈与连接件；(b) 围圈桁架结构

1—围圈；2—连接件；3—螺栓孔；4—上围圈；5—下围圈；6—斜腹杆；7—垂直腹杆；8—连接螺栓

作用要求的前提下，结合建筑物的结构形式和提升架的安装部位，可以采用不同的形式。如单横梁的"Π"形，双横梁的"开"形，或单立柱的"Γ"形等。提升架的平面布置形式多用"一"形，在纵横交接处可采用"X"形或"Y"形等。

提升架的横梁一般用槽钢制作，立柱可用槽钢、角钢或钢管等制作。墙体转角和十字交接处提升架的立柱采用 100mm×100mm×(4～6)mm 方钢管制作较方便。模板顶部至提升架横梁间的净高度，对于配筋结构不宜小于 500mm，对于无筋结构不宜小于 250mm。在使用荷载作用下，提升架立柱的侧向变形不应大于 2mm。不同结构部位的提升架构造示意图如图 13.3 所示。

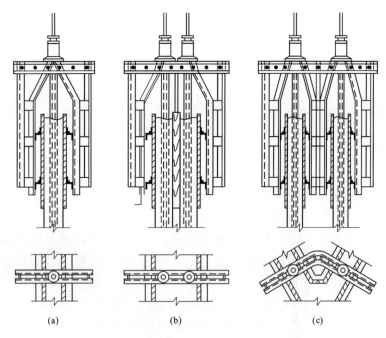

图 13.3　不同结构部位提升架构造示意图

(a) 单墙体；(b) 伸缩缝处墙体；(c) 转角处墙体

13.1.2　操作平台系统

操作平台系统主要包括主操作平台、外挑操作平台、吊脚手架等。在施工需要时，还可设置上辅助平台。它是供材料、工具、设备堆放，以及施工人员进行操作的场所，如图 13.4 所示。

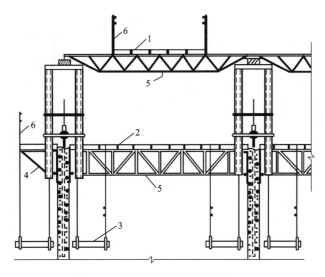

图 13.4　操作平台系统示意图

1—上辅助平台;2—主操作平台;3—吊脚手架;4—三角挑架;5—承重桁架;6—防护栏杆

13.1.2.1　主操作平台

主操作平台既是施工人员进行施工操作的场所,也是材料、工具、设备堆放的场所。因此,主操作平台承受的荷载基本上是动荷载,且变化幅度较大,应安放平稳牢靠。但是,由于楼板跟随施工的需要,要求操作平台板采用活动式,便于反复揭开,进行楼板施工。故操作平台的设计,既要考虑能揭盖方便,又要使结构牢稳可靠。一般,提升架立柱内侧的平台板采用固定式,提升架立柱外侧的平台板采用活动式,如图 13.5 所示。

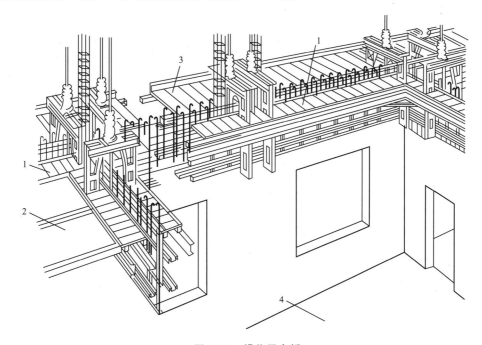

图 13.5　操作平台板

1—固定式;2—活动式;3—外挑操作平台;4—下一层已完工的现浇楼板

13.1.2.2　内外吊脚手架

内外吊脚手架主要用于检查混凝土质量、表面装饰以及模板的检修和拆卸等工作。吊脚手架主要由吊杆、横梁、脚手板、防护栏杆等构件组成。吊杆上端通过螺栓悬吊于挑三角架或提升架的立柱上，下端与横梁连接。吊杆可采用 $\phi16\sim\phi18$ 的圆钢或 $50\text{mm}\times4\text{mm}$ 扁钢制成，也可用柔性链条制作。吊脚手架铺板的宽度宜为 $500\sim800\text{mm}$，为保证安全，每根吊杆必须安装双螺帽予以锁紧，其外侧应设防护栏杆，并满挂安全网，如图 13.6 所示。

13.1.3　提升机具系统

提升机具系统由支承杆、液压千斤顶及液压控制系统（液压控制台）和油路等组成。

提升机具系统的工作原理是由电动机带动高压油泵，将油液通过换向阀、分油器、截止阀及管路输送给各千斤顶，在不断供油和回油的过程中使千斤顶的活塞不断地被压缩、复位，通过千斤顶在支承杆上爬升而使模板装置向上滑升。液压控制装置原理图如图 13.7 所示。

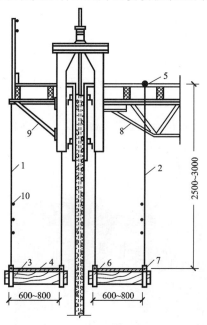

图 13.6　吊脚手架

1—外吊脚手杆；2—内吊脚手杆；3—木楞；4—脚手板；
5—固定吊杆的卡棍；6—套靴；7—连接螺栓；
8—平台承重桁架；9—三角挑架；10—防护栏杆

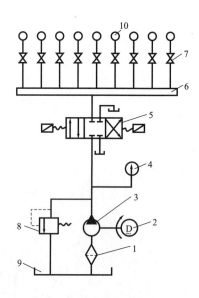

图 13.7　提升系统液压控制装置原理图

1—滤油器；2—单向回转交流电动机；3—油泵；
4—压力表；5—换向阀；6—分油器；7—截止阀（针型阀）；
8—溢流阀；9—油箱；10—千斤顶

（1）液压千斤顶

液压千斤顶又称穿心式液压千斤顶，其中心穿支承杆，在给千斤顶供油和回油的周期性作用下向上滑升。钢珠式液压千斤顶的构造及顶升过程如图 13.8 所示。

目前国内生产的滑模液压千斤顶型号主要有：钢珠式 GYD - 35 型、GYD - 60 型、GSD - 35 型（松卡式）和楔块式液压千斤顶 QYD - 35 型、QYD - 60 型、QYD - 100 型等。GSD - 35 型松卡式千斤顶是在 GYD - 35 型基础上加以改造制成的，增加了松卡功能，方便支承杆抽拔，为现场更换和维修千斤顶提供了方便条件。

上述型号的千斤顶理论行程为 35mm。GYD - 35 型、GSD - 35 型适用的支承杆为 $\phi25$ 圆

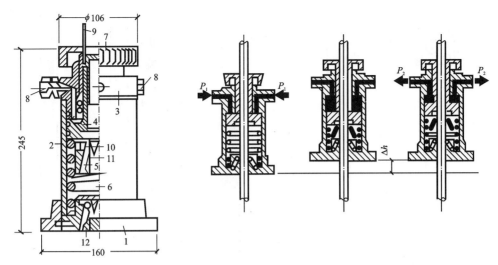

图 13.8　液压千斤顶的构造及顶升原理
1—底座；2—缸筒；3—缸盖；4—活塞；5—上卡头；6—排油弹簧；7—行程调整帽；
8—油嘴；9—行程指示杆；10—钢珠；11—卡头小弹簧；12—下卡头

钢；QYD-35 型适用的支承杆为 $\phi25$（三瓣）和 $\phi28$（四瓣）；GYD-60 型、QYD-60 型、QYD-100 型适用的支承杆为 $\phi48\times3.5$ 钢管。

（2）支承杆

支承杆的直径要与所选千斤顶的要求相适应。选用钢珠式千斤顶，支承杆用圆钢制作，钢筋要经过冷拉调直，冷拉率不大于 3％；当选用楔块式千斤顶时，千斤顶可选用螺纹钢筋。支承杆宜用锯条切割，长度为 4～6m。支承杆接长时，接头要相互错开，在同一截面接头数量不宜超过 25％，应避免接长支承杆的工作量过于集中和在同一截面处支承杆的接头过多而影响支承杆的强度和稳定性。一般从最下端支承杆开始，至少应做成四种不同的长度，以 500mm 为一档，以后则可以用同一长度的支承杆接长。

为节约钢材，采用加套管的工具式支承杆时，应在支承杆外侧加设内径比支承杆直径大 2～5mm 的套管，套管的上端与提升架横梁的底部固定，套管的下端与模板底平齐，套管外径最好做成上大下小的锥形，以减小滑升时的摩阻力。套管随提升架同时上升，在混凝土内形成管孔，以便最后能拔出支承杆。工具式支承杆的底部一般用钢靴或套管支承，工具式支承杆的套管和钢靴如图 13.9 所示。

支承杆的接长方法有以下两种：

① 在支承杆下面接长　在支承杆顶端滑过千斤顶上卡头后，从千斤顶上部将接长支承杆插入千斤顶，使新插入的支承杆顶实原有支承杆顶面，待支承杆接头从千斤顶下面滑出后，立即将接头四周点焊固定。

② 在千斤顶上面接长　接长的方法有榫接、剖口焊接和丝扣连接，如图 13.10 所示。榫接受力性能差，加工要求高，一般不宜使用；剖口焊接要求对接头进行加工，焊接量大，焊接后要对焊缝进行磨平，比较麻烦；丝扣连接操作方便，安全可靠，效果较好。

（3）液压控制装置

液压控制装置又称液压控制台，是提升系统的心脏，主要由能量转换装置（电动机、高压泵等）、能量控制和调节装置（换向阀、溢流阀、分油器等）、辅助装置（油箱、油管等）三部分组成。

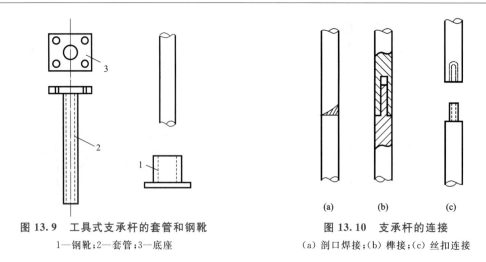

图 13.9　工具式支承杆的套管和钢靴
1—钢靴;2—套管;3—底座

图 13.10　支承杆的连接
(a) 剖口焊接;(b) 榫接;(c) 丝扣连接

13.2　滑升模板施工工艺

13.2.1　滑模的组装

(1)组装前的准备工作

① 滑模基本构件的准备工作,应在建筑物的基础底板(或楼板)的混凝土达到一定强度后进行。

② 组装前必须清理现场,设置运输通道和施工用水、用电线路,理直钢筋等。

③ 按布置图的要求,在组装现场弹出建筑物的轴线及模板、围圈、提升架、支承杆、平台桁架等构件的中心线。同时在建筑物的基底及其附近,设置观测垂直偏差的中心桩或控制桩,以及一定数量的标高控制点。

④ 准备好测量仪器及组装工具等。

⑤ 模板、围圈、提升架、桁架、支承杆、连接螺栓等运至现场除锈刷漆。

⑥ 滑模的组装必须在统一指挥下进行,每道工序必须有专人负责。

(2)组装顺序

① 搭设临时组装平台,安装垂直运输设施。

② 安装提升架。

③ 安装围圈(先安装内围圈,后安装外围圈),调整倾斜度。

④ 绑扎竖向钢筋和提升架横梁以下的水平钢筋,安设预埋件及预留孔洞的胎模,对工具式支承杆套管下端进行包扎。

⑤ 安装模板,宜先安装角模后安装其他模板。

⑥ 安装操作平台的桁架、支撑和平台铺板。

⑦ 安装外操作平台的支架、铺板和安全栏杆等。

⑧ 安装液压提升系统、垂直运输系统及水、电、通信、信号、精度控制和观察装置,并分别进行编号、检查和试验。

⑨ 在液压系统试验合格后,插入支承杆。

⑩ 安装内外吊脚手架及挂安全网;在地面或横向结构面上组装滑模装置时,应待模板滑升至适当高度后,再安装内外吊脚手架。滑模装置组装的允许偏差如表 13.1 所示。

表 13.1 滑模装置组装的允许偏差

内　　容		允许偏差(mm)
模板结构轴线与相应结构轴线位置		3
围圈位置偏差	水 平 方 向	3
	垂 直 方 向	3
提升架的垂直偏差	平 面 内	3
	平 面 外	2
安放千斤顶的提升架横梁相对标高偏差		5
考虑倾斜度后模板尺寸的偏差	上 口	-1
	下 口	+2
千斤顶安装位置的偏差	提升架平面内	5
	提升架平面外	5
圆模直径、方模边长的偏差		5
相邻两块模板平面平整偏差		2

13.2.2 滑模施工

滑模组装完毕并经检查合格后,即可进入滑模施工阶段。滑升模板施工程序如图 13.11 所示。

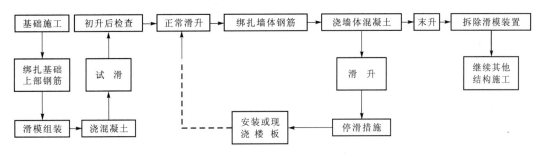

图 13.11 滑升模板施工程序

13.2.2.1 钢筋和预埋件

① 横向钢筋的长度不宜大于 7m;竖向钢筋直径小于或等于 12mm 时,其长度不宜大于 5m,一般与楼层高度一致。

② 钢筋绑扎应与混凝土的浇筑及模板的滑升速度相配合,在绑扎过程中,应随时检查,以免发生差错。

③ 每层混凝土浇筑完毕后,在混凝土表面上至少应有一道绑扎好的横向钢筋作为后续钢筋绑扎时的参考。

④ 竖向钢筋绑扎时,应在提升架的上部设置钢筋定位架,以保证钢筋位置准确。直径较大的钢筋宜采用电渣压力焊或钢筋螺纹连接。

⑤ 双层配筋的墙体结构,双层钢筋之间绑扎后应用拉结筋定位。钢筋的弯钩均应背向模板面。

⑥ 支承杆作为结构受力筋时,其设计强度宜降低 10％～25％,接头的焊接质量必须与钢筋等强。

⑦ 梁的横向钢筋可采取边滑升边绑扎的方法,为便于绑扎,可将箍筋做成上部开口的形式,待水平钢筋穿入就位后再将上口封闭扎牢。

⑧ 预埋件的留设位置、数量、型号必须准确。预埋件的固定可采用与主筋焊接或绑扎的方法。模板滑过预埋件后,应立即清除其表面的混凝土,使其外露,其位置偏差不得大于 20mm。

13.2.2.2　混凝土施工

(1)混凝土的配制

用于滑模施工的混凝土,除应满足设计所规定的强度、耐久性等要求外,尚应满足滑模施工的要求。混凝土浇筑时的坍落度,当为非泵送混凝土时,对于墙、板、柱为 5～7cm;对于配筋密集的结构为 6～9cm;配筋特密的结构为 9～12cm。采用人工振捣时,坍落度可适当增加。

(2)混凝土凝结时间和出模强度的控制

为减少混凝土对模板的摩阻力,保证出模混凝土的质量,必须根据滑升速度等控制混凝土的凝结时间,使出模混凝土达到最优出模强度。混凝土初凝时间宜控制在 2h 左右,终凝时间控制在 4～6h。混凝土的出模强度宜控制在 $0.2～0.4N/mm^2$(相当于贯入阻力值为 $0.3～1.05kN/cm^2$)。

(3)混凝土的浇筑

浇筑混凝土时,应合理地划分区段,使浇筑时间大致相等。浇筑时,应严格执行分层浇筑、分层振捣、均匀交圈的方法,使每一浇筑层的混凝土表面基本保持在同一水平面上,并应有计划、均匀地变换浇筑方向。

混凝土初浇筑时(指滑模组装后初升前的首次浇筑),浇筑时间一般控制在 3h 左右,浇筑高度一般为 600～700mm,分 2～3 层浇筑,每层混凝土的浇筑必须在其下一层混凝土初凝之前完成。当模板初升后,进入正常滑升阶段时,每个浇筑层以 200～300mm 为宜,各层浇灌的间隔时间应不大于混凝土的凝结时间(相当于混凝土达到 $0.35kN/cm^2$ 贯入阻力值);当间隔时间超过混凝土的凝结时间时,接槎处应按施工缝的要求处理。

预留洞口、门窗洞口、变形缝和管道等两侧的混凝土,应对称均衡浇筑以防挤动。入模的混凝土不得只向模板一侧倾倒,以免造成模板变形。

浇筑混凝土的顺序,应尽可能先浇结构相对复杂、施工比较困难、截面较大和受阳光直射较少的部位。在气温较高的季节,宜先浇内墙,后浇外墙,先浇直墙,后浇墙角和墙垛等。

混凝土振捣时,振捣器不得直接触及钢筋、支承杆或模板;振捣器应插入前一层混凝土内,但深度不应超过 50mm;在模板滑升过程中,不得振捣混凝土。

正常滑升时,新浇混凝土表面与模板的上口宜保持 50～100mm 的距离,防止模板提升时将混凝土带起。

在提升过程中,应随时检查出模后的混凝土强度。一般用指压法检查其表面,凡用手指按稍显指痕,但不粘手、不深陷者为合格;表面粘手且深陷者说明其强度不够,表面较硬且无指痕者说明强度过高。

混凝土出模后,应及时修整、养护。养护期间,应保持混凝土表面湿润,喷水养护时水压不宜过大;当采用喷刷养护液养护时,应防止漏喷、漏刷。

13.2.2.3 模板的滑升

模板的滑升分初升、正常滑升、末升三个阶段。

(1)初升阶段

初浇混凝土高度达到 600～700mm,并且对滑模装置和混凝土的凝结状态进行检查,从初浇开始,经过 3～4h 后,即可进行试滑,此时将全部千斤顶升起 50～60mm(1～2 个千斤顶行程)。试滑的目的是观察混凝土的凝结情况,判断混凝土能否脱模,提升时间是否适宜等。当试滑结果表明可以滑升时,即进入初升阶段,将模板升高 200～300mm,并立即对滑模系统进行全面检查、调整,然后转入正常滑升阶段。

(2)正常滑升阶段

正常滑升阶段是滑升模板施工的主要阶段。正常滑升的初期提升速度应稍慢于混凝土的浇筑速度,以便入模混凝土的高度能逐步接近模板上口。当混凝土距模板上口 50～100mm 时,即可按正常速度提升。

正常滑升时,其分层滑升的高度应与混凝土分层浇筑的高度相配合,一般为 200～300mm。提升宜在混凝土振捣后进行,两次提升的间隔时间不宜超过 1.5h;在气温较高时应增加 1～2 次中间提升,中间提升的高度为 1～2 个千斤顶行程,以减小混凝土与模板间的摩阻力。

当支承杆无失稳可能时,模板的滑升速度可按下式计算:

$$V = \frac{H-h-a}{T} \tag{13.1}$$

式中　V——模板滑升速度,m/h;

　　　H——模板高度,m;

　　　h——每个浇筑层厚度,m;

　　　a——混凝土浇满后,其表面距模板上口的距离,取 0.05～0.1m;

　　　T——混凝土达到出模强度所需时间,h。

常温下,模板滑升速度一般为 150～350mm/h,最慢不小于 100mm/h。

在模板滑升过程中,应随时检查模板装置的工作情况,尽量减小升差。各千斤顶的相对高差不得大于 40mm,相邻两个提升架的千斤顶的升差不得大于 20mm。每次提升时必须使距液压控制台最远的千斤顶全部上升到行程要求后,再停止加压,然后回油;在提升过程中,如果出现油压增至 1.2 倍正常值还不能使全部千斤顶顶起时,则应停止操作,检查原因并及时处理;回油时,也必须使最远的千斤顶充分回油,以免因加压、回油不充分而造成升差不一致。

为了使建筑物垂直度、扭转及截面尺寸偏差得到及时纠正,在每个作业班中,应对建筑物中心线、扭转情况、截面尺寸等至少进行 2～3 次检查。

在滑模施工过程中,因气候或其他特殊情况需要暂停施工时,应尽量将一个浇筑高度的混凝土基本浇平,且模板不能绝对停止滑升。这时应根据具体情况,每隔 0.5～1h 提升一次(一个千斤顶行程),直至最上一层混凝土已凝固,大约需 4h 左右,且与模板不粘结为止。但模板不宜滑升过多,当模板内存留混凝土过少,继续浇筑混凝土时,易出现结构表面错台现象(俗称穿裙子)。因此,采取停滑措施时,模板的最大滑升量不得大于模板全高的 1/2。若出现错台现象,应在混凝土出模后及时修整。停滑时,应及时清理黏附在模板内表面的砂浆等,并刷隔离剂保护。恢复施工时,应对液压滑升模板系统进行全面检查。

（3）末升阶段

当模板滑升至距建筑物顶部 1m 左右时，应放慢提升速度，在距建筑物顶部 200mm 标高以前，随浇筑随做好抄平、找正工作，以保证最后一层混凝土均匀交圈，确保顶部标高及位置准确。

13.2.3　滑模施工的精度控制

滑模施工的精度控制主要包括：滑模施工的水平度控制和垂直度控制。

13.2.3.1　水平度的观测与控制

水平度的观测，可采用水准仪、自动水平激光测量仪等。在模板开始滑升前，用水准仪对整个操作平台各部位千斤顶的高程进行观测、校平，并在每根支承杆上以明显的标志（红色三角形）画出水平线。当模板开始滑升后，即以此水平线作为基点，不断按每次提升高度（200～300mm）将水平线上移并进行水平度观测。

模板滑升过程中，模板系统能否保持水平上升是决定滑模施工质量好坏的关键，也是影响建筑物垂直度的重要因素。控制水平度较为有效且普遍采用的方法之一是限位卡调平。在千斤顶上改制增设一个调平装置，该装置由叉形套和限位挡体两部分组成。叉形套的两条腿通过千斤顶调节帽上改制的缺口，伸入千斤顶内与活塞上端直接接触，限位挡体按调平要求的标高固定在支承杆上，如图 13.12 所示。当叉形套随着千斤顶爬升至限位挡体标高时，叉形套被限位挡体挡住，则叉形套压住千斤顶活塞，使其不能排油复位继续爬升，从而达到自动限位的目的。这种方法不仅可以控制滑模系统水平上升，而且可以有意识地制造升差，进行垂直度的调整。

13.2.3.2　垂直度的观测与控制

过去，多用吊线锤的方法和经纬仪观测法测量垂直度，近年来多用激光铅直仪观测建筑物的垂直度。其方法有两种：一种是与普通经纬仪相似，即从设在滑模转角处的标尺上观看光斑所在位置（图 13.13）来确定垂直度；另一种方法是将激光铅直仪设在地面上（图 13.14），在操作平台上对应处设一激光靶，激光靶可用毛玻璃或在玻璃上附一层描图纸，绘十字线和同心圆环线，这样就可在操作平台上通过激光靶直接测出垂直偏差的方向和数值。

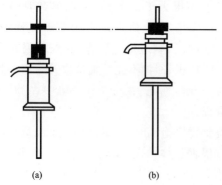

图 13.12　限位卡调平

（a）叉形套未达限位挡体标高，千斤顶上升；
（b）叉形套被限位挡体顶住，千斤顶停止工作

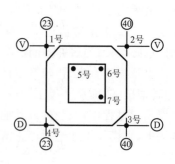

图 13.13　激光铅直仪观测

当检查出垂直偏差较大时，要查明原因，及时纠偏。常用的纠偏方法有平台倾斜调整法、施加外力调整法等。

（1）平台倾斜调整法

当建筑物向一侧偏移产生垂直偏差时，一般操作平台同一侧也会出现负水平偏差。此时，可将该侧千斤顶升高，使操作平台倾斜（倾斜度控制在 1‰ 以内），操作平台倾斜一侧（负偏差的一侧）每次抬高不宜超过 2 个千斤顶行程。抬高一次，滑升 1～2 个浇筑高度，然后观测平台轴线的恢复情况。如此反复，直到平台接近正确位置，及时恢复操作平台水平度。此时，模板装置也逐步回到原来结构设计的轴线位置，垂直偏差逐步消除，从而达到纠偏的目的。

（2）施加外力调整法

这是利用撑杆顶轮来强制纠正建筑物倾斜的方法，如图 13.15 所示。当操作平台产生平移，建筑物发生倾斜时，在建筑物相应一边外侧的几个相对称的阴角处设置撑杆顶轮，随着模板的滑升，同时旋转调节螺杆，使撑杆伸长，让顶轮顶在已出模并具有一定强度的混凝土侧壁上，从而使操作平台复位，以达到纠偏的目的。纠偏时不能过急，应根据偏差大小逐步调整。

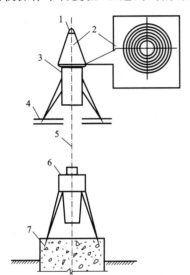

图 13.14 激光靶及激光铅直仪示意图
1—观测口；2—激光靶；3—遮光筒；4—操作平台；
5—激光束；6—激光铅直仪；7—混凝土底座

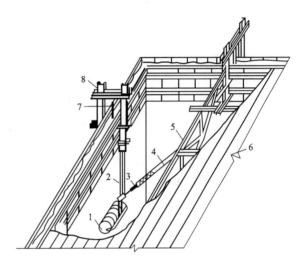

图 13.15 采用撑杆顶轮纠正建筑物倾斜
1—顶轮；2—顶轮吊杆；3—调节螺杆；4—撑杆；
5—操作平台桁架；6—平台铺板；7—支承杆；8—提升架

13.2.4 门窗洞口及孔洞的留设

门窗洞口及孔洞的留设方法有以下几种：

（1）框模法

框模法是门、窗后塞口预留洞口的方法。框模可先用木材或钢材制作，尺寸宜比门、窗设计尺寸大 20～30mm，厚度宜比滑升模板上口的尺寸小 10～15mm；安装时，按设计要求的位置放置，并与结构构件内的钢筋连接固定，如图 13.16 所示。

（2）堵头板法

当预留孔洞较大或不设门窗时，可采用在孔洞位置滑模中设置堵头板的方法。堵头板通过角钢导轨与滑模配合，随模板一起滑升。

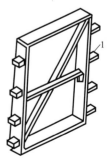

图 13.16 门窗洞口框模
1—预留木砖或埋件

（3）预制混凝土挡板法

当利用工程的门窗框作框模，随滑随安装时，可在门窗框的两侧及顶部设置预制钢筋混凝土挡板。挡板厚度一般为 50mm，宽度应比内外模板的上口尺寸小 10～15mm，以防模板滑升时将挡板带起。挡板的固定可利用挡板上的钢筋与结构主筋焊牢。

（4）小孔洞的留设

对较小的预留孔洞，可先按孔洞的尺寸及形状，用钢材、木材或聚苯乙烯泡沫塑料等制成空心或实心的胎模，放于设计需留孔洞的位置；胎模四面应稍有倾斜以便取出，厚度比模板上口尺寸小 10～15mm，胎模尺寸比设计孔洞尺寸大 50～100mm。

13.2.5　变截面的处理

高层和超高层的墙、柱尺寸往往自下而上存在变化，需进行变截面处理。

13.2.5.1　墙体变截面处理

（1）加衬模法

在原组装好的模板内侧加设一层与拟减小尺寸相适应的内衬模板。

（2）调整围圈法

在提升架立柱上设置能调整围圈位置的丝杠，当模板滑升至变截面位置后，则调整丝杠移动围圈，使模板尺寸改变从而达到变截面的目的。

调整时，要处理好转角处围圈变截面前后的节点连接，其节点连接必须牢固。

（3）衬模与调整围圈结合法

采取上述两种方法处理墙体的变截面时，模板空滑高度较大，支承杆脱空长度也较大，需要对支承杆进行加固处理，否则易影响操作平台的稳定。为此，可采取衬模与调整围圈相结合的处理方法，如图 13.17 所示。

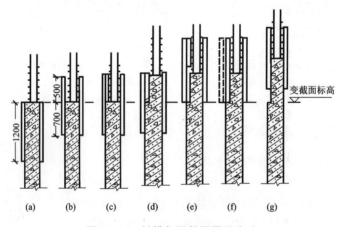

图 13.17　衬模与调整围圈结合法

(a) 混凝土浇筑至变截面标高处；(b) 将滑升模板向上提升 500mm；
(c) 安装临时内衬模；(d) 浇筑混凝土，等待脱模强度；(e) 提升滑升模板；
(f) 拆去临时内衬模，改变滑升模板的间距；(g) 变截面后恢复正常施工

（4）调整提升架立柱法

这种方法是不改动提升架立柱、围圈及模板之间的连接结构，只是在提升架横梁上增设顶丝调整装置，调整提升架立柱间距，以满足结构变截面的需要。采用这种方法，可适应截面单、

双面任意尺寸的变化,但提升架横梁构造复杂,且调整后的控制精度较差。

13.2.5.2　柱子变截面处理

在需要变截面处,模板先空滑,并对支承杆进行加固,然后在原来柱模内按需要改变的尺寸填焊角钢,再插入钢制堵头板即可。图 13.18 所示为柱子变截面示意图。

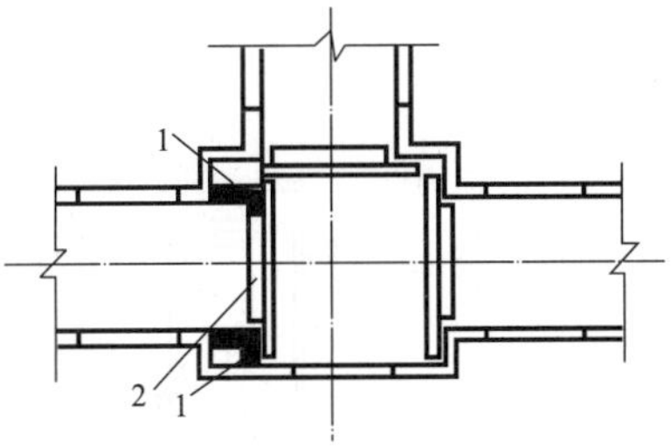

图 13.18　柱子变截面示意图
1—加焊角钢;2—插入堵头板

13.2.6　水平结构施工

水平结构施工主要有梁、板、阳台等结构的施工。

13.2.6.1　逐层封闭法

这种施工方法是滑模施工一层墙体,随即进行梁、板等结构的施工,如此逐层进行,将滑模连续施工改为分层间断施工,每层均有模板的初滑、正常滑升和末升三个阶段。其具体做法是:墙体模板向上滑升并将混凝土浇至所需标高,模板向上空滑,待模板下口脱空高度稍高于楼板顶面标高后,吊开活动平台板,进行楼板的支模、扎筋和浇筑混凝土。

为保证滑模装置的稳定,当楼板为单向板横墙承重时,只需将横墙模板脱空,非承重纵墙比横墙多浇一段高度,一般为 500mm 左右,使非承重墙不脱空而与模板嵌固。当楼板为双向板时,则内外模板均需脱空;此时,电梯井、楼梯间部分内侧模板,以及建筑物的外墙外侧模板的下端,包括提升架立柱至少应加长到使其模板与墙体接触部分的高度在 200mm 以上,且与墙体嵌固,如图 13.19 所示。

13.2.6.2　先滑墙体,楼板跟随施工法

这种施工方法是当墙体连续滑升浇筑混凝土数层后,楼板自下而上逐层施工。楼板施工的模板、钢筋、混凝土等材料,可由设置在外墙门窗口的受料平台转运至室内施工。

(1)楼板与墙体的连接

一般采用钢筋混凝土键连接。即在楼板标高位置,沿墙体每隔一定距离预留孔洞,将相邻两间的楼板钢筋连成整体,然后浇筑楼板混凝土。这种方法可用于双跨或多跨连续密肋梁板或平板的施工,主要作受力方向的支座节点。孔洞的尺寸可按设计要求确定,一般宽度为 200~400mm,高度比楼板厚度大 50mm,孔洞净间距应大于 500mm,如图 13.20 所示。

(2)楼板模板的支设方法

在已滑升浇筑完的梁或墙的楼板位置上,利用钢销作临时支承支设模板,逐层从下至上施工;亦可利用多立柱的方法支设楼板模板。为加快模板周转,可使用"早拆模板,晚拆支撑"的模板早拆体系。

13.2.6.3　先滑墙体,楼板降模施工法

先滑墙体,楼板降模施工,是将墙体连续滑升到顶或滑升 8~10 层作为一个降模施工层,在底层按每个房间组装好模板,用卷扬机或其他提升工具将模板提升至所需位置,再用吊杆悬吊在墙体预留孔洞中的横梁上并调整好标高后,即可进行该层楼板的施工。当该层楼板的混凝土达到设计要求后,即可将模板降至下一层施工。

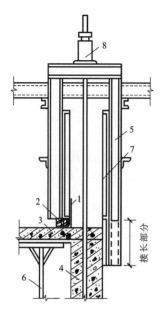

图 13.19 外墙外侧、楼(电)梯间内侧模板加长
1—铁皮;2—木楔;3—已浇筑的楼板;4—外墙或楼(电)梯间墙;
5—提升架立柱;6—支柱;7—模板;8—千斤顶

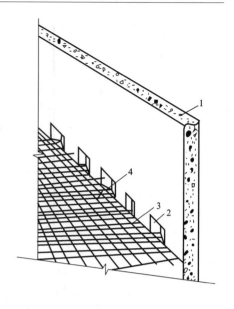

图 13.20 钢筋混凝土键连接
1—钢筋混凝土墙体;2—墙体预留孔;
3—墙体伸出钢筋;4—穿过预留孔的钢筋

13.3 施工中易出现的问题及处理方法

13.3.1 支承杆弯曲

(1)支承杆在混凝土内部弯曲

从脱模后混凝土表面出现的外凸、裂缝等现象,可以判断支承杆在混凝土内发生弯曲。处理时,先暂停使用该千斤顶,并立即卸荷,然后将弯曲处的混凝土清除,露出弯曲的支承杆。若弯曲不大,可在弯曲处加焊一根直径与支承杆相同的钢筋,或用带钩的螺栓加固;若失稳弯曲严重,则将弯曲部分切断,加以帮条焊。如图 13.21 所示。支承杆加固处理后,尚需支模浇筑混凝土。

(2)支承杆在混凝土上部弯曲

这种情况多出现在混凝土的表面至千斤顶卡头之间,或支承杆脱空部位。失稳弯曲不大时,可加焊一段与支承杆直径相同的钢筋;失稳弯曲很大时,则应将支承杆弯曲部分切断,加以帮条焊;失稳弯曲很大而且较长时,则需另换支承杆,新支承杆与混凝土接触处加垫钢靴,将新支承杆插入到套管中。如图 13.22 所示。

13.3.2 支承杆的撤换、回收

在滑模施工时,有时需对支承杆进行撤换,而不作为结构配筋的支承杆则要进行回收。在撤换、回收时应注意以下几点:

(1)撤换支承杆应分区段进行,每个区段每次只能撤换一根支承杆,严禁将相邻两根以上的支承杆同时撤换。

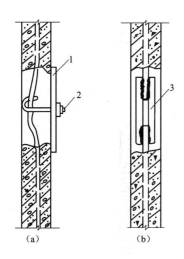

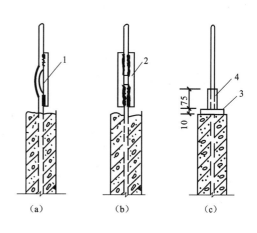

图 13.21 支承杆在混凝土内部失稳
弯曲情况及加固措施
(a) 弯曲不大时；(b) 弯曲严重时
1—垫板；2—M20 带钩螺栓；3—φ22 钢筋

图 13.22 支承杆在混凝土上部失稳
弯曲情况及加固措施
(a) 弯曲不大时；(b) 弯曲很大时；(c) 弯曲较长又严重时
1—φ25 钢筋；2—φ22 钢筋；3—钢垫板；4—φ29 套管

（2）撤掉一根时，必须及时补上一根新的支承杆，新补上的支承杆必须垫实牢靠。

（3）如支承杆间距较大，撤换支承杆前，应对模板的纵向刚度进行检查，若纵向刚度不足，应采取加强措施。

（4）当钢筋混凝土梁下层支承杆回收后，上层支承杆仍需保留使用时，下层应进行临时支撑。

（5）工具式支承杆的回收，可在滑模施工结束后一次拔出，也可在中途停歇时分批拔出；分批拔出时，应按实际荷载确定每批拔出的数量，并不得超过总数的 1/4；墙板结构中，内外墙交接处的支承杆不宜拔出。

13.4　质量要求及安全措施

滑模工程的验收应按《混凝土结构工程施工质量验收规范》（GB 50204—2015）进行。滑模施工工程结构的允许偏差见表 13.2。

滑模工程混凝土的出模强度检查，每一工作班应不少于 2 次，气温骤变或混凝土配合比有变化时应增加检查次数。

滑模施工的安全工作，除应遵循一般的安全操作要求外，还需根据滑模施工的特点，制订有效的安全与保护措施。

（1）操作平台上的材料、设备应按施工设计要求布置，不得任意变动，不得超载。施工时残留在操作平台上的杂物、垃圾等必须随时清理，运至地面。

（2）操作平台与地面及起重机司机室之间，必须建立通信联络设备和信号。

（3）操作平台四周应设置护身栏和安全网；操作平台上应设置避雷装置。

（4）调整模板需松开提升架立柱时，必须将操作平台的荷载卸除，外墙外侧提升架立柱应进行水平拉接，以防外倾。

表 13.2　滑模施工工程结构的允许偏差

项　　目			允许偏差（mm）
轴线间的相对位移			5
圆形筒壁结构	半径偏差		该截面筒壁半径的 0.1%，并不得超过 ±10
标　　高	每　　层		±10
	全　　高		±30
垂直度	每层	层高小于或等于 5m	5
		层高大于 5m	层高的 0.1%
	全高	高度小于 10m	10
		高度大于或等于 10m	高度的 0.1%，并不得大于 30
墙、柱、梁、壁截面尺寸偏差			+8 −5
表面平整（2m 靠尺检查）	抹　灰		8
	不抹灰		5
门窗洞口及预留洞口的位置偏差			15
预埋件位置偏差			20

　　（5）滑模施工时，必须画出施工危险警戒区，危险警戒区的建筑物出入口、地面通道及机械操作场所应搭设高度不小于 2.5m 的安全防护棚。

　　（6）滑模操作平台及吊脚手架的铺板，必须平整、严密、防滑、固定可靠，并不得随意挪动。

　　（7）滑模施工现场的夜间照明，应保证工作面照明充分，施工现场的照明灯头距地面的高度不应低于 2.5m；在易燃、易爆场所应采用防爆灯具。

　　（8）滑模拆除应均衡对称，拆除的模板构件应及时运往地面，严禁向下掷抛。

　　（9）拆除作业必须在白天进行，遇到雷、雨、雪或风力大于或等于五级等恶劣天气时，不得进行拆模作业。

思　考　题

13.1　液压滑升模板施工组织设计的主要内容有哪些？

13.2　液压滑升模板施工技术设计的主要内容有哪些？

13.3　试述液压滑升模板的构造与组成。

13.4　液压滑升模板施工工艺对模板系统（模板、围圈和提升架）有什么要求？

13.5　操作平台的主要作用是什么？采用逐层封闭法施工对操作平台板的铺设有什么要求？

13.6　试述液压千斤顶的爬升原理。

13.7　支承杆的接长方法有哪些？采用工具式支承杆时，支承杆宜用什么方法连接？

13.8　试述液压滑升模板组装的顺序。

13.9　液压滑升模板施工对钢筋绑扎有什么要求？

13.10　液压滑升模板施工对混凝土配制、混凝土凝结时间及出模强度有何要求？

13.11　液压滑升模板施工对混凝土施工工艺有些什么要求？

13.12　试述液压滑升模板的初升、正常滑升和末升阶段的施工工艺。

13.13　如何计算模板的滑升速度？

13.14　在滑模施工过程中,因特殊情况需暂停施工时,应采取哪些停滑措施?

13.15　如何控制操作平台的水平度? 如何用激光铅直仪测量建筑物的垂直度?

13.16　如何用平台倾斜调整法及外力调整法纠偏?

13.17　试述门窗洞口及孔洞的留设方法。

13.18　墙体变截面的处理方法有哪些? 如何利用衬模与调整围圈相结合的方法调整墙体的变截面?

13.19　采用逐层封闭法进行水平结构施工时,为保证滑模装置的稳定性应采取哪些措施?

13.20　如何针对支承杆的弯曲情况进行处理?

13.21　试述液压滑升模板施工的安全技术。

参考文献

［1］ 《建筑施工手册》编写组.建筑施工手册(缩印本).北京:中国建筑工业出版社,1992.

［2］ 杨嗣信,等.高层建筑施工手册.北京:中国建筑工业出版社,1992.

［3］ 谢尊渊.建筑施工:下册.2版.北京:中国建筑工业出版社,1988.

［4］ 江景波.建筑施工.2版.上海:同济大学出版社,1990.

［5］ 铙勃.施工技术.北京:中国建材工业出版社,1992.

［6］ 卢循.建筑施工技术:上册.北京:中国建筑工业出版社,1995.

［7］ 郁伍芳.建筑施工技术:下册.北京:中国建筑工业出版社,1995.

［8］ 朱嬿,等.建筑施工技术:上册.北京:清华大学出版社,1994.

［9］ 毛鹤琴.建筑施工.北京:中国建筑工业出版社,1994.

［10］ 汪正荣.建筑施工工程师手册.北京:中国建筑工业出版社,2002.

［11］ 郭晓霞,李明.建筑施工技术.武汉:武汉理工大学出版社,2011.

［12］ 任宏,高丽萍.建筑工程.北京:中国建筑工业出版社,2012.

［13］ 危道军.建筑工程.北京:中国建筑工业出版社,2012.

［14］ 胡玉银,吴欣之.建筑施工新技术及应用.北京:中国电力出版社,2011.

［15］ 余胜光,窦如令.建筑施工技术.3版.武汉:武汉理工大学出版社,2015.

［16］ 鲁雷,高始慧,刘国华.建筑工程施工技术.武汉:武汉大学出版社,2016.